DESIGN DE CULTURAS REGENERATIVAS

Nosso reconhecimento e agradecimento a Flávia Vivacqua, da Nexo Sistêmico,
e Taisa Mattos, da Conecta Ecossocial, pela ação estrutural para que
este livro fosse publicado no Brasil. Obrigada!

DESIGN DE CULTURAS REGENERATIVAS

DANIEL CHRISTIAN WAHL

2ª EDIÇÃO

Do original em inglês *Designing Regenerative Cultures* publicado por Triarchy Press

Coordenação Editorial
Isabel Valle

Captação e Comunicação
Camila Rocha e Isabel Valle

Tradução
Beatriz Branquinho • Carla Branco •
Esther Klausner • Felipe de Brito e Cunha •
João Marcello Macedo Leme •
Pedro Libanio Ribeiro de Carvalho •
Renata Thiago

Copidesque
Elisabeth Lissovsky

Editoração Eletrônica
Leandro Collares | Selênia Serviços

Direção de Arte e Design
André Manoel e João Melhorance

Ilustração da capa
Flavia Gargiulo Rosa
www.flaviagargiulo.com

W136d

Wahl, Daniel Christian, 1972-
Design de Culturas Regenerativas / Daniel Christian Wahl – 2ª edição – Rio de Janeiro: Bambual Editora, 2020.
376 p.
Ilu.

ISBN 978-85-94461-08-7

1. Design. 2. Ecologia. 3. Cultura. I.Wahl, Daniel Christian. II. Título.

CDD 741
577
306

www.bambualeditora.com.br
conexao@bambualeditora.com.br

Sumário

Se eu tivesse uma hora para resolver um problema e minha vida dependesse da solução, eu passaria os primeiros 55 minutos determinando a pergunta correta a ser feita, uma vez sabendo essa pergunta, poderia resolver o problema em menos de cinco minutos.

Atribuído a Albert Einstein

Prefácio

■ David Orr

As culturas não são projetadas de cima para baixo, mas crescem organicamente debaixo para cima. Tentamos entender os vários acontecimentos através das lentes da história, da sociologia, da antropologia e, após passar tempo o bastante, da arqueologia. Mesmo que culturas não sejam concebidas como coisas inteiras e coerentes, adquirimos um talento para projetar o sistema bancário, o sistema educacional ou o próximo arranha-céu. As coisas são assim criadas, no entanto, mais para serem adaptadas à conveniência das estruturas existentes de poder e de riqueza sem levar em conta as outras partes ou o futuro. A incoerência resultante é fonte de muita confusão para os estudiosos.

Então, depois de vários milênios de tentativa, erro e acaso, nosso futuro está em risco. Tendemos para um mundo de talvez onze bilhões de pessoas, divididas por etnia, religião, renda e nacionalidade. Não gostamos muito uns dos outros, e as perspectivas de conflitos são muitas. Estamos desmoronando, enquanto estados-nações parecem impotentes quando desafiados por cartéis de traficantes, cibercriminosos e organizações terroristas. Estamos cada vez mais conectados, interligados e mutuamente dependentes, mas muitas vezes incapazes de encontrar um propósito comum e agir para o bem-comum. Estamos presos entre as forças centrípeta e centrífuga da pós-modernidade. E o ritmo da mudança tecnológica se acelera, dando-nos pouco tempo – ou até mesmo inclinação – para reflexão. Não menos importante, o clima muda rapidamente, extinguindo espécies, acidificando oceanos e destruindo ecologias inteiras.

Neste contexto, Daniel Wahl propõe "o design para culturas regenerativas". A visão de um futuro projetado é fácil de descartar como qualquer outro esquema utópico com a mesma chance de sucesso que o marxismo ou o fourierismo no século XIX. As diferenças, no entanto, são muitas.

Primeiro, em contraste com todas as eras anteriores, sabemos com certeza que o *business as usual* será suicídio. Isso tem sido dito tanto e por tanto tempo que parece banal e com o efeito de induzir torpor em massa. Infelizmente, é real e devemos prestar atenção. Em segundo lugar, a situação global só piora; e não há mais portos seguros em qualquer parte da Terra.

Em terceiro lugar, como descreve Wahl, as artes do amplo design ecológico florescem. Transformam a agricultura, a construção, o transporte, a manufatura e o planejamento de maneiras compatíveis com as ecologias e os sistemas da Terra. As características comuns são o uso da natureza como modelo para o design, a maximização do uso da energia solar, a preservação da diversidade cultural e a responsabilidade sobre custo total. O design ecológico não é mais uma perspectiva distante, acontece em todo o mundo. É prático, não teórico. Tem grandes consequências políticas, mas é, em si, não ideológico e nem liberal nem conservador – simplesmente para frente. Também afeta a economia, a prestação de contas e o comportamento dos investidores e corporações. Mas o design ecológico ainda vai mudar a política e calibrar a governança com respeito a processos e sistemas ecológicos.

Em quarto lugar, o design ecológico transcende a existência ocidental. Não é sinônimo de engenharia ou ciência. Pelo contrário, é um compêndio de toda a experiência humana de agricultura, construção, engenharia, planejamento e manufatura. A antiga fazenda javanesa ou o sistema de irrigação balinês, por exemplo, demonstrou habilidades de design notáveis, que de certa forma ultrapassou o nosso próprio design. É em parte verdade porque o design dos fluxos de recursos de água e de materiais coincidiu com normas culturais e religiosas de maneiras que nós, em nosso mundo mais compartimentalizado, achamos incompreensível. O design daquela região incluía seres humanos, animais, terras e águas como sistemas inteiros ordenados por sistemas religiosos complexos. As falhas são muitas, mas os resultados, no mais das vezes, duravam séculos. O fato é que há muito a aprender sobre o design de sistemas inteiros em outras culturas e em outros tempos.

Em quinto lugar, o design é uma revolução de sistemas que é a arte de ver as coisas como um todo e a relação de nossas ações com suas prováveis consequências. Dada a complexidade de todos os sistemas e nossa inescapável ignorância, uma perspectiva sistêmica requer humildade e precaução. Significa trabalhar em uma escala menor, digamos assim, o bairro, a fazenda, a fábrica, antes de generalizar para sistemas em escala maior. Alterar a escala também altera o sistema e assim por diante. Pensar em sistemas por longos períodos de tempo é a revolução da nossa época. Em comparação, todos os nossos novos *gadgets* e invenções envelhecem. Somos, como Wahl habilmente descreve, partes de totalidades maiores, ninguém e nenhuma organização pode ser uma ilha isolada em si. O resultado é que o pensamento sistêmico nos leva ao autointeresse esclarecido com o qual entendemos que o nosso bem-estar e florescimento humano é coletivo, não individual; a longo e não a curto prazo.

Em sexto lugar, seja ele reconhecido ou não, o pensamento sistêmico é o significado central de religião – "religar" em latim. Vivendo em uma cultura secular, tendemos a não ver a conexão, mas, no entanto, é inevitável. A "ética da terra" de Aldo Leopold e as regras de comportamento decente prescrito em cada uma das religiões axiais têm mais de uma coincidente semelhança com as regras do design esclarecido. Somos o guardião do nosso irmão e também dos ursos, das baleias, dos pássaros, dos solos, das árvores, das terras e das águas; e eles são os nossos. Todo o sistema é atento, iniciado pela consideração.

A palavra "regenerativa" no título deste livro significa um compromisso com os processos de vida inerentes ao design ecológico. Isso, também, é recíproco, mútuo e inevitável. Também traz a ordem do escritor do Deuteronômio para "escolher a vida" [30:19]. Quer seja por interesse próprio ou por dever, essa ordem requer que compreendamos e valorizemos a existência e os processos de vida, tornando-nos ecologicamente administradores competentes de terras, fauna, solos, águas e que cuidemos de tudo isso.

Daniel Wahl compilou uma grande quantidade de informações úteis em uma síntese magistral. Por si só, isso é uma conquista significativa, mas ele nos deu mais. *Design de culturas regenerativas* descreve a porta para um futuro possível e necessário de fato. Em perspectiva, não estamos fadados à distopia. Temos, como ele escreve, a capacidade de projetar e organizar nossas sociedades para proteger, melhorar e celebrar a vida. A planta baixa estava lá o tempo todo. Cresce em nós a consciência de nossas possibilidades. A arte e as ciências do design ecológico desabrocham. Como sempre, a escolha é nossa e daqueles que virão depois.

David Orr é *Paul Sears Distinguished Professor de Estudos e Políticas Ambientais* no Oberlin College e *James Marsh Professor* na Universidade de Vermont

Prefácio

■ Graham Leicester

Este é um livro sobre a vida e o amor à vida. Também é um livro com mais perguntas do que respostas.

Um momento de reflexão sobre nossas próprias vidas nos ajuda a perceber por que as coisas são como são. Nós somos criaturas reflexivas, sempre questionando, sempre conscientes de que todo avanço no conhecimento expande o escopo de nossa ignorância: por que "um pouco mais de conhecimento" seria "uma coisa perigosa"? Vivemos todos com mais ou menos reconhecimento, mais ou menos conscientes, sempre em dúvida criativa.

De alguma forma, aprendemos a nos deleitar com isso, a reconhecer a inquirição e a curiosidade como motores do progresso – mesmo naqueles domínios, como as ciências, aparentemente casados com a certeza. Como disse o filósofo Alfred North Whitehead, a própria vida é "um avanço criativo rumo à inovação".

No entanto, de outra forma, vemos – e sentimos – as nuvens de tempestade se acumulando. Daniel Wahl nos lembra que, desde o início dos anos 1970, a humanidade tem extraído mais dos sistemas vivos a cada ano do que eles podem efetivamente regenerar. Já ultrapassamos ou estamos em perigo de romper uma série de "fronteiras planetárias" críticas – os sistemas que permitem vida na Terra. Saber disso nos deixa inevitavelmente ansiosos e exigentes por respostas.

O perigo é que, a menos que casemos essas duas condições, a exploração expansiva e ansiedade para chegar a uma conclusão, ambas igualmente presentes na maioria das nossas vidas, corremos o risco de gastar nossas energias procurando soluções perfeitas para o problema errado.

Don Michael, professor associado de Planejamento e Políticas Públicas e de Psicologia na Universidade de Michigan, escreveu em seu último ensaio publicado sobre "compromisso experimental": a necessidade de reconhecer "nossa vulnerabilidade, nossa finitude, nossa inevitável ignorância" e ainda assim se comprometer com ação, mudança, esperança: "porque se espera que se faça uma diferença diante de tudo o que está no caminho".

Este é o espírito do livro de Daniel. A cada volta nos convida a considerar um cenário maior. Para nos ver não como indivíduos, mas como vivendo em um padrão de relacionamento com os outros; e esse padrão de relacionamento não como separado, mas como parte da ampla vida dos sistemas da natureza; e esses padrões não como estruturas estáveis, mas em constante evolução, processos emergentes que se estendem por gerações, ao longo de éons, ao longo dos séculos.

Ao mesmo tempo, nos convida a nos concentrarmos em nossas próprias ações, nossas próprias vidas, "compromissos experimentais" que podemos assumir, diante dos grandes desafios que enfrentamos. O leitor em busca de respostas as encontrará aqui em abundância: estruturas para lutar com grandes figuras como o World Systems Model e os Three Horizons, e princípios para a ação efetiva de diversas disciplinas, desde a ecoalfabetização até a permacultura, da biomimética até a atenção total, tudo combinado na ideia de design como disciplina na qual a teoria encontra a prática. Os mestres da ação efetiva estão todos ricamente presentes e referenciados. Belos exemplos, até da vasta experiência de Daniel, estão em evidência e reforçam sua crença de que "uma profunda transformação cultural já está a caminho".

Apoiar essa renovação cultural significa atuar tanto como trabalhadores do asilo das culturas idosas como parteiras para o novo. Esta é a prática da "inovação transformadora", e Daniel capta bem a dupla tarefa na questão central de seu livro: "Como podemos manter as luzes acesas, evitar a revolução e o tumulto, manter as crianças na escola e as pessoas no trabalho, e ainda conseguirmos transformar fundamentalmente a presença humana no planeta Terra antes que o *business as usual* nos leve à mudança climática, a uma biosfera drasticamente empobrecida, e à morte precoce da nossa espécie?"

Este livro mapeia habilmente o território no qual encontraremos respostas efetivas para este enigma. Mas cabe a nós dar os primeiros passos. Em grande parte da literatura sobre a mudança transformadora essa é a metáfora que age facilmente e inconscientemente como a crítica de Joseph Campbell da narrativa mítica: a jornada do herói. Isso, por sua vez, alimenta a demanda por uma "liderança heroica", empreendedorismo heroico e outras formas de autossacrifício heroico em busca de metas que mudam o mundo.

Daniel evita essa armadilha oferecendo-nos uma metáfora completamente diferente para a jornada: a do peregrino. A imagem fala ao espírito de humildade, compromisso e disciplina que brilham pelo livro. Daniel escolheu viver sua própria vida como "um agitador cultural, um designer de transição e um ativista evolucionário na cocriação de culturas regenerativas". Este não é o caminho da facilidade e do lazer. Mas é a jornada do peregrino.

A metáfora me levou de volta à obra-prima espiritual de John Bunyan do final do século XVII, *O peregrino*. Conta alegoricamente a jornada de todo homem, por meio do personagem do peregrino cristão, "deste mundo para o que está por vir". O livro fornece um mapa metafórico, partindo da "cidade da destruição" através do "brejo do desâmino" até "a cidade celestial", e também um conjunto de recursos para a jornada. Este livro tem a mesma qualidade prática e de inspiração. Talvez não seja coincidência que o segundo nome de Daniel seja Christian (cristão).

Graham Leicester é diretor do International Futures Forum.

Semeando a Regeneração

■ Taisa Mattos e Flavia Vivacqua

Uma honra escrever um texto de abertura para um livro que dispensa apresentações. Uma alegria contribuir para tornar esta obra magistral disponível na língua portuguesa. Este poderia ser um texto de gratidão. Ao Daniel Wahl, pela pesquisa robusta, transdisciplinar e urgente. Uma obra inquietante, que traz perguntas sem respostas e mesmo assim nos inspira a ir além. À Bambual Editora, pelo empreendedorismo e por tornar conhecimentos relevantes como estes acessíveis. E a cada um que contribuiu para esta realização.

Neste momento de crise civilizatória global, cabe uma reflexão sobre a presença humana no planeta. A histórica cisão entre sociedade e natureza, e os valores da cultura dominante nos afastaram dos laços que antes nos uniam à Terra e aos demais seres vivos, gerando consequências adversas. Apesar dos evidentes desafios sociais, ambientais e das crescentes disparidades econômicas consequentes do atual modo de vida, a roda da economia continua a girar, imprimindo a nossa forma de desenvolvimento.

A noção de desenvolvimento regenerativo, que o design regenerativo utiliza, compreende não apenas os seres humanos, mas as estruturas sociais e culturais como parte indivisível dos ecossistemas. Essa visão sistêmica, biológica e cultural do desenvolvimento, contribui para a manutenção da diversidade e para fortalecer a conexão entre as pessoas e os lugares onde habitam, gerando uma cultura de engajamento e cuidado com a vida. O principal foco é preservar a saúde dos ecossistemas, garantindo, ao mesmo tempo, a integridade da natureza e o bem-estar social.

Passados quase meio século de reflexões e busca da sustentabilidade, torna-se necessária a criação de sistemas complexos e integrados, capazes de contribuir para a regeneração do tecido social e do ambiente, fazendo emergir novas culturas, novas práticas e valores.

A cultura é um processo social constitutivo que cria 'modos de vida.' Sua ênfase está nas práticas cotidianas, nas dinâmicas relacionais e na compreensão da realidade. Trata-se de algo compartilhado por um grupo de pessoas, comunidade ou sociedade, incluindo não apenas ritos e crenças mas, principalmente, os significados e valores que organizam e estruturam a vida comum. A história comprova que as mudanças culturais não se dão de forma lenta e gradual, mas através de uma série de saltos evolutivos na consciência e cognição humana. Apesar de não ser possível o design de culturas como um todo, é possível co-criar partes estruturantes de uma cultura de ciclos e padrões virtuosos, inspirados na natureza, impactando positiva e profundamente a nossa existência.

Daniel Christian Wahl generosamente nos faz caminhar lado a lado, durante a leitura deste livro, trazendo perguntas e reflexões importantes que apontam caminhos para um futuro possível de manutenção da vida. Que nossas terras férteis e nossas ações conscientes possam fazer brotar o futuro que queremos.

Flavia Vivacqua
www.flaviavivacqua.com
www.nexosistemico.com.br
Consteladora Sistêmica. Educadora. Consultora organizacional, mentora e facilitadora especialista em colaboração e evolução de grupos humanos, atua pela Nexo Sistêmico.

Taisa Mattos
www.conectaecossocial.com
Educadora, consultora e pesquisadora. Mestre em Psicossociologia de Comunidades e Ecologia Social. Autora do livro: *Ecovilas: a construção de uma cultura regenerativa.*

Ciclo Design Regenerativo
www.designregenerativo.org
Realizado em 2019, envolvendo não apenas a publicação deste livro no Brasil, mas a vinda do Daniel Wahl para três capitais brasileiras, espalhando sementes da regeneração.

Introdução

Não sei você, mas eu fiquei desapontado com a forma como a humanidade entrou no novo milênio. Não me refiro aos últimos 15 anos. Em retrospecto, esses anos poderiam ser resumidos como "o copo está cheio". Metade do copo está cheio de histórias de esperança e bondade humana; e a outra metade está cheia de desespero com o que ainda estamos fazendo um com o outro e com a Terra. O que eu quero é falar sobre o real começo do milênio.

Tivemos a oportunidade como espécie, como humanidade, de nos unir e refletir sobre a história até agora, fazendo um balanço, ouvindo o que realmente queremos para nós mesmos, nossas famílias, os lugares e comunidades com que nos preocupamos. Tal processo de ouvir e perguntar mais profundamente as questões importantes poderia ter ajudado na criação de uma base para conceber o futuro – um futuro que todos gostaríamos de cocriar enquanto uma família humana.

Sim, houve a Avaliação Ecossistêmica do Milênio. Ela nos mostrou que a nossa espécie deu uma falhada alarmante na administração planetária; e, sim, havia os Objetivos de Desenvolvimento do Milênio (ODMs) com os quais as Nações Unidas chegaram a concordar. Espero que possamos reunir mais entusiasmo coletivo pelos novos Objetivos de Desenvolvimento Sustentável (ODS). O processo mais elaborado e promissor que ocorreu no período que antecedeu o novo milênio, em termos de um diálogo significativo sobre os valores e as aspirações compartilhados pela humanidade, foi a criação da Carta da Terra. Infelizmente não foram muitos os chefes de Estado – e, mais importante, também poucos de nós – que notaram ou deram a importância que ela merecia. Como um todo, começamos o século XXI ainda com o *business as usual* ao invés de iniciar um diálogo transcultural global sobre as amplas realidades de viver juntos em um planeta finito, confrontados com o rápido crescimento da complexidade e da incerteza.

Comecei o século XXI com um compromisso comigo mesmo. Faria o meu melhor para fazer parte da solução e não do problema. Inicialmente, isso me levou à inscriçãono Mestrado em Ciências Holísticas no Schumacher College, que levou à obtenção de uma bolsa de estudos da Universidade de Dundee, onde escrevi minha tese de doutorado em Design para a Saúde Humana e Planetária analisando uma perspectiva participativa sobre complexidade e sustentabilidade. Em 2006, visitei o Professor David Orr, que havia sido participado da minha banca de doutorado, em sua casa em Oberlin, Ohio. Entrevistei-o sobre sua visão do design ecológico como uma disciplina integradora que poderia permitir a transição para a sustentabilidade. Naquela conversa, ele plantou a semente para este livro.

Ao mesmo tempo, sugeriu que, a fim de cocriar uma história com significado suficiente para guiar a transição, "teremos que decidir não apenas como nos tornamos sustentáveis, mas por que devemos ser sustentados. Isso é muito mais difícil". Neste processo, seremos confrontados com questões muito mais profundas de significado: "Quem somos nós? O que nós somos? Nosso papel aqui neste planeta era simplesmente escavar carbono e liberá-lo na atmosfera e depois expirar? Era disso que estávamos falando?". Acrescentou: "Se o nosso debate não vai além da linguagem da economia neoclássica, estamos acabados! Porque você não pode fazer um argumento econômico para a sobrevivência humana, você tem que fazer um argumento espiritual para a sobrevivência humana. Nós valemos a pena, e somos dignos disso no sentido maior".

Precisamos fazer a pergunta mais profunda de *por que* vale a pena nos sustentar. Nossas respostas serão informar *como* fazemos as perguntas mais operacionais e implementar respostas e soluções. Esse questionamento mais profundo determinará como podemos iniciar ações sábias que nos ajudem na transição para culturas regenerativas. Começar com o *por que*, nos ajudará a entender nossa motivação, propósito e metas mais profundas. Precisamos questionar as crenças que moldam nossa visão de mundo. Apenas começando com o *por que* vamos inspirar as pessoas a mudar de comportamento e cocriar culturas regenerativas.

É urgentíssimo que nos unamos para conversar sobre que futuro queremos para a humanidade. Precisamos refletir sobre as mudanças individuais e coletivas a fim de criar tal futuro. Ao nos unirmos para fazer essas perguntas, podemos *vir* a entender que teremos que colaborar como espécie e aprender a transcender e incluir nossas diferenças se quisermos um futuro próspero para toda a humanidade. Precisamos fazer as perguntas importantes sobre *por que* e *e se*. Precisamos redescobrir o terreno comum da com*unidade* humana. Isso nos permitirá cocriar um valor futuro no qual valerá a pena viver. Precisamos de uma narrativa coletiva sobre *quem* somos e *por que* valemos a pena, uma história compartilhada poderosa o bastante para nos manter inovadores, criativos e colaborativos à medida que questionamos o *que, como, quando* e *onde*.

Comecei o novo milênio com uma promessa a mim mesmo de ouvir mais profundamente; ouvir por que tão poucas pessoas se aproximam da transformação necessária à frente; ouvir por que eles se comportavam de tal forma, como viam o mundo, por que tantas das suas histórias terminaram com "é assim que é" ou "isso é apenas a natureza humana". Também prometi que prestaria atenção especial ao tipo de perguntas que poderíamos fazer para nós mesmos em nossa longa jornada de aprendizado rumo a um futuro mais sustentável, regenerativo e próspero.

Este livro é sobre o que aprendi ouvindo profundamente e vivendo essas questões. Analiso como podemos *viver* desse jeito, em vez de conhecer nosso caminho para o futuro, como pararíamos de perseguir a miragem da certeza e do controle em um mundo complexo e imprevisível. Como podemos colaborar na criação de diversas culturas regenerativas adaptadas às condições bioculturais únicas de cada lugar? Como podemos criar condições propícias para vida?

Daniel Christian Wahl

Es Molinar, Maiorca

Março de 2016

Capítulo 1

Vivendo as perguntas: por que mudar a narrativa agora?

> *[...] tenha paciência com tudo não resolvido no seu coração e tente amar as perguntas por si mesmas, como se elas fossem salas trancadas ou livros escritos em uma língua estrangeira. Não procure respostas que não podem lhe ser entregues agora, pois não será capaz de vivê-las. O ponto é viver tudo. Viva as perguntas agora. Talvez depois, um dia no futuro, gradualmente você irá, sem perceber, encaminhar-se para achar a reposta.*
>
> ***Rainer Maria Rilke (1903)***

Nossa cultura é obcecada por soluções milagrosas e respostas rápidas. Tempo é precioso e não queremos gastá-lo pensando em perguntas. A crença é: seja prático e não gaste tempo com teoria ou filosofia! No entanto, como se gasta tempo com o "amor pela sabedoria"? Não é ela que nos ajudará a mapear nosso caminho através de um futuro incerto e imprevisível? Não precisamos desesperadamente de sabedoria para responder às múltiplas e convergentes crises ao nosso redor? Com sabedoria veremos a cura para essas crises, agora que os agentes dessa profunda transformação cultural que acontece em muitos locais pelo mundo se espalha ainda mais, nos desafiando a superar modelos mentais ultrapassados e uma narrativa sobre quem somos que não nos serve.

■ Mais que as respostas, as perguntas são o caminho para a sabedoria coletiva

Ao viver e amar as perguntas mais profundamente redescobrimos a beleza e a fartura ao nosso redor, encontramos significado profundo em fazer parte do universo, profunda alegria em alimentar relacionamentos com toda a vida e imensa satisfação em participar da criação de uma vida saudável e próspera para todos. Mais que as repostas, as perguntas são o caminho para a sabedoria coletiva. As perguntas podem desencadear conversas culturalmente criativas que transformam a maneira como vemos a nós e o nosso relacionamento com o mundo. Com isso em mente, tudo muda instantaneamente.

Em uma cultura que exige respostas definitivas, as perguntas parecem ter apenas um significado passageiro; seu objetivo é nos levar às repostas. Ao lidar com incertezas e com mudanças constantes e rápidas, não seriam as perguntas, ao invés das repostas, que nos oferecem um ponto de referência mais adequado? A história nos mostra diversos exemplos das soluções de ontem que se tornam os problemas de hoje, então, talvez as respostas sejam os meios momentâneos para nos ajudar a fazer perguntas melhores. Deveríamos prestar mais atenção em fazer as perguntas certas, em vez de nos tornarmos obcecados com soluções rápidas? Da mesma forma, ao valorizarmos a prática em vez da teoria, demostramos como não vemos o fato de que qualquer ação habitual é baseada em nossas ideias e crenças sobre o mundo, quer estejamos conscientes delas ou não? A separação entre teoria e prática é falsa; não são opostas, mas dois lados da mesma moeda. Não podemos agir sabiamente sem entender o mundo e isto é em si uma ação altamente prática que nos diz como vivenciamos a realidade, como agimos e os relacionamentos que temos. Sem questionar nossa visão de mundo e a narrativa que moldou nossa cultura, não será mais provável repetirmos os mesmos erros várias e várias vezes?

Praticamente todas as estruturas e instituições ao nosso redor precisam de inovação, *redesign* e transformação. Em escala local, regional, nacional e global, precisamos de mudança transformacional na educação, governança, indústria, transporte, infraestrutura, distribuição de energia, gestão da água e agricultura da mesma forma que nos sistemas alimentar, de saúde e social. A fim de possibilitar que a inovação transformadora desenvolva seu potencial criativo precisamos de um *redesign* no sistema financeiro e econômico em todos os níveis, desde o local até o global. Mas a transformação mais radical que tem que acontecer antes de "fazer um *redesing* da presença humana na Terra" é questionar profundamente a nossa maneira de pensar, a nossa visão de mundo e o nosso sistema de valores. Mudanças nos nossos modelos mentais, crenças básicas e suposições sobre a natureza da realidade afetarão *como, o que* e *por que* do design, as necessidades percebidas, as perguntas que fazemos e, portanto, as soluções ou respostas que propomos.

Eu acredito que uma profunda transformação cultural já está a caminho. A humanidade entende a complexidade dos desafios à frente. Um novo tipo de liderança individual e coletiva se manifesta nos negócios, na sociedade civil e na governança. Depois de séculos de escassez e concorrência por todo lado, descobrimos a abundância revelada por meio da cooperação e da partilha. Ao longo deste livro, exploraremos maneiras pelas quais muitas pessoas ao redor do mundo já buscam soluções tecnológicas, sociais, econômicas e ecológicas que servem toda a humanidade e regeneram ecossistemas danificados.

Em um planeta superpovoado, que enfrenta a ameaça da mudança climática e o esgotamento de muitos recursos não renováveis dos quais atualmente dependemos, nos conscientizamos cada vez mais da nossa interdependência. Para nossa espécie não se trata apenas de sobrevivência, mas de prosperar, dependemos uns dos outros e do sistema planetário de suporte à vida. Enquanto nossos atuais sistemas econômicos e políticos foram projetados com uma mentalidade de ganhar e perder (soma zero), começamos a entender que *todos* perderemos a médio e longo prazo, caso não mantenhamos e regeneremos o funcionamento saudável dos ecossistemas, reduzindo a severa desigualdade que existe por todos os lados e fomentando a coesão social e a solidariedade internacional através de culturas de cooperação.

Passar de uma cultura de soma zero (ganha-perde) para uma cultura de soma não-zero (ganha-ganha) exige colaboração generalizada a fim garantir que a natureza também vença (ganha-ganha-ganha) e vença primeiro, por ser ela a provedora da abundância da qual dependemos. Somente se colaborarmos na criação de um planeta mais saudável, diverso, vibrante e bioprodutivo, seremos capazes de criar culturas regenerativas nas quais ninguém é deixado para trás e todos ganham.

As culturas de ganha-ganha-ganha garantem que a vida continue a evoluir no sentido de aumentar a diversidade, a complexidade, a bioprodutividade e a resiliência. Podemos pensar nas três vitórias de culturas regenerativas como vitórias individuais, coletivas e planetárias; criadas através de soluções que sustentam a saúde, o bem-estar social, a ecologia e a economia.

A humanidade começa a explorar o terreno fértil da criação de soluções ganha-ganha-ganha que impulsionam a regeneração cultural, ecológica e econômica. O design de sistemas inteiros de soluções inovadoras integradas ganha-ganha-ganha compartilham abundância por meio de vantagem colaborativa. Essas inovações otimizam o sistema como um todo em vez de maximizar ganhos de curto prazo para poucos, com detrimento econômico, social e ecológico para muitos.

A mudança climática é apenas uma das crises convergentes que necessitam de uma resposta global coordenada, que é nada mais que a transformação civilizacional. A humanidade está enfrentando desafios sem precedentes e oportunidades inigualáveis. *Business as usual* não é mais uma opção. Mudança e transformação são inevitáveis.

A humanidade está enfrentando questões importantes: seremos capazes de seguir um rumo de forma criativa nesse período de transformação cultural? Conseguiremos cocriar uma civilização humana regenerativa que apoie a vida representada por uma vibrante diversidade de culturas adaptadas localmente e globalmente colaborativas? Essas perguntas permanecerão sem respostas por décadas, ainda assim definirão o futuro da humanidade e o futuro da vida na Terra. Sim, precisamos de respostas e devemos tentar possíveis soluções. Ambas são maneiras excelentes de nos ajudar a aprender com nossos erros e a fazer perguntas melhores. Mesmo assim, muitas dessas perguntas e soluções em que trabalhamos baseiam-se em hipóteses equivocadas sobre nossas reais prioridades e verdadeiras necessidades. Seria melhor termos seguido o conselho de Einstein e passar mais tempo certificando-nos de que fazemos as perguntas corretas antes de nos apressarmos em apresentar soluções que só irão prolongar *business as usual*, ou, por fim, os sintomas de um sistema que é baseado em suposições erradas e prosseguirá falhando até que iniciemos mudanças mais profundas ao fazermos perguntas mais profundas.

Viver mais profundamente as questões é o sistema de orientação cultural que nos ajudará a desencadear o poder transformador da inovação social e tecnológica em direção às culturas regenerativas. Perguntas são convites para conversas em reuniões de conselhos das grandes empresas, grupos comunitários e instituições de governança. Perguntas são maneiras de construir pontes entre esses diferentes setores e entre as diferentes disciplinas que compartimentalizam nosso conhecimento. Perguntas – e as conversas que elas provocam – podem libertar a inteligência coletiva e nos ajudar a valorizar múltiplas perspectivas. Vivendo as perguntas, escutando cuidadosamente e aprendendo por meio das diversas formas de conhecimento – estas são todas as maneiras de transformar a consciência e, assim, criar mudanças culturais e comportamentais. Viver mais profundamente as perguntas pode nos levar a uma cultura regeneradora de equidade, sustentabilidade e justiça. Este livro é um convite para uma conversa e uma chamada para viver as perguntas mais profundamente. Isso suscita muitas questões; e peço que compreendam as respostas e soluções apresentadas como convites para questionar seu significado na transição para culturas regenerativas.

A primeira reação a um convite para "viver as perguntas" pode ser: não temos tempo para isso, em face da urgência da crise climática e de outros acontecimentos que demandam mudanças *agora*. Precisamente por causa dessa urgência, temos que dar uma olhada mais profunda nas perguntas que fazemos. Simplesmente acertar o que estava errado não será o bastante. Precisamos questionar suposições básicas, visões de mundo e sistemas de valores, prestando atenção ao que serve para a humanidade e a vida e ao que não serve.

Se a colapso e a necessidade de mudança que vemos ao nosso redor é resultado direto de uma maneira inadequada de nos ver - a narrativa que contamos sobre quem somos e o significado que damos à nossa existência -, então a transformação cultural tem que começar muito lá atrás nessa maneira como vemos e pensamos. Temos que mudar nossa narrativa cultural, e podemos fazê-lo através de conversas culturalmente criativas que são provocadas ao fazermos perguntas mais profundas. Ao viver as perguntas, começaremos a ver, pensar e viver de maneira diferente; e, ao viver assim, geramos um mundo diferente. Somos capazes de cocriar uma presença humana regeneradora na Terra.

■ Crescimento de uma espécie jovem

Uma nova narrativa cultural surge - unindo humanidade em nossa interdependência com a comunidade mais ampla da vida. A nova e a antiga história de interser com vida *e enquanto* vida leva pessoas e comunidades em todo o mundo a criar culturas prósperas e diversas, localmente adaptadas e em colaboração global. Padrões culturais regenerativos começam a emergir como uma "expressão de vida em seu processo de transformação". Václav Havel viu a necessidade de tal transformação social quando escreveu em *The Power of the Powerless*:

> *Uma mudança para melhor, genuína, profunda e duradoura [...] já não pode resultar da vitória [...] de qualquer concepção política tradicional particular, que pode, em última instância, ser apenas externa, isto é, uma concepção estrutural ou sistêmica. Mais do que nunca, tal mudança terá que ser obtida de recursos da existência humana, a partir da reconstituição fundamental da posição das pessoas no mundo, suas relações entre si e com o universo. Se um modelo econômico e político melhor aparecerá, então talvez [...] tem que derivar de profundas mudanças existenciais e morais na sociedade. Isso não é algo que pode ser projetado e introduzido, como um carro novo. Se é para ser mais do que apenas uma nova variação da velha degeneração, acima de tudo tem que ser uma expressão de vida em seu processo de transformação. Um sistema melhor não garantirá automaticamente uma vida melhor. Na verdade, o oposto é verdadeiro: só criando uma vida melhor um sistema melhor pode ser desenvolvido.*
>
> ***Václav Havel (1985: 30)***

A humanidade amadurece e precisa de uma "nova história" que seja poderosa e significativa o suficiente para galvanizar a colaboração global e orientar uma resposta coletiva às convergentes crises que enfrentamos. Respostas transformacionais em um nível pessoal e coletivo acontecem quando questionamos formas profundamente arraigadas de ser e ver, e começamos a nos reinventar ao longo do processo. Ao fazê-lo, também mudamos a forma como participamos na modelagem cultural através da nossa interação com o mundo ao nosso redor.

De uma perspectiva de longo prazo, como espécie relativamente jovem neste planeta passamos por um processo de amadurecimento que nos obriga a redefinir a forma como entendemos nossas relações com o restante da vida na Terra – optando entre o colapso ou a transformação profunda. A história básica que contamos sobre a humanidade – quem somos, para que estamos aqui e para onde vamos – não nos serve mais como ponto de referência moral.

Assim como os adolescentes crescem e precisam aprender a não exigir apenas da família e da sociedade, mas a contribuir significativamente, a humanidade não pode mais continuar retirando o capital natural das reservas da Terra. Temos que aprender a viver dentro dos limites da capacidade bioprodutiva da Terra e usar a produção solar atual em vez da antiga luz solar (armazenada na crosta terrestre como petróleo, gás e carvão) para fornecer nossa energia. Ao sair da nossa fase juvenil – e às vezes imprudente e autocentrada –, de espécie jovem para um membro adulto da comunidade da vida na Terra, somos chamados a nos tornar membros produtivos desta mesma comunidade e a contribuir para a sua saúde e seu bem-estar.

Adesão à comunidade adulta significa uma mudança para uma forma de autointeresse esclarecido que chega a questionar a noção de um eu separado e isolado em seu próprio centro. No sistema planetário fundamentalmente interligado e interdependente do qual participamos, a melhor maneira de cuidar de si e das pessoas mais próximas é começar a tomar mais conta do benefício coletivo (de todas as formas de vida). Metaforicamente falando, estamos todos no mesmo barco: nosso sistema planetário de suporte de vida, ou, nas palavras de Buckminster Fuller, "nave espacial Terra". O pensamento "nós contra eles", que por muito tempo definiu a política entre as nações, entre as empresas e entre as pessoas, é profundamente anacrônico.

A humanidade como um todo enfrenta um caos climático iminente e a falência de funções do ecossistema, vitais para a sobrevivência de nossa espécie e de muitas outras. Não encontraremos as soluções para esses problemas ao continuar baseando o nosso pensamento nas mesmas suposições erradas sobre a natureza do eu e o mundo que criou tais suposições. Precisamos de uma nova forma de pensar, uma nova consciência, uma nova história cultural; só então seremos capazes de pensar nas perguntas certas, vendo com mais clareza quais as necessidades subjacentes que precisam ser trabalhadas. Se entrarmos em ação sem questionamentos mais profundos, provavelmente trataremos os sintomas em vez das causas. Isso prolongará e aprofundará a crise, em vez de resolvê-la.

Mesmo diferenças sutis no uso das palavras afetam a forma como cocriamos cultura. Por exemplo, nos referirmos aos processos naturais de limpeza de água, captação de luz solar, transformação de dióxido de carbono em biomassa, fertilização dos solos, interrupção da erosão, ou regulagem do clima como "serviços ecossistêmicos" (por exemplo, Costanza, et al., 2013) é uma estratégia útil para garantir que tais serviços façam parte de nossa responsabilidade econômica e sejam reconhecidos como a principal fonte de valor de criação na economia global. Por outro lado – implicitamente – as palavras "serviços ecossistêmicos" trazem consigo um ponto de vista utilitarista em relação à natureza, como se tais processos só tivessem valor na medida em que prestam serviços à humanidade. Usar o termo "funções dos ecossistemas" reconhece que são funções vitais que permitem a evolução contínua da vida como um todo. As visões de mundo são criadas e transformadas ao repararmos como moldamos experiências e reforçamos as perspectivas por meio das palavras e metáforas que usamos.

A humanidade enfrenta a crise terminal de uma visão de mundo datada. Esta crise se manifesta de muitas maneiras distintas, por exemplo, por meio de um sistema econômico e monetário que não serve para o propósito em um planeta superpovoado com escassez de recursos não renováveis. Em comunidades por todo o mundo vemos a ruína social como resultado da crescente desigualdade e do culto ao individualismo competitivo. Enfrentamos uma crise de governança enquanto algumas das maiores economias do mundo não se definem mais pela identidade nacional ou cultural, tornando-se corporações que buscam maximizar o lucro a curto prazo e externalizar o efeito colateral. Continuamos a ser desafiados por crise e por guerra por extremismo religioso, tendemos a prestar mais atenção às nossas diferenças em vez de nossa humanidade comum e o destino comum do planeta em crise.

Teremos que redefinir como nos vemos e como vemos nossas relações com os outros e com o restante da comunidade de vida na Terra. Somente ao mudar nossa narrativa cultural transformaremos nossa visão do futuro e curaremos nosso relacionamento com a vida como um todo. Como uma febre que atinge o pico e cessa logo antes de o paciente começar a se recuperar, as múltiplas crises não precisam ser consideradas algo totalmente negativo. Podemos reformulá-las como "boa crise" (Pigem, 2009) se considerarmos os sinais claros de que a mudança e a transformação são inevitáveis e já estão a caminho. Devemos ver as crises convergentes como desafios criativos para crescer e evoluir, para alcançar uma consciência planetária.

■ Mudando a ideia da nossa separação

Acredito fortemente que as múltiplas crises que enfrentamos são sintomas de nosso hábito patológico de nos entendermos e vivermos como apartados da natureza, de uns dos outros e da comunidade da vida. As mesmas crises também indicam que o processo de cura já está em curso. Em *Blessed Unrest*, Paul Hawken (2007) descreveu como em todo o mundo dezenas de milhares, possivelmente centenas de milhares, de organizações da sociedade civil, grupos comunitários, redes ativistas, empresários e inovadores sociais trabalham para um futuro mais justo e sustentável, no qual a humanidade possa prosperar e a cultura seja uma força regenerativa em vez de destrutiva. Apropriadamente, ele chama esse movimento global emergente e crescente de resposta do sistema imunológico do nosso planeta.

> *[...] Estamos no limiar na existência humana, uma mudança fundamental na compreensão sobre a nossa relação conosco e com a natureza. Estamos nos movendo de um mundo criado por privilégio para um mundo criado para a comunidade. O atual impulso da história é muito flexível para ser rotulado, mas os temas globais surgem em resposta às crises ecológicas e ao sofrimento humano que se amontoam. Essas ideias incluem a necessidade de mudança social radical, a reinvenção da economia baseada no mercado, o fortalecimento das mulheres, o ativismo em todos os níveis e a necessidade de controle localizado da administração. Existem insistentes apelos à autonomia, apelos por uma nova ética baseada na tradição do uso comunal dos recursos, demandas pelo reestabelecimento da primazia cultural sobre a hegemonia corporativa e uma crescente demanda por uma radical transparência na política e na tomada de decisão corporativa.*
>
> ***Paul Hawken (2007: 194)***

Todas essas tendências são provas de que, em um mundo crivado por múltiplas crises convergentes, que pioram rapidamente, algo novo e milagroso quer nascer. Como Arundhati Roy disse de forma tão eloquente: "Outro mundo não é apenas possível, ele já está a caminho. Em dias calmos, eu posso ouvi-lo respirar". Se tivermos tempo para fazer as perguntas certas, para viver as mais profundas questões individuais e coletivas, não somente poderemos ouvir esse mundo novo respirar, mas vamos perceber que a cada respiração somos participantes das redes de relacionamentos que estão dando origem a este mundo.

Charles Eisenstein apresentou recentemente uma análise lúcida de muitos aspectos dessa "nova história" emergente, estamos começando a falar sobre nós mesmos no *The More Beautiful World Our Hearts Know is Possible* (2013). Ele compara a "história da separação" (p.1) que nos leva a nos sentir isolados, alienados e insuficientes, e assim a competir uns com os outros, o que rege os nossos propósitos na vida, com a "história de interser" (p.15) que reconhece nossa natureza relacional e interdependente.

À medida que os limites da perspectiva da separação se tornam cada vez mais evidentes, e nos encontramos cercados de exemplos do colapso, do desespero e do sofrimento que seu domínio cultural causa, começamos a procurar alternativas viáveis e formas diferentes de *estar-no-mundo*. Estamos entrando na "história do interser". Esta história nos instiga a fazer perguntas mais profundas: Quem sou eu? O que me faz completamente vivo? Quais são as necessidades mais profundas subjacentes às minhas necessidades percebidas? De que história escolhi participar? Qual é minha comunidade? Qual o meu papel? Como posso contribuir para um mundo mais alegre, cocriativo e significativo?

> *Em meio a todas as exortações carregadas de desgraça para mudar nossos caminhos, vamos nos lembrar que nos esforçamos para criar um mundo mais bonito, e não sustentar, com sacrifício crescente, o atual. Não estamos apenas procurando sobreviver. Não enfrentamos apenas uma sina; estamos diante de uma possibilidade gloriosa. Não apresentamos às pessoas um mundo de menos, um mundo de sacrifício, um mundo no qual você vai ter que aproveitar menos e sofrer mais – não, apresentamos um mundo de mais beleza, mais alegria, mais conexão, mais amor, mais satisfação, mais exuberância, mais lazer, mais música, mais dança e mais celebração. Os vislumbres mais inspiradores que você já teve sobre o que a vida pode ser – isso é o que estamos oferecendo.*
>
> ***Charles Eisenstein (2013: 159)***

Questionando ideologias perigosas

Onde está a vida que perdemos ao viver?
Onde está a sabedoria que perdemos no conhecimento?
Onde está o conhecimento que perdemos na informação? [...]
Que vida você tem, se você não tem vida conjunta?
Não há vida que não seja em comunidade, [...]
Quando o Estranho diz: "Qual é o significado desta cidade?
Vocês se amontoam porque se amam?"
O que você vai responder? "Todos moramos juntos
para ganhar dinheiro uns dos os outros"? ou "Esta é uma comunidade"?
Oh, minha alma, esteja preparada para a vinda do Estranho.
Esteja preparada para aquele que sabe fazer perguntas.

T.S. Eliot (1934)

O grande problema com a ideia de que natureza e cultura são separadas é que nos predispõe a criar culturas que exploram e degradam os ecossistemas por toda parte. Tais culturas tendem a ter sistemas econômicos focados em torno das noções de escassez e vantagem competitiva, enquanto culturas regenerativas entendem como a vantagem colaborativa pode fomentar a fartura compartilhada.

■ Nosso sistema econômico atual desrespeita os limites planetários

Criamos uma civilização cada vez mais global, moldada principalmente pelas regras de um sistema econômico que presta pouca, ou nenhuma, atenção aos processos essenciais que mantêm o funcionamento saudável dos sistemas ecológicos. Nosso sistema econômico atual desrespeita os limites planetários. Economia convencional justifica a superexploração de recursos a curto prazo sem levar em conta os efeitos de longo prazo em funções vitais de ecossistemas dos quais depende toda a vida na Terra. A perigosa ideologia da economia neoclássica apresenta argumentos financeiros para que a concorrência seja estruturalmente embutida, justificada e substitua a diversidade por monoculturas. Isso impulsiona o rápido desgaste da resiliência natural que depende de redundâncias em múltiplos níveis, em busca de "economia de escala" e "vantagem competitiva" em um mercado globalizado. Tal sistema funcionou bem para poucos, ao custo de muitos, e tem impulsionado a degradação de comunidades e ecossistemas no mundo todo.

Passamos a usar as palavras "redundância" e "redundante" como sinônimos para supérfluo ou desnecessário, mas, em sistemas vivos, redundâncias em ou através de múltiplos níveis são vitais, pois descentralizam funções importantes distribuindo-as pelo sistema como um todo e, assim, tornam o sistema em si mais resiliente. É muito mais difícil parar funções vitais se forem distribuídas e descentralizadas (realizadas simultaneamente em múltiplos níveis, escalas e locais) em vez de outras que sejam executadas em uma grande instalação centralizadora (que maximiza a economia de escala e de eficiência, mas sacrifica a resiliência e a flexibilidade). Voltaremos a isso nos capítulos 2 e 4.

Oikos (οἶκος) significa 'casa' ou 'lar'. *Logos* (λόγος) significa 'aquilo que é dito de' ou 'o estudo de'. O papel da ecologia é, portanto, fornecer uma compreensão mais profunda do lar da vida, incluindo nele a participação da humanidade. Combinar *oikos* com *nomos* (νόμος), que significa 'regra' ou 'lei', indica que o papel da economia é estabelecer regras adequadas para a 'gestão do lar'. Claramente as regras de como administrar dos recursos da Terra (economia) devem ser baseadas em uma grande compreensão das funções de apoio à vida dos ecossistemas e da Terra (ecologia). No entanto, a narrativa de escassez e competição que forma a base dogmática da ideologia econômica dominante foi estabelecida antes que a ciência da ecologia fosse inventada. Um sistema econômico que trabalha para as atuais e futuras gerações terá que se apoiar na compreensão da interconexão e interdependência ecológica. Inventamos um sistema econômico que vai totalmente contra as regras básicas para a sobrevivência a longo prazo de qualquer sistema vivo. A boa notícia é que, a partir do momento em que inventamos, podemos reinventar as regras da economia!

Ecologia é o estudo do funcionamento saudável, da mudança e da adaptação contínuas dos ecossistemas e da biosfera. Essas dinâmicas não estão abertas para discussão e concessões. Dizem respeito a como a vida cria condições que favorecem a vida. As regras econômicas da atual administração da nossa casa, por outro lado, são 100% feitas por nós. Podem, portanto, facilmente ser desconsideradas com base no fato de serem deficientes e anacrônicas. Somos livres para dispensá-las em favor de novos sistemas econômicos que levam em conta a sobrevivência a longo prazo da casa e os *insights* ecológicos como a melhor base para uma boa gestão do que as do atual sistema autodestrutivo e estruturalmente disfuncional. Ao contrário do que muitos economistas querem que você acredite, economia não é uma ciência! *Em seu pior momento, a economia se tornou uma ideologia perigosa.*

Ainda assim, culpar os economistas mal orientados não nos tirará dessa confusão. Estamos todos no mesmo barco. Não nos esqueçamos de que aqueles que ditam as regras do sistema foram direta ou indiretamente contratados por nós e são pagos pelos nossos impostos. Nós convidamos os gaiteiros, permitimos que tocassem uma música e agora dançamos como se fosse a única possível. Mas outra economia é possível e já é desenvolvida e explorada sob nomes tão diversos como "nova economia", "economia de estado estacionário" (por exemplo, Daly, 1991), "economia circular" (por exemplo, Boulding, 1966), ou "economia ecológica" (por exemplo, Costanza, 1991). Se pararmos de dançar ao fatídico som de uma economia de escassez e competição e começarmos a cantarolar coletivamente uma canção diferente, começaremos a transformar o modo como habitamos nossa casa comum – o planeta Terra – de maneiras que não prejudicam a saúde e a resiliência do sistema de suporte de vida de que dependemos. Nós *podemos* e *devemos* criar regras que nos permitem compartilhar a abundância da natureza de forma colaborativa e incentivar negócios e comunidades para fazer crescer continuamente os recursos básicos de que dependemos.

Precisamos ter conversas culturalmente criativas sobre que tipo de mudanças em nosso atual sistema econômico tem maior probabilidade de oferecer um futuro próspero e desejável para nossas comunidades e toda a humanidade. Todos participamos dos sistemas que nós ajudamos a cocriar (ou pelo menos consentimos silenciosamente em manter). Não vale a pena culpar os "outros", a falta de liderança política, a ganância corporativa dos executivos, as leis e regulamentações inadequadas ou a falta de educação, já que todos contribuímos ou estamos contribuindo para que as coisas fiquem como estão. Todos nós, quando gastamos nosso dinheiro, fazemos o nosso trabalho, educamos nossos filhos, elegemos nossos representantes políticos e participamos de nossas comunidades, fazemos de nós cúmplices do *status quo* até que escolhemos agir conscientemente como "criativos culturais" (Ray, Anderson, 2000) por um futuro próspero para as gerações atuais e futuras. A mudança começa com a gente! Começa em conversas com nossos vizinhos, colegas, amigos e nossas comunidades, fazendo perguntas mais significativas e estando dispostos a vivê-las:

P· **Que tipo de mundo queremos deixar para nossos filhos e para os filhos de nossos filhos?**

P· **Por que ainda estamos em guerra uns com os outros e com a natureza?**

P· **Por que permitimos a um sistema econômico, que não atende mais a sobrevivência de longo prazo de nossa espécie ou ao bem-estar de nossas comunidades, ditar a maneira como fazemos negócios e nos relacionamos?**

- **P· Por que deixamos nossos líderes políticos nos convencerem de que gastar grandes parcelas dos nossos orçamentos nacionais em armas e preparação para a guerra é uma necessidade, quando sabemos que esses fundos poderiam fornecer acesso a água, educação, alimentação e a uma vida digna para toda humanidade, e, assim, desarmar os principais impulsionadores da guerra e do conflito?**
- **P· Como podemos atender às necessidades básicas de todos, garantindo ao mesmo tempo nosso futuro comum, protegendo a biodiversidade, estabilizando os padrões globais do clima e criando culturas humanas prósperas que regeneram bioprodutividade planetária?**

Perguntas como essas nos convidam a pensar sistemicamente em escalas de tempo mais longas e a prestar atenção aos relacionamentos e aos contextos, em vez de migrar para respostas rápidas e soluções milagrosas. Perguntas como essas já impulsionam a reinvenção da economia, a cocriação de diversas expressões da nova narrativa do interser e da transição para culturas regenerativas. Ao questionar ideologias perigosas que não nos servem mais, damos o primeiro passo para a definição coletiva do tipo de perguntas que podem nos ajudar a buscar alternativas mais viáveis, e nos ajudamos a criar culturas regenerativas em todos os lugares. Vamos dar uma olhada mais de perto no Capítulo 7.

Enfrentar a complexidade significa nos associarmos à incerteza e à ambiguidade

Que Deus nos proteja
da visão única
e do Sono de Newton!

William Blake (1802)

O modo dominante de pensar em oposições dualistas não nos deixa ver a unidade subjacente. Dificilmente na natureza as coisas são preto no branco, na maioria das vezes lidamos com tons de cinza. A forma como tentamos estabelecer a convicção é definir um modo particular de ver e delimitar o sistema em questão. O resultado é a ilusão da certeza. Essa é uma técnica útil. A física newtoniana ajudou a desenvolver todos os tipos de tecnologias, mesmo se tivéssemos entendido há muito tempo que é uma representação limitada do mundo natural. Como Werner Heisenberg postulou: "O que vemos não é a natureza, mas a natureza exposta ao nosso método de questionamento".

Seria melhor se entendêssemos que qualquer perspectiva – não importa qual ciência ou filosofia a sustente, não importa o quão transdisciplinar e inclusiva ela tente ser, não importa qual pesquisa a apoie –, qualquer perspectiva é uma visão limitada da complexidade subjacente. Para ser amigo da incerteza, precisamos abrir mão da necessidade de previsão e controle. A maior parte da causalidade na natureza não é linear, no sentido de que o efeito segue a causa linearmente. Devido à interconectividade radical, interações sistêmicas e ciclos de *feedback*, a causalidade é geralmente circular em vez de linear. Efeitos se tornam causas e causas são os efeitos na dinâmica de outros sistemas.

Em 2001, enquanto estudava para o meu mestrado em ciências holísticas, tive o privilégio de ser orientado em minha compreensão da complexidade pelo professor Brian Goodwin, um membro fundador do Instituto Santa Fé para Estudos da Complexidade e uma autoridade internacional neste campo. Brian me ensinou que qualquer sistema que é constituído de três ou mais variáveis que interagem é descrito de forma mais apropriada pela matemática não linear e deve ser considerado um sistema dinâmico complexo. Uma das propriedades definidoras deste tipo de sistema é que são fundamentalmente imprevisíveis e incontroláveis (quando não sujeitos às condições controladas de laboratório). Incerteza e ambiguidade são, portanto, características fundamentais de nossas vidas e do mundo natural, incluindo a cultura humana, a sociedade e nossos sistemas econômicos.

Brian argumentou que, uma vez que sistemas naturais, sociais ou econômicos são melhor entendidos como sistemas dinâmicos complexos, podemos finalmente desistir da nossa malograda busca por maneiras de prever e controlar tais sistemas. Não somos supostos observadores "objetivos" fora destes sistemas, tentando manipulá-los de forma mais eficaz; somos sempre participantes. Ele sugeriu que os *insights* da ciência da complexidade nos convidam a mudar nossa atitude e nossa meta para uma participação apropriada nesses sistemas, como agentes cocriativos subjetivos. Nosso objetivo deve ser compreender melhor as dinâmicas subjacentes, a fim de facilitar o aparecimento de propriedades positivas ou desejáveis – que vão ser evidenciadas por meio das qualidades de relacionamentos no sistema e pela qualidade da informação que flui através do sistema. Temos que nos associar à incerteza e à ambiguidade porque elas estão aqui para ficar.

À medida que o raio do círculo do que é conhecido se expande, nos damos conta da circunferência crescente de nossa própria ignorância. Temos que lidar com o fato de que o conhecimento e a informação, por mais detalhados que sejam, permanecerão uma base insuficiente e incerta que guia nosso caminho para o futuro. Aumentaremos nossas chances de sucesso se tivermos sabedoria e humildade para aceitar nossa própria ignorância, celebrar ambiguidade e nos associar à incerteza. Quase sempre, a certeza não é uma opção. Somos convidados a "viver as questões mais profundamente", a prestar atenção à sabedoria de muitas mentes e diferentes pontos de vista, e continuar conversando a respeito de se estamos ou não ainda no caminho certo. Somos encorajados a nos relacionar e ouvir mais profundamente, só então deixaremos de estar em guerra conosco e com o planeta.

Mais de 2.500 anos atrás, Péricles lembrou a seus companheiros atenienses: "Podemos não ser capazes de prever o futuro, mas podemos nos preparar para ele". Em nossa jornada de aprendizado de sobrevivência humana e nossa busca por uma próspera cultura regenerativa, todas as respostas e soluções serão, na melhor das hipóteses, parciais e transitórias. No entanto, fazendo diversas vezes as perguntas-guias certas e conversando sobre o nosso futuro coletivo em todas as comunidades de que participamos, podemos encontrar um conjunto de padrões e diretrizes que nos ajudará a criar uma cultura capaz de aprendizado e inovação transformadora. Viver as questões em conjunto é uma maneira eficaz de se preparar para um futuro imprevisível.

Este livro é minha investigação subjetiva sobre perguntas que podem nos ajudar a mapear nosso caminho para um futuro mais desejável, inclusivo, pacífico e sustentável. O livro elabora como tais perguntas podem catalisar o tipo de inovação transformadora que nos ajudará a criar culturas regenerativas antes que efeitos colaterais não intencionais levem ao falecimento precoce de nossa espécie, junto com muita diversidade de vida. Uma pergunta importante para viver enquanto reconhecemos os limites do nosso próprio conhecimento e, ao mesmo tempo, nos associamos à incerteza e ambiguidade é:

P· **Quais inovações e transformações culturais, sociais e tecnológicas nos ajudarão a levar a atividade humana e o sistema de apoio à vida do planeta a um relacionamento regenerativo de apoio mútuo em vez de um relacionamento erosivo e destrutivo?**

O próprio hábito que tenho de *viver as questões* foi fortemente construído por uma multiplicidade de líderes e praticantes que me orientaram e inspiraram. Entre eles estão meus colegas do International Futures Forum (IFF). Em *Dez coisas para fazer em uma emergência conceitual*, o diretor, Graham Leicester, e a fundadora do IFF, Maureen O'Hara (2009), sugerem caminhos para encontrar uma resposta transformadora que nos obriga a perguntar:

- P· **Como projetamos a transição para um novo mundo?**
- P· **Que outras visões de mundo podem ajudar a elaborar uma resposta sensata?**
- P· **O que aprendemos deixando de lado o mito do controle?**
- P· **O que aprendemos com a repercepção do presente?**
- P· **O que aprendemos confiando mais profundamente em nossa experiência subjetiva?**
- P· **O que aprendemos com a "visão de longo prazo"?**
- P· **Como a ação perspicaz poderia ser?**
- P· **Quais novas integridades organizacionais devemos criar e apoiar?**
- P· **Como praticamos a acupuntura social?**
- P· **Como sustentamos redes de esperança?**

A ideia de "integridades organizacionais" diz respeito ao desafio no qual os limites tradicionais das organizações se dissolvem à medida que nos concentramos mais na colaboração (alianças, redes, parcerias e terceirização). Mudamos de organizações e negócios apartados para ecologias interligadas de colaboração, que tecem parcerias mutuamente benéficas.

A noção de "acupuntura social" diz respeito ao efeito catalítico transformador que intervenções bem concebidas, criativamente projetadas e em pequena escala, podem ter mesmo em sistemas grandes e complexos. Metaforicamente falando, colocar a agulha da mudança transformadora no lugar e no meridiano certos da construção de significado cultural desbloqueia a energia reprimida e catalisa mudanças sociais e culturais transformadoras.

Cuidar da Terra é cuidar de nós mesmos e da nossa comunidade

Cuidar da Terra e do futuro comum da vida não requer qualquer forma de altruísmo motivado espiritualmente, uma vez que estamos conscientes das interdependências sistêmicas da qual depende nossa sobrevivência. A motivação para que as pessoas inteligentes e conscientes transformem o *business as usual* pode ser simplesmente uma forma de autointeresse esclarecido. Quando começarmos a cuidar dos outros (tanto de humanos quanto de outras espécies) da mesma forma que cuidamos de nós mesmos, perceberemos que a experiência de um eu apartado é uma perspectiva limitada e que somos de fato seres relacionais em um mundo no qual uma coisa afeta todas as outras e, assim, cuidar dos outros é cuidar de nós mesmos. A palavra "indivíduo" nos lembra que somos indissociáveis do todo. Somos partes e expressões integrais de vida.

A maneira de cuidar de nós mesmos e de nossas famílias, a maneira de nos sustentar e às futuras gerações de seres humanos é cuidar da vida como um todo. Quer tenhamos como base ensinamentos espirituais ou uma reconexão com o sagrado a fim de impregnar este *insight* com ainda mais significado para nós é uma escolha nossa, não é uma condição. Em suas essências, todas as tradições espirituais e textos sagrados refletem sobre a questão das relações corretas entre o eu e o mundo. Então, talvez a maneira de finalmente desarmar o fanatismo religioso e o separatismo poderia ser a revisão dessas tradições de sabedoria e a análise de sua mensagem comum sobre como viver em relacionamento correto entre si e com a Terra. Nosso futuro depende da saúde de ecossistemas em todos os lugares. A saúde da biosfera e o futuro da humanidade são inseparáveis. Mais de sessenta anos atrás, Albert Einstein viu o desafio pela frente:

> *Um ser humano é parte do todo – chamado por nós "universo", uma parte limitada no tempo e no espaço. Ele conhece a si mesmo, seus pensamentos e sentimentos como algo separado do resto – uma espécie de ilusão de ótica de sua consciência. Este delírio é uma espécie de prisão para nós, restringindo-nos aos nossos desejos pessoais e à afeição por algumas pessoas mais próximas. Nossa tarefa deve ser libertar-nos desta prisão ao ampliarmos nosso círculo de compaixão a fim abraçar todas as criaturas vivas e toda a natureza [...] [grifos nossos].*
>
> ***Albert Einstein (1950)***

Einstein entendeu as limitações que impomos a nós mesmos pelo nosso modo de pensar, que determina *nosso foco* e *como* vemos o mundo. Ele nos pediu para questionar quem somos e nossos relacionamentos com todas as formas de vida e o universo como um todo. Einstein nos pediu para explorar uma perspectiva mais sistêmica, um pensamento holístico e uma consciência integradora que reconhece a nossa intimidade participativa com o universo, como fundamentalmente interconectados e continuamente transformando manifestações inteiras em padrões de energia, matéria e consciência. Nesta visão, matéria e consciência, matéria e vida, matéria e mente, matéria e espírito não são separados, mas entrelaçados.

Não podemos esperar que a nossa metodologia científica forneça uma prova irrefutável de tais alegações, enquanto a perspectiva da capacidade de provar algo com base em dados objetivos e a pesquisa forem, em si mesmas, parte da narrativa da separação. Podemos, no entanto, entrar no espaço entre as histórias e validar múltiplas maneiras de conhecer, não descartando a perspectiva científica reducionista nem a perspectiva holística participativa. Se somos capazes de suspender o julgamento vindos das tendências dogmáticas de nossa visão de mundo dominante e nos abrir para viver a realidade de novas maneiras, estas são algumas perguntas pelas quais queremos viver:

- P· **E se a consciência – e não a matéria – for primária?**
- P· **E se a inovação evolutiva mais espantosa da nossa espécie e *raison d'être* – nossa graça salvadora – for que, através de nós, a transformação total (universo) é capaz de se conhecer e se tornar consciente de si mesmo?**

Em *A epopeia do pensamento ocidental*, Richard Tarnas (1996) investigou a evolução de nossa dominante visão de mundo e mostrou que, nos últimos duzentos anos surgiu uma perspectiva alternativa que se baseia na "convicção fundamental de que a relação entre a mente humana e o mundo, em última análise, não é dualista, mas participativa" (p.433). Nessa perspectiva, "a mente humana é, em última instância, o órgão do próprio processo de autorrevelação" (p.434).

Como T.S. Eliot colocou em "Little Gidding": "Nós não cessaremos de analisar, e o fim de toda a nossa análise será chegar onde começamos e conhecer o local pela primeira vez". Então, vale a pena nos sustentar? A vida na Terra continuará sem nós. No entanto, não seria um lugar muito pobre sem uma espécie capaz de refletir sobre o milagre da evolução da vida e capaz de se impressionar com a beleza deste precioso planeta? Temos que ser honestos conosco. Mesmo dedicando nossas vidas à criação de culturas regenerativas e a um futuro mais sustentável, não estamos "salvando o planeta" ou "salvando a vida na Terra". Ambos continuarão por muito tempo depois que nossa espécie encontrar o quase inevitável destino da extinção. No entanto, não temos que acelerar nossa própria morte, como nos esforçamos cada vez mais desde a Revolução Industrial.

P· Não seria melhor cuidarmos de toda a vida e do sistema planetário de apoio à vida de forma a garantir que a nossa relativamente jovem espécie tenha chance de viver a sabedoria da maturidade?

Considere toda a criatividade e beleza que já conseguimos expressar através das nossas distintas culturas e suas artes, ciências, literatura, música, histórias e tradições. A humanidade já criou uma infinidade de reflexões do máximo no íntimo. Você também não está curioso sobre o que nossa espécie seria capaz se "ampliarmos nossos círculos de compaixão a fim de abraçar todas as criaturas vivas e toda a natureza"?

Cuidando da Terra e de toda a vida, cuidamos de nós mesmos. Ao abraçar nossa própria natureza como uma expressão da natureza em geral, a humanidade se torna uma força consciente de cura. Mantendo em mente os limites do nosso próprio conhecimento, humildemente começamos a contribuir para o florescimento da vida em vez de seu empobrecimento. Superar a dor e o isolamento da narrativa da separação significa aprender a nos amar a fim de amar a vida mais plenamente. Ao cocriar culturas regenerativas salvamos nossa espécie de uma prematura e trágica extinção. Vamos dar a nossa jovem espécie a oportunidade de desenvolver completamente seu belo e maravilhoso potencial! Imagine a beleza que poderíamos criar juntos. Vamos fazê-lo pela vida! Vamos fazê-lo pela beleza! E, acima de tudo: vamos fazê-lo com amor, humildade, compaixão e gratidão!

Entenda que você é os olhos do mundo

A "Teoria da Cognição de Santiago" proposta pelos chilenos Humberto Maturana (neurocientista) e Francisco Varela (biólogo) apresentam uma forma científica de compreender o processo pelo qual os sistemas vivos se envolvem em "autopoiese" (autocriação ou autogeração) através da entrada em relacionamentos que distinguem a si do outro, mas sem perder a interconexão fundamental com seu ambiente.

O ato de "acoplamento estrutural" – ou relativo a outro – permite ao sistema vivo definir-se em relação ao seu ambiente como separado, mas conectado. Digno de nota, o ambiente que é definido pelo ato inicial de distinção entre "este em si" e o outro desencadeia mudanças no sistema vivo, as quais o próprio sistema especifica como estopim de mudanças internas. Maturana e Varela argumentam que isso é basicamente um ato de cognição (que não requer um sistema nervoso e é, portanto, possível para todas as formas de vida). Cognição não é uma representação de um mundo existente, independente, mas sim o ato de produzir um mundo através dos processos de *viver como relacionados*. Nesta perspectiva, a cognição é o processo básico da vida.

Em *A árvore do conhecimento – As bases biológicas do conhecimento humano,* Maturana e Varela sugerem que, quando começamos a entender como conhecemos, temos que perceber que "o mundo que todos veem não é *o* mundo mas *um* mundo que produzimos com os outros". O mundo-como-nós-o-conhecemos surge pela maneira como nos relacionamos uns com os outros e por um processo natural mais amplo. Isso levou Maturana e Varela à conclusão óbvia de que "o mundo só será diferente se vivermos diferente" (Maturana, Varela, 1987: 245). Em *Biologia do Amor,* Maturana escreve:

> *O amor é a nossa condição natural e é a negação do amor que exige todos nossos esforços racionais, mas para quê, quando a vida é muito melhor no amor do que na agressão? O amor não precisa ser aprendido, pode ser permitido ou pode ser negado, mas não precisa ser aprendido, porque é nosso fundamento biológico e a única base para a conservação do nosso bem ser como do nosso bem estar.*
>
> ***Humberto Maturana, Gerda Verden-Zoller (1996)***

A nossa capacidade de amar é o que faz a humanidade valer a pena? Não somos o auge de evolução, mas participantes em seu processo – participantes conscientes, capazes de autoreflexão. Somente agora começamos a conhecer a consciência e, no decorrer do processo, descobrimos nossa comunhão íntima e entrelaçamento com tudo o que existe. Cada ser vivo reflete o universo todo, em evolução e transformação, em si mesmo de sua própria maneira singular. Algumas teorias da consciência sugerem que apenas os seres humanos são capazes de autoconsciência e autorreflexão. Não sabemos de nenhuma outra espécie que escreve poesia ou compõe música para refletir a emoção unificadora que chamamos de amor, nem entendemos como é a passagem das estações para uma sequoia, ou como um pinguim imperador vivencia subjetivamente os primeiros raios de sol após o inverno antártico. Mas não há algo que valha a pena sustentar em uma espécie que possa fazer essas perguntas? Amor e empatia ampliam nossos círculos de compaixão.

A evolução da consciência é tanto uma jornada pessoal que somos todos capazes de fazer durante nossas vidas, quanto uma jornada no nível coletivo. Estamos nessa jornada desde a "participação original" de tribos indígenas que compreendem tudo como relações vivas e significativas, passando pela "separação do eu e do mundo" (natureza e cultura) que o Iluminismo nos trouxe, os múltiplos benefícios da ciência e da tecnologia com base no raciocínio analítico, até o próximo passo, que é um novo tipo de "participação final" - como Owen Barfield chamou (1988: 133-134) - que expressa uma síntese de ambas perspectivas. Somos parte integrante da natureza *e* evoluímos para a autorreflexão da consciência e para o livre-arbítrio, o que nos dá a escolha de participar dos processos da vida de uma forma destrutiva ou criativamente solidária (regenerativa).

■ Criando uma cultura regenerativa

Só o que está em jogo é o futuro da nossa espécie, grande parte da diversidade da vida e a evolução contínua da consciência. Se conseguirmos dar este "importante salto" (Graves, 1974) na autoconsciência humana, o que temos a nossa frente é a promessa de uma civilização humana verdadeiramente equitativa, regenerativa, colaborativa, justa, pacífica, florescente e próspera em suas diversas expressões culturais e artísticas, ao mesmo tempo que restaura ecossistemas e regenera a resiliência local e globalmente. O melhor da nossa música, arte, poesia e tecnologia será uma expressão refinada da unidade simbiótica da natureza e da cultura. Somos capazes de refletir sobre a "história do universo" como nossa própria história, a história da vida em evolução. Individual e coletivamente, descobrimos que o mundo conhece e ama através dos nossos olhos e dos nossos corações. Que tipo de cultura criaremos para expressar tal sabedoria? A consciência de nosso interser com o mundo nos remete à comunhão com toda a vida como reflexo de um ser maior. Enquanto seres conscientes e relacionais, amor pela vida é o nosso estado natural.

O biólogo evolucionário E.O. Wilson (1986), inspirado no psicólogo Erich Fromm (1956), sugeriu que os seres humanos como expressões do processo da vida têm uma tendência inata de serem atraídos a todos os seres vivos. Ele chamou de biofilia esse amor pela vida e atração por outras formas de vida. O movimento "ecologia profunda", iniciado pelo filósofo norueguês Arne Næss (1988), define a compreensão de nós mesmos como um reflexo relacional de uma ampla comunidade de vida "nosso eu ecológico" e vê ali as bases para a ação responsável que vem do autointeresse esclarecido.

Produzimos um mundo em relação ao "outro" e sem aquele "outro" - que é um reflexo de nosso eu maior - não poderíamos existir. A "Teoria da Cognição de Santiago", como vimos, reformula categorias dualistas como o eu e o mundo enquanto polaridades de um todo interconectado que toma forma por distinção sem separação. Como outro estimado mentor e amigo meu,

Satish Kumar – editor de *Resurgence* e cofundador do Schumacher College – colocou: "Você é, portanto eu sou" (2002). Ou, nas palavras de uma canção do Grateful Dead: "Entenda que você é os olhos do mundo!" ("Wake up to find out that you are the eyes of the world!")

Em culturas regenerativas, o desenvolvimento pessoal e a evolução da consciência vão agir com maior rapidez. Quando deixamos de ficar paralisados pelo ciclo de separação movido por medo, escassez e luta por controle e poder, vamos começar a expandir o potencial de uma cultura piedosa, empática e colaborativa da criatividade e da abundância compartilhada, impulsionado pela biofilia – o nosso amor inato por toda vida. A narrativa da separação do resto da vida e a alienação da sabedoria natural começa a dar espaço a uma narrativa que celebra nossa comunhão com a natureza como a própria essência do nosso ser. Nossa percepção consciente subjetiva do todo transformador (por mais limitado que seja) é uma reflexão válida e importante de que este todo começa a se conhecer *através* de todos nós e *enquanto* todos nós. Ao vivermos juntos as questões, aprendemos a apreciar múltiplas perspectivas e ter uma compreensão compartilhada de nossa participação nessa totalidade.

Até agora, a maioria das evidências da saudável evolução da consciência humana e de desenvolvimento pessoal (por exemplo, Graves, 1974; Wilber, 2001) indica que ninguém nasce com uma consciência holística e planetária e pleno conhecimento do cossurgimento do eu e do mundo. Todos os estados e estágios de consciência, presentes e passados (ver Combs, 2002 e 2009), devem ser bem-vindos, pois formam os degraus do desenvolvimento pessoal em indivíduos, tanto quanto são expressões da evolução da consciência da nossa espécie.

Uma cultura regenerativa terá que facilitar o desenvolvimento pessoal saudável de um ser humano, passando do egocêntrico ao sociocentrado, ao centrado nas espécies, ao biocentrado e até perspectivas de si mesmo centradas no cosmos. Isso significa prestar atenção em como nossa cultura e nosso sistema educacional formam uma visão de mundo e um sistema de valores. Precisamos incentivar a aprendizagem ao longo da vida e o desenvolvimento pessoal através de processos comunitários de apoio e diálogo contínuo, guiado por perguntas em vez de respostas. Nós precisamos viver essas perguntas individual e coletivamente para cocriar uma nova narrativa. Da mesma forma que crises múltiplas e convergentes que enfrentamos criam um clima acelerado de transformação, no qual a mudança não é mais uma possibilidade a considerar, mas uma consequência inevitável de nossas ações coletivas, somos intimados a mudar a mentalidade que criou tais crises em primeiro lugar. Ao fazer isso, passamos por um rito de passagem em nível de espécie que nos apresenta uma perspectiva nova e mais madura de nossa intimidade e responsabilidade por toda a vida. Estamos "chegando em casa" (Kelly, 2010).

A criação de culturas regenerativas distintas e colaborativamente unidas em uma civilização regenerativa é o único futuro viável a nossa frente enquanto nos movemos para a "era planetária". Nosso desafio coletivo é criar culturas capazes de aprender continuamente diante de complexidade, desconhecimento e mudança constante. Temos a oportunidade criativa de dar à luz uma cultura humana madura o bastante para expressar a percepção que a vida cria condições conducentes à existência em todos os seus designs, sistemas e processos. *Podemos* cocriar um mundo que funciona para toda a humanidade e toda a vida. Somos capazes de expressões culturais vibrantes e distintas de uma visão profundamente transformadora que entende que *somos os olhos do mundo.*

O "por quê" orientará o "o quê" e o "como"

> *Somos distraídos da distração pela distração,*
> *cheia de fantasias e vazia de significado.*
>
> ***T.S. Eliot (1943)***

Em *Comece pelo por quê*, Simon Sinek (2011) explica como Martin Luther King Jr., Mahatma Gandhi e Nelson Mandela foram capazes de conduzir mudanças culturais em larga escala de forma não violenta. O traço comum é que eles articularam suas visões com base no *por quê,* passando para o *como,* e chegando ao *o quê*. Líderes inspiradores começam primeiro pelo que acreditam, tornando sua visão de mundo e motivação explícitas. Sinek sugere que, assim que conhecemos claramente o *por quê,* definimos os valores que guiarão nosso comportamento e definirão os sistemas e processos apropriados. O *por quê* define o *como* de uma maneira orientada para a ação. Em poucas palavras, *por que* apresenta um propósito, causa ou crença; *como* expressa os valores que guiam nossas ações e *como* aspiramos manifestar o elevado propósito em ação; e o *que* diz respeito aos resultados de tais ações. O guru do design Tim Brown, CEO da IDEO, escreve em *Change by Design* "Não pergunte o *quê*? Pergunte *por quê*?" e prossegue: "'perguntar *por quê*?' é uma oportunidade de reformular um problema, redefinir as limitações e abrir caminho para uma resposta mais inovadora. [...] Não há nada mais frustrante do que encontrar a resposta certa para a pergunta errada" (2009: 236-237). Warren Berger nos lembra do poder da investigação, encorajando-nos a fazer "perguntas bonitas" usando *por quê?* e *se?* como um caminho para uma inovação revolucionária. A arte de fazer perguntas bonitas está em i) fazer suposições desafiadoras, ii) indagar sobre coisas que normalmente damos como certas, e iii) questionar sobre novas possibilidades (Berger, 2014).

O hábito de *vivenciar em conjunto as questões* começa por perguntar, com frequência, a si e aos outros: estamos fazendo as perguntas certas? Quais perguntas nos ajudarão a tornar decisões mais sábias? E se fizermos as coisas de maneira diferente? O que determina nossa perspectiva atual? Se respondermos a pergunta "por que vale a pena sustentar a espécie humana" de um modo neo-darwinista, na linha de "porque somos a espécie mais inteligente e competitiva e, portanto, devemos continuar a explorar a natureza em nosso benefício", é pouco provável que encontremos respostas providenciais para as mudanças climáticas e para a degradação dos ecossistemas, e enfrentaremos crises ecológicas, sociais e econômicas ainda mais severas. Será um futuro muito diferente se respondermos a pergunta de uma maneira diferente: somos participantes cocriativos em processo de 14 bilhões de anos no qual o universo se torna consciente de si mesmo. Somos uma espécie chave capaz de criar condições conducentes para toda a vida. Projetamos para humanos, ecossistemas e saúde planetária; incentivamos a resiliência, a adaptabilidade, a transformabilidade e a vitalidade. Cuidamos; somos seres piedosos, capazes de amar e expressar essa emoção unificadora através da poesia, música e arte. Como todas as outras espécies, somos um presente da vida para a existência, criando significado por estar *em* e *através* de relacionamentos.

Em uma conversa que tive com o professor David Orr, em 2006, ele sugeriu que devemos perguntar *por que* vale a pena sustentar a humanidade antes de considerar *como* poderíamos fazê-lo (ver Introdução). Assim, respondeu uma pergunta que lhe fiz sobre o papel da espiritualidade na transformação e transição culturais à frente. David começou sua resposta dizendo:

> *Os humanos são inevitavelmente espirituais e essa não é a questão, mas se somos autenticamente espirituais ou não. Isso brota de nós. Somos criaturas que buscam significado, e se o maior significado da minha vida é o futebol, farei do futebol minha religião, o que orientará minha vida. Dará significado, gravidade e direção a minha vida. O único problema é que é uma religião ruim. Poderia tornar o ambientalismo uma religião. Essa também é uma religião ruim. Não podemos fazer nada além de transformar algo num sistema de crenças, e você pode argumentar o por que é assim para nós. Isso remonta às*

primeiras pinturas rupestres. Faz parte da humanidade. A partir do momento em que nos entendemos como a espécie humana, nos vemos às voltas com: O que isso significa? Onde estamos? Quem somos nós? Como chegamos aqui? Você vê essas perguntas o tempo todo. Surgem nos primórdios da filosofia, primórdios da arte. Isso quer dizer que somos humanos.

David Orr, comentário pessoal (2006)

Ele enfatizou que perguntar "por que devemos sustentar a humanidade" não é um "debate infrutífero, mas leva você ao centro da espiritualidade. O que devemos? Como somos gratos? O que devemos ao futuro distante? O que devemos ao passado distante? O que quer dizer sermos empregados ou patrões?" Encontrar respostas para todas essas perguntas pode ajudar a recontextualizar nossa existência em um universo significativo apoiado em nosso interser. Para além de todos os dogmas religiosos ou denominações de fé, além de todas as nossas diferenças, podemos encontrar um terreno comum na comunhão entre nossos interseres e com toda a vida. O futuro da nossa espécie depende de encontrar esta vantagem *enquanto* humanidade, *enquanto* natureza, *enquanto* vida, *enquanto* expressões de um ser vivo, transformador, capaz de autorreflexão.

Todos os grupos de fé do mundo poderiam expressar a metanarrativa de interser de diversas maneiras sem se opor às suas escrituras fundamentais. No coração da espiritualidade e da raiz de todas as religiões está um processo de dar sentido à relação entre o íntimo e o máximo. Em *Lamps of Fire – o espírito da religião*, Juan Mascaró apresenta uma síntese da essência espiritual da religião por meio de passagens selecionadas do hinduísmo, budismo, jainismo, taoísmo, confucionismo, xintoísmo, judaísmo, cristianismo, islamismo e sikhismo. Mascaró acreditava na recuperação de um profundo humanismo que uniria a humanidade além de suas diferenças (leste e oeste, norte e sul) e escreveu seu livro na esperança de que se tornaria "uma luz na escuridão profunda e um refúgio na tempestade" (1961: 9-11).

Diante de angustiantes tentativas de justificar a desumana barbaridade por meio da integridade de um fundamentalismo religioso equivocado que incita crimes contra a humanidade, de um lado, e avisos cada vez mais urgentes da comunidade científica de que já ultrapassamos os limites planetários e enfrentamos uma mudança climática catastrófica, de outro lado, a humanidade precisa encontrar um terreno comum para uma resposta cooperativa e coordenada. Também precisamos encontrar um nível alto de significados e significâncias compartilhadas para que possamos todos saber *por que* estamos juntos nisso e *por que* vale a pena transcender e incluir todas as nossas diferenças na busca de uma visão compartilhada de *prosperidade conjunta*.

Espiritualidade, alma e solidão na natureza

Em dezembro de 2014, o Centro de Ação e Pesquisa da RSA (Royal Society for the Encouragement of Arts, Manufacture and Commerce) publicou um relatório do colóquio de dois anos sobre por que a espiritualidade precisava desempenhar um papel maior na esfera pública. O relatório argumenta que "a injunção espiritual é principalmente vivencial, isto é, conhecer-se o mais plenamente possível. Para muitos, isso significa começar a enxergar além do ego e reconhecer ser parte de uma totalidade, ou pelo menos algo maior que você mesmo" (Rowson, 2014). Referindo-se à epidemia de solidão associada à vida na cidade grande, o relatório reflete: "Estamos todos cercados por estranhos que poderiam tão facilmente ser amigos, mas parecemos ter uma deficiência de permissão cultural não apenas para 'conectar' – o ópio do ciberespaço –, mas para ter uma profunda empatia e cuidado" (p. 7). Tentando curar causas em vez de sintomas, o relatório pede que "a parte espiritual desempenhe um papel maior na esfera pública, porque destaca a importância da transformação pessoal, social e política" (p. 8). O relatório faz uma pergunta importante: "Como podemos falar melhor da parte espiritual de uma forma que nos ajude a entender como viver melhor?"

Refletindo sobre a visão de Martin Luther King de que "o poder sem amor é imprudente e abusivo, e o amor sem poder é sentimental e anêmico" e sua observação de que "é precisamente esse choque de poder imoral com moralidade impotente que constitui a grande crise do nosso tempo" (ver também Kahane, 2010), o relatório apela à prática espiritual de beber "na profunda fonte do nosso próprio poder e amor" e embarcar "em uma vida de desafio de reuni-los na prática" (Rowson, 2014: 59).

O projeto da RSA analisou como questionamentos mais profundos sobre a natureza do amor criam sensação de pertencimento. A investigação sobre a morte nos ajuda a viver uma vida mais profunda. Questionar a natureza do nosso "eu" catalisa a transformação pessoal; e explorar a natureza da alma dá sentido a nossa vida e define nossa expressão criativa (p. 78). O relatório final sugere a necessidade de revitalizar a espiritualidade para enfrentar melhor os desafios do século XXI. O profundo questionamento sobre a natureza da alma nos levará inevitavelmente a redescobrir a alma da natureza. Richard Tarnas escreve em *Cosmos and Psyche*:

> *Não apenas nossas vidas pessoais como também a própria natureza do universo pode exigir de nós uma nova capacidade de autotranscendência neste momento, tanto intelectual quanto moral, para que possamos viver uma nova*

dimensão de beleza e inteligência no mundo – não é uma projeção do nosso desejo de beleza e domínio intelectual, mas um encontro com a beleza real e imprevisível desdobramento e inteligência do todo [...] o encontro aberto com a realidade potencial de uma anima mundi torna possível seu verdadeiro discernimento. Nesta visão, somente nos abrindo para mudança e expansão por aquilo que procuramos compreender seremos capazes de entender tudo.

Richard Tarnas (2007: 487)

Perguntas que nos incitam a estudar as relações entre o íntimo e o máximo também nos ajudam a entender quem somos e a encontrar nosso lugar na ampla comunidade da vida e dentro de um cosmos vivo e transformador. Vivendo conjuntamente estas questões, o processo de construção coletiva de significados diante das incertezas pode se tornar nosso guia e moldar nossa participação apropriada. Bill Plotkin descreve a alma como o nosso "lugar definitivo". "David Whyte fala da alma como a 'conversa mais ampla que alguém é capaz de ter com o mundo'. Aqui, 'conversa' é a maneira de o poeta dizer *relacionamento.* [...] o maior relacionamento que uma pessoa pode ter com o mundo é o mesmo que o seu 'lugar definitivo'" (2008: 36-37). Para encontrar o nosso lugar definitivo no mundo, temos que ter uma conversa profunda uns com os outros, com a natureza e com o cosmos. Temos que investigar: Como pertencemos? Onde estamos? Quem somos nós? O que estamos aqui para fazer? Ao nos aprofundarmos em tais perguntas viveríamos a resposta para a pergunta: Por que vale a pena nos sustentar?

Bill Plotkin apresenta seu livro seminal *Nature and the Human Soul* como uma "contribuição para o esforço global de criar uma parceria viável entre o humano e a Terra" e baseia sua análise em três premissas: i) "uma sociedade humana mais madura requer indivíduos humanos mais maduros", ii) "a natureza (incluindo a nossa natureza mais profunda, a alma) sempre forneceu e ainda fornece o melhor modelo para o amadurecimento humano" e iii) "todo ser humano tem uma relação única e mística com o mundo selvagem, e a descoberta consciente e o cultivo dessa relação está no cerne da verdadeira idade adulta". Ele acrescenta: "A verdadeira idade adulta está enraizada na experiência transpessoal – em uma filiação mística com a natureza, vivenciada como um chamado sagrado – que é então *encarnado* no trabalho maduro infundido pela alma". Plotkin estabelece um modelo para o desenvolvimento humano individual que oferece "Uma narrativa de como podemos crescer completamente, um estágio de vida de cada vez, abraçando a natureza e a alma como os nossos guias mais sábios e dignos de confiança" e "uma estratégia para a transformação cultural, uma forma de progredir de nossas sociedades *egocêntricas* atuais (materialistas, antropocêntricas, baseadas na competição, estratificadas por classes, propensas à violência e insustentáveis)".

Bill Plotkin investiga por que ser verdadeiramente humano só é possível no relacionamento com o mundo natural, e como nossa alma e a alma da natureza enquanto nosso ser maior não são separadas, mas coacontecem. "Todos os lugares, todas as coisas e todos os papéis se comunicam conosco, somente se estivermos preparados para ouvir. Da mesma forma, sua alma, seu lugar supremo, evoca algo de você, quer algo de você, fala com você, às vezes em voz baixa, às vezes em um rugido" (2008: 39). Ele fala de "*viver as questões da alma*" em referência à carta de Rilke a um jovem poeta, citada no início deste livro. Nesta carta, Rilke encoraja o jovem poeta a gastar tempo na natureza prestando atenção às pequenas coisas "que podem inesperadamente tornar-se grandes e imensuráveis"; e o conselho para que alguém encontre seu verdadeiro trabalho no mundo é "entrar em si mesmo e testar as profundezas em que a sua vida se eleva" (em Plotkin, 2008, p. 280). O estímulo para buscar solidão e *insight* na natureza e procurar os conselhos em seu íntimo são reforçados mutuamente. Nas palavras de John Muir: "Eu só fui dar uma volta e decidi ficar fora até o pôr do sol, ao sair, descobri que estava realmente entrando" (em Knapp & Smith, 2005).

Ecologia e espiritualidade são dois lados da mesma moeda - entender e ser lógico do nosso próprio interser com o mundo e com nossa interdependência. Você pode adentrar uma experiência corporificada de totalidade e significado através da porta do mundo natural ou da prática espiritual. Na verdade, os dois não são separados, são caminhos para a mesma *unicidade* de existência *em* e *através* dos relacionamentos. A unicidade que vivemos a maior parte do tempo vem da perspectiva limitada criada pela "ilusão de separação". Se quisermos reconstituir essa unidade - o todo de que somos reflexos conscientes - precisamos fazê-lo por meio da forma como criamos juntos significado e através da narrativa que contamos sobre nosso interser. Reservar um tempo para a solidão na natureza selvagem nos ajuda a ter a ampla conversa que somos capazes de ter com o mundo. A comunhão com a natureza selvagem nos ajuda a corporificar nosso lugar supremo e a agir sabiamente ao reconhecermos nosso parentesco com toda a vida.

Parker J. Palmer (2004) nos mostra que "para entender o verdadeiro eu - aquele que sabe quem somos em nosso íntimo e quem somos no mundo exterior - precisamos tanto da intimidade interior que vem com a solidão quanto da alteridade que vem da comunidade" (p. 54). Palmer chama a alma de "aquele núcleo que dá vida ao eu humano, com sua fome de verdade e de justiça, amor e perdão" e prossegue "quando avistamos a alma, nos tornamos curandeiros em um mundo ferido - na família, no bairro, no local de trabalho e na vida política" (p. 2). Ouvir profundamente nos ajuda a avistar a alma: ouvir a nossa voz interior, ouvir a nossa comunidade, ouvir a natureza selvagem, *ouvir para a unicidade*. Sem escutar a unicidade, a verdade e a beleza, não encontraremos a resposta ao por que vale a pena nos sustentar - a chave para nossa regeneração.

> *Ao norte, no mato, sinto a unicidade "escondida em todas as coisas" [Thomas Merton]. Está no sabor das frutas silvestres, no aroma dos pinheiros ao sol, na visão das luzes do norte, no som da água batendo na margem, nos sinais de unicidade no leito rochoso eterno e indiscutível. E, quando volto para um mundo humano, que é transitório e cheio de descrença, tenho novos olhos para a unicidade escondida em mim e em minha espécie e um novo coração para amar até mesmo nossas imperfeições.*
>
> ***Parker Palmer (2004: 5)***

Sustentabilidade enquanto jornada de aprendizagem: peregrinos e aprendizes

Sustentabilidade não é um estado fixo que pode ser alcançado e depois mantido para sempre. É um processo dinâmico de coevolução, um processo comunitário de conversa contínua e de aprendizagem sobre a participação adequada na constante transformação dos processos de sustentação da vida dos quais fazemos parte e dos quais depende nosso futuro. Se não fizermos as perguntas certas, é muito fácil nos confundirmos com a diversidade de respostas em oferta. Como práticos no próprio campo, você notará que, muitas vezes, há um número de "soluções de design sustentável" competindo para ser aplicadas a um problema específico. Mesmo para os especialistas é difícil - se não impossível - decidir com certeza que resposta oferece a melhor solução.

Um exemplo de "soluções sustentáveis" concorrentes está na questão de saber se o sistema de transporte rodoviário do futuro deve ser baseado em hidrogênio renovável ou na mudança para veículos elétricos alimentados por eletricidade gerada de forma renovável. Eu conheci muitos defensores apaixonados de ambas as soluções e - em alguns pontos - eu oscilava em direção a um ou outro pela força da convicção e das evidências fornecidas por cada um.

Há muitos exemplos de como os poderosos lobbies globais das indústrias petroquímica, agroindustrial e farmacêutica se utilizaram de "provas científicas" e campanhas de desinformação bem financiadas para vender ao consumidor soluções supostamente sustentáveis que, na melhor das hipóteses, sustentam as imposições econômicas de curto prazo dessas multinacionais, e o fazem à custa das pessoas e do planeta. Um exemplo é a forma como gigantescas empresas de agronegócios patentearam sementes geneticamente modificadas (GM) e pressionaram governos nacionais para tornar ilegais as sementes tradicionais, variedades transmitidas por gerações, ao mesmo tempo que gastam milhões em campanhas para se promoverem como trabalhando pela segurança alimentar global. Certamente, a diversidade de plantas locais adaptadas a diferentes condições ecológicas e climáticas é fator vital na segurança alimentar? Na cultura de ganância corporativa e de desinformação insidiosa é difícil saber em qual especialista confiar e qual proposta vale a pena implementar.

Qualquer solução tecnológica precisa de energia e materiais e pode sempre sofrer críticas, com o argumento de que tais soluções estão aquém de produzir resultados duradouros, já que os recursos para implementar, assim como para manter, no longo prazo, as infraestruturas associadas se esgotam (globalmente). Estamos próximos da escassez de muitos dos principais elementos químicos que são a base das altas tecnologias atuais. Por exemplo, o índio é um elemento raro que é crucial para modernas tecnologias fotovoltaicas e telas sensíveis ao toque, e está na longa lista de "elementos ameaçados" publicada pela Royal Society of Chemistry (Davies, 2011). Nas atuais taxas de consumo, muitos desses "elementos ameaçados" podem não estar disponíveis dentro de dez a cinquenta anos (Cohen, 2007).

Ao pensar na implementação de soluções sustentáveis, não devemos apenas considerar a disponibilidade limitada de certos materiais essenciais, mas também a energia necessária para desenvolver e implantar tais soluções. Nos últimos anos, a indústria de combustíveis fósseis tentou silenciar o debate sobre o pico do petróleo com relatórios sobre novas descobertas. Tecnologias cada vez mais caras, complicadas e perigosas (por exemplo, o fraturamento induzido de gás de xisto e a exploração de areias betuminosas) dão o acesso a mais combustíveis fósseis guardados na crosta terrestre. A mensagem é: ainda restam muitos recursos de combustíveis fósseis!

Certamente, é verdade. No entanto, estes relatórios não comentam sobre a taxa de "energia retomada sobre energia investida" (EROEI, na sigla em inglês), nem nos impactos ambientais da extração e nem que o uso dessas reservas dará prejuízo e inviabilizará o próprio uso desses combustíveis.

Mais importante ainda, o Painel Internacional sobre Mudanças Climáticas deixa claro que, se usarmos as reservas de combustíveis fósseis restantes, afetaremos os padrões climáticos globais de uma forma que daria início a uma mudança climática catastrófica. Pouco importa quanto deste "carbono que não pode ser queimado" (Carbon Tracker, 2013) ainda existe; nós temos que mudar para uma cultura de recursos renováveis tanto para combustíveis quanto para materiais muito antes de ficarmos sem recursos fósseis. Como Bill McDonough sugeriu: "a Idade da Pedra não terminou porque os humanos ficaram sem pedras"; nem a idade do combustível fóssil acabará porque estamos ficando sem petróleo, carvão ou gás. É hora de mudarmos para um uso regenerativo das energias renováveis.

Se considerarmos a atual velocidade da inovação tecnológica, é possível que alcancemos melhorias radicais na eficiência energética e de recursos que ajudarão na transição para uma cultura mais sustentável, mas se vermos esta transição apenas como um problema técnico é improvável que criemos uma cultura humana verdadeiramente regenerativa. Poderemos desenvolver novas nanotecnologias baseadas em grafeno que auxiliarão a filtrar a água, encontrar maneiras ainda mais eficazes de coletar, armazenar e distribuir energia renovável. Poderemos ser capazes de desenvolver uma nova cultura material com base na manufatura aditiva se pudermos criar matérias-primas para tecnologias de impressão 3D com base em materiais renováveis e uma nova bioeconomia. No entanto, se não fizermos perguntas mais profundas sobre a atual cultura de consumo, os sistemas de valores e a visão de mundo, é improvável que usemos essas inovações tecnológicas vantajosas a longo prazo para a humanidade e para a vida.

A tecnologia é uma faca de dois gumes. Mesmo que novas e milagrosas tecnologias "verdes" viessem a cavalo sobre a colina para nos salvar, a curto prazo, precisaríamos mais do que inovação tecnológica para guiar nosso caminho no futuro incerto e imprevisível. Precisamos desenvolver uma nova sensibilidade sobre a maneira como a vida, como um todo, se sustenta e floresce em um planeta finito. Tal sensibilidade mais profunda e a humildade de reconhecer os limites do nosso conhecimento são essenciais se esperamos aplicar nossas capacidades tecnológicas com sabedoria e visão.

Desde a década de 1950, nosso sistema econômico tem impulsionado o consumo sempre crescente na premissa de que mais (crescimento e consumo) é melhor. Precisamos aprender com o tipo de crescimento encontrado em sistemas naturais, que muda de crescimento quantitativo para crescimento qualitativo à medida que o sistema amadurece (ver Capítulo 7). Não é que mais seja melhor; é que melhor é melhor! A mudança tecnológica é tão rápida que também teremos que abordar importantes questões éticas:

- P· **Como podemos aplicar melhor o Princípio da Precaução em relação a novas tecnologias que parecem promissoras, mas podem ter abrangentes consequências ambientais e sociais se empregadas em escala global?**
- P· **É sensato implementar em larga escala todas as tecnologias viáveis, ou devemos escolher com mais cuidado como e para o que empregamos nossas capacidades tecnológicas?**
- P· **Como escolhemos sabiamente entre uma ou outra "solução" tecnológica, se a experiência mostra que a maioria das soluções de hoje se transformam em problemas de amanhã?**
- P· **Como permanecermos humildes e sermos precavidos diante da incerteza e da constante mudança?**

Jamais chegaremos à "estação sustentabilidade". Em vez disso, é melhor nos prepararmos para a longa - e, em algum momento, surpreendente - jornada de aprendizagem que nos permitirá traçar nosso caminho para um futuro incerto. Para percorrer esta estrada, seria melhor cultivarmos a *atitude de um peregrino* - com respeito por tudo da vida, gratidão pela abundância que podemos compartilhar por onde passamos e com reverência pelo esplendor de participar dessa beleza. Seria melhor cultivarmos a *atitude de um aprendiz* - reconhecendo que a natureza, em todas as suas formas - quer seja através de outros filhos de Deus ou através da multidão de espécies abençoadas neste planeta - tem muito a nos ensinar. Como peregrinos e aprendizes, temos que estar dispostos a questionar e, às vezes, desistir do que sabemos e de quem somos pelo que poderíamos nos tornar. Aqui está um dos segredos da inovação transformadora para uma cultura regenerativa.

A jornada de aprendizado que nos levará além da sustentabilidade em direção a uma presença humana regenerativa na Terra terá que ser feita com a humildade de um peregrino e com reverência pela vida, o questionamento e a mente aberta de um aprendiz. Se pararmos para nos lembrar dos limites do nosso conhecimento e parar de ver o valor intrínseco (não apenas o utilitário) de toda a vida, perderemos a nossa capacidade de resposta ao que a natureza / vida tem para nos ensinar. Se deixarmos de nos entender como aprendizes e começarmos a acreditar que temos respostas permanentes para dar, abandonamos o caminho no qual "vivemos as perguntas" e corremos o risco de sufocar a criatividade, capacidade de adaptação e inovação transformadora.

Sustentabilidade não é o bastante: precisamos de culturas regenerativas

A sustentabilidade, por si só, não é uma meta adequada. A palavra sustentabilidade em si é inadequada, visto que não nos diz o que estamos realmente tentando sustentar. Em 2005, depois de passar dois anos trabalhando na minha tese de doutorado em design de sustentabilidade, comecei a perceber que o que realmente tentamos sustentar é o padrão subjacente de saúde, de resiliência e de adaptabilidade que mantém este planeta em uma condição na qual a vida como um todo pode florescer. Design de sustentabilidade é, em última análise, o design para a saúde humana e planetária (Wahl, 2006b).

Uma cultura humana regenerativa é saudável, resiliente e adaptável; cuida do planeta e da vida com a consciência de que esta é a maneira mais eficaz de criar um futuro próspero para toda a humanidade. O conceito de resiliência está intimamente relacionado à saúde, descreve a capacidade de recuperar funções vitais básicas e de reação a qualquer tipo de colapso temporário ou crise. Quando almejamos a sustentabilidade a partir de uma perspectiva sistêmica, tentamos sustentar o padrão que conecta e fortalece todo o sistema. A sustentabilidade trata, antes de tudo, de saúde e resiliência sistêmicas em diferentes escalas, desde a local até a regional e a global.

A ciência da complexidade nos ensina que, como participantes de um sistema ecopsicossocial complexo e dinâmico, sujeito a certos limites biofísicos, nosso objetivo deve ser participação apropriada, não a previsão e o controle (Goodwin, 1999a). A melhor forma de aprender a participação correta é prestar mais atenção às interações e aos relacionamentos sistêmicos e, visando apoiar a resiliência e a saúde de todo o sistema, promover diversidade e redundâncias em múltiplas escalas, e para facilitar o surgimento positivo ao atentar para a qualidade das conexões e dos fluxos de informação no sistema. Este livro explora como isso pode ser feito.

■ Usar o Princípio da Precaução

Uma proposta para orientar ações prudentes em face da complexidade dinâmica e do "não saber" é aplicar o Princípio da Precaução como um quadro de referências que visa evitar, tanto quanto possível, ações que impactarão negativamente a saúde ambiental e humana no futuro. Da "Carta Mundial da Natureza" das Nações Unidas (ONU) em 1982, ao Protocolo de Montreal sobre a Saúde em 1987, à Declaração do Rio em 1992, ao Protocolo de Quioto e à Rio + 20 em 2012, nos comprometemos a aplicar o Princípio da Precaução várias vezes.

A Declaração de Consenso de Wingspread sobre o Princípio da Precaução afirma: "Quando uma atividade ameaça trazer danos para a saúde humana ou para o ambiente, medidas de precaução devem ser tomadas mesmo que algumas relações de causa e efeito não tenham sido cientificamente estabelecidas" (Declaração de Wingspread, 1998). O princípio indica que o ônus da prova de que uma determinada ação não é prejudicial seja daqueles que propõem e realizam a ação, ainda que o costume permita que todas as ações que (ainda) não tiveram seus efeitos potencialmente prejudiciais provada, continuem funcionando sem escrutínio. Em poucas palavras, o Princípio da Precaução pode ser resumido da seguinte forma: seja precavido em face à incerteza. Isso *não* é o que fazemos.

Embora os grupos de alto nível da ONU e muitos governos nacionais tenham repetidamente considerado o Princípio da Precaução como uma maneira sábia de orientar ações, o cotidiano mostra que é muito difícil de implementar, pois sempre haverá algum grau de incerteza. O Princípio da Precaução também teria o potencial de interromper a inovação sustentável e bloquear tecnologias altamente benéficas novas sob o pretexto de que não pode ser provado com certeza que essas tecnologias não resultarão em efeitos colaterais inesperados e prejudiciais para a saúde humana ou ambiental.

P· **Por que não instigar designers, tecnólogos, políticos e planejadores profissionais a avaliar as ações propostas sob o ponto de vista do potencial positivo, sustentador de vida, restaurativo e regenerativo?**

P· **Por que não limitar a escala de implementação de qualquer inovação aos níveis local e regional até que seu impacto positivo seja inequivocamente demonstrado?**

Fazer design para a saúde sistêmica pode não nos salvar de efeitos colaterais inesperados e da incerteza, mas apresenta uma rota de tentativa e erro para uma cultura regenerativa. Precisamos urgentemente de um Juramento de Hipócrates para o design, para a tecnologia e para o planejamento: *não causar dano ou mal!* A fim de fazer essa afirmação ética e operacional precisamos de uma intenção salutogênica (geradora de saúde) por trás de todo o design, tecnologia e planejamento: *precisamos projetar para os humanos, para os ecossistemas e para a saúde planetária.* Desta forma, podemos nos deslocar mais rapidamente dos negócios insustentáveis, do *busines as usual,* para inovações restaurativas e regenerativas que apoiarão a transição para uma cultura regenerativa. Vamos nos perguntar:

P· Como o design, a tecnologia, o planejamento e as decisões políticas apoiam afirmativamente a saúde humana, comunitária e ambiental?

Precisamos responder ao fato de que a atividade humana, nos últimos séculos e milênios, tem causado dano ao funcionamento saudável de ecossistemas. A disponibilidade de recursos está diminuindo globalmente, enquanto a demanda aumenta, à medida que a população humana continua a se expandir e a corroer as funções dos ecossistemas através de design irresponsável e estilos de vida de consumo desenfreado. Se o desafio de diminuir demanda e consumo for enfrentado, temos uma chance (ou possibilidade), tão pequena quanto o buraco de uma agulha, de criar uma civilização humana regenerativa. Essa mudança implicará uma transformação na base de recursos materiais de nossa civilização, de recursos fósseis para recursos biológicos renováveis e regenerados, juntamente com um aumento radical na produtividade e reciclagem de recursos. Bill Reed mapeou algumas das mudanças essenciais que serão necessárias para criar uma cultura verdadeiramente regenerativa.

> *Em vez de causar menos danos ao meio ambiente, é necessário aprender como participar do meio ambiente – usando a saúde de sistemas ecológicos como base para o design. [...] A mudança de uma visão de mundo fragmentada para um modelo mental de sistemas abrangentes é o movimento significativo que nossa cultura deve fazer – delineando e compreendendo as interrelações do sistema vivo de forma integrada. Uma abordagem de base local é uma forma de alcançar esse entendimento. [...] Nosso papel, como designers e acionistas, é mudar nosso relacionamento para um que cria um sistema completo de relacionamentos mutuamente benéficos.*
>
> ***Bill Reed (2007: 674)***

Reed denominou os fundamentos para a mudança no modelo mental de "pensamento de sistemas inteiros" e "pensamento de sistemas vivos", que precisamos para criar uma cultura regenerativa. Nos capítulos 3, 4 e 5, analisaremos essas mudanças necessárias em perspectiva e em algum detalhe. Elas andam de mãos dadas com uma reformulação radical da nossa compreensão da sustentabilidade. Como Bill Reed coloca "Sustentabilidade é uma progressão em direção a uma consciência funcional de que todas as coisas estão conectadas; que os sistemas de comércio, de construção, de sociedade, de geologia e da natureza são na verdade um sistema de relações integradas; e que tais sistemas são coparticipantes na evolução da vida" (2007). Uma vez que mudamos essa perspectiva, podemos entender a vida como "um processo completo de evolução contínua para relacionamentos significativos, mais diversificados e mutuamente benéficos". A criação de sistemas regenerativos não é uma mudança simplesmente técnica, econômica, ecológica ou social: tem que andar de mãos dadas com uma mudança subjacente na forma como pensamos sobre nós mesmos, nossos relacionamentos uns com os outros e com a vida como um todo.

A Figura 1 mostra as diferentes mudanças de perspectiva à medida que nos movemos do *business as usual* para uma cultura regenerativa. O objetivo de culturas regenerativas transcende e inclui sustentabilidade. O *design restaurativo* visa reconstruir a autorregulação saudável em ecossistemas locais, e o *design reconciliatório* dá o passo adicional de tornar explícito o envolvimento participativo da humanidade nos processos da vida e na união entre natureza e cultura. O *design regenerativo* cria culturas capazes de contínuos aprendizados e transformações em resposta, e antecipação, à mudança inevitável. Culturas regenerativas salvaguardam e aumentam a abundância biocultural para as futuras gerações da humanidade e para a vida como um todo.

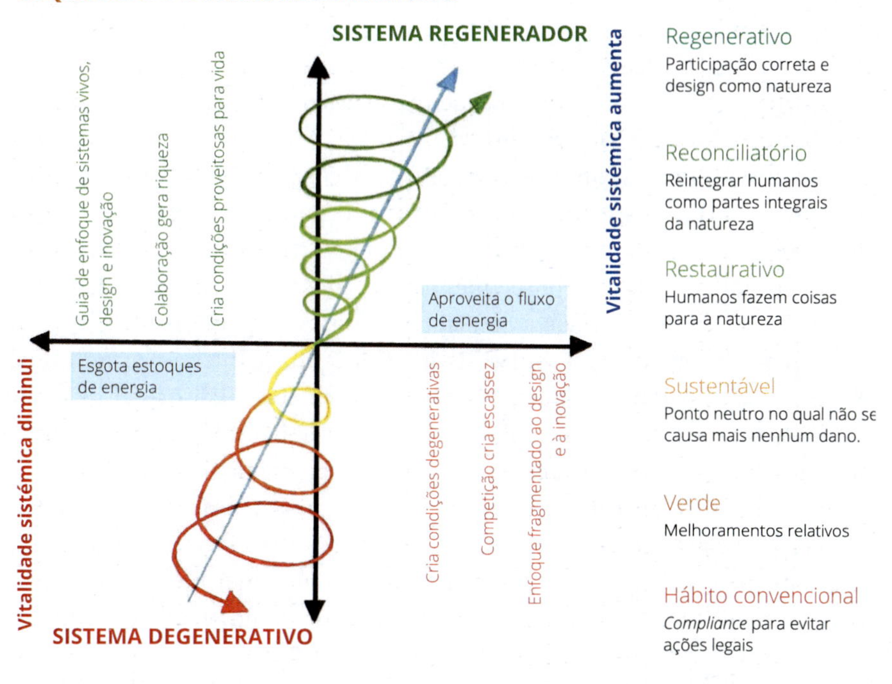

Figura 1: adaptado de Reed (2006), com permissão do autor.

A "história da separação" atinge os limites de sua utilidade e os efeitos negativos resultantes dessa visão de mundo e comportamento começam a impactar na vida como um todo. Ao nos tornarmos uma ameaça à saúde planetária, aprendemos a redescobrir nosso íntimo relacionamento com toda a vida. A visão de Bill Reed do design regenerativo para saúde sistêmica está em sintonia com o trabalho pioneiro de Patrick Geddes, Aldo Leopold, Lewis Mumford, Buckminster Fuller, Ian McHarg, E.F. Schumacher, John Todd, John Tillman Lyle, David Orr, Bill Mollison, David Holmgren e muitos outros que analisaram o design no contexto da saúde de todo o sistema. Surge uma nova narrativa cultural, capaz de dar à luz e definir uma cultura humana verdadeiramente regenerativa. Ainda não sabemos detalhes sobre a forma como essa cultura se manifestará exatamente, tampouco sabemos de todos os detalhes de como sairemos da atual situação de "mundo em crise" para o florescente futuro de uma cultura regenerativa. No entanto, a aparência desse futuro já está entre nós.

Ao usar os termos "velha história" e "nova história" corremos o risco de pensar nessa transformação cultural como um substituto de uma história por outra. Tal separação em opostos dualistas é, em si mesmo, parte da "narrativa de separação" da "velha história". A "nova história" não é uma total negação da atual visão de mundo dominante. Inclui tal perspectiva, mas deixa de considerá-la como a única, abrindo-se à validade e à necessidade de múltiplas formas de conhecimento. Abraçar a incerteza e a ambiguidade faz valorizarmos múltiplas perspectivas sobre nossa correta participação na complexidade. São perspectivas que dão valor e validade não só à "velha história" da separação, mas também à "história ancestral" da unidade com a Terra e o cosmos. Estas são perspectivas que podem nos ajudar a encontrar um modo regenerativo de ser humano em profunda intimidade, reciprocidade e comunhão com a vida como um todo, tornando-nos cocriadores conscientes da "nova história" da humanidade.

Nossa inquietação e urgência em tirar conclusões, respostas e soluções apressadas é compreensível, tendo em vista a intensificação do sofrimento individual, coletivo, social, cultural e ecológico, mas esta tendência de favorecer respostas em vez de aprofundar as perguntas faz parte da velha história da separação. A arte de inovação cultural transformadora trata, em grande medida, de fazer as pazes com o "não saber" e viver as questões mais profundamente, certificando-nos de que estamos fazendo as perguntas certas, prestando atenção aos nossos relacionamentos, e a como todos nós produzimos um mundo não apenas através do que estamos fazendo, mas através da qualidade do nosso ser. Uma cultura regenerativa surgirá da busca *por viver* novas formas de se relacionar consigo mesmo, com a comunidade e com a vida como um todo. No cerne da criação de culturas regenerativas está um convite para *viver as questões em conjunto.*

Capítulo 2

Por que escolher a 'inovação transformadora' em vez da 'inovação sustentável'?

Tanto para os necessitados do mundo, que vivem em ecossistemas amplamente degradados, quanto para os chamados "prósperos" no mundo desenvolvido, a mudança transformacional agora parece crucial. A humanidade não pode sobreviver sem ecossistemas funcionais, e as ações de todas as pessoas são necessárias, em conjunto, como uma espécie e em escala planetária.

John D. Liu (2011: 24)

Clayton Christensen (1997) identificou dois tipos fundamentalmente diferentes de inovação. O tipo mais comum simplesmente visa manter o *business as usual* por mais tempo, melhorando as formas já estabelecidas de fazer as coisas e as estruturas de sistemas existentes. Isso ajuda uma empresa, organização ou cultura a continuar fazendo aquilo pelo qual é conhecida (e com o qual já está acostumada) sem mudar fundamentalmente os serviços, produtos ou a estrutura e identidade do sistema. Christensen chamou isso de "inovação sustentável", não porque seja "sustentável", mas porque mantém o *business as usual* e ajuda os sistemas estabelecidos a funcionarem da maneira com que estão acostumados.

O segundo tipo de inovação descrito por Christensen é a "inovação disruptiva". Ele identificou uma ampla gama de casos em que as empresas foram surpreendidas por concorrentes que haviam inventado um tipo completamente novo de serviço ou produto, que tornou obsoletas as ofertas de organizações *business as usual* em seu setor industrial. Esse tipo de inovação muda completamente as regras do jogo. A inovação disruptiva pode levar uma empresa a competir com sua própria oferta *business as usual* de maneira perturbadora. O desafio é como introduzir a inovação disruptiva de forma sequenciada, permitindo que a empresa se mantenha em funcionamento enquanto se prepara para eliminar formas obsoletas de trabalho e tecnologia e, ao mesmo tempo, implementar a inovação que reinventa, redesenha e redefine o "novo *business as usual*".

Em uma análise mais demorada, podemos distinguir qualitativamente dois tipos de inovação disruptiva. Existe o tipo que torna obsoletos certos produtos e tecnologias, oferecendo uma maneira inovadora de obter resultados melhores do que os gerados pelo sistema antigo. Um exemplo simples seria a mudança de fitas magnéticas para discos compactos (CDs) como dispositivos para armazenar música. Isso interrompeu fundamentalmente os negócios daqueles que ainda vendiam fitas, mas as empresas que distribuíam música conseguiram permanecer mais ou menos iguais. Outro tipo de inovação disruptiva não apenas torna obsoletas as tecnologias mais antigas, mas também inicia um processo de transformação que leva as empresas a implementar uma maneira totalmente nova de fazer negócios e fornecer serviços e valores. A mudança do CD para os arquivos de mídia digital que podem ser baixados da internet levou a mudanças fundamentais na indústria da música. Organizações estabelecidas foram forçadas a se transformar para se manterem ativas, e empresas como Apple e Spotify conseguiram capitalizar essas mudanças fundamentais, aproveitando as vantagens do pioneirismo.

Em outras palavras, uma forma de inovação disruptiva leva a uma mudança na tecnologia sem transformar fundamentalmente a indústria em si. O outro tipo cria uma ponte para uma transformação cultural mais profunda, que levará a empresa, a comunidade ou a sociedade a se transformar e se reinventar.

Com base no trabalho de Christensen, o IFF distingue um terceiro tipo de inovação, que descreve o processo de inovação a longo prazo de mudanças fundamentais na cultura e na identidade. No contexto da sustentabilidade e da transição para uma cultura restaurativa, é esse tipo de "inovação transformadora" que nos interessa particularmente.

> P· **Como podemos manter as luzes acesas, evitar a revolução e a turbulência, garantir que as crianças continuem na escola e as pessoas no trabalho, enquanto transformamos fundamentalmente a presença humana no planeta Terra antes que o *business as usual* leve a mudança climática, biosfera empobrecida e morte precoce de nossa espécie?**

Metaforicamente falando, temos o desafio de redesenhar o avião em pleno voo. Como mantemos as necessidades básicas atendidas enquanto nos preparamos e experimentamos o tipo de mudança transformacional que tornará obsoletos os negócios e oferecerá uma alternativa qualitativamente diferente? Somente experimentando e aceitando a mudança podemos trazer a transformação. A mudança transformadora exige que nós, individual e coletivamente, vivamos de maneira diferente, em vez de continuar repetindo padrões de comportamento e modos de pensar não saudáveis que não nos servem mais.

Vimos como estamos vivendo entre duas narrativas – separação e interser – e teremos que avaliar cuidadosamente quais aspectos da velha história podem continuar a nos servir uma vez que os recontextualizemos a partir da perspectiva mais inclusiva e integradora da "nova história" de interser.

Não seria prudente descartar de uma só vez todos os nossos sistemas e processos atuais. Neste período de transição cultural, temos que viver as questões mais profundamente, em vez de tirar conclusões e bolar soluções muito rapidamente. A inovação para a transformação cultural, visando uma cultura regenerativa, está em encontrar o equilíbrio entre antever e projetar nosso futuro comum e deixá-lo simplesmente emergir, enquanto prestamos muita atenção em como nos relacionamos com nós mesmos, com nossas comunidades e com o mundo. Uma das perguntas que devemos fazer é se essas relações são estimulantes, amorosas e saudáveis, ou se são sufocantes, agressivas e patológicas. A inovação transformadora tem a ver tanto com a escuta profunda do que quer emergir, quanto com intervenções conscientes e intencionais na jornada de nossa sociedade atual, de crescimento industrial e cultura do individualismo competitivo para uma sociedade que sustenta a vida e culturas verdadeiramente regenerativas.

■ Vivemos tempos extraordinários

Vivemos tempos extraordinários e a transformação já está acontecendo de forma acelerada ao nosso redor. Em quase todas as áreas da nossa vida, estruturas antigas estão se desintegrando, à medida que testemunhamos os desdobramentos de impactos de inovações tecnológicas sem precedentes. Tudo isto está acontecendo no contexto de uma população humana em expansão, de profunda transformação social e econômica em todos os continentes e, o mais urgente de todos, de uma perigosa desestabilização dos padrões climáticos globais e locais. Existe um consenso científico de que precisamos agir imediatamente se quisermos evitar efeitos climáticos catastróficos no futuro da humanidade, na diversidade da vida e em todo o planeta. Centenas de milhares de pessoas já estão morrendo a cada ano devido a eventos climáticos extremos relacionados à mudança climática, e milhões ficam desabrigadas, passam fome ou são forçadas a migrar. Ecossistemas em todos os lugares e a biosfera como um todo estão atingindo o ponto crítico. O impacto prolongado de uma sociedade industrial em crescimento totalmente dependente de combustíveis fósseis e da rápida extração de recursos não renováveis está ultrapassando os limites do que o planeta é capaz de prover.

Nosso sistema econômico atual está estruturalmente comprometido com o crescimento econômico e amalgamado em um sistema financeiro baseado em dívidas e moedas que não apresentam um valor material real. As tentativas de ressuscitar esse sistema estruturalmente disfuncional são cada vez mais dispendiosas, à medida que os ciclos de crise econômica e de recuperação (onerosa e temporária) estão ficando cada vez mais curtos.

Crises econômicas contínuas e o medo da guerra e do terrorismo efetivamente mantiveram as questões climáticas e ambientais em um nível muito baixo de prioridade política. Questiona-se cada vez mais se nosso sistema econômico, estruturalmente disfuncional, poderá de fato vir a proporcionar sustentabilidade. Não só ativistas antiglobalização, mas pessoas em instituições como o Banco Mundial (Soubbotina, 2000), *think tanks* do governo (Jackson, 2009a), acadêmicos (por exemplo Victor, 2010, Jackson 2009b) e o Fórum Econômico Mundial (2012) lançam dúvidas sobre o paradigma do crescimento econômico.

Ao mesmo tempo, surgem mais e mais evidências de que a desigualdade tem impactos sociais e de saúde devastadores (Wilkinson, 1996, 2005; Wilkinson, Pickett, 2011; Stiglitz, 2013). No entanto, a lacuna continua aumentando globalmente. As mudanças demográficas apresentam novas questões para alguns países, como Alemanha e Japão, que estão lidando com os efeitos do envelhecimento da população. Outros países da América do Sul, da Ásia, da África e do Oriente Médio têm uma população crescente de jovens desprivilegiados, com perspectivas econômicas ruins e educação inadequada, e se veem diante de um século de turbulências.

O crescente fundamentalismo e os conflitos pelo controle sobre o petróleo, a água e a terra levaram a uma série de guerras que provocaram crises humanitárias no Oriente Médio, na África e na Europa, enquanto um número crescente de refugiados anuncia uma nova era de migração em massa. A migração induzida por fatores ambientais, políticos e econômicos está em ascensão. Surgem conflitos entre os imigrantes e os residentes, o que cria condições para o ressurgimento da xenofobia exatamente no momento em que a humanidade tem que se unir para navegar, com sucesso, os mares agitados à frente.

Já é possível destacar diversos locais em que a escassez no abastecimento de alimentos, água e energia gera fome e conflitos. No entanto, algumas corporações multinacionais predatórias exacerbam ativamente esses problemas para atender aos interesses de poucos, em vez de ajudar a encontrar soluções que protejam o patrimônio global e garantam acesso básico às necessidades essenciais para toda a humanidade. A raiz desse comportamento equivocado é a narrativa de separação que justifica o comportamento de competição agressiva e gera escassez artificial. Esta "velha história" ainda rege fundamentalmente a nossa cultura.

Os sistemas de educação e saúde em todo o mundo são levados ao limite, já que são forçados a se reinventar e se reestruturar enquanto mantêm e melhoram seus serviços em um clima econômico difícil. Mesmo nas nações privilegiadas e ricas, a maioria dos sistemas educacionais ainda não foi capaz de lidar com a profunda reorganização de seu modelo, uma vez que agora a informação e o conhecimento são mais acessíveis do que nunca devido à nova tecnologia da informação. A maioria dos graduados universitários está equipada com conhecimentos e habilidades ultrapassadas ao se formar, e não consegue captar as grandes conexões do mundo que habita. A superespecialização limitou sua capacidade de pensamento integrativo, lateral e holístico.

É verdade que muitas gerações anteriores pensaram em si mesmas como "vivendo tempos extraordinários", mas nunca antes na história da humanidade houve tantos de nós na Terra, nem jamais possuímos tecnologias tão poderosas, capazes de produzir mudanças catastróficas em larga escala por conta de algumas decisões malfadadas e baseadas em informações deficientes.

■ A transformação é inevitável e já está acontecendo

As transformações em curso hoje vão remodelar a presença humana na Terra em menos de um século, e se quisermos ter uma chance, por mínima que seja, precisamos aprender a enxergar todos os diversos processos de mudança e transformações como parte de uma transição sistêmica que somos incapazes de controlar, mas que podemos navegar com mais sabedoria se aprendermos a fazer as perguntas apropriadas.

Se cultivarmos a capacidade de ver as interconexões entre as diferentes crises que estamos enfrentando, se aprendermos a prestar atenção às estruturas sistêmicas e às narrativas subjacentes que impulsionam profundamente nosso comportamento insustentável, poderemos equipar as comunidades, em todos os lugares, com a capacidade de responder adequadamente aos desafios em sua escala local e regional, oferecendo-lhes um contexto global de colaboração na transição para culturas humanas regenerativas. Vivemos em um momento de extraordinária oportunidade. O Renascimento e o Iluminismo foram variações relativamente menores em um tema já existente, se comparados à transformação que está em andamento. O nascimento de culturas regenerativas e de uma civilização humana regenerativa é a mais profunda inovação transformadora pela qual nossa espécie já passou desde que de caçadores e coletores nômades nos transformamos em agricultores sedentários, de uns oito a cinco mil anos atrás.

Os gregos antigos tinham duas palavras para o conceito de tempo: *chronos* — tempo sequencial, quantitativo, cronológico — e *kairos*, referindo-se a períodos extraordinários em que a cultura sofre uma mudança qualitativa e profunda à medida que indivíduos e grupos aproveitam o potencial transformador do momento presente. A queda do Muro de Berlim e da União Soviética, a transição de Nelson Mandela de prisioneiro a presidente e o fim da dominação britânica na Índia por meio da ação direta e não violenta liderada por Gandhi são exemplos de momentos de *kairos* que afetaram o curso da história. Estamos agora no meio de um momento de *kairos*, que engloba toda a nossa espécie em escala planetária. A transformação é inevitável e já está acontecendo.

Os Três Horizontes da inovação e a transformação cultural

No outono de 2009, fui convidado a participar do IFF como membro de um pequeno grupo da "próxima geração". O IFF é uma rede colaborativa internacional de pessoas comprometidas em reunir suas experiências e ideias para explorar "os complexos e confusos desafios que nosso mundo enfrenta", para "apoiar uma resposta transformadora a esses desafios" e para "melhorar nossa capacidade de ação efetiva".

Uma perspectiva comum compartilhada entre os membros do IFF é a de que precisamos de uma abordagem mais sistêmica para a complexidade dos problemas que enfrentamos e das oportunidades interconectadas. Outra crença compartilhada é a de que, a fim de responder apropriadamente às mudanças que nos cercam, organizações, comunidades, empresas e governos não devem apenas prestar atenção a possíveis respostas de curto prazo aos sintomas dessas crises, mas também abordar os problemas estruturais e as causas sistêmicas subjacentes que impulsionam esses sintomas. Além disso, trabalhar com sistemas complexos exige que aceitemos a incerteza, a mudança e a imprevisibilidade. Nosso objetivo é envolver as comunidades no diálogo cultural mais profundo, aquele que faz o tipo de perguntas e propõe o tipo de respostas provisórias que impulsionam a transformação cultural e o aprendizado contínuo.

Nos últimos dez anos, os membros do IFF e outros futurólogos (ver Hodgson, Sharpe, 2007; Curry, Hodgson, 2008; Sharpe, 2013) desenvolveram, de forma colaborativa, a estrutura "Três Horizontes". O Três Horizontes é um método eficaz para compreender e facilitar a transformação cultural e explorar a inovação e a ação sensata em face da incerteza e do não conhecimento. A estrutura foi aplicada em vários contextos, incluindo o futuro das infraestruturas inteligentes no Reino Unido, previsão tecnológica na indústria de TI, inovação transformadora no sistema educacional escocês, o futuro da pesquisa de Alzheimer, desenvolvimento da comunidade rural e programas de liderança executiva. É uma metodologia versátil, que convida as pessoas a explorar o potencial futuro do momento presente. Para isso, há uma série de perspectivas que devem ser consideradas, a fim de direcionar nosso curso com sabedoria em meio a um futuro imprevisível.

O esquema Três Horizontes é uma ferramenta de previsão que pode nos ajudar a estruturar nosso pensamento sobre o futuro por caminhos que estimulam a inovação. Ele descreve três padrões ou formas de fazer as coisas e como a prevalência relativa e as interações evoluem com o tempo. A mudança do padrão estabelecido do primeiro horizonte para o surgimento de padrões fundamentalmente novos no terceiro ocorre por meio da atividade de transição do segundo horizonte. O modelo não apenas nos faz pensar em padrões interativos, mas, mais importante, "chama a atenção para os três horizontes sempre existentes no momento presente, e obtemos evidências sobre o futuro a partir da análise de como as pessoas (incluindo nós mesmos) estão se comportando *agora*" (Sharpe, 2013: 2).

O esquema nos ajuda a nos tornarmos mais conscientes de como nossas intenções e comportamentos de hoje — individuais e coletivos — moldam ativamente o futuro. Com o mapeamento das três formas de nos relacionarmos com o futuro, a partir das perspectivas dos três horizontes, podemos trazer o valor de cada uma delas para a conversa de forma produtiva, promovendo a compreensão e a consciência futuras como bases para a ação colaborativa e a inovação transformadora.

Acredito que os Três Horizontes oferecem uma estrutura importante para pensar sobre a inovação transformadora, que pode ser usada para facilitar a transição para culturas regenerativas. Isso pode nos ajudar a estruturar nossa exploração coletiva à medida que começarmos a viver as questões juntos, como participantes conscientes dessa transição. Neste contexto, o primeiro horizonte (vermelho) representa os sistemas que prevalecem atualmente, que começam a mostrar sintomas de declínio e encurtamento dos ciclos de crises, com recuperações temporárias, mas que nunca atingem seu cerne.

ESTRUTURA TRÊS HORIZONTES APLICADO À TRANSIÇÃO RUMO A UMA CULTURA REGENERATIVA

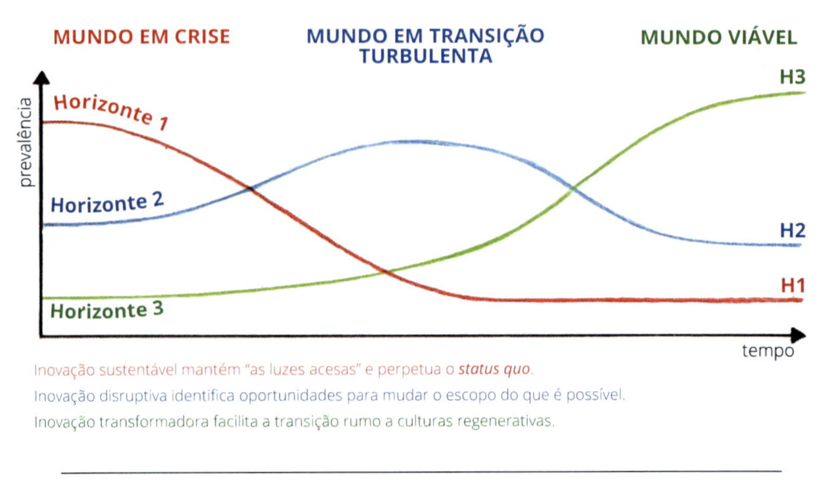

Figura 2: Adaptação de <www.bit.ly/DRC229>, com permissão do IFF.

Em outras palavras, o Horizonte 1 é o *business as usual*, ou *o mundo em crise* (H1). É caracterizado pela inovação incremental, que mantém o *business as usual* ativo. O Horizonte 3 (verde) representa a nossa visão de um '*mundo viável*' (H3). Talvez não sejamos capazes de definir cada detalhe deste futuro – já que o futuro é sempre incerto –, mas podemos intuir quais transformações fundamentais nos aguardam, e podemos prestar atenção a experimentos sociais, ecológicos, econômicos, culturais e tecnológicos ao nosso redor, que talvez sejam amostras desse futuro em nosso presente. O Horizonte 2 (azul) representa o *mundo em transição* (H2) – o espaço empreendedor e culturalmente criativo de inovações já tecnologicamente, economicamente e culturalmente viáveis que podem romper e transformar H1 em graus variados, com efeitos socioecológicos regenerativos, neutros ou degenerativos.

No momento em que essas inovações de H2 se tornam mais eficazes do que as práticas existentes, elas começam a substituir aspectos do *business as usual*. No entanto, algumas formas de "inovação disruptiva" acabam sendo absorvidas pelo H1 sem levar a uma mudança fundamental e transformadora, enquanto outras formas de "inovação disruptiva" podem ser pensadas como uma possível ponte do H1 para o H3. No contexto da transição para culturas regenerativas, introduzimos um viés de valor em nosso uso da metodologia Três Horizontes: soluções que criam condições conducentes à vida e estabelecem padrões regenerativos são mais valorizadas do que aquelas que não o fazem. Ao longo deste livro, eu me refiro ao H3 como perspectivas e padrões que pretendem trazer um "mundo viável" de culturas regenerativas, capazes de transformar criativamente enquanto exploram continuamente as respostas mais apropriadas a um contexto socioecológico em rápida mudança.

■ Cultivando a consciência futura com a perspectiva dos Três Horizontes

> *A essência da prática dos Três Horizontes é desenvolver a consciência — tanto individual, quanto compartilhada — de todos os três horizontes, vendo-os como perspectivas que devem entrar na discussão, e trabalhar de forma flexível com as contribuições que cada um faz ao processo contínuo de renovação do qual todos dependemos. Nós deixamos a mentalidade individual e entramos em um espaço compartilhado de possibilidade criativa.*
>
> ***Bill Sharpe (2013: 29)***

O Horizonte 1 é baseado em práticas que funcionaram por um longo tempo e têm um histórico comprovado com base na experiência do passado. O pensamento H1 — dominado pela narrativa da separação — moldou a maioria das práticas que parecem vitais para nossa existência continuada. Nossos sistemas educacionais, de produção e consumo, de saúde, as infraestruturas de comunicação, transporte e moradia, todos esses sistemas e os serviços vitais terão que ser transformados durante a transição para culturas regenerativas.

Do ponto de vista do momento atual, H3 descreve culturas regenerativas capazes de constante aprendizagem e transformação na adaptação e antecipação da mudança. No entanto, ao nos aproximarmos do H3, ele recua, ou melhor, ele se transforma em resposta a uma mudança sistêmica mais ampla. No momento em que alcançarmos a maturidade cultural que descrevemos hoje como terceiro horizonte, este H3 se tornará o novo H1. Assim, enfrentaremos novos e imprevisíveis desafios que nos exigirão uma nova perspectiva H3. A peregrinação rumo a um futuro sustentável e regenerativo tem uma sequência interminável de falsos "picos". À medida que alcançamos o ponto mais alto da linha verde (H3) de nosso esquema de horizontes, voltamos ao ponto de partida da linha vermelha, em nosso novo H1. Olhando para a frente, com a consciência futura, vemos os novos segundos e terceiros horizontes estendidos à diante de nós.

Como o processo de evolução e transformação cultural é contínuo, não há como chegar ao ponto mais alto e manter um cenário de H3 para sempre. Mover-se em direção ao terceiro horizonte implica sempre reconhecer nosso "não saber" e, portanto, permanecer com uma mentalidade de aprendiz — pronto para aprender com a experiência; humilde o suficiente para não considerar nenhuma solução absoluta e definitiva; e aberto a reconhecer as valiosas perspectivas de todos os três horizontes.

Embora alguns aspectos do H1 atual sejam obsoletos e estejam entre as causas-raiz de práticas insustentáveis, outros aspectos do H1 também estão ajudando a fornecer serviços vitais, sem os quais enfrentaríamos um colapso quase imediato. A transformação deve ocorrer sem interrupção no fornecimento de tais serviços vitais. Não é possível para a humanidade desligar as luzes, sair da sala e começar de novo em uma sala diferente que seja mais promissora. Nós só temos um planeta. Temos que encontrar maneiras de fazer a transição de um *status quo*, que agora é profundamente insustentável, para um novo. A sustentabilidade e as culturas regenerativas não são objetivos a serem alcançados, mas processos contínuos de aprendizagem coletiva. À medida que avançamos rumo ao terceiro horizonte, é provável que sejamos surpreendidos com o surgimento de novos desafios. Para responder com sabedoria a esses desafios, as perspectivas oferecidas pelo método Três Horizontes devem orientar nossas ações.

> *A mentalidade Três Horizontes transforma o potencial do presente ao revelar cada horizonte como uma qualidade diferente do futuro no presente, refletindo como agimos de maneira diferente para manter o familiar ou para promover, de forma pioneira, o novo.*
>
> ***Bill Sharpe (2013: 10)***

A fim de evitar o erro comum de "despejar o bebê junto com a água da bacia", é importante enxergar tudo que há de valioso no H1 e entender a importância das contribuições para cocriar culturas regenerativas. Bill Sharpe compara a perspectiva de H1 com o papel do *gerente* responsável por manter as luzes acesas e as máquinas trabalhando, sem longa interrupção de seu funcionamento básico. A perspectiva H2 é a do *empreendedor* que vê a vantagem potencial de fazer as coisas de forma diferente, desafiando o *status quo* de maneira operacional, mas muitas vezes sem questionar a narrativa cultural que mantém a cultura H1. A perspectiva do visionário do H3 exige profunda transformação em direção a um mundo melhor (mais razoável, justo, igualitário, próspero e sustentável).

No contexto de transição, o pensamento H3 é orientado pela nova narrativa cultural da interexistência e pela evidência científica da nossa interdependência em relação às demais formas de vida. Como tal, está definindo um novo modo de ser e de se relacionar, com base em uma mudança fundamental na visão de mundo, reconhecendo as valiosas contribuições das perspectivas H1 e H2 e colocando-as no contexto de uma transformação socioecológica mais ampla.

Ao traçarmos um caminho para culturas regenerativas que tenham por objetivo evitar rupturas e sofrimento em massa, precisamos avaliar as pontes que certos tipos de inovação H2 oferecem. Embora muitos dos sistemas H1 precisem de transformação profunda, ainda devem ser valorizados como uma base a partir da qual a inovação e a transformação se tornam possíveis, enquanto evitamos os efeitos frequentemente regressivos, e não evolutivos, da revolução e do colapso sistêmico.

A perspectiva H3 em si é povoada por muitas visões diferentes do futuro. No contexto deste livro, concentro-me naquelas que valorizam a viabilidade e a regeneração. Porém, é importante permanecermos abertos às lições que podemos aprender a partir de todos os três horizontes e à diversidade de perspectivas sobre o futuro que elas representam. Manter a mente aberta e aprender por meio de múltiplas perspectivas pode nos ajudar a desenvolver a "consciência futura" conforme traçamos nosso caminho rumo a um futuro que sempre será caracterizado pelo surgimento de novas condições — algumas predeterminadas e inevitáveis, outras imprevisíveis.

Diversas visões e experimentos de H3 são necessários para que nossa conversa coletiva sobre o futuro alcance um nível inclusivo e participativo. Precisamos questionar nosso próprio condicionamento cultural e a miopia causados pela educação H1 e pelo discurso cultural. Os gerentes do H1 muitas vezes se fecham em um modo específico de fazer as coisas e em uma mentalidade específica (a narrativa da separação) — um tipo de profecia autorrealizável. Os visionários do H3 nos lembram de enxergar potenciais e possibilidades futuras além da rígida mentalidade H1 que resiste à mudança, em particular aquele tipo de mudança que convida à transformação cultural.

A ponte entre H1 e H3 é construída dedicando uma atenção criteriosa ao espaço da inovação e ao período de transição que é aberto pelo segundo horizonte. A perspectiva H2 vê oportunidades nas deficiências de H1 e visa fundamentar as possibilidades visionárias do terceiro horizonte com alguns passos práticos posteriores. Muitos deles provavelmente serão "trampolins" ou inovações de transição. Como a inovação H2 ocorre em um contexto econômico e dentro das estruturas de poder dominadas por H1, muitas das inovações H2 propostas são, em última instância, implementadas para atender às metas de H1. Como o segundo horizonte consiste em experimentação e empreendedorismo, muitas de suas iniciativas falham, oferecendo oportunidades de aprendizado. Apenas uma pequena porcentagem das inovações consegue construir uma ponte eficaz entre H1 e H3, permitindo a implementação das visões do H3 de maneira tangível, convincente e "positivamente contagiosa".

A mentalidade Três Horizontes nos permite reconhecer o que é valioso em cada uma das três perspectivas e formas distintas de se relacionar com o futuro. Ajuda-nos a enxergar as oportunidades e o potencial futuro do momento presente. Pode nos ajudar a fazer perguntas mais profundas enquanto nos engajamos em conversas orientadas pela "consciência futura", que transformam mentalidades rígidas em perspectivas valiosas.

> *A transformação acontece como o resultado emergente de tudo que está ocorrendo no mundo – há sempre um terceiro horizonte emergindo em cada escala da vida – da individual à planetária e até além. Algumas coisas serão resultado de ações intencionais, e outras, para o bem ou para o mal, vão nos surpreender. A forma como vivemos hoje já foi, um dia, o terceiro horizonte, em parte imaginado e pretendido, e amplamente desconhecido. A consciência futura não fará com que tenhamos controle sobre o futuro, mas nos permite desenvolver nossa capacidade de resposta transformacional a suas possibilidades.*
>
> ***Bill Sharpe (2013: 15)***

A mentalidade Três Horizontes oferece um método e a prática de ver coisas a partir de múltiplas perspectivas, valorizando a contribuição que cada perspectiva faz à maneira como, juntos, concebemos o mundo. O simples gesto de manter um diálogo facilitado pelo uso do esquema Três Horizontes em seu grupo da vizinhança, trabalho, organização ou conselho comunitário já oferece potencial para que, daí, surja uma inovação cultural transformadora.

Avaliando a inovação disruptiva na era da transição

É útil classificar as inovações H2 em duas categorias. A primeira categoria é chamada H2 menos. As inovações H2- modificam a tecnologia aplicada, e, por isso, provocam a distinção do *business as usual* temporariamente. No entanto, não levam a uma transformação sistêmica profunda. A segunda categoria é H2 mais. As inovações H2+ oferecem uma ponte para H3, levando a uma mudança estrutural e a uma transformação do sistema em questão.

Por exemplo, fornecer energia para a rede nacional de abastecimento por meio de parques eólicos de grande escala é, por um lado, parte da estratégia H2+ de evoluir rumo a um sistema baseado em energia 100% renovável, e, por outro lado, uma inovação H2- fechada em uma mentalidade H1, já que ainda serve de apoio a um sistema de energia centralizado. Um exemplo de uma genuína inovação H2 nesta área seria uma mistura de tecnologias de energia renovável descentralizada e diversa que combine tanto opções independentes quanto conectadas à rede de abastecimento a fim de aumentar a flexibilidade, a eficiência e a resiliência de nosso sistema de energia como um todo. A Figura 3 mostra como podemos aplicar o esquema Três Horizontes para avaliar inovações potencialmente disruptivas em meio às transições de longo-prazo rumo a culturas regenerativas.

Para profissionais que visam facilitar a transição para culturas regenerativas, a arte da transformação cultural *e*volucionária, em vez da *re*volucionária, serve para evitar o colapso de sistemas — e a subsequente reconstrução — e para que a "velha história" não seja descartada categoricamente (despejar o bebê junto com a água da bacia), mas construir uma "nova história" ao transcender e incluir a "velha história". Para que isso seja efetivamente feito, precisamos distinguir as inovações H2- das H2+, e apoiar a segunda como uma forma de orientar a profunda transformação em direção a uma cultura H3 regenerativa.

Figura 3: Adaptada e expandida a partir de Bill Sharpe (2013), com permissão do autor.

A *inovação disruptiva* do tipo H2+ tende a causar a disrupção de H1 — o *business as usual* — ao oferecer soluções aprimoradas que nos dão tempo para evoluírmos rumo a uma inovação transformativa H3 mais profunda. Transformações comportamentais culturalmente criativas e mudanças de visão de mundo disseminadas só acontecem se envolvermos todos — aqueles que investem na manutenção do *status quo*, aqueles que veem o potencial empreendedor de fazer as coisas de uma maneira diferente e aqueles que são capazes de vislumbrar a visão de mundo fundamental e as mudanças de valor que criariam uma cultura mais regenerativa. Todas as três perspectivas precisam orientar uma conversa contínua sobre nosso futuro coletivo.

A mentalidade Três Horizontes e sua prática são um convite para passar de "formas de pensar" muito arraigadas e defendidas à capacidade de desenvolver a consciência futura, valorizando as perspectivas de todos os três horizontes. Como educador de sustentabilidade e consultor particularmente dedicado a fazer a ponte entre as organizações, a fim de encontrar um interesse em comum para cocriar economia e cultura regenerativas, tenho testemunhado muitas discussões entrincheiradas em salas cheias de pessoas que querem fazer a coisa certa. A mentalidade Três Horizontes é uma maneira de descobrir um interesse em comum e avançar juntos.

Prestar atenção e tentar apoiar os tipos de inovação H2+ e H3 é muito importante durante o período de transição turbulenta em que estamos, mas também precisamos valorizar as perspectivas dos inovadores H1 e H2- que tentam atender às necessidades operacionais básicas durante o período de transição. Se as luzes se apagarem, corremos o risco de seguir um caminho revolucionário — não um caminho evolutivo — que poderia nos levar de volta ao pensamento anacrônico, o "nós contra eles".

Em uma mentalidade rígida, mesmo os inovadores do H2+ e os visionários do H3 tendem a discutir uns com os outros, em vez de se enxergarem como poderosos aliados. Com muita frequência, vejo visionários bem-intencionados perdendo tempo com argumentos que tentavam criticar as inovações do H2+ como insuficientemente transformativas. Argumentos de mentalidades rígidas tendem a comparar e contrastar a inovação transformativa mais lenta e complexa (que frequentemente inclui inovação social, mudança de valor e comportamento e o *redesign* da economia, sociedade e governança) com as mudanças tecnológicas mais rapidamente implantáveis em nossos sistemas de energia, transporte ou produção. Na minha opinião, precisamos de inovadores tecnológicos que estejam desenvolvendo, digamos, novas tecnologias de energia eólica baseadas em pipas, que usam menos energia e materiais do que as enormes turbinas, assim como precisamos de inovadores que estejam desenvolvendo moedas complementares e sistemas monetários que permitam uma economia cooperativa.

É importante estar ciente de que todos os três horizontes estão presentes em qualquer ponto no eixo do tempo. Eles não se substituem completamente, mas simplesmente mudam em sua "prevalência" relativa (como pontuado no eixo y). Este é um lembrete para avaliar cuidadosamente quais aspectos do "sistema antigo" devem ser mantidos. A humanidade muitas vezes desconsidera a sabedoria do passado em nome do "progresso". Em resposta aos aspectos disfuncionais do *business as usual*, muitas vezes adotamos uma postura radical e vamos de um extremo ao outro, em vez de manter o que é bom e útil do antigo e misturá-lo de uma forma criativa com o novo. A linha vermelha na extremidade direita do esquema representa justamente esses aspectos e estruturas úteis do Horizonte 1 que devem ser mantidos e transformados.

Da mesma forma, a linha verde do Horizonte 3 na extremidade esquerda do esquema nos lembra que "o futuro já chegou, só não está uniformemente distribuído", como disse o escritor de ficção científica William Gibson. Uma forma de acelerar a transição para uma cultura regenerativa é identificar essas "amostras" do futuro no presente e trabalhar para amplificar e disseminar as inovações transformativas geradas por tais experimentos visionários.

Exemplos de experimentos em inovação transformativa estão por toda parte. Aqui estão apenas algumas áreas em que é útil avaliar inovações disruptivas (H2-/+), por seu papel na transição para culturas regenerativas: os campos de consumo colaborativo; manufatura distribuída; inovação bioinspirada em produtos industriais e design de processo; inovação P2P[1] aberta; sistemas sociocráticos de governo e justiça restaurativa; mídia de moedas complementares em escala local, regional e global; trabalho em "economia circular" e "economia regenerativa"; iniciativas de transição (cidade) e ecovilas, bem como trabalhos em ecocidades e planos de desenvolvimento biorregional. O caminho da transformação cultural é feito com a mente aberta e disposição de aprender um com o outro, com nossos erros e com a comunidade da vida.

---

1. P2P (peer-to-peer) faz referência à relação entre indivíduos que se conectam diretamente, trocando produtos e/ou serviços, sem o uso de intermediários. Pode ser entendido como 'pessoa a pessoa', 'ponto a ponto', 'parte a parte' (N.E.).

A inovação transformadora consiste em questionamento profundo

A verdadeira inovação ocorre quando as coisas que vinham sendo separadas são reunidas.

Arthur Koestler e John Smythies (1969)

O terceiro horizonte nos dá uma visão orientadora de longo prazo e nos convida a expandir a perspectiva de tempo em que estamos pensando. Na busca por um futuro sustentável e desejável, faríamos bem em lembrar a sabedoria de muitas culturas tradicionais que pensavam em prazos bem maiores do que os da nossa cultura moderna e acelerada. Muitas culturas tradicionais tomaram decisões importantes com as gerações futuras em mente. A maioria de nossas decisões atuais, por outro lado, parece visar à maximização de curto prazo de parâmetros limitados de sistemas, como o aumento do produto interno bruto (PIB) de um ano para o próximo, ou, no máximo, de um ciclo eleitoral para outro. Os nativos norte-americanos iroqueses notoriamente tinham a prática de tomar qualquer decisão importante com consideração especial por seus possíveis efeitos na sétima geração, ainda não nascida, em mente. Este é o tipo de sistema de orientação cultural e civilizacional que pode criar culturas regenerativas.

Temos que reaprender o que Peter Schwartz (1996) chamou de *A arte da visão de longo prazo*, e a mentalidade Três Horizontes é uma boa maneira de fazê-lo. Assim como os construtores das catedrais medievais tinham uma visão do edifício que estavam construindo, mesmo que eles jamais o vissem terminado, precisamos de uma visão inspiradora da cultura regenerativa que gostaríamos de cocriar, mesmo que a jornada de transformação cultural possa levar mais de uma vida ou geração.

É melhor nos acostumarmos à constante inovação transformativa e à rápida criação de novas estruturas de transição, que podem se dissolver em breve, para dar lugar à próxima adaptação criativa às mudanças nas circunstâncias e a outro ciclo de inovação transformativa. Na minha opinião, o século XXI marcará uma transformação sem precedentes da cultura humana, pois vamos redesenhar nossa presença na Terra em adaptação à realidade ecológica de nosso sistema planetário de suporte à vida. A narrativa emergente da interexistência vai se expressar em uma diversidade caleidoscópica de culturas regionais prósperas, desenvolvendo uma nova intimidade, reciprocidade e cuidado com seus ecossistemas locais como contribuintes para a saúde humana e planetária.

As transformações estruturais, culturais, tecnológicas, políticas, educacionais e econômicas ocorrerão não apenas uma ou duas vezes, mas em sequência contínua, em diferentes escalas e em diferentes regiões, em diferentes momentos e de diferentes maneiras. Ambas as inovações transformativas H2+ e H3 têm o potencial de impulsionar a evolução cultural de nossa atual sociedade — de crescimento industrial baseado na exploração de recursos e competição social — para uma sociedade de sustentação à vida, da humanidade *como natureza*, cuidando da saúde sistêmica e resiliência de autointeresse esclarecido e enraizado em colaboração local, regional e global, visando otimizar o sistema para todos.

Nossa espécie, o *Homo sapiens sapiens* inquisitivo, está flertando com o perigo real de desencadear efeitos estufa irreversíveis na biosfera que influenciarão a vida na Terra por muitos milênios. Na jornada transformadora em direção às culturas humanas regenerativas, o "como" chegamos lá — que relações formamos dentro da família humana e com a comunidade da vida, nosso caminho de aprendizado e transformação contínuos — é mais importante do que o chegar. De fato, não há linha de chegada no final desta jornada, apenas adaptação contínua e transformação. Somos participantes da exploração contínua da novidade na vida.

Perguntas norteadoras são uma forma mais útil de traçar um caminho transformativo contínuo do que respostas fixas. Isso não significa que não tenhamos que propor respostas e implementar soluções; nós simplesmente temos que estar conscientes de que elas servirão apenas temporariamente.

P· **Quais são as suposições e crenças básicas que orientam a forma como definimos o problema e oferecemos soluções?**

P· **Quais as reais necessidades não atendidas que são obscurecidas pelas necessidades percebidas, sobre as quais estamos nos concentrando?**

P· **Como podemos trabalhar mais efetivamente com as pessoas afetadas e envolvê-las na busca de soluções que funcionem para elas?**

P· **Como podemos desenvolver flexibilidade e capacidade de transformação e adaptação nas soluções que propomos?**

P· **O que podemos aprender a partir dos padrões e processos da natureza para criar soluções que fortaleçam, em vez de enfraquecerem, os ecossistemas locais e o sistema planetário de suporte à vida?**

P· **Por que estamos focados nessa questão em particular e como ela se relaciona com seu contexto mais amplo (estamos fazendo a pergunta certa)?**

- **P· Existem problemas relacionados que poderíamos incluir ao encontrar uma maneira mais sistêmica de lidar com vários problemas interconectados de uma só vez?**
- **P· Como o que estamos propondo afeta a nós mesmos, a nossa comunidade e o mundo?**
- **P· Qual implicação nossa "solução" pode ter para as gerações futuras?**
- **P· Como nos mantemos flexíveis e continuamos aprendendo com *feedback* sistêmico e efeitos colaterais inesperados?**

Sensibilidade à escala, singularidade do lugar e cultura local

Uma maneira de evitar — ou pelo menos minimizar — o risco de que novas "soluções" resultem em consequências não intencionais catastróficas e generalizadas é limitar a escala da experimentação. Na escala local e regional, o *feedback* é mais rápido e os limites ecológicos são mais imediatamente identificáveis. Além disso, ao nos concentrarmos na escala local e regional, podemos adaptar melhor as soluções às condições específicas de um determinado local. O design que visa atender às necessidades humanas básicas na escala da comunidade/região local também cria redundâncias sistêmicas, de modo que mudanças imprevisíveis em um local têm menor probabilidade de disparar efeitos-dominó em outros lugares. No dogma da economia neoclássica, a redundância deve ser evitada, já que economias de escala cada vez maiores são usadas para aumentar os lucros de alguns à custa do detrimento sistêmico de muitos. No entanto, se nosso objetivo é criar economias circulares baseadas em recursos biológicos locais e renováveis, a redundância se torna um ingrediente vital de economias locais vibrantes e de resiliência regional.

Boas soluções e respostas apropriadas podem vir da troca global de conhecimento, mas nascem das condições únicas de um lugar específico e de sua cultura específica. Acertar as perguntas torna as melhores práticas transferíveis de região para região, transformando exemplos de "melhores práticas" em metodologias de "melhores processos". As perguntas certas podem ajudar a orientar a transformação cultural de longo prazo, permitindo-nos identificar as soluções do passado que se transformaram em problemas e convidam a mais inovações transformativas. A maioria das soluções e respostas são temporais, mas boas perguntas podem nos guiar a longo prazo. As questões norteadoras apropriadas podem nos ajudar a avaliar quando as soluções passadas estão começando a se transformar em problemas presentes, pois não mais refletem adequadamente ou abordam as circunstâncias atuais.

A solução criativa de problemas em uma cultura regenerativa não é apenas encontrar a resposta para as necessidades atuais, mas também nos ajudar a fazer perguntas melhores. O ideal é que essas perguntas nos ajudem a aprender algo sobre nós mesmos e sobre nossos relacionamentos com o contexto mais amplo. Quando começamos a compreender as inadequações das soluções do passado à luz de uma consciência mais sistêmica, desenvolvemos uma nova consciência social e ecológica. A inovação transformativa promove a aprendizagem ao longo da vida para indivíduos e comunidades.

Precisamos cocriar modelos diversos para soluções sistêmicas em escala local e regional. Alguns deles vão nos orientar por meio de seus sucessos, outros pelos fracassos. Falha repetitiva e experimentação em pequena escala podem nos ajudar a aprender mais rápido. Como Thomas Watson Sr., presidente da IBM por 42 anos, disse, com tanta competência: "Se você quiser ter sucesso, dobre sua taxa de fracasso". O tempo de resposta e os ciclos de inovação transformadora podem ser mais rápidos na escala local. Se você quiser se adaptar e influenciar de maneira eficaz as mudanças econômicas, sociais, culturais e ambientais, comece com experimentos em pequena escala, que forneçam um *feedback* rápido sobre o que funciona e o que não funciona. Um questionamento mais aprofundado sobre as necessidades subjacentes, reais ou percebidas, que nos fazem identificar e estruturar o "problema" em si, pode nos levar a descobrir que estamos tratando mais dos sintomas do que das causas.

Às vezes, o *feedback* do sistema em questão (por exemplo, sua comunidade local) pode ser que uma solução mais eficaz e transformadora só poderá ser realizada na escala seguinte, a regional. Precisamos de uma nova sensibilidade em relação a quais problemas resolver e em qual escala. Talvez devêssemos nos perguntar:

P· **Como criamos experimentos funcionais e estudos de caso da transição para culturas regenerativas em uma escala onde o *feedback* é rápido o suficiente para que possamos aprender com os erros antes que os efeitos colaterais indesejados levem à catástrofe e ao colapso sistêmico?**

P· **Como discernir quais questões e problemas são resolvidos e em qual escala, construindo resiliência local e regional por meio de redundâncias e autoconfiança, enquanto fomentamos a colaboração regional e inter-regional em questões nacionais e globais?**

As soluções que propomos nas escalas local, regional, nacional e global devem estar interligadas de forma que se reforcem e apoiem mutuamente. A política e a governança precisam possibilitar a resolução de problemas locais e regionais, em vez de impedi-la por meio de regulamentações generalizadas que não refletem adequadamente as condições locais de um ecossistema e cultura específicos. Prestar muita atenção à singularidade do lugar e da cultura regional revela oportunidades de inovação transformativa e preservação da diversidade biocultural.

Por todo o mundo, nossos ancestrais desenvolveram expressões culturais únicas, informadas por um senso de lugar e uma profunda reciprocidade com as condições ecológicas, geológicas e climáticas singulares daquele lugar em particular. A escala local e regional não é apenas a escala na qual podemos agir de forma mais eficaz para preservar a diversidade biológica: é também a escala na qual podemos preservar a diversidade cultural e a sabedoria ancestral local como expressões de vivência a longo prazo com a originalidade de qualquer localidade.

Muito pode ser aprendido com esse conhecimento baseado no lugar. Ao mesmo tempo, temos que estar conscientes de que a maioria das culturas locais já passou por profunda transformação e erosão da tradição e da linguagem. Precisamos valorizar o conhecimento tradicional baseado no lugar e na cultura sem cair nas armadilhas de um ressurgimento do regionalismo radical e do paroquialismo de mente estreita. Precisamos valorizar as soluções locais e regionais apoiadas por colaboração e troca de conhecimento globais. Uma cultura humana regenerativa será adaptada localmente e conectada globalmente. O futuro será *glo-cal*, possibilitado por redes colaborativas P2P e inovação social.

O poder transformativo da inovação social

> *Os resultados da inovação social estão ao nosso redor. Grupos de apoio de saúde e construção de habitações; linhas telefônicas de auxílio e arrecadação de recursos via Telethon; creches e guardas de bairro; a Wikipedia e a Open University; medicina complementar, saúde holística e lugares para sua prática; cooperativas de microcrédito e consumo; lojas beneficentes e o movimento de cadeia justa; esquemas de habitação de zero carbono e parques eólicos comunitários; justiça restaurativa e tribunais comunitários. Todos são exemplos de inovação social – novas ideias que trabalham para atender a necessidades urgentes e melhorar a vida das pessoas.*
>
> ***Geoff Mulgan (2007: 7)***

Uma das áreas mais promissoras da inovação transformadora para uma cultura regenerativa é o surgimento generalizado de inovação social em suas diversas expressões em todo o mundo. É difícil oferecer apenas uma definição de inovação social que funcione para todos os que estão envolvidos nesse poderoso impulso de transformação cultural. Os exemplos de inovações sociais bem-sucedidas são tão diversos quanto os diferentes agentes de mudança que os criaram. A inovação social é um fenômeno intersetorial, incluindo modelos de negócios de "consumo colaborativo", abordagens inovadoras para ajudar as pessoas a se ajudarem a partir de microempréstimos lançados por Muhammad Yunus, empréstimos P2P ou sites de financiamento coletivo, o chamado *crowdfunding*, como Zopa ou Kickstarter,[2] e a coprodução de serviços sociais em colaboração entre governo local, provedores de serviços e usuários de serviços. Essas diversas aplicações impulsionam a inovação transformadora nos negócios, na sociedade civil e no governo, e de forma ainda mais empolgante no espaço fértil entre esses setores. *The Open Book of Social Innovation* (Murray et al., 2010) oferece uma excelente introdução ao amplo campo da inovação social, juntamente com numerosos exemplos que ilustram as diferentes estratégias e metodologias empregadas pelos inovadores sociais para criar iniciativas e negócios eficazes.

"Empreendimento social" é um subconjunto da "inovação social". Nem toda inovação social tem que ser impulsionada pelos negócios. Em geral, "inovação social" pode ser entendida como qualquer iniciativa que emprega métodos inovadores e experimentais para enfrentar um ou muitos dos problemas que enfrentamos (sociais, ecológicos, econômicos, culturais) para melhorar a vida das pessoas, a resiliência comunitária e a saúde dos ecossistemas. O "empreendimento social" faz o mesmo, mas usa modelos de negócios inovadores, por exemplo, o fornecimento de bens ou serviços que ajudam a vincular necessidades não atendidas à capacidade ociosa por meio de uma solução de problemas em que todos saem ganhando.

O principal objetivo de um empreendimento ou negócio social é produzir um impacto social e/ou ambiental positivo e contribuir para o bem-estar da sociedade e das comunidades locais. Em vez de buscar a geração de lucros para os proprietários e acionistas, além dos salários razoáveis para aqueles que administram os negócios, os excedentes nos negócios sociais são primariamente reinvestidos na melhoria da capacidade dos negócios de alcançar seu impacto social de forma eficaz. Deixe-me ilustrar essa distinção por dois breves exemplos: Avaaz e Zopa.

---

2. No Brasil, plataformas como Benfeitoria e Catarse. (NE)

A Avaaz se descreve como um "movimento digital global para levar a política promovida pelas pessoas à tomada de decisões em todos os lugares". Lançada em 2007, no início de junho de 2015, a Avaaz já havia conectado 41,5 milhões de pessoas em 194 países ao redor do mundo. Administrada por uma pequena equipe descentralizada, distribuída por seis continentes e fazendo campanha em 15 idiomas, a Avaaz capacita uma vasta diversidade de preocupados cidadãos globais a tomar medidas sobre questões urgentes locais, regionais e globais. Permite que as pessoas assinem petições globais sobre uma ampla gama de questões sociais, econômicas e ambientais. Estas são então apresentadas aos políticos responsáveis por tomar decisões ou ratificar políticas relacionadas ao tema. As campanhas de *crowdsourcing* recebem o apoio de voluntários locais, que se envolvem em ações diretas e demonstrações que destacam o apoio global da campanha à mídia local e global. De campanhas para impedir desmatamentos, manter a internet livre de censura, apoiar os direitos fundiários das comunidades indígenas e proteger iniciativas de biodiversidade à luta pelo fim da violência contra as mulheres, ativismo pela paz e campanhas em resposta à mudança climática ou às práticas destrutivas das multinacionais nas indústrias agroindustrial, farmacêutica e petroquímica, a Avaaz tem batalhado e vencido muitas campanhas de impacto considerável em escala global, regional e local. A Avaaz é totalmente financiada por membros por meio de doações on-line. Isso ajuda a manter sua independência absoluta em relação aos interesses dos lobbies de grandes corporações e políticas governamentais. A Avaaz é um exemplo de inovação social que não é um empreendimento social, mas financia suas atividades por meio de uma rede global de apoiadores que valorizam seu trabalho em prol das pessoas e do planeta.

Um exemplo de inovação social baseada em um modelo de negócio de viés beneficente para empreendimentos é o serviço de empréstimo social P2P do Reino Unido, o Zopa. Desde o seu lançamento, em 2005, o Zopa permitiu mais de 900 milhões de libras em empréstimos P2P, conectando credores e mutuários diretamente por meio da plataforma. Seu modelo de negócios enxuto permite oferecer taxas de juros mais altas aos poupadores e empréstimos com taxas mais baixas aos tomadores de empréstimos. Em junho de 2015, o Zopa conectou mais de 59 mil credores com mais de 110 mil mutuários. A plataforma foi eleita o "provedor de empréstimo pessoal mais confiável" pelo Moneywise Customer Awards por seis anos consecutivos.

A Zopa torna desnecessários os grandes bancos com suas enormes despesas gerais e taxas de serviço, conectando credores e mutuários diretamente e criando uma base de confiança a partir do "Zopa Safeguard", que cobre os credores caso o mutuário não consiga pagar. Uma taxa baixa e transparente permite que o negócio social ofereça o serviço, pague 97 funcionários e invista no desenvolvimento da plataforma. Os credores pagam uma taxa de credor anual de 1% e os mutuários pagam uma pequena taxa quando o empréstimo é aprovado. Muitos dos empréstimos são usados por inovadores sociais para se estabelecer como trabalhadores autônomos ou iniciar pequenos negócios com benefícios sociais, ambientais ou comunitários locais.

O potencial da inovação social e do empreendedorismo social como motores da inovação transformadora e da mudança cultural não deve ser subestimado. Esses caminhos oferecem uma maneira participativa, localmente responsiva e globalmente colaborativa de abordar alguns dos problemas mais urgentes. O campo da inovação social está em constante fluxo. Sua própria natureza como um tipo de inovação transformadora é romper com as formas consagradas de fazer as coisas e questionar padrões estabelecidos e suposições ultrapassadas a fim de encontrar maneiras novas e mais apropriadas de resolver problemas sociais (Buckland, Murillo, 2013: 158). Existem muitas fundações, institutos acadêmicos e organizações da sociedade civil que criaram programas excelentes para pessoas que querem aprender mais sobre inovação e empreendedorismo sociais.

Consumo colaborativo e colaboração P2P

O campo do consumo colaborativo é uma das áreas de inovação social que mais me entusiasma. Rachel Botsman e Roo Rogers (2011) oferecem uma introdução a esta abordagem em rápida evolução para a mudança de cultura participativa em *O que é meu é seu: como o consumo colaborativo vai mudar o nosso mundo*. Fundamentalmente, há duas maneiras diferentes de se engajar com o consumo colaborativo, seja como um provedor P2P, oferecendo ativos para tomar emprestado, alugar ou compartilhar, ou como um usuário P2P, alugando, tomando emprestado ou compartilhando os ativos oferecidos pelo provedor P2P (p.70).

> *Negócios baseados em trocas, bancos de tempo, sistemas locais de troca de moeda (LETS), permutas, empréstimos sociais, moedas P2P, troca de ferramentas, compartilhamento de terras, troca de roupas, compartilhamento de brinquedos, espaços de trabalho compartilhados, co-housing, co-working, CouchSurfing, compartilhamento de carros, financiamento colaborativo, compartilhamento de bicicletas, compartilhamento de caronas, cooperativas de*

alimentos, ônibus escolares itinerantes, microcrescimentos compartilhados, aluguel P2P – a lista continua – são exemplos de Consumo Colaborativo. Alguns deles podem soar familiares, outros não, mas todos vêm crescendo. Embora esses exemplos variem em escala, maturidade e propósito, eles podem ser organizados em três sistemas – sistemas de serviços de produtos, mercados de redistribuição e estilos de vida colaborativos.

Botsman, Rogers (2011: 71)

Uma das mudanças subjacentes na visão de mundo e na mentalidade é que antes se valorizava a posse, e agora o valor está em simplesmente ter acesso a bens e serviços compartilhados. Um "sistema produto-serviço" (PSS, do inglês *product service system*) permite que as pessoas recebam os benefícios de um produto sem que precisem possuí-lo. Compartilhamento de veículos, espaços de *coworking* ou lavanderias, por exemplo, permitem que as pessoas usem os produtos possuídos pelos provedores de serviços por uma taxa de uso. Outro tipo de PSS permite que as pessoas compartilhem ou aluguem itens de propriedade privada por meio de um *marketplace* social P2P, por exemplo, empresas como Zilok ou Erento. O mercado local-global de artesanato Etsy permite que produtores artesanais de pequena escala tenham acesso a um mercado global; enquanto os mercados de redistribuição, como o eBay e o Around Again, permitem que os bens que não são mais necessários ao proprietário original sejam reutilizados em outro lugar. Muitos negócios especializados de redistribuição on-line foram criados, provendo a circulação de livros (ReadItSwapIt) e roupas de bebê (Trading Cradles) a itens de moda (SwapStyle). Sites como Gumtree e Craigslist oferecem uma grande variedade de itens para venda ou troca, além de anúncios de empregos, serviços comunitários e muito mais.

O terceiro tipo de consumo colaborativo identificado por Botsman e Rogers, "estilos de vida colaborativos", estende a troca P2P de bens físicos ao compartilhamento de tempo, habilidades, espaço e dinheiro. Tanto o PSS quanto os "mercados de redistribuição" também são facilitadores de "estilos de vida colaborativos", que fazem uso de sistemas híbridos de todos os três tipos de consumo colaborativo. Os "estilos de vida colaborativos" geram o benefício adicional das trocas em escala local ou regional, levando a conexões humanas, além da plataforma virtual, e combinando a capacidade ociosa com as necessidades não atendidas. Os exemplos variam de espaços compartilhados de trabalho, como as redes globais da ImpactHubs, ao compartilhamento de terras para agricultura (por exemplo, Landshare), horticultura (por exemplo, Edinburghgardenpartners), hortifrutigranjeiros (por exemplo, Neighborhood Fruit) e ao compartilhamento de vagas (por exemplo, ParkatmyHouse).

Um exemplo particularmente inspirador é a história da CharityFocus, agora ServiceSpace, que começou em 1999 com um grupo de empresários de sucesso do Vale do Silício que decidiram oferecer suas habilidades exclusivas para ajudar grandes causas e organizações sem fins lucrativos. Em apenas 15 anos, a ServiceSpace tornou-se uma rede global de mais de 400 mil pessoas, que oferecem suas habilidades e tempo para ajudar iniciativas em prol de mudanças positivas. Entre os projetos que surgiram no ServiceSpace estão os restaurantes em que o cliente paga a refeição do cliente seguinte (como o Karma Kitchen), um site de apoio à captação de recursos chamado Pledge Page e plataformas de notícias positivas, como DailyGood ou Karmatube. Nipun Mehta, cofundador da ServiceSpace, fala sobre quatro mudanças de comportamento que já estão começando a transformar a cultura: do consumo à contribuição, da transação à confiança, do isolamento à comunidade e da escassez à abundância (Mehta, 2012). Muitos exemplos mais inspiradores de colaboração P2P, inovação aberta e desenvolvimento de tecnologia P2P foram coletados e explicados por Michel Bauwens e sua equipe na Fundação P2P. A wikipágina da fundação é um tesouro de inspiração sobre como a colaboração P2P pode catalisar a transição para culturas regenerativas.

Facilitando a inovação de sistemas e a transformação cultural

> *A inovação social não tem uma definição [...] são novas ideias (produtos, serviços e modelos) que, simultaneamente, atendem às necessidades sociais e criam novas relações ou colaborações sociais. Em outras palavras, são inovações que são boas para a sociedade e aumentam a capacidade da sociedade de agir.*
>
> ***Robin Murray et al. (2010: 5)***

Como indivíduos, comunidades e sociedades, somos confrontados com mudanças rápidas e profundas, com o colapso de velhas estruturas, instituições e formas de trabalho. Já estamos em meio a inovação de sistemas e transformação cultural profundas. Na ausência de uma liderança política efetiva e confrontados com a crescente incapacidade dos governos nacionais de fornecer serviços públicos importantes, vemos um ressurgimento de iniciativas de autoajuda baseadas na colaboração dos cidadãos em escala comunitária.

Muitos dos exemplos analisados nos dois últimos capítulos fazem parte dessa (r)evolução na inovação social. Cada vez mais, tais iniciativas encontrarão o apoio ativo do governo local, regional e nacional. No Reino Unido, o "setor de coprodução" emergente está oferecendo uma alternativa culturalmente transformadora ao fornecimento de serviços públicos.

Coproduzir significa prestar serviços públicos em um relacionamento igual e recíproco entre profissionais, pessoas que usam serviços, suas famílias e seus vizinhos. Onde as atividades são coproduzidas dessa maneira, tanto os serviços quanto os bairros se tornam agentes de mudança muito mais eficazes.

David Boyle, Michael Harris (2009: 11)

A economista Elinor Ostrom, ganhadora do Prêmio Nobel de Economia em 2009, ressaltou a importância da coprodução já nos anos 1970, quando investigou por que as entregas de serviços públicos em grande escala, sem o viés humano do envolvimento direto da comunidade, frequentemente não eram tão eficazes quanto abordagens mais participativas baseadas na colaboração humana entre os provedores de serviços e as comunidades que recebiam esses serviços. Quando os usuários do serviço são apenas receptores passivos e suas habilidades, tempo e conhecimento não são valorizados, a coesão da comunidade e colaboração se atrofiam e sistemas se tornam estagnados. Se você pede ajuda às pessoas para fornecer os serviços que são importantes para suas comunidades e encontra maneiras de usar suas habilidades, a mudança sistêmica ocorre com uma vibração renovada. "As pessoas atualmente definidas como usuários, clientes ou pacientes fornecem os ingredientes vitais que permitem que os profissionais do serviço público sejam eficazes. Eles são os elementos básicos do nosso sistema de apoio no âmbito da vizinhança - famílias e comunidades - que sustentam a atividade econômica e o desenvolvimento social" (Boyle, Harris, 2009: 11). Edgar Cahn, o inventor do banco de tempo, resume vinte anos de experiências com este mecanismo de troca complementar como meio de permitir a coprodução. O banco de tempo pode ajudar a construir redes de suporte mútuo, independentes das regras da economia de mercado, no âmbito da vizinhança. Permite uma participação ampla e equitativa e cria o senso de comunidade.

Será necessário todo tipo de trabalho e muita dedicação para construir a base da economia do futuro - uma economia concentrada em relacionamentos e mutualidade, confiança e engajamento, fala, escuta e cuidado - e, acima de tudo, respeito autêntico. Nós não chegaremos lá simplesmente expandindo um sistema de direitos que distribui benefícios públicos baseados em carências e deficiências: o que falta, que deficiência tem, que infortúnio sofreu. Temos que começar a criar uma nova espécie de direitos: direitos que são adquiridos em virtude de como contribuímos para a reconstrução da base econômica. Esse é o novo caminho que devemos percorrer por meio da coprodução, se a coprodução for transcender os domínios profissionalmente definidos de problemas e reconstruir um mundo orgânico de comunidade que reúna a família humana. O banco de tempo fornece uma ferramenta e um meio de troca para ajudar nisso.

Edgar Cahn (2008: 3-4)

O banco de tempo é uma forma de desbloquear o fluxo de apoio mútuo entre pessoas e organizações em uma determinada região. Em vez de usar o dinheiro como meio de troca, as pessoas e/ou organizações são capazes de colaborar e se organizar em torno de um propósito comum, simplesmente acompanhando a quantidade de horas que cada pessoa dedica ao projeto em questão. "Para cada hora que os participantes depositam em um banco de tempo, seja dando ajuda prática seja apoiando os outros, eles podem 'sacar' o apoio equivalente a esse tempo quando eles mesmos precisarem" (Time Banking UK, 2015). Esse sistema permite o crescimento da coesão social e do capital social ao facilitar o relacionamento e a ajuda mútua entre as pessoas, de forma a permitir que todas compartilhem aquilo em que são boas ou o que podem oferecer para ajudar aos outros. O banco de tempo é uma das muitas inovações na concepção de sistemas de trocas de moedas complementares; outros incluem o Metacurrency Project, o Open Money e uma ampla gama de projetos regionais e locais (por exemplo, ver Rogers, 2013).

Se as sociedades não cuidarem do capital social, elas falharão. O capital social está enraizado principalmente na economia social, com a sua base nas famílias, nos bairros, nas comunidades e na sociedade civil. A coprodução visa fortalecer e fazer crescer novamente essa economia central. "A coprodução envolve a recuperação de território para a base econômica – território perdido para a mercantilização da vida por todos os setores da economia monetária, pública, privada e sem fins lucrativos." Edgar Cahn argumenta que "não seremos capazes de criar a base econômica do futuro enquanto vivermos em um mundo bifurcado, onde todos os problemas sociais são relegados a profissionais remunerados ou a voluntários cujo papel é tipicamente restrito a funcionar com horários de trabalho livres dentro dos silos do mundo sem fins lucrativos" (2008: 3). Empreendimentos sociais e cooperativas baseados em inovação social, colaboração P2P e coprodução são formas de superar esse bloqueio.

A ascensão do assim chamado "quarto setor" une uma ampla diversidade de tais iniciativas. Em suma, o quarto setor cria benefícios sociais, ecológicos e econômicos usando algumas das ferramentas eficazes do "primeiro setor" (privado, com fins lucrativos) para abordar alguns dos principais desafios que o "segundo setor" (governo, administração pública) enfrenta e é orientado pela ética e pelos valores sociais e ambientais do "terceiro setor" (organizações da sociedade civil, organizações sem fins lucrativos, organizações não governamentais [ONGs]). As redes do quarto setor estão surgindo atualmente nos EUA, na Dinamarca, no País Basco e na ilha de Maiorca. A Business Alliance for Local Living Economies (BALLE), iniciada por Judy Wicks, é um tipo similar de rede focado principalmente no fortalecimento da economia local a partir do apoio de negócios independentes (também locais), criando assim um ambiente onde as atividades do quarto setor e a coprodução podem florescer e ajudar a construir comunidades resilientes. "A coprodução faz do fortalecimento da base econômica do bairro e da família a tarefa central de todos os serviços públicos" (Boyle, Harris, 2009: 14). Inspirados pelo trabalho de Nipun Mehta, Judy Wicks, David Boyle e Michael Harris e Edgar Cahn, podemos fazer as seguintes perguntas enquanto procuramos fortalecer nossa exploração comunitária de como seria uma cultura regenerativa:

- P· **Como as próprias pessoas são a verdadeira riqueza de nossas comunidades e sociedades, como podemos convidá-las a contribuir com suas habilidades, conhecimento e paixão para atender às necessidades da comunidade?**
- P· **Como podemos valorizar o trabalho de forma diferente, para que reconheçamos a importância do que as pessoas fazem para criar famílias, cuidar dos outros, manter a saúde e a coesão da comunidade e promover justiça social e boa governança?**
- P· **Como podemos promover reciprocidade e generosidade (*giftivism*), dar e receber, como caminhos para uma confiança mais profunda e respeito mútuo entre as pessoas?**
- P· **Já que nosso bem-estar físico e mental depende de relacionamentos fortes e duradouros, como podemos construir redes sociais eficazes e promover a comunidade?**

Coprodução, inovação social, empreendimentos sociais, redes do quarto setor e iniciativas como a BALLE são apenas algumas das diversas maneiras pelas quais podemos facilitar o tipo de inovação transformadora de sistemas que impulsionará a mudança cultural. A inovação de sistemas é "um conjunto interconectado de inovações, onde cada uma influencia a outra, com inovação tanto nas partes do sistema quanto nas formas pelas quais elas se interconectam" (Mulgan, Leadbeater, 2013: 7). Essa definição bem geral de inovação de sistemas destaca a complexidade – e, portanto, até certo ponto, a imprevisibilidade e a incontrolabilidade – das transformações sistêmicas. É raro, se não impossível, que um único indivíduo projete e execute um projeto de mudança sistêmica generalizada, porque essas mudanças tendem a emergir da qualidade das interações e relações de diversos agentes (participantes ou partes interessadas) no sistema.

No intuito de facilitar a inovação de sistemas, temos que aceitar que o design e a implementação de intervenções no âmbito dos sistemas pode contribuir para sua mudança, mas não pode controlá-los. Há um equilíbrio entre emergência e design, ao qual retornarei. Inovar transformativamente os sistemas, em face da complexidade e da incerteza, significa esclarecer "por que" projetamos algo, os valores que nos orientaram e nossas visões para um futuro melhor. Depois de fazermos isso, podemos avaliar com mais clareza o que projetamos e como nossas intervenções provavelmente contribuirão para uma mudança cultural positiva.

Claramente há muitos outros aspectos e exemplos de inovação transformativa: as tecnologias que empregamos; como nos comportamos como indivíduos e comunidades; mudanças em sistemas de governança, econômicos ou de alimentação, energia e transporte; mudanças na visão de mundo e nos sistemas de valores que exigirão modificações em nosso sistema educacional; e, finalmente, mudanças na narrativa cultural predominante. Vou oferecer algumas perspectivas e perguntas sobre todos nos capítulos seguintes. Antes, contudo, eis algumas questões gerais que podemos explorar em qualquer tentativa de direcionar os sistemas e a alteração cultural. Elas podem ajudar a orientar nossas ações conforme nos tornamos agentes de mudanças positivas e eficazes na transição para culturas regenerativas (baseado em Mulgan, Leadbeater, 2013: 18-20).

P· **Quais são as novas ideias, conceitos e perspectivas (paradigmas) que podem orientar e estimular a transformação sistêmica?**

P· **Quais mudanças políticas, incluindo novas leis e mudanças regulatórias, apoiarão mudanças positivas na cultura?**

P· **Como podemos criar redes colaborativas de apoio e coalizões unidas por valores e intenções em comum?**

- P· Quais são os nossos novos indicadores de sucesso, novas formas de monitorar o progresso e como podemos mudar o que é valorizado pelo mercado?
- P· Quais relacionamentos e estruturas de poder precisam ser transformados para que as mudanças nos sistemas ocorram? Como faremos isso?
- P· Que tipo de inovação tecnológica ajudará na transição para uma cultura regenerativa? Como implementaremos essas tecnologias e optaremos por não usar tecnologias potencialmente prejudiciais?
- P· Que tipo de novos conjuntos de habilidades e novas profissões estão surgindo em apoio à transformação sistêmica?
- P· Como podemos catalisar e apoiar a inovação social e a mudança de comportamento?
- P· Qual é a escala apropriada para que nos concentremos? Como conectamos transformações locais, regionais e globais?
- P· Como podemos, da forma mais eficaz possível, manter o todo em mente conforme damos, localmente, pequenos passos realizáveis que podem oferecer *feedback* e aprendizado?
- P· Quem são os indivíduos visionários e/ou organizações que atuam como agentes de mudança, indo além do convencional para desenvolver o novo?
- P· Como podemos criar projetos que demonstrem alternativas viáveis e desejáveis ao *business as usual*?
- P· Como podemos convidar o maior número possível de pessoas para participar da conversa sobre a maneira de criar culturas regenerativas de comunidades prósperas em colaboração local-global?

Capítulo 3

Por que precisamos pensar e agir mais sistemicamente?

O poder e a majestade da natureza, em todos seus aspectos, são perdidos por aquele que só contempla meramente os detalhes de suas partes e não como um todo.

Plínio, o Velho

Um crescente número de pessoas está começando a entender que o mundo do qual fazemos parte é muito complexo, esplendoroso e volátil para que uma única perspectiva faça justiça a sua diversidade e complexidade. Existe mais na vida do que uma "teoria de tudo" que reduz a diversidade, criatividade e beleza que nos envolve, inspira e maravilha, a uma série de equações matemáticas abstratas.

Nós vivemos em uma rede de relacionamentos definida por características que fazem a vida valer a pena ser vivida. A maior parte dessas características vai além de quantificações e abstrações matemáticas. Precisamos reconhecer e valorizar múltiplas perspectivas e encontrar maneiras de integrar suas diferentes contribuições para uma estrutura de pensamentos que possa moldar ações com sabedoria.

Para alcançar um modo colaborativo de reconhecer, integrar e avaliar múltiplas perspectivas, precisamos nos mover para além da lógica dualista "ambos-ou", que sugere que, se duas perspectivas parecem contradizer uma a outra, uma delas precisa categoricamente estar errada para que a outra esteja certa. Entretanto, em um tempo no qual nossa crença cultural de que a habilidade da ciência e tecnologia para consertar todos os nossos problemas está começando a diminuir, precisamos de meios para avaliar e comparar diferentes perspectivas. A ciência pode não nos oferecer o retrato "objetivo" da realidade que fomos ensinados na escola, mas continua sendo um método poderoso de consenso intersubjetivo e constitui uma base bastante confiável sobre a qual agir – digamos, mais do que a opinião, intuição ou discernimento espontâneo de um único indivíduo – na maioria das vezes, mas, certamente, não em todos os casos. Não deveríamos favorecer exclusivamente a razão intersubjetiva nem somente nos apoiar em *insights* individuais e na intuição, mas nos deixar ser envolvidos pelos dois, como e quando for apropriado. O pensamento sistêmico do todo nos permite cocriar uma imagem rica do sistema em questão – imagem essa que pode acomodar múltiplos pontos de vista. Mapear a diversidade de perspectivas e *insights* que essas imagens oferecem nos dá a possibilidade de agir com mais sabedoria ao enfrentar incertezas e reconhecer os limites de nossos conhecimentos.

Seja o chamado para um pensamento conjunto, múltiplas formas do saber ou uma abordagem integral e holística, todos eles nos convidam para um entendimento mais profundo das crises e oportunidades inter-relacionadas que estamos enfrentando, e, desse modo, para abrir o potencial de inovações transformadoras quando começamos a perceber as sinergias e o potencial para criarmos caminhos "ganha-ganha-ganha" no futuro. Se o centro da inovação é – como afirma Arthur Koestler – conectar duas ou mais coisas ou questões que anteriormente estavam desconectadas, então vamos inovar de maneira mais apropriada quando aprendermos a partir de múltiplas perspectivas, de modo a integrar interesses ecológicos, sociais e econômicos em soluções que são boas para as pessoas, para o planeta e para a prosperidade mútua.

Além de promover inovação e conduzir para soluções mais sistêmicas e sinergéticas, integrar múltiplas perspectivas também serve para nos tornar mais conscientes de nossas próprias interpretações particulares e de como elas influenciam nossa maneira de reagir a determinada situação. Que tipo de ação ou resposta podemos considerar apropriada em uma dada situação crítica depende de nossa visão de mundo, nosso sistema de valores e da perspectiva que escolhemos.

O pensamento sistêmico do todo pode nos ajudar em situações complexas onde diversas partes interessadas estão tentando criar uma base comum para uma ação colaborativa que reconhece necessidades e pontos de vistas distintos, e ainda assim permite que caminhem em frente juntos. É importante que não estejamos somente integrando diferentes aspectos materiais e exteriores da realidade (o sistema em questão), mas também tentando prestar atenção aos aspectos imateriais e interiores da situação existente. Conflitos de opinião podem ser mediados uma vez que estejamos conscientes do como, individual e coletivamente, damos sentido e significado para um problema. Nós precisamos nos tornar mais conscientes de nossa visão de mundo e valorizar sistemas e como eles nos informam nossa perspectiva favorita. Isso abre caminho igualmente para transformação de pessoas (desenvolvimento pessoal) e transformação cultural através de uma tomada de decisão mais inclusiva.

■ Aplicando a "teoria integral"

Uma forma de mapear a complexidade de experiências e perspectivas disponíveis para nós é o quadro de quatro quadrantes que forma a espinha dorsal da teoria integral (Wilber, 2007). Ele mapeia nossas quatro dimensões de experiências: o individual - interior (EU); o individual - exterior (ISSO); o coletivo - interior (NÓS); e o coletivo - exterior (DELES). Esses quatro quadrantes respectivamente endereçam os aspectos intencionais, comportamentais, culturais e sociais de como nós vivenciamos o mundo. A Figura 4 mostra uma representação gráfica desse quadro, o qual foi utilizado para mapear uma grande diversidade do relacionamento humano nos campos da filosofia, psicologia, negócios, ecologia, medicina e design (só para mencionar alguns).

Não há espaço para analisar a teoria integral aqui em detalhes, mas eu sugiro fortemente a você que explore esse quadro lógico mais a fundo. Necessito, no entanto, chamar a atenção brevemente para uma crítica comum feita pelos teóricos integrais ao pensamento sistêmico. O quadro lógico de quatro quadrantes da teoria integral classifica todas as perspectivas do sistema como pertencentes apenas ao coletivo exterior (DELES), ou seja, ao mundo material dos sistemas físicos. Uma crítica comum da "cosmovisão de Gaia" é que ela reduz a realidade à realidade material/física do "planeta vivo" ou da "teia da vida". Enquanto isso pode ser verdade para alguns proponentes, certamente não é a abordagem buscada aqui. Como já deve estar claro, este livro tem o objetivo de fazer um convite a um questionamento mais profundo sobre a maneira à qual consciência e matéria, a dimensão interior (subjetiva) e a dimensão exterior (objetiva) da realidade, se inter-relacionam. Explorar essas relações informará como nos organizamos para criar uma cultura regenerativa. Sim, a linguagem dos "sistemas" pertence ao quadrante coletivo - exterior (DELES), mas uma abordagem participativa de sistemas inteiros, para nossa participação em sistemas vivos, explora a relação entre os quatro quadrantes.

Figura 4: O Quadro Lógico de Quatro Quadrantes da Teoria Integral (adaptado de Wilber, 2007)

O mapa integral pode fazer nossas experiências de participação mais inteligíveis, de forma que ele possa nos guiar para ações sábias. Nosso individual e nosso coletivo relacionados com o mundo pode, na realidade, nos trazer o mundo que vivenciamos. A perspectiva do sistema como o todo ou sistema vivo explorada aqui transcende e inclui o dualismo do "lá fora" da descrição objetiva e do "aqui" da experiência subjetiva. Nossa narrativa cultural molda nossas experiências individuais de como nós percebemos e explicamos o que está lá fora. Tornar-se mais consciente desse processo é o primeiro passo em direção ao que Einstein se referiu como a nova maneira de pensar e que poderia nos ajudar a resolver os "problemas" criados pela narrativa da separação (o modo de pensar que criou esses problemas em primeiro lugar). Acredito que a narrativa do interser e do pensamento sistêmico participativo nos ajudará a transformar e/ou resolver muitos desses problemas.

Acreditar é ver e ver é acreditar

Um dos primeiros passos cruciais em qualquer processo que nos permite aprender como pensar de maneira diferente é começar por questionar nossas próprias suposições e o modelo mental que aplicamos.

- P· **O que estamos assumindo como dado?**
- P· **Que "fatos" estamos interpretando para alcançar nossas conclusões e por quê?**
- P· **Como os modelos mentais e metáforas que usamos influenciam nosso entendimento da situação que temos a nossa frente?**

A maioria das pessoas pensa que percepção é apenas abrir os olhos e ver o que está lá fora – um mundo feito de fatos observáveis claros que constituem a "realidade". Esse não é o caso. Neurocientistas e físicos quânticos concordam que toda a ação de percepção também contém um ato de concepção. O observador e seus métodos afetam o que está sendo observado. A realidade se apresenta de formas diversas, dependendo da maneira de pensar e de ver, e dos modelos mentais que utilizamos para dar sentido ao que observamos.

Imagine que você é um antropólogo que se depara com uma tribo escondida em uma parte remota do mundo, encontrando pessoas que até agora não tiveram contato com a modernidade. Os membros da tribo não veriam o equipamento que você está carregando, como sua câmera, seu telefone celular ou os óculos que você pode estar usando, da mesma maneira que eu ou você perceberia esses objetos. Os óculos, por exemplo, seriam simplesmente algo "estranho sobre o seu nariz". Eles poderiam ser interpretados como um ornamento que denota sua posição social na tribo.

As palavras, modelos mentais e visões de mundo que empregamos agem como "ideias organizadoras" que nos ajudam a estruturar o que nós vemos e no que prestamos atenção. Esses modelos mentais dão forma a como vemos sistemas e processos. Com muita frequência, confundimos o mapa com o território. Mesmo a visão sobre o sistema, ela mesma, é só um mapa – uma maneira de ver relacionamentos e interações de forma mais clara, dependendo como nós definimos "o sistema em questão". No mundo real, tudo é conectado e interage com todo o resto, as bordas se dissolvem como lugares de encontro e trocas, unificando e, ao mesmo tempo, separando um aspecto (do todo transformador) de outro.

A maioria de nós esteve em situações nas quais nos vimos discordando de alguém sobre como acessar uma determinada situação ou interpretar uma determinada reação de outra pessoa. Se você parar para prestar atenção, e fizer observações explícitas, as suposições básicas e modelos mentais que as pessoas tentam aplicar ao processo de interpretar uma dada situação, como conflitos, podem facilmente ser resolvidas. Ao menos, se torna possível "concordar ou discordar" e aceitar que existem diferentes perspectivas e interpretações, dependendo dos valores centrais, visão de mundo e sistema de valores que aplicamos para interpretar uma dada situação. A abordagem dos Três Horizontes introduzida no Capítulo 2 oferece a metodologia para que isso seja feito.

Muitos processos de mediação e facilitação de conflitos são baseados em retardar o processo no qual pulamos das observações para as conclusões, nos fazendo conscientes de que, mesmo nas observações iniciais, já somos seletivos em considerações sobre o que escolhemos perceber. Essa escolha é influenciada por nossa visão de mundo dominante, a narrativa na qual vivemos nossas vidas. Técnicas de mediação como a Comunicação Não-Violenta convida as partes conflitantes a voltar ao que elas observam, perceber como isso as faz sentir, e que necessidades elas têm em relação à situação existente. Se conseguirmos fazer com que as pessoas concordem sobre um determinado nível de "consenso de realidade" a respeito de uma dada situação, é muito mais fácil torná-las conscientes de suas principais crenças e suposições e de como isso as conduz a interpretar e julgar aquela situação de diferentes formas. Ser capaz de questionar suas próprias suposições e prestar atenção em como nós pensamos e interpretamos situações é uma habilidade crucial para qualquer pessoa em uma posição de liderança, e qualquer pessoa que quer cocriar uma cultura regenerativa.

A *escada da inferência* é um modelo que nos faz prestar atenção em como nós pensamos, criamos e reforçamos suposições e crenças. Primeiramente desenvolvida pelo professor de Harvard Chris Argyris, o modelo destaca nossa tendência de confundir nossa avaliação de uma dada situação com os supostos "fatos" de uma situação. O modelo ilustra como nossas suposições dão forma à maneira que vemos o mundo e como montamos uma conclusão sobre uma determinada situação baseada em nossas suposições. A Figura 5 ilustra como crenças e suposições têm um efeito crítico sobre o que nós escolhemos observar. Ela oferece uma série de questões que podemos perguntar a nós mesmos para nos tornar mais conscientes desse processo.

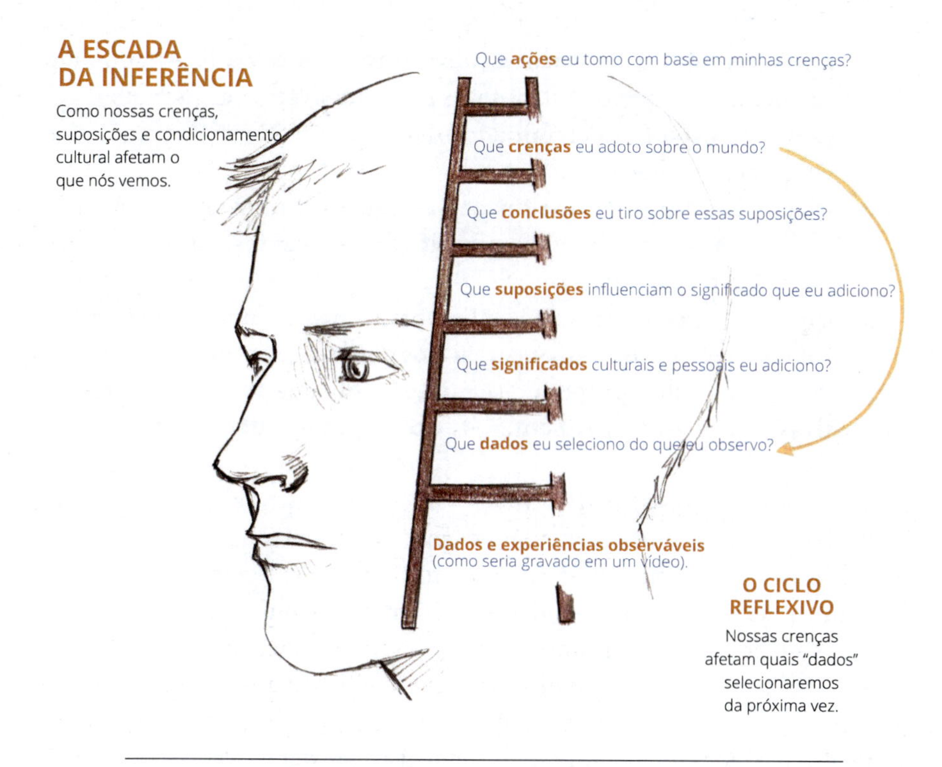

Figura 5: A Escada da Inferência

A *escada da inferência* explica de maneira simplificada que selecionamos certos dados dos fatos observados diante de nós. A partir disso, adicionamos significado a estas experiências, que influenciam as suposições que desenvolvemos e como nós tiramos certas conclusões que dão forma às crenças que temos sobre o mundo. Mais importante, a escada da inferência destaca que existe um, comumente ignorado, ciclo reflexivo a partir das crenças que formamos baseadas em experiências anteriores e condicionamento cultural, que influenciam os fatos que escolhemos prestar atenção. Nosso sistema de crença dominante e visão de mundo influenciam criticamente qual alternativa - possivelmente importante -, fatos ou interpretações que escolhemos ignorar.

Ao nos tornar mais conscientes dos diferentes passos que damos na escada, podemos questionar nossas próprias suposições, conclusões e crenças, e as dos outros. Segue aqui uma lista de perguntas que podem ser usadas para levar grupos ou indivíduos através de seu próprio processo de raciocinar e alcançar propostas para ação. Elas nos convidam a aplicar a "escada da inferência" em nossas próprias perspectivas e nas dos outros:

- **P · Em quais fatos e experiências observáveis eu estou baseando meu raciocínio, e existem outros fatos que podem ser considerados?**
- **P · Como eu escolhi determinados dados e considerei outros dados como menos relevantes?**
- **P · Quais são as suposições subjacentes que estou utilizando, e elas são válidas? (Baseado em quais suposições subjacentes, eu as estou julgando como válidas?)**
- **P · Quais crenças dão base a minha perspectiva e como essas crenças influenciaram o que eu observei e os dados que escolhi?**
- **P · Por que eu estou propondo seguir esta linha de ação e que alternativas ou ações complementares eu deveria ou poderia considerar?**

Passar por esse processo de questionamento consciente de diferentes perspectivas em um grupo que enfrenta desentendimentos pode não resolver completamente o conflito, mas certamente ajudará a entender melhor as diferentes concepções. Esse entendimento ampliado de múltiplas perspectivas pode nos ajudar a formar um entendimento mais sistêmico do problema, que, por sua vez, pode oferecer a oportunidade de descobrir um consenso (necessidades, valores e crenças compartilhadas) que pode nos ajudar a seguir em frente nas questões de maneira mais inclusiva e participativa. Isso pode nos ajudar a agir com mais sabedoria ao nos depararmos com o desconhecido ou com a incerteza.

Em minha própria experiência em facilitar e ser parte nesse processo de "questionamento aprofundado", simplesmente a prática de fazer essas perguntas para evidenciar as diferentes perspectivas e suposições que nos informam pode nos ajudar a abrir portas em direção a uma resolução inicialmente percebida como um conflito irreconciliável. Isso permite que as pessoas vejam sua própria "questão" dentro de um contexto ampliado, um sistema como um todo de múltiplas "questões". Simplesmente ser escutado, valorizado e ser reconhecido pode gerar a disposição para chegar a um acordo sobre suas próprias necessidades em uma tentativa colaborativa de reconhecer e tratar as necessidades do outro e a saúde, bem-estar e resiliência do sistema como um todo. Esse é um passo importante na direção de uma cultura regenerativa.

O todo é mais que a soma de suas partes

A visão de mundo em que vivemos hoje começou a tomar forma durante um notável período na Europa chamado Renascimento, o qual desencadeou a revolução científica e permitiu a primeira globalização violenta em forma de colonialismo e – mais tarde – a primeira revolução industrial. No coração dessas transformações estava uma poderosa nova forma de pensar e uma mudança de atitude em relação à natureza. Dezenas de milhares de mulheres com conhecimentos de fitoterapia e medicamentos naturais foram queimadas como bruxas durante um período de trezentos anos que coincidiu com o desenvolvimento do método científico. A ciência começou a substituir a religião como "autoridade definitiva" e a arbitrar questões sobre o certo e o errado. Nossa percepção do mundo natural mudou de uma visão nutridora da "mãe natureza" e a crença de que tudo estava conectado (*anima mundi*) para ver a natureza como um recurso a ser explorado, controlado e conquistado.

A poderosa metodologia científica ofereceu uma separação entre o subjetivo e o objetivo, mente e matéria, e humanidade e natureza. Ela nos ensinou a entender as coisas "objetivamente" ao separá-las de seu contexto. O observador individual, apoiado em uma lógica dualista e no poder da razão, procurou explicar o funcionamento de cada parte a fim de obter uma compreensão do todo. Essa abordagem mecanicista pegou sua metáfora guia de como um relojoeiro ou um mecânico desmonta um relógio ou uma máquina, no intuito de consertar seu funcionamento. Esse é claramente um método útil para máquinas, mas a vida é muito mais complexa que uma máquina. Organismos e ecossistemas não podem ser entendidos adequadamente dentro de uma estrutura de explicação mecânica.

O Renascimento e a revolução científica deram forma a nossa visão de mundo e a quem somos hoje, e de maneira alguma eles deveriam ser interpretados como um erro ou desenvolvimento negativo. A metodologia mecanicista e reducionista da ciência, junto com a especialização do conhecimento e atividades humanas, nos permitiu uma explosão no conhecimento, discernimento e um desenvolvimento tecnológico estonteante. Esta abordagem continuará a ser útil para a humanidade se nós aprendermos a colocá-la em seu lugar e a reconhecer que ela oferece uma metáfora simplificada - uma abordagem para dar sentido ao mundo –, mas não a única, e, de forma alguma, a maneira mais importante de ver o mundo. Ainda mais importante: não é a única maneira válida de dar sentido à nossa participação no processo da vida. Como todas as outras perspectivas, ela tem uma série de limitações e pontos cegos de percepção.

O lado menos atraente do reducionismo e da especialização é que nós corremos o risco de não prestar atenção suficiente para a interconexão e o inter-relacionamento fundamentais de todos os campos que categorizamos em assuntos ou disciplinas separadas. Às vezes, propriedades emergentes qualitativas primárias, que dão aos sistemas dinâmicos complexos suas identidades únicas, são, em sua maior parte, invisíveis para a miopia de disciplinas individuais e reducionistas, de análises puramente quantitativas. Assim, como as várias propriedades surpreendentes da água não poderiam nunca ser explicadas ou esperadas apenas olhando para o oxigênio e o hidrogênio separadamente, aspectos importantes de todos os sistemas vivos escapam às análises puramente reducionistas e mecanicistas. O fracasso em equilibrar essa abordagem com uma abordagem mais holística e sistêmica pode levar a consequências não intencionadas e muitas vezes negativas.

■ Pensamento sistêmico do todo

O entendimento sistêmico do mundo reconhece que o todo é sempre maior que a soma de suas partes, prestando atenção à diversidade de seus elementos, à qualidade de interações e relacionamentos, e aos padrões dinâmicos de comportamentos que frequentemente levam a inovações e adaptações surpreendentes e imprevisíveis. Muitos dos problemas inter-relacionados que enfrentamos, como agentes de mudança em uma transição para uma presença humana mais sustentável na Terra, têm suas origens em uma forma de pensar que não prestou atenção o suficiente no sistema como um todo e em sua dinâmica de interconexão, dinâmica de relacionamentos e contexto.

O pensamento sistêmico do todo tem que ser uma atividade transdisciplinar, que mapeia e integra as relações, fluxos e perspectivas em um entendimento dinâmico de estruturas e processos, os quais direcionam como o sistema se comporta. Especialistas são importantes contribuidores para a maioria dos projetos de sustentabilidade, mas também precisamos de integradores e generalistas que podem ajudar a colocar a contribuição de cada disciplina em um relacionamento sistêmico e ajudar a contextualizar as contribuições feitas pelos especialistas. Com muita frequência, empregamos indicadores de progresso limitados ou medidas inadequadas de sucesso baseados em uma dominância de uma disciplina ou perspectiva particular.

Uma definição possível da palavra "sistema" é um conjunto de elementos interconectados que formam um padrão coerente ao qual podemos nos referir como um "todo". Um sistema, como esse, exibe propriedades do todo que emerge das relações dos elementos individuais. Essa definição de sistema poderia ser aplicada a uma molécula, uma célula, um ser humano, uma comunidade ou o planeta. Em muitos sentidos, um sistema é menos uma "coisa" e mais um padrão de relacionamentos e interações – um padrão de organização dos elementos que o constituem. A origem grega da palavra sistema é *synhistanai* e literalmente significa "colocar junto".

Pensamento sistêmico e intervenções sistêmicas são possíveis antídotos para efeitos colaterais não intencionais e perigosos de séculos de foco somente no reducionismo e análises quantitativas, baseadas apenas na narrativa da separação. No entanto, é importante manter a consciência de que a visão sistêmica por ela mesma é só outro mapa, como Gregory Bateson afirma, e não deve ser confundida com o território. Nós podemos reduzir o mundo a um todo tão facilmente como podemos reduzi-lo à coleção de suas partes. Nem o todo nem suas partes são simples; eles surgem por meio dos processos dinâmicos que definem sua identidade, pelos relacionamentos e redes de interações.

Uma das mais importantes questões em qualquer abordagem sistêmica é perguntar "qual é o sistema em questão". Fazendo isso, definimos os limites que nos dão as restrições necessárias para permitir dar sentido à situação. Contudo, esses limites são, eles mesmos, um modo de ver que faz distinção entre o sistema em questão e seu ambiente. Nós deveríamos considerar os limites que dividem um sistema do outro como lugares de conexão e troca em vez de barreiras que separam e isolam.

Em termos mais gerais, o pensamento sistêmico do todo nos convida a ver questões complexas de perspectivas múltiplas, suspender nosso julgamento ao questionar nossas próprias suposições e honrar *insights* de diferentes disciplinas e diferentes formas de saber. Pensar dessa maneira pode nos ajudar a prestar atenção ao solo fértil de soluções sinergéticas e sistêmicas. Isso pode nos ajudar a ver mais claramente oportunidades entre as múltiplas crises convergindo ao nosso redor. O pensamento sistêmico do todo nos faz parar de ver restrições ecológicas, econômicas e sociais como desafios irreconciliáveis. Ele nos convida a deixar de ver as diferentes perspectivas das partes interessadas como em competição e modo de pensar ganha-perde e nos encoraja a explorar soluções ganha-ganha-ganha que melhoram a saúde geral e a sustentabilidade do sistema como um todo. O pensamento sistêmico do todo é um pensamento sistêmico vivo. Eu acredito que um entendimento sistêmico dos processos, pelos quais a vida continua a regenerar condições que conduzem a vida, oferece caminhos para criar organizações e negócios regenerativos dentro de uma economia regenerativa, fatores que possibilitarão uma cultura regenerativa. Nós vamos explorar muito exemplos nos capítulos subsequentes. Aqui seguem algumas perguntas para considerar ao lidar com sistemas:

- **P· Qual é o sistema em questão e como definimos o que pertence e o que não pertence ao sistema?**
- **P· Qual é o contexto mais amplo em que o sistema em questão opera?**
- **P· Quais são os principais agentes cujas interações e relacionamentos definem a estrutura e direcionam o comportamento do sistema?**
- **P· Como a sua perspectiva do sistema em questão é moldada pela sua visão de mundo e pelo seu sistema de valores?**
- **P· Quais são as principais "propriedades emergentes" do sistema que não poderiam ser previstas simplesmente olhando para as "partes" individuais do sistema?**
- **P· Como a nossa participação no sistema e nossa maneira de descrevê--lo afeta o que estamos observando?**

Da "crise de percepção" à "visão sistêmica da vida"

Após iniciar um treinamento como zoólogo e biólogo marinho na Universidade de Edimburgo e na Universidade da Califórnia (Santa Cruz), passei os últimos vinte anos da minha vida buscando respostas para um dos desafios mais complexos que existem: como criar um presença humana mais sustentável na Terra? Eu ainda me lembro do dia, na primavera de 1994, quando percebi que a maneira mais efetiva com que eu poderia contribuir para que as gerações futuras pudessem vivenciar a felicidade de nadar com um grupo social de golfinhos, em seu habitat natural, não estava em continuar no meu caminho de me tornar um biólogo de mamíferos marinhos, mas em trabalhar de todas as maneiras possíveis para ajudar minha própria espécie a mudar sua perspectiva e o modo de se relacionar com a vida, como um processo planetário. Somos participantes desse processo e nossa vida depende disso.

Dediquei as últimas duas décadas a investigar e aprender "soluções sustentáveis". Nesse processo, passei o tempo como um acadêmico, ativista de base, consultor de negócios e educador. Trabalhei com autoridades públicas em níveis locais, nacionais e internacionais (Nações Unidas). Investiguei, defendi e ajudei a implementar soluções sustentáveis em muitas áreas da atividade humana como transportes, habitação, desenvolvimento comunitário, produção de alimentos, tratamento de água, produção e consumo sustentáveis e educação.

Com sorte, todos os dias surgem mais soluções sustentáveis disponíveis para nós, mas aplicadas sem escala e sem prestar atenção ao seu contexto sistêmico, as soluções de hoje podem, facilmente, tornarem-se nos problemas de amanhã. Sem a habilidade cultural de ver ações e mudanças a nossa volta de uma perspectiva sistêmica, combinada com o conhecimento para avaliar qualquer solução proposta no contexto de seus efeitos na saúde e resiliência da vida como um todo, mesmo tentativas bem intencionadas de criar sustentabilidade podem ter resultados malfadados.

A citação de Einstein amplamente divulgada que avisa que "não podemos resolver nossos problemas com o mesmo pensamento utilizado para criá-los" parece mais apropriada do que nunca. Estamos lidando com a complexidade de uma profunda mudança cultural e a transição, em direção a culturas regenerativas diversas, como manifestações não só de um modo diferente de estar no mundo, mas também de uma maneira diferente de ver o mundo. Em uma carta para Christiaan Smuts, Einstein o parabenizou por publicar *Holismo e evolução* (1926) e sugeriu que dois conceitos moldariam o pensamento humano para o próximo milênio: seu próprio conceito de "relatividade" e o "holismo" de Smuts, definido como "a tendência da natureza em formar totalidades, que são maiores que as somas de suas partes, através da evolução criativa" (Smuts, 1927). O pensamento holístico é uma nova forma de pensamento necessária para dissolver e resolver os problemas criados pelo pensamento reducionista. Entretanto, não deveríamos balançar demais o pêndulo em favor do pensamento holístico, em todas as circunstâncias, em detrimento do pensamento reducionista. Deveríamos ver o reducionismo como um método útil a ser aplicado se e quando apropriado, e dentro do contexto do sistema como um todo, que reconhece o valor da contribuição de todas as perspectivas, assim como os limites do nosso conhecimento. Poderíamos preferir perguntas e soluções definitivas, mas e se simplesmente não pudermos dá-las?

- P· **Estamos buscando uma miragem da certeza em um mundo profundo e ambíguo?**
- P· **O melhor que podemos fazer é viver as questões mais profundamente?**
- P· **Como as questões que escolhemos para nos guiar irão afetar o mundo que iremos vivenciar em um processo de cocriação?**

Durante a primavera de 2002, eu tive a grande sorte de conhecer o físico Fritjof Capra no Schumacher College. Capra articulou algo que eu intuitivamente sabia e estava tentando entender melhor. Ele sugeriu que as crises ecológicas, ambientais, sociais e econômicas que estamos enfrentando não estão separadas, mas são expressões interconectadas de uma única crise:

uma crise de percepção. Ele explicou que nossa visão de mundo culturalmente dominante é marcada por teorias científicas desatualizadas e pela tendência de nos perder em detalhes de perspectiva de uma única disciplina, em detrimento de ver "conexões escondidas" que mantêm a viabilidade de longo prazo do todo.

A história neodarwinista de indivíduos e espécies na competição acirrada por recursos limitados é uma concepção inadequada e limitada da vida. A natureza sustenta a vida ao criar e nutrir comunidades. Nas principais ciências da vida de hoje, a evolução não é mais vista como uma luta pela existência, mas como uma dança colaborativa e de exploração da novidade. Capra apontou que "sustentabilidade é um processo dinâmico de coevolução ao invés de um estado estático. Sustentabilidade é uma propriedade de uma rede inteira de relacionamentos" (comentário pessoal) em vez de características de um indivíduo único, companhia, país ou espécie.

O entendimento de que a causa raiz comum das múltiplas crises que estamos enfrentando é, de fato, uma *crise de percepção* nos oferece esperança de que vamos ser capazes de respondê-las antes que seja tarde. Ele sugere que, se empregarmos uma forma diferente de pensar daquela que nos colocou nessa bagunça, poderíamos compreender quantos problemas interconectados podem ser combinados de modo a nos apontar na direção de uma série de oportunidades interconectadas e soluções ganha-ganha-ganha, ao focar a causa raiz em vez dos sintomas.

Ao assumir uma visão sistêmica da vida é importante caminhar em direção ao foco na crise de percepção. Perceber nosso parentesco e comunhão íntima com os processos da vida como um todo desencadeará uma mudança de consciência que nos habilitará a aprimorar radicalmente a qualidade de nossa vidas e da saúde do ecossistema e do planeta que habitamos. Mudará os caminhos pelos quais nos relacionamos uns com os outros e com o resto do mundo natural e permitirá o aparecimento da saúde como uma propriedade sistêmica, unindo a saúde humana e a planetária.

Individualmente e coletivamente estamos começando a aprender como fazer perguntas melhores à medida que nos conscientizamos das interconexões e relacionamentos que até agora falhamos em prestar atenção. A qualidade do ar que respiramos, a qualidade da água que bebemos, a qualidade da comida que comemos, a qualidade da roupa que vestimos, a qualidade das casas em que vivemos, a qualidade das comunidades de que participamos, a qualidade de nossas relações humanas, a qualidade do ecossistema que habitamos, a qualidade da educação que oferecemos a nossas crianças – todos esses aspectos qualitativos de nossas vidas não dependem somente de aspectos detalhados e quantificáveis que podem ser entendidos no confinamento de disciplinas definidas, estreitas e separadas. Esses aspectos qualitativos de nossas vidas dependem dos relacionamentos complexos e redes que conectam todos eles em um todo dinâmico e transformável. Esses relacionamentos e redes conectam nosso futuro individual e coletivo à saúde, resiliência e bem-estar da *vida como um todo.*

Avanços na biologia, ecologia, neurociência e teoria complexa nos oferecem agora uma visão sistêmica da vida (veja Capra, Luisi, 2014b), definida em detalhes durante as últimas décadas. A sociedade está começando a correr atrás, e a maioria das iniciativas de ponta para promover a transição em direção a culturas regenerativas são marcadas por esses entendimentos sistêmico dos sistemas vivos e nossa relação íntima com eles. Peter Senge tem sido um importante defensor da importância do pensamento sistêmico para pessoas em posição de liderança nos negócios:

> *Os inovadores, criando a economia regenerativa de amanhã têm, de suas próprias maneiras, aprendido como ver o sistema maior em que eles vivem e trabalham. Eles olham além de eventos e consertos superficiais para ver profundamente estruturas e forças em jogo, eles não permitem que as fronteiras (sejam organizacionais ou culturais) limitem seu pensamento, eles fazem escolhas estratégicas para levar em consideração limites naturais e sociais, e trabalham com ciclos de inovação que se retroalimentam – estratégias de mudança que imitam como o renascimento ocorre no mundo natural. Ele aprenderam a ver sistemas ao cultivar a inteligência que todos nós possuímos. Humanos são pensadores sistêmicos naturais, mas, como qualquer capacidade inata, esse talento deve ser entendido e cultivado.*
>
> ***Peter Senge (2008: 167)***

A visão sistêmica entende a vida como redes de relacionamentos. Podemos achar padrões de redes na escala das células individuais, órgãos, organismos, comunidades, ecossistemas ou a biosfera como um todo. As propriedades qualitativas emergentes, que sustentam a vida e a fazem valer a pena ser vivida, não são localizadas em um ou muitos indivíduos, elas estão distribuídas por todas as escalas, como propriedades sistêmicas de um todo vivo e mutável, no qual todos os participantes contam e *todos* cocriamos o futuro.

Se desejamos manter o futuro comum da humanidade, precisamos aprender como a humanidade pode se tornar uma influência positiva e mantenedora da vida nos ecossistemas em todos os lugares e no planeta como um todo. Essa é a essência da criação de uma cultura sustentável e regenerativa.

Ao projetar nossas soluções tecnológicas, sociais e econômicas em torno dos princípios da ecologia e da biologia e informadas pela visão sistêmica da vida, podemos transformar a cultura para que ela se torne uma força restaurativa e regenerativa.

O contínuo surgimento da consciência autoreflexiva e nossa experiência subjetiva e intersubjetiva (cultural) – em sermos reflexões vivas das incessantes explorações de novidades da vida – dependem da manutenção da saúde e da integridade das bases biológicas e ecológicas, para nossa constante evolução. A 'visão dos sistemas vivos' da vida não é uma objetificação da natureza e da biologia como experiência de consciência separadas da experiência de consciência interior (individual e coletiva), mas entende a vida e a consciência como manifestações fundamentalmente entrelaçadas de um único processo. Na consciência autorreflexiva, estamos nos tornando conscientes do papel de como vivenciamos e no que estamos prestando atenção na própria vivência – prestando atenção em como trazemos à tona o mundo juntos. Estamos só começando a entender a codependência emergente da vida e da consciência como um processo participativo fundamental de adentrar o relacionamento e adotar uma perspectiva:

> *[...] a consciência é muito mais que um acidente evolucionário ou epifenomenal para o processo bioquímico em nossas cabeças – a consciência é, de fato, fundamentalmente tecida dentro do universo [...] O que estamos dizendo é que determinado grau de subjetividade está mesmo presente, subindo e descendo a escada da evolução, dos menores quarks até os maiores cérebros. Essa consciência pode ser vagamente descrita como um sistema formador e tomador de perspectiva que cria, coleta e organiza pontos de vista mais profundos, amplos e sofisticados ao se desenvolver.*
>
> ***Ken Wilber, Allan Combs (2010)***

Interser

A prática do pensamento sistêmico é a prática de pensar o mundo sob o conceito de um sistema (Checkland, 1981). Ela pode nos ajudar a fazer interações dinâmicas complexas mais inteligíveis e pode informar com sabedoria iniciativas e ações apropriadas. A prática de observar um conjunto de participantes e de suas relações e as definir como um "sistema" cria um arcabouço no qual podemos fazer perguntas mais profundas sobre estruturas e comportamentos que influenciam esses relacionamentos. Ao definir as bordas do sistema, não estamos isolando o "sistema em questão" de todos os outros, mas estamos criando um enquadramento para explorar como ele pode estar relacionado com sistemas mais amplos que o contêm. Também podemos entender que nosso "sistema em questão" pode ser formado por uma série de subsistemas.

Com muita frequência, o pensamento sistêmico é equiparado a um conjunto de metodologias muito específicas, como desenhar diagramas de influências, ciclos de retroalimentação e modelos sistêmicos de estoques e fluxos. São todas ferramentas muito úteis dentro da caixa de ferramentas do pensamento sistêmico, mas compará-las com o pensamento sistêmico como um todo seria o mesmo que comparar um conjunto de pincéis, um cavalete e uma tela à arte da pintura. Mais que uma caixa de ferramentas, o pensamento sistêmico é uma forma de criativamente dançar com complexidade, que tem poder para transformar a nós e ao mundo. Ela pode nos ver, e ao nosso mundo, com diferentes olhos.

Como o poeta David Whyte observou: prosa é sobre palavras descrevendo uma experiência, enquanto a poesia elucida ela mesma uma experiência. Então deixe-me ofertar a você a visão do poeta Thich Nhat Hanh sobre o pensamento sistêmico como um todo:

> *Se você é um poeta, você verá claramente que existe uma nuvem voando nessa folha de papel. Sem uma nuvem, não haveria chuva; sem chuva, as árvores não poderiam crescer; e sem árvores, não poderíamos fazer o papel. A nuvem é essencial para o papel existir. Se a nuvem não está aqui, o papel também não pode estar. Então podemos dizer que a nuvem e o papel intersão. "Interser" é uma palavra que não está no dicionário ainda, mas se combinarmos o prefixo "inter" com o verbo "ser", nós temos um novo verbo interser. Sem uma nuvem não podemos ter o papel, então podemos dizer que a nuvem e o papel intersão. Se olharmos para dentro dessa folha de papel ainda mais profundamente, poderemos ver o brilho do sol nela. Se o brilho do sol não estiver lá, a floresta não pode crescer. De fato, nada pode crescer. Até mesmo nós não podemos crescer sem a luz do sol. E, assim, sabemos que o brilho do sol também está nessa folha de papel. O papel e o sol intersão. E nós vemos trigo. Nós sabemos que o lenhador não pode existir sem seu pão diário, e dessa forma o trigo que se torna seu pão também está nessa folha de papel. O pai e a mãe do lenhador estão nela também. Quando olhamos dessa forma, nós vemos que, sem todas as coisas, essa folha de papel não poderia existir.*
>
> *Olhando ainda mais profundamente, nós também podemos nos ver nessa folha de papel. Isso não é difícil de ver, porque, quando olhamos para a folha de papel, a folha de papel é parte da nossa percepção. Sua mente e a minha também*

estão aqui. Então podemos ver que tudo está aqui com a folha de papel. Você não pode apontar uma só coisa que não está aqui – tempo, espaço, a Terra, a chuva, os minerais do solo, o brilho do sol, a nuvem, o rio, o calor. Tudo existe nessa folha de papel. É por isso que eu penso que a palavra interser deveria estar no dicionário. Ser é interser. Você não pode ser por você mesmo sozinho. Você necessita interser com todas as outras coisas. Essa folha de papel é porque todas as outras coisas são.

Suponha que nós tentássemos retornar os elementos para suas fontes. Suponha que retornássemos o brilho do sol para o sol. Você acha que essa folha de papel seria possível? Não, sem o brilho do sol, nada pode ser. E se retornássemos o lenhador para sua mãe, não teríamos a folha de papel da mesma forma. O fato é que a folha de papel é feita somente de elementos "não papéis". E se devolvermos esses elementos não papéis para suas fontes, não poderemos ter o papel de nenhuma forma. Sem elementos "não-papéis", como a mente, o lenhador, o brilho do sol, e assim por diante, não existiria o papel. Por mais fina que seja essa folha de papel, ela contém tudo no universo em si.

Thich Nhat Hanh (1988: 3-5)

Reimpresso do Coração do Entendimento: Comentários sobre o Prajñaparamita Sutra ***com a permissão da Parallax Press, Berkeley, California, www.parallax.org***

Thich Nhat Hanh oferece um grande exemplo para ver e entender o sistema como um todo. Começando com uma simples folha de papel, ele nos oferece uma janela para a interconexão fundamental do nosso sistema planetário, o qual começamos a entender agora pela física, ciência complexa, ecologia e ciência dos sistemas da Terra. Somos participantes em um todo dinâmico no qual nos definimos e criamos nossa realidade através da nossa participação em relacionamentos. Ser é interser.

Em muitas maneiras, a palavra "interser" descreve uma mudança de percepção de si e do outro que mora no centro de cocriar culturas humanas regenerativas e uma presença sustentável dos humanos na Terra. Inovações transformadoras para culturas regenerativas direcionam a mudança de uma sociedade, de crescimento industrial, baseada na extração e exploração de recursos naturais informada pela "narrativa de separação", para uma sociedade que sustenta a vida, baseada na agricultura regenerativa e processos industriais informados pela "narrativa do interser". A palavra "interser" descreve a transformação para a nova história sobre o relacionamento da humanidade com a comunidade mais ampla da vida, e sua dependência do sistema de suporte à vida do planeta. Aqui estão algumas perguntas que poderíamos usar para catalisar conversas sobre essa mudança em grupos de comunidades, salas de reunião de negócios e departamentos governamentais:

- **P· Até que ponto estamos vendo o problema e propondo soluções informados pela "narrativa da separação", e como poderíamos reformulá-las pela "narrativa do interser"?**
- **P· Como nossas necessidades reais e percebidas mudam à medida que alteramos de uma perspectiva de separação para uma perspectiva de interser?**
- **P· Como propomos soluções informadas pelo interser e avaliamos seu efeito na mais ampla comunidade da vida e das futuras gerações?**

Como podemos participar apropriadamente em sistemas complexos?

> *No começo dos anos 1950, o povo Dayak, em Bornéu, sofreu com a malária. A Organização Mundial da Saúde tinha uma solução: eles pulverizaram grandes quantidades de DDT para matar os mosquitos transmissores de malária. Os mosquitos morreram, a malária declinou; até esse ponto, tudo bem. Mas ocorreram efeitos colaterais. O primeiro foi que o teto das casas começou a cair sobre a cabeça das pessoas. Aparentemente, o DDT estava matando um tipo de vespa parasita que anteriormente controlava as lagartas que comiam palha. Pior, os mosquitos envenenados com o DDT eram comidos por lagartixas que eram comidas pelos gatos. Os gatos morreram, os ratos proliferaram e as pessoas foram ameaçadas por uma epidemia de pragas silvestres e tifo. Para acabar com esses problemas, que ela mesma criou, a Organização Mundial de Saúde foi obrigada a jogar de paraquedas 14.000 gatos vivos em Bornéu.*
>
> ***Hunter Lovins, Amory Lovins (1995)***

Essa história serve para ilustrar que, em sistemas complexos dinâmicos, qualquer tentativa de resolver um problema isolado, sem considerar adequadamente seu contexto sistêmico, pode disparar múltiplos efeitos colaterais indesejáveis e mesmo problemas maiores e mais severos.

O cientista sistêmico alemão, professor Frederick Vester (2004: 36-37), identificou um número de erros comuns que ocorrem quando times são chamados para intervir ou gerenciar um sistema complexo dinâmico. Os *insights* de Vester se valeram de uma série de experimentos do psicólogo

Dietrich Dörner, que desafiou vários times transdisciplinares de 12 especialistas diferentes a melhorar o sistema e o design de infraestrutura como um todo, de um país fictício entre os países em desenvolvimento. Um programa de computador modelou o impacto de suas estratégias durante um século de ciclos repetidos de intervenções. O foco do estudo era como os times de especialistas abordam a resolução de problemas. A análise de Vester sobre o trabalho de Dörner deu base para uma útil lista de questões que podemos perguntar a nós mesmos para evitar erros comuns quando lidamos com questões em sistemas complexos.

P· **Nós definimos nossos objetivos corretamente? Nós estamos tentando melhorar parâmetros isolados ou otimizar o sistema como um todo?**

Em vez de centrar em melhorar a habilidade e a probabilidade de sobrevivência do sistema como um todo, temos a tendência de nos perder resolvendo problemas individuais, um problema por vez. Tendemos a procurar por "problemas gerenciáveis" e inadequações em um sistema e a definir esses problemas pela perspectiva de uma disciplina em vez da perspectiva do sistema como um todo.

P· **Nós tentamos uma análise sistêmica conjunta ao prestar atenção às dinâmicas em vez de nos perder em dados estatísticos?**

Temos a tendência a ficar obcecados com a coleção de imensas quantidades de dados (quantitativos). Isso resulta em grandes conjuntos de dados, mas, sem prestar atenção aos aspectos qualitativos das interações e relacionamentos subjacentes, nós comumente falhamos em gerar um entendimento conjunto e coerente dos sistemas como um todo. Ao explorar o potencial de ciclos de retroalimentação, limites, dinâmicas e relacionamentos chave podemos movimentar questionamentos mais profundos na procura de princípios organizadores e políticas que estruturam o sistema e direcionam seu comportamento. Partindo de que sistemas complexos são sistemas vivos que mudam com o tempo, é sempre mais útil focar na dinâmica e relacionamentos qualitativos do que ficar obcecado com a coleta de dados quantitativos em um determinado ponto no tempo.

P· **Estamos evitando a armadilha de criar uma ênfase irreversível?**

Existe uma tendência de mirar em problemas que foram inicialmente identificados como parâmetros centrais. Se existe sucesso parcial em um problema particular, ele pode se tornar o favorito em detrimento dos outros. "Pontos cegos" em nossos sistemas de entendimento podem ter consequências severas. Podemos ser surpreendidos por efeitos colaterais inesperados de ações, e falhamos em prevenir efeitos de fuga se nossa atenção está em outros lugares.

P· **Estamos prestando atenção suficiente ao potencial dos efeitos colaterais de nossas ações?**

Também pode ser de grande ajuda trabalhar com diferentes cenários. Isso permite comparar as potenciais consequências de ações propostas e antecipar os possíveis resultados.

P· **Nós estamos tomando cuidado para não mudar demais a direção ou reagir demais?**

As intervenções iniciais centralizadas em resolver o problema tendem a serem feitas com hesitação ou começarem pequenas. Se, dentro do curto prazo, não existem efeitos visíveis no sistema, o próximo passo é uma intervenção em larga escala. Ao se deparar com o primeiro *feedback* inesperado do sistema – conforme os efeitos atrasados da pequena intervenção inicial foram se acumulando e estão, agora, amplificando os efeitos da intervenção em larga escala – a reação mais comum é pisar no freio e tentar reverter as intervenções.

P· **Estamos evitando agir de maneira autoritária?**

Saber ou acreditar que temos o poder de mudar o sistema, assim como a errônea crença de que já entendemos o sistema, geralmente resulta em um comportamento ditatorial. Isso é absolutamente inadequado quando lidando com sistemas dinâmicos diversos. Um modo mais apropriado e efetivo de afetar esses sistemas como um participante é mudar enquanto segue o fluxo ao invés de nadar contra ele. Frequentemente, aspirações pessoais para ganhar prestígio político e profissional são os maiores motivos por trás de mudanças de grande escala que colocam em risco a dinâmica do sistema. Indivíduos tentam impressionar pelo tamanho do projeto que estão propondo em vez de pela sua funcionalidade. A luta pelo poder e respeito tendem a influenciar negativamente a forma como lidamos com sistemas complexos. Uma participação apropriada em sistemas complexos é sobre viver estas questões com humilde consciência dos limites de nosso conhecimento.

P· **Como podemos agir com humildade e consciência de futuro, aplicando previsões e inovações transformadoras adiante da imprevisibilidade e da incontrolabilidade de sistemas dinâmicos complexos?**

O Modelo Sistêmico Mundial do *International Futures Forum* (IFF)

O Modelo Sistêmico Mundial estabelece uma estrutura holística para ter uma visão do estado do mundo, e, assim, uma plataforma para entender predições globais, acessando inovações e projetando iniciativas inteligentes.

Anthony Hodgson (2011: 43)

O Modelo Sistêmico Mundial do IFF e o Jogo Mundial do IFF, que está associado a ele, foram desenvolvidos para ajudar pessoas a explorar como seria uma reposta transformadora para nossa "crise de percepção" corrente. Eles são ferramentas eficazes para facilitar o pensamento sistêmico conjunto sobre as crises convergentes e interconectadas que estamos enfrentando, oferecendo um caminho para conectar soluções atuais propostas em uma estrutura sinergética. A ideia para essa abordagem foi inspirada por Richard Buckminster Fuller, mas o grosso do desenvolvimento dessas ferramentas foi um trabalho do Anthony Hodgson (com apoio do International Futures Forum). Em *Preparado para tudo – desenhando resiliência para um mundo em transformação*, Tony descreve diferentes usos e a lógica por trás do Modelo Sistêmico Mundial do IFF, oferecendo uma série de estudos de caso de aplicações efetivas até o presente momento. A ilustração a seguir mostra o Modelo Sistêmico Mundial Básico do IFF.

O Modelo Sistêmico Mundial (MSM) do IFF conecta 12 dimensões chave (ou nós) de um sistema regenerativo. Os 12 nós foram cuidadosamente escolhidos para mapear os componentes vitais ou pontos de atenção para criar um sistema humano próspero e viável em qualquer escala. Desse modo, o modelo pode ser utilizado para mapear – de maneira sistêmica e transdisciplinar – os aspectos vitais de uma comunidade, bairro, cidade, biorregião ou o planeta (por isso o nome Modelo Sistêmico "Mundial").

O MSM age como um motor ou catalizador para gerar perguntas para o pensamento conjunto.

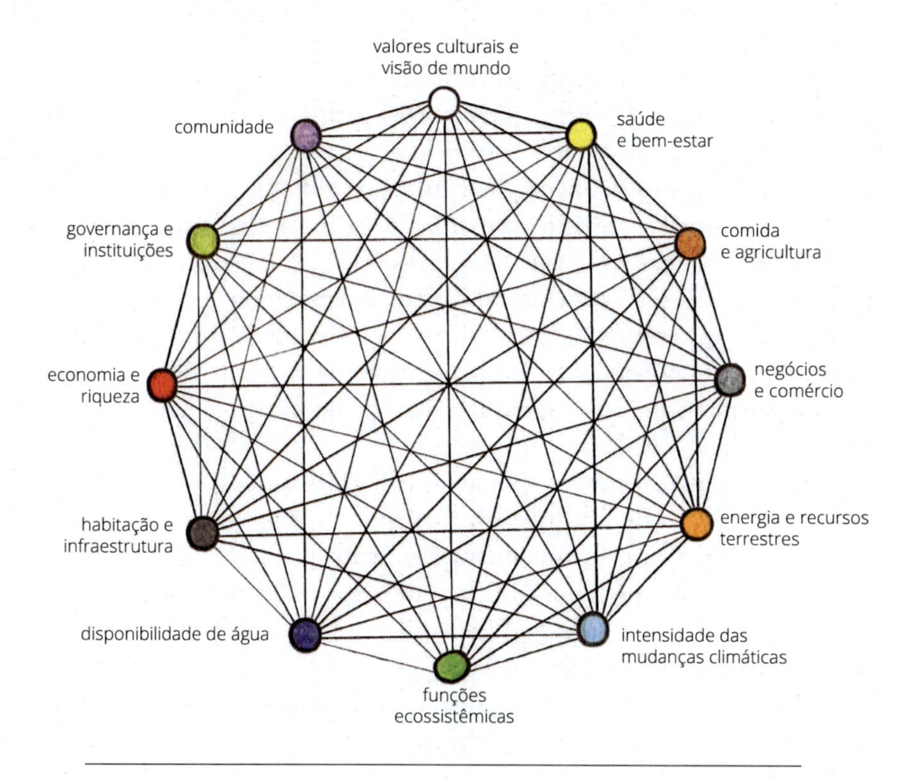

Figura 6: O Modelo Sistêmico Mundial do IFF, reproduzido de Hodgson (2011) com a permissão do autor.

Cada um dos 12 nós está ligado no mapa lembrando a face de um relógio com 66 linhas interconectadas. Cada uma dessas linhas cria um par de fatores interconectados, convidando à pergunta de como esses fatores devem se relacionar um com o outro. A questão sobre "interconexão" pode ser perguntada com relação a como o fracasso ou a perda de viabilidade de um nó pode afetar os outros nós. Também nos convida a explorar como a solução proposta em um nó pode simultaneamente afetar os outros nós positivamente. O MSM pode ser utilizado para gerar soluções projetadas em conjunto com o intuito de gerar sinergias entre os diferentes nós, melhorando todo o sistema. Por exemplo, o modelo pode nos convidar a investigar como uma melhoria proposta no uso da "energia renovável e recursos terrestres" poderia afetar positivamente a "habitação e infraestrutura" e vice-versa; ou poderia nos pedir para explorar a relação entre "saúde e bem-estar" e "funções ecossistêmicas" (as funções do ecossistema saudáveis provedoras de ar limpo, água fresca, comida e recursos biológicos, assim como a regulação do clima e doenças, controle de erosão, ciclo dos nutrientes e polinização).

Quer trabalhemos em um caso específico de um projeto de bairro urbano sustentável, ou em melhorar a performance sustentável do país em escala nacional, o modelo pode ser aplicado em qualquer escala do local para o global, e tentar fazê-lo pode também convidar a questionar sobre como o trabalho em uma escala pode afetar o outro, uma prática referenciada como "design de ligações entre escalas" (Van der Ryn, Cowan, 1996; Wahl, 2007). O modelo pode não só ser usado para convidar a questionar como criar mais soluções conjuntas com design sustentável e melhorias sistêmicas na viabilidade do todo, mas também pode ser utilizado para auditar o "status quo" de qualquer sistema, ao convidar a mapear as forças e fraquezas de um dado sistema em relação a cada nó.

Em combinação com o modelo de Três Horizontes, introduzido no Capítulo 2, o MSM pode ser utilizado para mapear os sistemas com relação a cada horizonte: o atual "mundo em crise" situação do H1, o potencial para transição inovadora e melhorias sistêmicas do H2, e as visões H3 de um sistema viável. Idealmente, os 12 nós reforçam mutualmente a viabilidade de todos os outros nós, assim criando um sistema saudável e próspero no geral. De maneira a criar, local e globalmente, desings de soluções sistêmicas como um todo, sinergéticas e apropriadas, precisamos começar a entender melhor a natureza interconectada dos problemas que enfrentamos em cada um dos diferentes nós.

O analista de segurança internacional e consultor Thomas Homer-Dixon observou que o fracasso na viabilidade de um aspecto do sistema frequentemente é acompanhado por outros aspectos do sistema. Ele se referiu a essa situação como falha sincrônica (Homer-Dixon, 2006). O MSM pode nos tornar mais conscientes da maneira que mudanças de viabilidade em um nó podem causar um efeito dominó por todo o sistema, resultando em mudanças nos outros nós. Uma solução proposta de perspectiva isolada de um nó particular e focada em melhorar a viabilidade daquele nó pode, na realidade, resultar em efeitos negativos (menor viabilidade) em um ou muitos outros nós. Para evitar que isso aconteça, precisamos aprender e pensar mais sistemicamente.

Um exemplo óbvio de nossa miopia sistêmica é como os tomadores de decisão focam somente em "resgatar a economia" ao estimular o crescimento econômico e, ao fazê-lo, suas "soluções" de curto prazo, na verdade, diminuem a viabilidade dos outros nós do sistema. Muitas medidas centradas em aumentar o crescimento econômico acabam tendo um impacto negativo na "Comunidade". Isso porque elas geralmente aumentam a desigualdade e diminuem a viabilidade dos "Serviços Ecossistêmicos", enquanto, ao mesmo tempo, aumentam a "Intensidade das Mudanças Climáticas".

Até agora, o MSM tem sido usado para mapear o impacto potencial de diversas falhas sincrônicas ou sucessos sincrônicos, e cenários de efeito dominó em um número de estudos de caso que variam em escalas de pequenas comunidades, regiões, ilhas e até países inteiros (veja Hodgson, 2011). Ao engajar diversos grupos de interesse e especialistas no processo de questionar possíveis conexões entre os nós, os desafiamos a conectar problemas anteriormente vistos em isolamento. Isso cria não só uma maneira "rápida e frugal" de gerar uma variedade de possíveis cenários futuros, mas convida também ao pensamento lateral e ideias inovadoras que pode levar a caminhos para inovações transformadoras. Uma vez que uma série de cenários foi gerada, eles podem ser explorados no contexto do modelo dos Três Horizontes. Nós podemos nos perguntar se inovações propostas são mesmo capazes de catalisar a transição em direção a um mundo viável do Horizonte 3 ou são mais prováveis de serem capturadas pelo primeiro horizonte para prolongar o *business as usual.*

O MSM e o *Jogo Mundial* associado são particularmente úteis para aumentar a consciência sobre as possíveis interações em cada escala e através delas (recursividade e ligação entre escalas). São modos efetivos de gerar cenários rápidos e um sistêmico "pensamento para o futuro". Como uma ferramenta de "facilitação avançada" em oficinas de estratégia e situações com múltiplos grupos de interesse, o Jogo Mundial libera a criatividade através do "jogar" e dá aos tomadores de decisão a direta experiência do pensamento sistêmico como um todo e seus potenciais benefícios para agir com sabedoria. Jogos criativos são um modo poderoso para liberar o pensamento lateral e renovado (Hodgson, 2012).

A emergência de saúde sistêmica, bem-estar e culturas regenerativas podem ser facilitadas pelo design de sistemas como um todo integrativo (veja o Capítulo 4). Engajar em pensamento e design sistêmicos não é uma ciência exata, mas uma arte de participação apropriada. Estamos ainda no princípio da jornada de remontar Humpty Dumpty – de desfazer alguns dos efeitos colaterais da história da separação. Temos que aceitar que não temos todas as respostas e que temos que revisar frequentemente as perguntas que estamos fazendo. A integração e síntese dos sistemas como um todo é uma tarefa à frente de todos nós.

Nós estamos afogados em informações enquanto morremos de fome por sabedoria. O mundo daqui pra frente será comentado por sintetizadores, pessoas que conseguem reunir as informações certas, no tempo certo, e fazer escolhas importantes com sabedoria.

E.O. Wilson (1999: 294)

Aprendendo a ver a natureza em todo lugar

Quando, em 4 de novembro de 1869, a primeira edição do jornal científico *Nature* foi posta em circulação, ela trouxe, em seu prólogo, o biólogo britânico T.H. Huxley. Em sua introdução, Huxley citou o poeta e cientista alemão Johann Wolfgang von Goethe (1749-1832) e depois concluiu com a seguinte sentença: "pode ser que, muito tempo depois de as teorias de filósofos cujas conquistas estão gravadas nestas páginas estejam obsoletas, a visão de um poeta permanecerá como um símbolo eficiente e verdadeiro do milagre e mistério da Natureza". Aqui segue um trecho da visão de Goethe da natureza:

NATUREZA! Estamos envoltos e abraçados por ela: sem o poder de nos separarmos dela e sem o poder de atravessá-la. [...] Nós vivemos em seu meio e não a conhecemos. Ela fala conosco incessantemente, mas não trai seu segredo. Nós constantemente agimos sobre ela, e mesmo assim não temos poder sobre ela. [...] Ela sempre pensou e sempre pensa; pensou não como homem, mas como Natureza. [...] Isso porque o mais sobrenatural ainda é a Natureza; o mais estúpido dos filisteus tem um toque de sua genialidade. Aquele que não pode vê-la em todos os lugares, não a vê em nenhum lugar. [...] O espetáculo da Natureza é sempre novo, já que ela sempre renova os espectadores. A vida é sua mais linda invenção; e a morte é seu artifício especialista para ter o máximo de vida. [...] Obedecemos suas leis mesmo quando nos rebelamos contra ela; trabalhamos com ela mesmo quando nosso desejo é ir contra ela [...] Ela isolou todas as coisas de maneira que possamos abordar umas às outras. Ela segura alguns goles do copo do amor para ser um pagamento justo pelas dores de toda uma vida. [...] Ela é completa, mas nunca terminada.

Johann Wolfgang von Goethe apud. T.H. Huxley (1869)

O que poderia significar ver a natureza em todo lugar? Isso não é só uma simples questão de semântica. Nosso mundo mudaria se começássemos a entender a cultura, a sociedade e a tecnologia como expressões da mesma criatividade do processo natural que ajudou a criar a atmosfera que respiramos hoje e moldou a história de nosso planeta por milhares de anos. É um grande desafio acolher essa mudança de perspectiva. Se tudo é natureza, então nada é não natural, artificial ou não é parte de um processo orgânico. Nós realmente podemos chamar uma usina de energia nuclear, uma bomba nuclear ou um organismo geneticamente modificado de natural? Incluir tudo o que existe no todo, constantemente em transformação da natureza, torna-se uma necessidade se quisermos vencer o falso dualismo entre natureza e cultura. Até mesmo as perigosas tecnologias não podem separar o todo. Os átomos são feitos de partes do universo e da natureza se transformando. Mas mesmo colocando isso dessa forma, pode nos afastar de compreender o "inteiro autêntico" (Bortoft, 1971) da natureza, já que não deveríamos pensar o todo da natureza de forma aditiva - como a soma de suas partes.

O todo aparece em todas as suas partes e as partes encontram seu significado e identidade ao pertencer ao todo. Henri Bortoft escreveu em seu livro estonteante e cheio de *insights* sobre a forma de ciência de Goethe, *O todo da natureza*:

> *Não podemos conhecer o todo da mesma forma que conhecemos as coisas porque não podemos reconhecer o todo como uma coisa. [...] O todo estaria fora de suas partes da mesma forma que cada parte estaria fora de todas as outras partes. Mas o todo se faz presente por dentro de suas partes, e não podemos encontrar o todo da mesma forma que encontramos as partes. Nós não deveríamos pensar sobre o todo como se ele fosse uma coisa.*
>
> ***Henri Bortoft (1996: 14)***

Bortoft dedicou sua vida a exploração, ensinamento e comunicação do que ele chamava de uma forma dinâmica de ver que nos permite vivenciar "o se tornar presente do todo dentro de suas partes". Ele nos adverte da armadilha epistemológica de uma abordagem puramente analítica e objetiva dos "sistemas" (como objetos lá fora), já que isso nos predispõe a explorar uma versão falsa em vez do todo autêntico (2012: 17).

Se vemos a natureza por todos os lados, mesmo na nossa forma de ver, podemos começar a prestar atenção no "vir a ser" do todo via reciprocidade (interser) das partes. Nem o todo nem suas partes são principais. Eles coascendem. Nada está fora do todo da natureza, já que ela não é uma coisa, mas um processo de "vir a ser" através de relações. A partir dessa perspectiva, tudo é "natural" e a "natureza" se manifesta através de tudo. Não estou de nenhuma forma sugerindo que - a partir dessa perspectiva - bombas nucleares e plantas geneticamente modificadas são naturais também, e que são expressões de uma participação apropriada em sustentar a vida e o processo regenerativo da natureza. Elas são melhor entendidas como fins na linha da exploração evolucionária e renovação da natureza. É nosso dever reconhecê-las dessa forma e dispensá-las como inapropriadas antes que seus efeitos sobre a vida e sobre a saúde do sistema como um todo nos dispense.

Esse passo em direção a incorporar totalmente nossa própria natureza como "natureza expandida" é crucial para a transformação cultural em direção à cultura regenerativa. Para sair de uma "narrativa de separação" dominante em direção à "narrativa de interser" temos que curar a "divisão cartesiana", abraçando nossa experiência de sermos indivíduos separados não como prova da separação, mas de como somos indivisíveis do todo da natureza.

A narrativa da separação traz à tona um mundo em que separamos mente e matéria, eu e o mundo, humanidade e natureza em categorias mutualmente exclusivas, enquanto a emergente cultura da "narrativa do interser" nos remete a um mundo no qual vemos a nós mesmos e à tecnologia como expressões do processo natural da vida. A partir dessa perspectiva inclusiva e participativa da natureza podemos reavaliar todas as conquistas sociais e tecnológicas sob a luz dessas questões cruciais:

- P· **Como essa inovação afeta o sistema de suporte da vida da natureza?**
- P· **Essa inovação aumenta a saúde e a resiliência sistêmica?**
- P· **A "solução" proposta tem chance de levar a um fim de linha evolucionário ou cria condições para que a vida continue?**

Nós não deveríamos nem condenar nem retificar a ciência e a tecnologia. Quando, onde e como utilizar essas ferramentas para criar condições de conduzir a vida é um diálogo público crucial nas culturas regenerativas. Ver a natureza em tudo e entender o todo da natureza como um processo vivo do qual participamos vai nos levar a entender a colaboração como o modo predominante de manter a saúde do todo. A competição é autoperpetuadora e, em último caso, autodestruidora. Gregory Bateson nos avisou: "A criatura que ganhar de seu ambiente se destrói" (1972: 501). Ver a natureza em tudo pode nos ajudar a criar tecnologia que contribui para a saúde do sistema como um todo em vez de erodi-la.

Estando em processo e compreendendo os relacionamentos

Eu vivo na Terra no presente, e eu sei o que eu sou. Eu sei que eu não sou uma categoria. Eu não sou uma coisa - um substantivo. Parece que eu sou um verbo, um processo evolucionário - uma função integral do universo.

R. Buckminster Fuller (1970)

Pergunte a si mesmo: quem eu sou? Eu sou só este corpo? Eu sou uma coisa, um substantivo, um objeto? Ou eu sou um processo de interações e conexões constantemente em transformação que definem a mim e ao mundo como expressões temporárias do meu *sendo em relacionamento*?

Allan Watts se referiu ao eu separado como o "ego encapsulado pela pele". Nas aulas de biologia somos ensinados a fechar a importante questão sobre a identidade do nosso ser e nos condicionar a ler coisas como: "Eu sou um ser biológico da espécie *Homo sapiens sapiens*; um produto da evolução baseado em mutações aleatórias e na luta pela sobrevivência diante da escassez e da competição, possivelmente com a predisposição a projetar significado em coisas sem sentido do universo". Isso, para você, se parece com alguma hipótese científica ou com um dogma extremamente limitante?

A pergunta "quem *ou* o que sou eu?" nos leva ao centro de nossa cultura e ao modo pelo qual entendemos a relação entre o ser e o mundo, assim como entre a cultura e a natureza. Nossa resposta afeta não só nossa experiência pessoal de vida, mas também como nos relacionamos com outros seres humanos e com a comunidade da vida. A cultura se transforma uma vez que nós entendemos nós mesmos como "processos" que definem "identidade própria", como ser nas relações e (feito) de relações.

Através de milhares de anos de condições antropocênicas [...] nós herdamos rasos, fictícios "eus", e criamos a persuasiva ilusão de separação da natureza. [...] Enquanto o meio ambiente estiver "lá fora", nós o deixaremos para algum grupo de interesse especial, como ambientalistas, para protegê-lo enquanto tomamos conta de nós mesmos. A matéria muda quando percebermos profundamente que a natureza "lá fora" e a natureza "aqui dentro" são uma e a mesma, que o senso de separação, não importa o quão persuasivo, é nada menos que totalmente ilusório. Eu chamaria a necessidade dessa realização o desafio psicológico espiritual de nossa era.

John Seed (2002)

Paradoxalmente, nós somos o "eu" *e* nós somos o "mundo" Os dois emergem da experiência de *ser* através das relações de que participamos. De um entendimento participativo do todo da natureza, o todo da vida não é uma coisa, mas um processo de vir a ser através de todos os seres vivos e de seus relacionamentos. Podemos descrever a vida como a soma total de trilhões de "indivíduos", de uma diversidade de espécies de tirar o fôlego, e isso é igualmente válido para entender a vida como um processo transformador que tece tudo isso em manifestações temporárias de *estar vivo através e em relações* dentro da própria unidade. Concentrar-se na separação revela a competição, enquanto concentrar-se em inter*ser* revela colaboração como a base da vida. Gregory Bateson viu a "falsa coisificação do eu" – a ideia da separação do eu em vez de um eu emergindo e sustentado pelos relacionamentos – como a causa raiz de nossa "crise ecológica planetária". Ele argumentou que:

> *Nós imaginamos que somos uma unidade de sobrevivência e que temos que dar atenção a nossa própria sobrevivência, e imaginamos que essa unidade de sobrevivência é o indivíduo separado ou uma espécie separada, enquanto, na realidade, através da história da evolução, é o indivíduo mais o meio ambiente, as espécies mais o meio ambiente, porque eles são simbióticos.*
>
> ***Gregory Bateson em Joanna Macy (1994)***

A ecologia da mente de Bateson foi uma tentativa de convidar as pessoas para adentrar uma maneira relacional de ver. Ele entendia que nós vivemos em um mundo feito inteiramente de relacionamentos e costumava gracejar: "existem dias em que eu me pego acreditando que existe uma coisa como algo, separado de todas as coisas". Para Bateson, vivenciar nossa própria existência relacional – a maneira que nós continuamente trazemos à tona o mundo e a nós mesmos através das relações – poderia nos ajudar a "unificar e dessa forma santificar a totalidade do mundo natural, no qual nós estamos" (Nora Bateson, 2010).

A visão unificadora de Bateson sobre o mundo natural (a vida) não está colapsando, a vida e a nossa experiência dela não está na base esquerda do quadro da teoria integral. Ele não reduziu a "o que é" para o exterior coletivo dos sistemas, do "DELES", dos objetos materiais. Sua "ecologia da mente" se referia ao "oceano da mente" em que nos encontramos quando mudamos de ver o mundo como uma coleção de objetos para experienciar o vir a ser de perspectivas e pensamento de identidade através do fato de relacionar-se a si mesmo. O entendimento de nós mesmos como verbos e não substantivos, como um processo em vez de indivíduos isolados, facilita essa mudança de perspectiva que nos faz ver o mundo e a nós mesmos como vindo a ser através de relacionamentos. Maturana e Varela mais tarde se referiram a isso como acoplamento estrutural e autopoiese, a autoconstrução pela qual nós trazemos à tona o mundo.

Bateson acreditava que "os maiores problemas do mundo são resultados da diferença entre como a natureza funciona e como as pessoas pensam". Ele se referiu à mudança de pensamento que estamos explorando como "a diferença que faz diferença". Quando Bateson perguntava a seus alunos "Que padrões conectam um caranguejo a uma lagosta, e uma orquídea a uma primavera e todos os quatro a mim? E eu a você?", ele não estava procurando por uma resposta. Ele estava convidando as pessoas a notar o próprio ato de questionar e, ao fazê-lo, os tornava conscientes do fato de que tudo muda se mudarmos o modo pelo qual nós pensamos sobre o "eu" e o "mundo" (2015). David Abram descreveu lindamente como nossa identidade humana nasce da nossa relação com o resto da comunidade da vida.

> *Presos numa massa de abstrações, nossa atenção hipnotizada por um anfitrião de tecnologias feitas pelo homem, que refletem somente nós de volta a nós mesmos, é muito fácil esquecermos nossa herança carnal em uma matriz mais que humana de sensações e sensibilidades. Nossos corpos se formaram em uma delicada reciprocidade com texturas de muitas camadas, sons, formas de uma terra animada – nossos olhos evoluíram em evoluções sutis com outros olhos, enquanto nossas orelhas estão afinadas pela sua estrutura, pelo uivar dos lobos e pelo grasnar dos gansos. Nos desligar dessas outras vozes, continuar com o nosso estilo de vida para condenar estas outras sensibilidades até o esquecimento da extinção, é roubar de nossos próprios sentidos sua integridade, e roubar nossas mentes de sua coerência. Nós só somos humanos em contato, e convívio, com o que não é humano.*
>
> ***David Abram (1996: 22)***

Eu acredito que no coração da mudança cultural que irá liderar para a emergência de culturas regenerativas em todos os lugares está a clareza de que somos um processo de nos relacionar em "reciprocidade delicada" com o planeta vivo, que nosso sucesso individual e coletivo depende da saúde do todo e da comunidade da vida.

Capítulo 4

Por que alimentar a resiliência e a saúde dos sistemas complexos?

> *Oh, que catástrofe para o homem quando ele se separou do ritmo do ano, do seu uníssono com o Sol e a terra. Oh, que catástrofe, que mutilação de amor quando foi feito um sentimento pessoal, meramente pessoal, tirado do nascer e pôr do sol, e separado da conexão mágica do solstício e do equinócio! É esse o nosso problema. Nós estamos sangrando nas raízes [...]*
>
> ***D.H. Lawrence (1930)***

A constituição da Organização Mundial da Saúde (OMS) define o conceito de saúde como "um estado de bem-estar completo, físico, mental e social e não apenas a ausência de doença ou enfermidade". Em 1986, a "Carta de Ottawa", da OMS, listou uma série de condições e pré-requisitos para a saúde. Esses incluíram: "paz, abrigo, educação, comida, renda, um ecossistema estável, recursos sustentáveis, justiça social e equidade." A Declaração de Sundsvall, de 1991, enfatizou que "o caminho a ser seguido é fazer o meio ambiente - o ambiente físico, mental e social, o ambiente econômico e o ambiente político - benéfico à saúde em vez de prejudicial" (Waltner-Toews, 2004). As recomendações da OMS sugerem uma abordagem de design salutogênico que promova a saúde individual, comunitária, societária e dos ecossistemas como um padrão de conexão em escala. O design para a saúde humana e planetária visa (re)integrar a humanidade nos processos de manutenção da saúde e de apoio à vida da biosfera (ver Wahl, 2006). A Comissão de Saúde e Meio Ambiente da OMS enfatizou:

> *Existe uma poderosa sinergia entre saúde, proteção ambiental e uso sustentável de recursos. Indivíduos e sociedades que compartilham a responsabili-*

dade de alcançar um ambiente saudável e gerenciar seus recursos de forma sustentável tornam-se parceiros para garantir que os ciclos e sistemas globais permaneçam inalterados.

Organização Mundial de Saúde (1992: xxx)

A teoria da complexidade, a compreensão sistêmica da saúde, a resiliência transformadora, a simbiose, a sinergia e o design integrado salutogênico são conceitos e estruturas de conexão em escala, relacionados, que podem nos ajudar a estruturar uma estratégia integrada para manter a saúde humana e planetária e criar culturas regenerativas. Neste contexto, a sustentabilidade é redefinida a partir de algo "neutro" - não fazer mais danos -, a uma compreensão sistêmica da relação entre humanos, ecossistemas e saúde planetária:

Sustentabilidade é uma relação entre sistemas econômicos humanos dinâmicos e sistemas ecológicos maiores, dinâmicos, mas normalmente de mudanças mais lentas, de modo que a vida humana possa continuar indefinidamente, indivíduos humanos possam florescer e as culturas humanas possam se desenvolver - mas também uma relação na qual os efeitos das atividades humanas permaneçam dentro dos limites, de modo a não destruir a saúde e a integridade dos sistemas auto-organizados que fornecem o contexto ambiental para essas atividades.

Brian G. Norton (1992)

Manter e restaurar um ambiente saudável e resiliente - na comunidade, no ecossistema e na escala planetária - estão inextricavelmente ligados. A saúde ecológica e social, como uma propriedade emergente de todo o sistema, possibilita e apoia o desenvolvimento humano saudável e permite diversas expressões culturais da identidade regional.

A saúde sistêmica como uma propriedade emergente das culturas regenerativas surge à medida que as comunidades adaptadas local e regionalmente aprendem a prosperar dentro das "restrições facilitadoras" e das oportunidades estabelecidas pelas condições ecológicas, sociais e culturais de sua biorregião local, em um contexto globalmente colaborativo. Em um sistema complexo, em constante mudança, a promoção da saúde e sustentabilidade requer aprendizado constante para se adaptar adequadamente à mudança. "Vivendo as Questões Juntos" e diálogos baseados em design com foco regional sobre como alimentar a saúde sistêmica podem promover esse aprendizado constante.

Robert Costanza (1992: 239) revisou uma série de definições conceituais de saúde do ecossistema baseadas na saúde como: homeostase, ausência de doença, diversidade ou complexidade, estabilidade ou resiliência, vigor ou escopo de crescimento e como equilíbrio entre os componentes dos sistemas. Todas essas perspectivas sobre saúde são úteis e têm suas limitações. Costanza os chama de "peças do quebra-cabeça". Ele propõe que a saúde do ecossistema deve ser entendida "como uma medida abrangente, dinâmica e hierárquica de resiliência, organização e vigor do sistema", e argumenta que "esses conceitos estão incorporados no termo 'sustentabilidade', o que implica a habilidade do sistema em manter sua estrutura (organização) e função (vigor) ao longo do tempo diante de tensões externas (resiliência)". Ele enfatiza o importante aspecto de conexão em escala da saúde: "Um sistema saudável também deve ser definido à luz de seu contexto (o sistema maior do qual faz parte) e seus componentes (os sistemas menores que o compõem)" (p.240).

Da mesma forma, David Brunckhorst (2002), diretor do Institute for Bioregional Resource Management da Unesco, enfatiza que "a resiliência, como a sustentabilidade, possui elementos multifacetados que a afetam através de escalas de espaço e tempo – não ocorre simplesmente em uma escala local ou global". Ele explica: "Para sustentar e restaurar a resiliência em sistemas ecológicos e sociais para a sustentabilidade a longo prazo, precisamos começar a integrar nosso planejamento e operar nosso gerenciamento em múltiplas escalas [...]" e seremos mais capazes de fazê-lo "aninhando requisitos funcionais de sistemas ecológicos e sistemas sociais para um futuro duradouro" (p.16). Essa perspectiva aninhada ou de conexão em escala é muito importante, pois nos convida a fazer perguntas sobre a integração sinérgica de soluções locais, regionais e globais, e nos lembra de prestar atenção em como os processos e ciclos de curto, médio e longo prazo estão interligados.

A saúde sistêmica (como uma propriedade emergente de conexão em escala) permite que os sistemas regenerativos respondam à ruptura com resiliência. Vincular os esforços globais, regionais e locais para colaborar no projeto de resiliência no sistema em e entre escalas é um aspecto importante da criação de uma cultura regenerativa. Temos que prestar atenção, no entanto, a que tipo de resiliência nutrimos. Às vezes, a capacidade de persistir e se recuperar do *business as usual* está impedindo, em vez de ajudar, a transformação para uma cultura regenerativa. A resiliência é uma capacidade multifacetada, intimamente ligada à saúde e à vitalidade sistêmica. Uma cultura regenerativa dependerá da "resiliência transformadora", em especial. Vamos dar uma olhada mais de perto nos diferentes aspectos da resiliência e por que eles são tão importantes para o nosso futuro comum. Em alguns pontos, o arcabouço teórico pode parecer um pouco denso, mas o pensamento de resiliência é uma maneira profundamente prática de encarar um futuro imprevisível, alimentando nossa capacidade de responder com sabedoria e trabalhar com as rupturas que nos desafiarão.

Revertendo o Dia da Sobrecarga da Terra

A humanidade ultrapassou a capacidade regenerativa anual da Terra pela primeira vez no início dos anos 1970. Ou seja, nossa espécie chegou a um ponto em que todos os anos começamos a consumir mais recursos e produzimos mais resíduos do que a capacidade de regeneração e absorção com segurança, em um ano, da bioprodutividade natural do planeta e das funções dos ecossistemas. Em outras palavras, começamos a viver do capital que a vida construiu ao longo de milhões de anos, em vez de seguir o caminho mais sábio de viver com os juros anuais sobre esse capital. Estamos retirando da conta do capital natural e, no processo, diminuindo a capacidade de regeneração das funções dos ecossistemas.

De acordo com a Global Footprint Network, que desenvolveu esta medida em conjunto com a New Economics Foundation, o primeiro Dia da Sobrecarga da Terra caiu em 23 de dezembro de 1970. O rápido crescimento populacional e as taxas de consumo de material e energia, juntamente com a erosão acelerada dos ecossistemas em todos os lugares, resultaram no declínio da "bioprodutividade" anual do planeta e, desde então, em uma redução nas funções dos ecossistemas a cada ano. Assim, o dia em que ultrapassamos os limites da produtividade anual da Terra está ocorrendo cada vez mais cedo. Em 1995, foi em 10 de outubro, em 2005, alcançamos a sobrecarga em 3 de setembro (Global Footprint Network, 2008) e, em 2015, ocorreu em 13 de agosto (National Footprint Accounts, edição de 2015).

A Figura 7 Ilustra como a humanidade como um todo entrou em sobrecarga ecológica (usando mais recursos que uma Terra pode fornecer) em 1970 e como teremos que tentar retornar ao padrão de "vida de um só planeta" o mais rápido possível, idealmente até 2050.

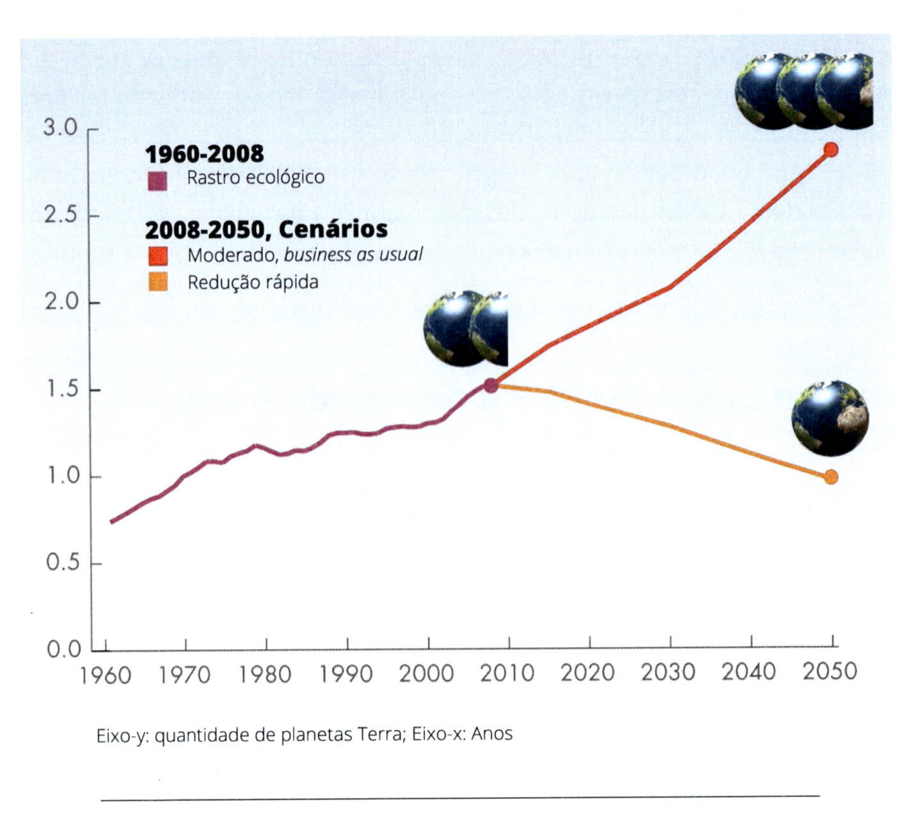

Figura 7: Sobrecarga da Terra, © 2015 Global Footprint Network (www.footprintnetwork.org).

A mudança para uma cultura humana regenerativa depende primeiro de interromper e, em seguida, reverter essa tendência constante em direção ao Dia da Sobrecarga, que ocorre cada vez mais cedo a cada ano. Até que um dia, no futuro, possamos celebrar o fato de que o Dia da Sobrecarga da Terra não existe mais e que de forma coletiva conseguimos atender às necessidades humanas, dentro dos limites da capacidade do planeta de se regenerar e prover.

Bem, a ciência é simples: não há outra forma de traçar nosso caminho para um futuro distante neste planeta. Precisamos primeiro reverter o Dia da Sobrecarga da Terra e depois começar a criar uma cultura que vise deixar um planeta mais rico, mais vibrante e mais ecologicamente produtivo para cada geração subsequente. Para alcançar essa transformação, precisaremos da participação de toda a humanidade.

Precisamos de uma educação aberta e gratuita para todos, para aumentar a consciência ecológica e social de forma coletiva. A narrativa da separação nos ensinou a ver o mundo através das lentes da diferença, da competição e da escassez – consequentemente, aprendemos a competir. A narrativa do interser revela não apenas nossa interdependência, mas também a abundância que emerge da colaboração, partilha e cuidado com toda a comunidade da vida. Precisamos aprender juntos a colaborar de forma eficaz para alimentar o capital social e ecológico de nossas comunidades.

Recuso-me a acreditar que a "natureza humana" seja sobretudo competitiva e individualista; de fato, estou convencido de que, de modo geral, é o oposto (veja evidências desse fato no Capítulo 7). Todos nós temos a capacidade de entender que o futuro da humanidade depende de aprender a viver dentro dos limites biofísicos da biosfera. A guerra e o fundamentalismo são profundamente anacrônicos. É hora de a humanidade se unir e aprender como se tornar uma presença regeneradora na Terra.

Escrevo estas linhas enquanto o noticiário está cheio dos conflitos na Síria, Iraque, Israel/Palestina, Afeganistão, Líbia e Ucrânia. Ao afirmar nossa natureza humana colaborativa em sua essência, não estou ignorando esses horrores. Por que tantos jovens estão dispostos a se unir a organizações terroristas que lutam com ódio cego, brutalidade bárbara e total desrespeito pelos valores da coexistência pacífica compartilhada por todas as religiões do mundo? Acredito que muitos jovens – particularmente os homens – são privados de direitos e feridos pela falta de significado propagada pelos efeitos da narrativa da separação, procurando desesperadamente um lugar para pertencer. As ideologias equivocadas que impulsionam a guerra, o fundamentalismo e o conflito atraem as pessoas que estão procurando por significado e identidade, criando um outro para se opor a ele.

Imagine a humanidade unida no trabalho significativo de criar um futuro mais próspero para toda a vida. De dentro da narrativa da separação, isso pode parecer uma visão ingênua. Estando dentro da narrativa do interser, e em plena consciência de nossa dependência do sistema de suporte de vida planetária e das funções dos ecossistemas, fazer qualquer outra coisa e perder tempo na luta entre as ideologias mal adaptadas é ilusório. Cuidar da Terra e cuidar dos outros é cuidar de nós mesmos. Vamos encontrar sentido em cocriar um mundo próspero juntos, em vez de lutarmos uns contra os outros, cegos por ideologias ultrapassadas e narrativas desagregadoras. Vamos reverter o Dia da Sobrecarga da Terra! Vamos encontrar aquele terreno mais elevado do interser que está além de todas as nossas diferenças. Vamos valorizar nossa diversidade à medida que nos unirmos em uma unidade global.

Aprendendo a viver dentro dos limites planetários

Em 2009, um estudo de referência realizado por um grupo internacional de cientistas liderado pelo Stockholm Resilience Centre (Rockström et al., 2009) identificou pelo menos oito *limites planetários* críticos aos quais precisaremos prestar muita atenção se esperamos criar uma presença humana mais sustentável na Terra. Pelo menos três desses limites já foram violados. Já causamos *mudanças climáticas* perigosas e estamos chegando perto de desencadear ciclos de *feedback* desgovernados no sistema climático da Terra que poderiam ter efeitos catastróficos para toda a humanidade e a maior parte da vida na Terra. Temos uma janela de oportunidade relativamente pequena para evitar isso, e a janela está se fechando. A perda de *biodiversidade* atingiu taxas alarmantes que estão em igualdade com os seis outros grandes eventos de extinção na história da vida na Terra. Nossos métodos insustentáveis de produção agrícola interferiram nos limites do fluxo biogeoquímico, como o *ciclo do nitrogênio* e o *ciclo do fósforo*.

Ainda não foram feitas pesquisas suficientes para entender até que ponto podemos também ter violado as fronteiras planetárias para a *poluição química* e o *carregamento atmosférico de aerossóis*. Há evidências crescentes de que produtos químicos desreguladores do sistema endócrino (hormônios miméticos) em plásticos e cosméticos estão interferindo na diferenciação sexual e na fertilidade em muitas espécies, incluindo os humanos. *A acidificação dos oceanos, o esgotamento do ozônio estratosférico, as mudanças no sistema terrestre e o uso mundial de água doce* terão que ser monitorados de perto, pois todos estão se aproximando rapidamente do ponto em que os limites planetários seguros serão violados. Um estudo recente atualizou nossa compreensão dos limites planetários. Ele argumenta que "identificando o espaço operacional seguro para a humanidade na Terra, o contexto dos LPs [Limites Planetários] pode fazer uma contribuição valiosa para as pessoas responsáveis por tomar decisões ao mapear os cursos desejáveis para o desenvolvimento social" (Steffen et al., 2015).

Muitos desses limites estão inter-relacionados. A maioria deles causa perda de biodiversidade, resiliência e saúde do ecossistema em múltiplas escalas, do local ao global. Com cada espécie que se perde, enfraquecemos a complexa teia de interdependências e conexões que sustentam a saúde dos ecossistemas do mundo. Cada espécie que é extinta pode ter um tesouro de inspirações biomiméticas para nós. Poderia ter sido fonte de uma cura para o câncer e teria desempenhado um papel importante nos ecossistemas que habitou. Cada espécie desempenha um papel sistêmico, cuja ausência transformará a biosfera como um todo, afetando não apenas o futuro da humanidade, mas o futuro de toda a vida. A *perda de biodiversidade* como limite planetário aborda tanto a *diversidade genética*, como um repositório para a inovação da vida, quanto a *diversidade funcional*, como a diversidade de espécies que interagem e que dão a um determinado ecossistema ou à biosfera a capacidade de autorregulação saudável. Ambos são fatores-chave na resiliência dos sistemas naturais. Temos que ir além de apenas considerar importante o valor utilitário de todas as espécies para a sobrevivência humana, a narrativa do interser reconhece que cada espécie é uma expressão única da vida com valor intrínseco. À medida que perdemos a biodiversidade, desvendamos o complexo padrão de saúde com base na diversidade, nas relações simbióticas, nas múltiplas redundâncias e nas interconexões complexas, nos ciclos de *feedback* e nas redes colaborativas aninhadas. A resiliência de um ecossistema ou de uma comunidade depende desse padrão de saúde que liga a saúde individual à saúde comunitária, à saúde do ecossistema e à saúde planetária de forma crucial. Uma cultura regenerativa é uma cultura que aprendeu a prosperar dentro dos limites planetários. Estas são algumas perguntas que podem orientar nosso aprendizado:

- P · **Como podemos atender às necessidades humanas dentro dos limites estabelecidos pelos limites planetários?**
- P · **Quais são as formas mais eficazes de limitar, melhorar e reverter os efeitos que já provocamos ao ultrapassar os limites planetários, como as mudanças climáticas, a perda de biodiversidade, os limites do ciclo do nitrogênio e do fósforo e a mudança do sistema de terras?**

Uma tentativa de responder à pergunta de como voltar a viver dentro dos limites planetários foi feita por Donella Meadows, Dennis Meadows e Jorgen Randers em seu livro *Beyond the Limits* (1992). Eles sugeriram uma série de ações que a humanidade precisará realizar. Amory e Hunter Lovins revisaram essas ações, acrescentando algumas de suas próprias sugestões em *How Not to Parachute More Cats* (1996). Vamos dar uma breve olhada nas questões que eles levantaram e em algumas respostas esperançosas.

- P · **Como podemos voltar a viver dentro dos limites?**

As respostas incluirão a criação de políticas que reforcem o tabelamento do preço dos recursos de uma maneira que inclua os efeitos ambientais e sociais de sua extração, uso e reciclagem, juntamente com a eliminação de subsídios ocultos para as indústrias de combustível fóssil, químicas e nucleares e outras importantes poluidoras. Criar práticas agrícolas regenerativas também é deveras importante.

P· Qual é a melhor maneira de proteger, restaurar e melhorar nossa base de recursos?

Teremos que aprender a usar os combustíveis fósseis, os lençóis freáticos e os depósitos minerais restantes com a máxima eficiência e somente enquanto não pudermos substituir seu uso por alternativas recicladas e renováveis. Isso exigirá que nós reavaliemos como os recursos naturais são gerenciados e como podem ser regenerados, incluindo um domínio mais igualitário deles. Teremos que fazer da proteção da biodiversidade, da pesca e das bacias hidrográficas, juntamente com uma mudança para a agricultura regenerativa orgânica, programas de reflorestamento de longo prazo e acordos sobre a limitação da emissão de gases de efeito estufa uma prioridade internacional e nacional.

P· Como podemos garantir um *feedback* mais imediato rastreando os sinais corretos e melhorando nossa capacidade de reagir apropriadamente à mudança?

Existe uma clara necessidade de indicadores mais adequados de progresso (por exemplo, GPI em vez de PIB). Vamos voltar a isso no Capítulo 7. O contexto dos limites planetários pode nos ajudar a monitorar melhor como a atividade humana afeta o bem-estar, os ecossistemas locais e a biosfera. Nossa capacidade de responder adequadamente às mudanças sistêmicas depende de uma educação aprimorada que aumente nossa capacidade de pensamento sistêmico e crítico e de nossa educação ecológica.

P· Como podemos diminuir e, eventualmente, parar o crescimento da população humana?

Essa difícil questão não exigirá apenas mudanças institucionais e políticas, mas, mais importante, uma mudança de consciência impulsionada pela educação e pela inovação social. Teremos que definir níveis sustentáveis de população e produção industrial, com base na compreensão do propósito da existência humana que é dissociado da expansão e do consumo físicos. Temos que valorizar a ideia de "suficiente" em vez de "mais" (Lovins, Lovins, 1996).

Existe uma relação bem documentada entre o tamanho da família, a pobreza e o acesso das mulheres à educação (Connor, 2008; Borgen Project, 2015). Ao criar um sistema mais equitativo de partilha de recursos e melhorar o acesso global à educação de qualidade, podemos criar condições que conduzam a uma redução do tamanho das famílias a médio prazo e a um gradual declínio da população a longo prazo.

Dependendo da linguagem usada, os relatórios sobre as fronteiras biofísicas do nosso planeta e as pressões populacionais tendem a reforçar o condicionamento cultural da mentalidade de escassez e competição. Isso não precisa ser a nossa resposta. Muitas das inovações, tecnologias e questões culturalmente transformadoras exploradas neste livro oferecem caminhos colaborativos para a transição de culturas de consumo obcecadas pelo crescimento para culturas regenerativas. O papel da educação formal e informal e da aprendizagem ao longo da vida, para todos os setores da sociedade e para toda a humanidade, é fulcral. Precisamos educar e dar voz a uma nova narrativa cultural que inspire a humanidade a cocriar uma nova realidade na qual escolhemos ver a colaboração na promoção da saúde de todos os sistemas e da abundância compartilhada como uma expressão de nossa inter-relação com a vida. É a estratégia de sobrevivência individual e coletiva mais promissora em um planeta lotado.

Em *The Open-Source Everything Manifesto*, Robert David Steele argumenta que, para liberar o potencial de abundância colaborativa, engenho humano e criatividade, precisamos dar a toda a humanidade o acesso aberto à informação, educação e "tecnologia de libertação".

> *A tecnologia de libertação cria riqueza e a tecnologia de código aberto cria riqueza. Em ambos os casos, o "centro de gravidade" para uma mudança drástica, em direção à resiliência e à sustentabilidade, é a massa do cérebro humano de 5 bilhões de pobres – o 1 bilhão de ricos não conseguiram "escalar". O cérebro humano é o único recurso ilimitado que temos na Terra. O potencial de inovação e empreendedorismo por parte de 5 bilhões de pobres é o mais subdesenvolvido e subutilizado recurso.*
>
> ***Robert David Steele (2012: 7)***

Steele argumenta que tomar o caminho do código aberto permitirá que fomentemos a participação cidadã e a inteligência pública como base para uma democracia aberta verdadeiramente participativa, informada e guiada por nossa inteligência coletiva (p.141; veja também o Capítulo 7). Juntos, podemos aprender a prosperar dentro dos limites planetários. Em vez de ver "limites planetários" como restritivos da nossa liberdade (e rebelando-se como adolescentes contra essa imposição), podemos escolher amadurecer como espécie e considerar esses limites como "restrições capacitantes" que nos dão o contexto (espaço operacional seguro) dentro do qual podemos aplicar nossa criatividade para satisfazer as necessidades de todos, criando abundância para todos, sem prejuízo para a comunidade mais ampla da vida.

O que é exatamente resiliência e resiliência transformadora?

Na ciência dos ecossistemas, a pesquisa sobre resiliência começou há mais de quarenta anos. Em 1973, C. S. Holling publicou os primeiros resultados de seus estudos sobre dinâmica complexa de mudança dentro de ecossistemas. Holling viu que os ecossistemas poderiam existir em uma variedade de condições dinamicamente estáveis (equilíbrio dinâmico), e que, após a perturbação, os ecossistemas poderiam retornar ao seu estado inicial antes da perturbação ou poderiam degenerar para novas condições de equilíbrio, menos diversas e menos vibrantes. Muita perturbação pode levar à degeneração sistêmica, mas, ao mesmo tempo, a perturbação periódica (dentro de limites) também pode contribuir para que um ecossistema tenha uma condição de equilíbrio dinâmico mais diversificada e mais vibrante. Por exemplo, o trabalho de Allan Savory sobre o manejo holístico de pastagens degradadas imita a perturbação periódica causada por rebanhos migratórios de animais que comem tal pastagem como um fator chave na manutenção e melhoria da saúde do solo, capacidade de retenção de água, biodiversidade e bioprodutividade do ecossistema como um todo (ver Capítulo 7). Na ciência do ecossistema, a palavra resiliência diz respeito à capacidade dos ecossistemas de reagir à perturbação e à mudança ambiental com persistência, adaptação gradual e fundamental transformação.

Os processos de mudança interligados, com conexão em escala, conduzem a dinâmica dos sistemas naturais. Esses processos ocorrem simultaneamente em diferentes escalas temporais e espaciais. Mudanças locais são influenciadas por padrões de mudança regionais e globais, que, por sua vez, são afetados por mudanças locais. As condições de "equilíbrio dinâmico" em uma determinada escala são partes da estabilidade dinâmica (relativa) dentro de um panorama mais amplo de constante mudança e transformação. A pesquisa sobre resiliência começou investigando tais dinâmicas nos ecossistemas e, desde então, foi expandida para a dinâmica interligada das mudanças nos sistemas ecossociais, já que é impossível estudar os ecossistemas sem incluir sobre eles o impacto da atividade humana.

Os processos de autorregulação e de regulação do clima do planeta criaram e mantiveram, de forma ativa, relativamente estáveis as condições favoráveis à evolução contínua da vida. A *resiliência* contribui para manter a relativa estabilidade dos sistemas vivos ao longo do tempo, enquanto a resiliência transformadora descreve a capacidade de um sistema vivo de se transformar em reação às mudanças nas condições e nas rupturas. Precisamos de ambas as capacidades para guiar nosso caminho em direção a um futuro regenerativo. Nossa capacidade humana de previsão e antecipação acrescenta um componente importante à capacidade dos sistemas ecossociais de reagir à mudança com resiliência transformadora.

A visão de vida de sistemas trabalha a presença de condições dinâmicas de desequilíbrio (mudança e transformação contínuas) como um sinal reconhecível do processo vivo. Quando James Lovelock trabalhou nos laboratórios da Pasadena Jet Propulsion no final dos anos 1960, projetando equipamentos para a missão da NASA a Marte, um conjunto de dados de um colega descrevendo a composição atmosférica dos diferentes planetas em nosso sistema solar pousou em sua mesa. Quase imediatamente percebeu que só a Terra tinha uma atmosfera de forte desequilíbrio químico, enquanto em outros planetas o equilíbrio de diferentes gases na atmosfera era tal que poucas reações químicas ocorriam. O desequilíbrio dinâmico do nosso planeta azul provocou o salto intuitivo de Lovelock de fazer algumas perguntas importantes. Talvez a presença de vida seja ativamente a criadora desse desequilíbrio? Será que a vida cria condições favoráveis à vida? Talvez a vida seja um processo autorregulador e autorganizador em escala planetária? Estas perguntas foram a base para a Hipótese de Gaia e levaram ao desenvolvimento da Teoria de Gaia e à revolução na Ciência dos Sistemas da Terra (por exemplo, Lovelock, 2000).

Uma compreensão dos processos de mudança em sistemas inteiros, e com conexão em escala, nos chama a abraçar a paradoxal copresença de relativa estabilidade durante longos períodos de tempo, e por meio de rupturas turbulentas em e através de escalas. Na natureza, podemos observar subsistemas individuais em fases de equilíbrio dinâmico relativo, enquanto outros subsistemas estão em fases de ruptura, colapso ou transformação. Um ecossistema, em particular, pode passar por uma fase de relativa estabilidade e pequenas mudanças flutuantes dentro de um limite. No entanto, esse mesmo ecossistema também faz parte de um contexto maior (bioma, biosfera) e, simultaneamente, contém subsistemas menores (comunidades e indivíduos) que estão envolvidos em diferentes fases dos processos de mudança da vida. Embora alguns sistemas sejam relativamente estáveis e sua resiliência mantenha as funções sistêmicas básicas, outros passam por mudanças disruptivas e transformadoras quando padrões e relacionamentos anteriormente estáveis se desintegram, liberando energia e recursos. Analisar estabilidade relativa ou mudança em um sistema também depende das escalas temporais e espaciais que observamos no momento.

O interser de ciclos lentos e rápidos em diferentes escalas espaciais, dentro de um todo planetário interconectado, muda nossa vida, transformando a esfera da biocultura em um exemplo arquetípico de sistema não linear complexo e dinâmico. Assim como nossa própria saúde individual depende de nossa capacidade de recuperação das rupturas, a resiliência – enquanto uma capacidade vital de sistemas saudáveis – também é um fator importante de comunidade, ecossistemas e saúde planetária (Wahl, 2006a).

A resiliência e a resiliência transformadora são indicadores da saúde sistêmica em diferentes escalas. No entanto, há casos em que excesso de persistência e de resiliência dentro de sistemas que necessitam de transformação pode retardar a transformação necessária e diminuir a futura capacidade adaptativa. Precisamos do tipo certo de equilíbrio entre a resiliência (como persistência do *status quo*) e a resiliência transformadora, que nos permite evitar o colapso por meio da inovação transformadora. Trabalhar com interrupções, enquanto convites para a mudança transformadora cria a excitante oportunidade de transformar o colapso em avanço (Hutchins, 2012).

A Resilience Alliance, uma rede internacional de pesquisadores e profissionais concentrados na compreensão da complexa dinâmica de mudança em sistemas socioecológicos, define a resiliência dos ecossistemas como "a capacidade de um ecossistema tolerar perturbações sem se transformar em um estado qualitativamente diferente, controlado por um conjunto de diferentes de processos" (Resilience Alliance, 2015a). Enquanto seres humanos e comunidades, temos consciência dos sistemas dos quais participamos. Atentando aos padrões naturais dos processos de mudança e aprendendo com eles, seria possível adicionar a capacidade de previsão ao sistema inteiro. Antecipamos e planejamos o futuro, mesmo que não possamos prever exatamente o comportamento futuro dos sistemas dinâmicos complexos dos quais participamos. A fim de melhor entender, reduzir nosso impacto negativo e transformar a humanidade em uma influência regenerativa no sistema inteiro, precisamos levar em conta à interação de sistemas sociais e ecológicos e considerá-los como um sistema único socioecológico (SES).

A resiliência aplicada aos ecossistemas, ou aos sistemas integrados entre pessoas e meio ambiente, possui três características:

- A quantidade de mudança que o sistema pode sofrer e ainda manter as mesmas [...] função e estrutura.

- O grau em que o sistema é capaz de se auto-organizar.

- A habilidade de construir e aumentar a capacidade de aprendizagem e adaptação.

Resilience Alliance (2015a)

À medida que a resiliência de um sistema diminui, "a magnitude do choque do qual ele não consegue mais se recuperar fica cada vez menor". Em geral, "a resiliência desloca a atenção do crescimento e eficiência, puros e simples, para a recuperação e flexibilidade necessárias. Crescimento e eficiência podem levar os sistemas ecológicos, as empresas e as sociedades a frágil rigidez, expondo-os a transformações turbulentas. Aprendizado, recuperação e flexibilidade abrem os olhos para a inovação e os novos mundos de oportunidades" (Resilience Alliance, 2015b). Com plena consciência das limitações da previsão e do controle, informados pela nossa participação consciente nos sistemas socioeconômicos, podemos humildemente redesenhar a presença humana na Terra, criando culturas regenerativas localmente adaptadas e globalmente colaborativas em todos os lugares. As gerações atuais têm a oportunidade única de moldar um futuro viável para a humanidade. Para tanto, precisamos do equilíbrio certo entre resiliência persistente/adaptativa e resiliência transformadora em nossos SESs. Saber quando manter os sistemas existentes e quando transformá-los, em resposta a padrões ultrapassados, é parte da consciência sistêmica e da previsão e da antecipação que os humanos podem adicionar aos SESs.

O ciclo adaptativo como um mapa dinâmico para o pensamento resiliente

Os três aspectos da resiliência (persistência, capacidade adaptativa e capacidade de transformação) descrevem habilidades importantes de sistemas vivos: resistir ao colapso e manter funções vitais, adaptar-se a condições mutáveis (aprendizado e auto-organização) e (no caso de SES) prever e antecipar para o "design para a saída positiva" - transformando o sistema em direção a uma saúde maior e uma melhor capacidade de reagir de maneira inteligente e criativa às rupturas e mudanças.

A teoria dos sistemas dinâmicos complexos descreve a dança regular e rítmica entre ordem e caos, entre estabilidade e transformação, como um padrão fundamental de auto-organização em sistemas complexos (vivos). À medida que qualquer sistema amadurece, há um aumento que acompanha padrões fixos e ordenados de interações e fluxos de recursos. O sistema torna-se superconectado, ou melhor, as qualidades e quantidades de conexões existentes são tamanhas que inibem a formação de novos caminhos necessários para a adaptação geral do sistema às mudanças externas e sua evolução contínua. Finalmente, chega-se à rigidez dentro do sistema, o qual se torna frágil, menos resiliente e mais suscetível a distúrbios externos. Neste ponto, os efeitos de prejudicial fuga dos ciclos de *feedback* dentro do sistema podem desafiar ainda mais a viabilidade. A frequente gradual resultante, ou o repentino colapso da ordem e das estruturas antigas, move o sistema para mais perto da "borda do caos" - a borda de seu domínio de estabilidade atual (equilíbrio dinâmico). A reorganização dos fluxos de recursos e as mudanças na qualidade e na quantidade de interconexões dentro do sistema, neste momento, criam uma crise que pode ser transformada em uma oportunidade de mudança e inovação.

Na beira do caos, sistemas dinâmicos complexos são mais criativos (Kauffman, 1995). Ervin László argumenta em *The Chaos Point* que o mundo e a humanidade estão atualmente em uma encruzilhada entre o colapso e a ruptura. Se tomarmos as medidas certas, o ponto do caos pode ser uma oportunidade para "saltar para uma nova civilização" (László, 2006: 109). Entender a dinâmica geral da mudança na qual nos encontramos é importante. Precisamos aprender a trabalhar em vez de lutar contra esses padrões cíclicos de inovação criativa, consolidação, ossificação e final dissolução para criar espaço para a inovação transformadora e criatividade renovada.

O ciclo adaptativo é um modelo de padrões naturais de mudança em ecossistemas e em sistemas ecossociais. Consiste em quatro fases distintas: 'crescimento ou exploração' (r); 'conservação' (K) dos padrões estabelecidos e distribuição de recursos; 'colapso ou liberação' (Ω); e 'reorganização' (α). O ciclo adaptativo (ver Figura 8) é, com frequência, desenhado como um símbolo do infinito ou ciclo de Möbius, que une essas quatro fases.

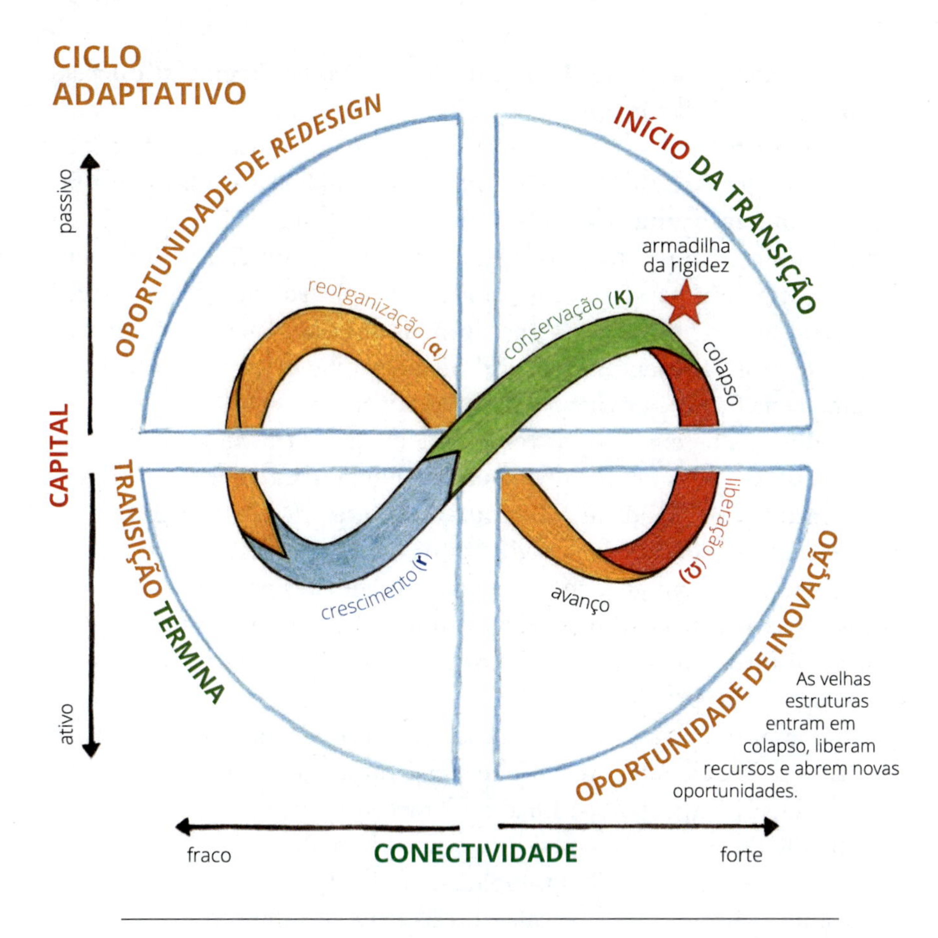

Figura 8: O Ciclo adaptativo, adaptado e expandido de Gunderson e Holling (2001).

A jornada da exploração (o crescimento no diagrama acima) para a conservação é referida como o "circuito anterior" (as partes do circuito que são azul e verde). Descreve a fase lenta e em geral mais longa de crescimento e acumulação de recursos no sistema. Por fim, o sistema se torna frágil e prestes a ser liberado, ou entrar em colapso, quando a estrutura enrijece demais, conexões ficam fixas e há acúmulo de recursos.

A transição da liberação para a reorganização é chamada de "circuito-posterior" do ciclo adaptativo (as partes do circuito em vermelho e laranja). Com frequência, esta fase tem uma movimentação rápida e relativamente curta. Neste ponto, a oportunidade para *redesign*, reorganização e renovação é alta devido à liberação de estruturas rígidas, padrões estabelecidos e à redistribuição de recursos por todo o sistema. No ciclo adaptativo, a "margem do caos" criativa é alcançada durante o início da fase de "liberação" e deixada no final da fase de "reorganização".

Durante a fase α, as oportunidades e a probabilidade de mudança criativa são maiores. Na fase r, essas oportunidades de mudança são testadas umas contra as outras, e uma ou poucas inovações começam a definir as características do sistema transformado. Essa estrutura é mantida e então começa a se enrijecer durante a fase K, até a liberação (colapso), muitas vezes rápida e às vezes catastrófica na fase Ω, nos levar de volta às condições criativas do "limite do caos". Isso apresenta oportunidades renovadas de reorganização em uma nova fase α e um novo ciclo adaptativo.

O potencial de mudança de regime, ou mudança transformacional, que move o sistema para um novo modo de funcionamento (que pode oferecer maior resiliência e saúde) é maior durante a fase α. As inovações transformadoras introduzidas nesse estágio têm o potencial de levar o sistema a um novo domínio de estabilidade. As intervenções no design com o objetivo de aumentar a capacidade de resiliência de um sistema devem prever e explorar cenários futuros para avaliar os efeitos potenciais da intervenção ou *redesign* que eles mesmos propõem.

Ao tentar navegar essas dinâmicas naturais de mudança em diferentes escalas simultaneamente, temos que lembrar que todos os três aspectos da resiliência são importantes. Encontrar um equilíbrio entre persistência, capacidade de adaptação e resiliência transformadora determinará – até certo ponto – quão turbulenta, rápida e profunda será a transição. Como existe uma conexão entre as escalas dos sistemas de diferentes escalas espaciais, – e os ciclos adaptativos de sistemas maiores tendem a se mover mais lentamente, enquanto os ciclos adaptativos de sistemas menores tendem a se mover mais rápido –, temos que prestar atenção a que aspecto da resiliência estamos alimentando, em que escala e como as diferentes escalas se influenciam mutuamente.

Panarquia: uma perspectiva de ligação em escala da transformação sistêmica

Como a natureza é fundamentalmente conectora em escala – ligando o molecular ao planetário e o local ao global –, ciclos adaptativos de qualquer sistema particular, em qualquer escala particular (por exemplo: comunidade local, biorregião, nação ou planeta), estão ligados a outros múltiplos ciclos adaptativas, que estão ocorrendo simultaneamente para sistemas menores contidos por esse sistema e para os sistemas maiores nos quais esse sistema específico está embutido. Essa hierarquia agrupada de sistemas dentro de sistemas – ou holarquia (Koestler, 1989) de totalidades interconectadas dentro de todos – também é chamada de "panarquia" (Gunderson, Holling, 2001). Gunderson e Holling explicam que a palavra "panarquia" descreve as hierarquias holísticas e integradoras da natureza e as complexas dinâmicas que ligam diferentes escalas espaciais e seus processos rápidos e lentos a um todo interconectado. A estrutura oferece uma compreensão das transformações nos sistemas de seres humanos e da natureza mais profundamente, e isso, por sua vez, pode nos ajudar a navegar de maneira mais inteligente em um futuro imprevisível.

O modelo de panarquia – ciclos adaptativos interligados ocorrendo simultaneamente em múltiplas escalas temporais e espaciais – elucida a interação entre mudança e persistência em sistemas socioecológicos conectados em escala. O modelo pode nos ajudar a visualizar a complexidade de conexão em escala dos processos naturais. Enfrentar essa complexidade fractal de processos transformadores interativos – ciclos adaptativos agrupados que se estendem por escalas temporais e espaciais – nos lembra de ficar atentos aos limites de previsão e controle que enfrentamos como participantes de tal complexidade.

De um modo geral, quanto maiores e mais longos os ciclos adaptativos, menos previsíveis e controláveis eles são. Em uma escala espacial e temporal muito limitada (e se definirmos claramente os limites do sistema em questão), a previsão e o controle são possíveis, mas, uma vez que tais reduções na complexidade (por exemplo, condições controladas de laboratório) são artificialmente criadas por nós, sem levar em conta a interconexão fundamental, o interser e a complexidade dos processos de vinculação de escala dos quais participamos, tal previsão e controle são apenas de uso limitado. A Figura 9 é uma representação visual da panarquia, representada através de ciclos adaptativos dinamicamente interligados em diferentes escalas espaciais e temporais.

Ciclos de movimento rápido em escalas menores têm maior probabilidade de inovar e testar inovações. Enquanto ciclos lentos em escalas maiores "estabilizam e conservam a memória acumulada de experimentos passados bem-sucedidos e sobreviventes. Toda a panarquia é ao mesmo tempo criativa e conservadora. As interações entre ciclos em uma panarquia combinam aprendizado com continuidade" (Aliança da Resiliência, 2015c).

PANARQUIA DE CICLOS ADAPTATIVOS INTERCONECTADOS EM DIFERENTES ESCALAS ESPACIAIS E TEMPORAIS

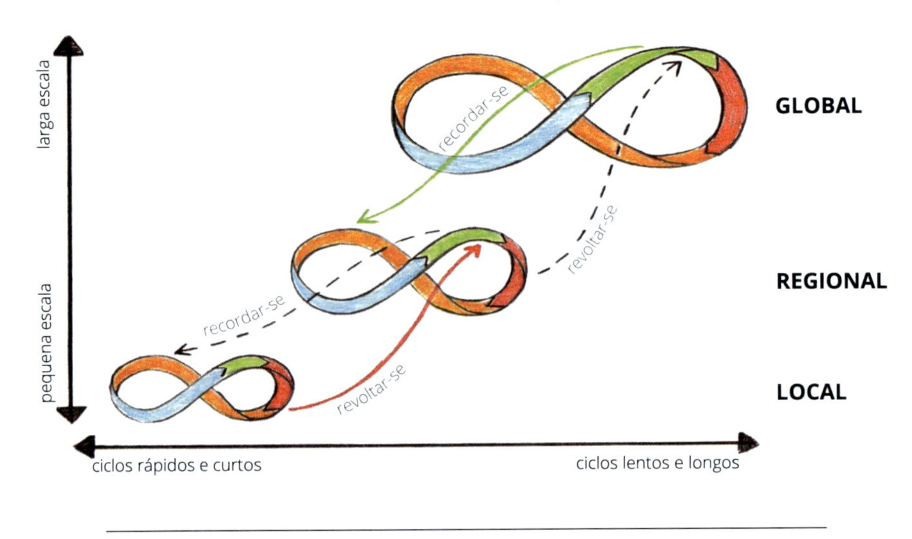

Figura 9: Panarquia de Ciclos Adaptativos, adaptada e expandida de Gunderson e Holling (2001)

Os sistemas maiores, de movimento lento, podem estabilizar os sistemas que os mesmos contêm, reabastecendo-os e mantendo sua diversidade e padrões de organização estabelecidos (recordação). Os sistemas menores de movimento rápido, por sua vez, também podem afetar os sistemas maiores de que participam, seja por uma reação em cadeia do colapso – quando a perda de diversidade, resiliência e viabilidade em uma escala é severa o suficiente para afetar a escala maior – ou através de mudanças transformadoras (r)evolutivas que são inovadas na escala local e depois se espalham para a escala regional e global (revolta). A Figura 9 ilustra as interações entre os processos de mudança dinâmica, rápida e lenta, em diferentes escalas espaciais.

Inovações (r)evolutivas provavelmente ocorrerão em sistemas menores que podem responder a oportunidades e mudanças, enquanto os ecossistemas e a saúde planetária proporcionam uma estabilidade que faz com que tal inovação (e experimentação) seja com a menor escala possível. A panarquia parece sugerir que a inovação e o teste de alternativas viáveis na transição para uma cultura regenerativa são mais prováveis de ocorrer em escala local e regional e, se bem-sucedidas, essas inovações se espalharão globalmente (adaptando-se às condições locais e regionais em outros lugares).

Para que a inovação cresça em escala global, precisamos garantir um fluxo de informações aberto e transparente, o acesso a "tecnologias de liberação" (ver Steele, 2012) e à educação que permita a todos colaborarmos na adaptação e transformação local e regional, apoiadas pela colaboração global. A resiliência transformadora tem que ser construída de baixo para cima, e a panarquia nos faz entender que isso requer colaboração e apoio mútuos. Felizmente, esta mudança já está em andamento.

A construção da resiliência da comunidade local e regional está se tornando global

Nos últimos anos, o imperativo da resiliência entrou na agenda dos governos locais e nacionais, líderes empresariais e instituições internacionais como a União Europeia e as Nações Unidas. Em 2010, o Escritório das Nações Unidas para Desastres e Redução de Riscos lançou a campanha *Tornando as Cidades Resilientes*, com duração de cinco anos (UNISDR, 2015).

Um relatório de 2012 para o Secretário-Geral da ONU, preparado pelo painel de alto nível sobre sustentabilidade global e intitulado *Pessoas Resilientes, Planeta Resiliente - Um Futuro que Vale a pena Escolher*, recomenda três ações estratégicas amplas: i) capacitar as pessoas para fazer escolhas sustentáveis; ii) trabalhar para uma economia sustentável; e iii) fortalecer a governança institucional (UNGSP, 2012, p.79).

O relatório do Banco Mundial de 2013 sobre *Construir Resiliência* recomenda que "a comunidade internacional dê o exemplo promovendo novas abordagens que vinculem, progressivamente, a resiliência do clima e dos desastres a caminhos de desenvolvimento mais amplos, financiando-as apropriadamente" (Banco Mundial, 2013: ix). No Reino Unido, existem agora oficiais de resiliência comunitária em conselhos locais e no Serviço Nacional de Saúde.

O Desafio das 100 Cidades Resilientes da Fundação Rockefeller - financiado com US$100 milhões - diz que "é dedicado a ajudar as cidades do mundo todo a se tornarem mais resilientes aos desafios físicos, sociais e econômicos que crescem no século XXI". A iniciativa apoiará financeiramente cem cidades para permitir que empreguem "oficiais resilientes" (*chief resilience officers* - CROs). A cidade de San Francisco contratou Patrick Otellini como o primeiro CRO do mundo no início de 2014 e, em dezembro de 2014, outras 64 cidades receberam financiamento para apoiar esse importante papel de integração de sistemas inteiros em seus conselhos municipais e prefeituras.

O Conselho Consultivo sobre Mudanças Globais (WBGU) - a unidade de previsão do governo alemão - publicou um relatório de quatrocentas páginas em 2011, intitulado *Mundo em transição: um novo contrato social para a sus-*

tentabilidade. Ele revê exemplos históricos de mudança social e sugere que atores individuais e agentes de mudança são importantes impulsionadores da transformação cultural, portanto, seu papel deve ser levado mais a sério.

Os inovadores socioculturais tendem a estimular a mudança questionando as práticas e perspectivas do *business as usual* e introduzindo alternativas viáveis. O relatório destaca que tais agentes de mudanças surgem "frequentemente da margem da sociedade, onde pensadores heterodoxos e pessoas alheias estão em casa"; depois, os próprios agentes de mudança e, mais importante, as questões levantadas por eles, começam a ganhar interesse e significado cultural para o público mais amplo e instituições *mainstream* (WBGU, 2011: 261-262). O modo como a máxima "construção de resiliência da comunidade" alcançou a agenda principal parece ser um exemplo disso.

Na conferência Rio+20, assisti a palestras e participei de conversas, tanto no programa oficial da cúpula das Nações Unidas quanto em vários locais do evento paralelo *Cúpula dos Povos Rio+20*. Um dos meus destaques foi uma tarde no Fórum de Empreendedorismo Social na Nova Economia, juntamente com Ana Rhodes, então *chair* da Fundação Findhorn. Ambos nos inspiramos na lucidez de Michel Bauwens sobre como já estamos alavancando a transformação social global por meio de ações locais impulsionadas pela colaboração global. Dani Matierlo, da Ashoka, relatou no evento que o credo dominante era: "precisamos construir um sistema em que todos ganhem" e "deve ser um sistema que seja uma vitória também para o meio ambiente". A conclusão retumbante foi: "[...] não há melhor maneira de mudar o mundo do que reunindo todos os setores da sociedade, para construir um mundo guiado pela empatia – em que todos são criadores de mudanças" (Ashoka, 2012).

No *Equator Price Awards*, ativistas locais, cientistas e agentes de mudança de todo o mundo foram reconhecidos por "construir comunidades resilientes". Helen Clark, do Programa das Nações Unidas para o Desenvolvimento (Pnud), iniciou seu discurso com: "O evento desta noite é sobre honrar a grande inovação e liderança que vêm das comunidades locais do mundo". Christina Figueres, então Secretária Executiva da Convenção-Quadro das Nações Unidas sobre Mudança Climática, acrescentou: "Eu acredito que todos nós sabemos que não podemos abordar a mudança climática globalmente, a menos que as comunidades reivindiquem seu poder de implementar soluções – e soluções criativas – no campo" (EquatorInitiative, 2012). Em um final verdadeiramente brasileiro, 1.700 participantes ficaram quietos enquanto ouviam Gilberto Gil finalizar com a música mística de Stevie Wonder sobre a necessidade de a humanidade se reconectar com a natureza e aprender com *The Secret Life of Plants*.

Criar culturas regenerativas e uma presença humana regenerativa na Terra é, em primeiro lugar, sobre a reconexão com a vida como um todo, para que possamos nos conectar e colaborar uns com os outros de novas maneiras. Em teoria, isso deveria ser fácil, uma vez que nunca fomos verdadeiramente separados, mas a narrativa da separação é forte e persistente. Transformações culturais profundas levam tempo. Em um evento pós-Rio+20, organizado pelo Instituto de Treinamento e Pesquisa da ONU (Unitar) e Instituto Ethos, a seguinte pergunta foi feita:

P· **Precisamos de um novo contrato social para abordar as mudanças no desenvolvimento sustentável do século XXI?**

Referindo-se a *O Contrato Social* de Jean-Jacques Rousseau (1762), o diretor executivo do Unitar, Carlos Lopez, enfatizou que Rousseau foi um "agente provocador" que questionou ideias estabelecidas com sua crítica da desigualdade e chamado a se reconectar com a natureza. Lopez sugeriu que as questões que Rousseau levantou têm uma nova relevância e urgência hoje (Unitar, 2012).

A Rio+20 foi confusa. Senti-me desapontado com a forma como a ONU parece ter as mãos atadas pelos grandes lobbies corporativos e alguns "estados valentões". A vibração das pessoas na cúpula foi uma mudança bem-vinda em relação à postura na cúpula oficial, mas desejei que "as pessoas", em vez de realizar um evento paralelo, criassem uma conversa mais ampla que envolvesse a todos – chefes de Estado e lobistas incluídos. A paixão e entusiasmo na tenda Gaia Education / GEN / Transition Towns era contagiante e nutridora. No geral, o que mais me encheu de esperança foi que as conversas sobre a construção de resiliência local e regional, e a necessidade de uma transformação mais profunda, são agora conversas globais, oferecendo um terreno comum para a ação coletiva para além dos diálogos multilaterais.

Todos nós precisamos nos tornar agentes de mudança que questionam as desigualdades e a destruição ambiental em todos os lugares. Precisamos perguntar como podemos cocriar culturas mais equitativas, que sejam profundamente reconectadas à natureza, e tenham um efeito regenerador sobre suas funções e produtividade em ecossistemas locais e regionais. Nessas escalas, podemos criar verdadeiras soluções ganha-ganha-ganha. O pensamento de resiliência está começando a unir agentes de mudança globais e locais que trabalham na sociedade civil, empresas e instituições governamentais em um esforço para criar um futuro próspero, através da colaboração global em apoio à implementação local.

Fora do círculo de acadêmicos da Aliança de Resiliência que iniciou a pesquisa sobre resiliência quatro décadas atrás, as redes de base e as organizações da sociedade civil foram as primeiras a entender a necessidade urgente de capacitação local e participação cívica no processo de fomentar a resiliência na escala comunitária.

Entre os primeiros adeptos e promotores da abordagem de construção de resiliência estavam o movimento de Design de Permacultura (por exemplo, Holmgren, 2011; Whitman, Ferguson, 2014), a Rede Global de Ecovilas (GEN, 2015), o programa de treinamento Design para a Sustentabilidade, do Gaia Education, e, desde 2006, o crescente movimento global Transition Town (Hopkins, 2011 e 2014).[3] A resposta entusiasta à abordagem da cidade de transição por grupos comunitários locais, primeiro no Reino Unido e depois na Europa e globalmente, ajudou a espalhar a máxima "construção da resiliência comunitária" para governos locais e nacionais em todo o mundo, em preparação para mudança do clima e "pico petrolífero".

P· "E se as melhores respostas para o pico petrolífero e as mudanças climáticas não vierem do governo, mas de você, de mim e das pessoas ao nosso redor?"

Rob Hopkins (2011)

Rob Hopkins, cofundador do movimento *Transition Town* (Cidades em Transição), iniciou suas primeiras experiências em construção de resiliência comunitária em 2004, na pequena cidade irlandesa de Kinsale, simplesmente aproveitando a oportunidade de ensinar num curso de design de permacultura, em uma faculdade local, para desenvolver um "plano de descida de energia" para a aldeia junto com seus alunos. Em 2006, ele se mudou para a cidade de Totnes, no sul da Inglaterra, e se juntou a Naresh Giangrande e Sophy Banks para lançar a primeira iniciativa de transição para a cidade. Em apenas três anos, o fenômeno inspirou mais de cem comunidades no Reino Unido, e em outros lugares, a criar iniciativas locais de transição. Em meados de 2014, havia mais de 1.500 comunidades em todo o mundo cadastradas na Rede de Transição e muitos milhares de pessoas haviam participado de "Transition Town Trainings", facilitadas por uma rede global de treinadores de cidades de transição. Rob Hopkins (2009) identifica três princípios-chave de design de que a resiliência depende em uma escala de comunidade:

3. Todos estes movimentos estão fortemente presentes no Brasil. (NE)

■ Maior diversidade: uma base mais ampla de meios de subsistência, uso da terra, empreendimentos e sistemas de energia do que atualmente.

■ Modularidade (design de conexão em escala): não defender a autossuficiência, mas uma maior autoconfiança, com proteção a economia local contra oscilações, como produção local e energia descentralizada.

■ Aperto de *feedback* (aumento da capacidade de aprender com sucessos ou fracassos locais): trazer os resultados de nossas ações para mais perto de casa, para que não possamos ignorá-los.

Grupos de cidades de transição em todo o mundo tendem a ser iniciados por ativistas e educadores de base. Muitos deles envolveram com sucesso os empresários locais e obtiveram o apoio de seus conselhos. O sucesso deles depende, muitas vezes, de convencer os membros mais "*mainstream*" de suas comunidades a participarem, por exemplo, através da criação de empresas comunitárias que reforcem a economia local.

Em 2013, a "Associação Europeia para Informação sobre o Desenvolvimento Local" (AEIDL) publicou *Europa em Transição: Comunidades Locais liderando o caminho para uma Sociedade de Baixo Carbono*. O relatório analisa diversas iniciativas locais em toda a Europa, incluindo cidades em transição, projetos de ecovilas e grupos comunitários de baixo carbono. Isso mostra que, nos seis anos até 2012, o número de grupos participativos e orientados por cidadãos cresceu de apenas alguns para mais de 2 mil. Este é um excelente exemplo de conversas culturais criativas que já transformam comunidades. Ao coletivamente fazer perguntas mais profundas sobre o futuro de suas comunidades e experimentando possíveis soluções locais, esses grupos estão contribuindo para o surgimento de culturas regenerativas.

> *Reunindo-se em salas de estar, cafés locais, centros comunitários e outros espaços públicos, o foco é predominantemente em iniciativas práticas que podem ser adotadas localmente para reduzir as emissões de gases de efeito estufa (GEE) e a dependência de combustíveis fósseis e fortalecer a resiliência e sustentabilidade de comunidades locais. Muitas dessas iniciativas envolvem o teste de novas ideias, tecnologias e abordagens, a fim de encontrar as soluções mais sustentáveis e econômicas. Dessa forma, elas atuam como importantes laboratórios locais, testando e demonstrando como cidadãos e comunidades podem viver de forma mais sustentável.*
>
> ***AEIDL (2013: 3)***

Como podemos alimentar a resiliência transformadora?

O *Nobel Laureate Symposium* de 2011 sobre Sustentabilidade Global gerou a publicação de três artigos científicos nos quais, em cada um deles, uma importante transformação cultural foi citada. O primeiro convocou uma *Reconexão com a Biosfera* argumentando que "é hora de um novo contrato social para a sustentabilidade global baseado em uma mudança de percepção – das pessoas e da natureza vistas como partes separadas dos sistemas socioecológicos interdependentes" (Folke et al., 2011).

O segundo artigo, *O Antropoceno,* encorajou a humanidade a adotar a estrutura de fronteiras planetárias para possibilitar uma perspectiva de sistemas complexos que não seja focalizada miopicamente apenas na mudança climática (Steffen et al., 2011).

O último artigo, *Rumando à Sustentabilidade,* afirmou que, embora a nossa capacidade humana de inovação tenha sido parcialmente responsável pelas crises que enfrentamos agora, "é hora de usar essa capacidade e introduzir inovações que sejam sensíveis aos vínculos fundamentais entre os sistemas sociais e ecológicos" (Westley et al., 2011).

O desenvolvimento de uma relação saudável e de apoio mútuo entre sistemas sociais e ecológicos é feito principalmente em escala local e regional. A colaboração global no processo de rerregionalização e relocalização, baseada no design de sistemas inteiros inspirados biológica e ecologicamente, possibilitará o tipo de inovação transformadora que criará uma sustentabilidade global baseada em culturas regenerativas adaptadas em escala local e em suas "economias de biodiversidade" regionais circulares (ver Shiva, 2012: 143).

A resiliência transformadora em escala global emerge da colaboração e conexão em escala de subsistemas regionais e locais que possuem altos níveis de resiliência transformadora. Os esforços para alimentar a resiliência transformadora podem aprender com os padrões de conexão em escala dos sistemas de suporte à vida da natureza – por exemplo, levando em conta a dinâmica descrita pelo ciclo adaptativo e pela panarquia. Aqui estão algumas *lições de resiliência dos sistemas naturais* que podem nos ajudar:

- O padrão da natureza é a modularidade – redes interconectadas e descentralizadas exibindo redundância em e através de escalas.

- A diversidade cria a variedade necessária e a capacidade adaptativa.

- A redundância na provisão de recursos e funções vitais aumenta a autoconfiança e a resiliência em redes colaborativas descentralizadas, mas conectadas em escala global.

- O local, o regional e o global estão conectados em escala a relações simbióticas e de apoio mútuo.

- A fonte primária de energia é o sol (a natureza funciona com o rendimento solar atual).

- Os fluxos de recursos e energia são, em sua maioria, locais / regionais e organizados em padrões circulares e regenerativos.

- A autorregulação e a regeneração baseiam-se em trocas de informações e recursos dentro de redes aninhadas dentro de outras redes.

- Os relacionamentos colaborativos que incentivam a diversidade facilitam o compartilhamento da abundância e mantêm a saúde sistêmica.

A globalização econômica tem desempenhado um papel na conscientização planetária da família humana. Seus efeitos nos confrontam com nossa interdependência entre si e com toda a vida, à medida que enfrentamos inevitáveis limites ecológicos. Apanhados no movimento expansivo do processo de globalização – que começou com o colonialismo e continuou com a globalização econômica – passamos a acreditar que o maior é sempre melhor, sempre buscando eficiências de escala.

Acredito que a civilização humana regenerativa será estruturada como uma rede colaborativa em escala global de diversas culturas regenerativas, adaptadas regionalmente, com base em diferentes versões de uma narrativa compartilhada de interexistência. Essa rede irá imitar o padrão de diversidade, saúde e resiliência da natureza. O Stockholm Environment Centre, em colaboração com pesquisadores de quatro continentes, propôs uma série de "princípios relevantes para as políticas" que poderiam melhorar a resiliência das funções dos ecossistemas (Biggs et al., 2012). Suas recomendações suscitam as seguintes questões:

P· **Como podemos manter a diversidade e a redundância?**
P· **Como podemos ativar a conectividade?**
P· **Como podemos garantir que prestamos atenção às variáveis lentas e *feedbacks*?**

- **P· Como fomentamos uma ampla compreensão cultural dos sistemas socioecológicos como sistemas adaptativos complexos?**
- **P· Como podemos incentivar o aprendizado e a experimentação de maneira efetiva?**
- **P· Como podemos ampliar a participação?**
- **P· Como podemos promover sistemas de governança policêntrica?**

A transformação salutogênica de nossa economia global envolve uma remodelação em um mosaico de economias regionais e locais vibrantes com os meios para atender às necessidades básicas de maneira descentralizada, negociando predominantemente aqueles bens e serviços que não podem ser fornecidos localmente. A troca aberta de conhecimento, de habilidades e de informações entre pares, juntamente com a transferência de tecnologia capacitadora, deve ser o ponto focal da colaboração global-local. Os fluxos de materiais e energia precisam ocorrer, sobretudo, na escala local e regional.

Essa abordagem tem múltiplos benefícios, criando soluções benéficas para todos. Manter os fluxos de recursos materiais localizados ou regionalizados, na medida do possível, possibilita uma poderosa "restrição de capacitação" que i) reduz os custos energéticos e ambientais do transporte de recursos, ii) estimula a inovação nas bioeconomias circulares regionais adaptadas à disponibilidade local de recursos, iii) gera empregos significativos em economias locais, iv) oferece oportunidades culturais para celebrar e expressar a diversidade na unidade global colaborativa, e v) promove um padrão descentralizado de organização em rede que cria redundância e resiliência em e através de escalas. Uma única pergunta, feita no momento e contexto certos, explorada abertamente, pode iniciar um processo de fortalecimento da resiliência local e regional:

- **P· Como podemos gerar um trabalho local/regional significativo, engajando-nos em um processo gradual de substituição de importações, alimentando nossa capacidade de satisfazer as necessidades de consumo local, na medida do possível, através da produção regional, baseada em recursos regenerativos regionais?**

Em *The Resilience Imperative*, Michael Lewis e Pat Conaty (2012) mostram como a suficiência energética, sistemas alimentares locais, reformas monetárias e financiamento de baixo custo, reforma agrária e habitação a preços acessíveis, juntamente com a apropriação democrática e a alimentação da sustentabilidade, são elementos do quebra-cabeça para criar uma economia descentralizada, cooperativa e estável. Como iremos explorar no Capítulo 7, o crescimento não é um problema em si. Só se torna um problema se não aprendermos a mudar da fase juvenil do crescimento quantitativo para uma fase mais madura do crescimento qualitativo, como ocorre no processo de maturação dos ecossistemas.

A abordagem da economia de estado estacionário é compatível com os esforços para mudar do crescimento quantitativo (através da acumulação e esgotamento de recursos) para o crescimento qualitativo (através de transformação qualitativa, uso de recursos regenerativos e alavancando o potencial de sinergias). Lewis e Conaty propõem quatro objetivos estratégicos de apoio mútuo que ajudam a fortalecer a resiliência das comunidades: reivindicar os *commons*, reinventar a democracia, criar uma economia de solidariedade social e "fazer o tabelamento de preços dos produtos como se as pessoas e o planeta importassem" (p. 21-32).

O livro escrito por eles é uma valiosa coleção de ferramentas para qualquer um que queira começar a construir uma resiliência transformadora na escala de sua comunidade local. Ele revisa muitos exemplos de trabalho mostrando como podemos redesenhar nosso sistema monetário e bancário, criar habitações acessíveis e suficiência energética na escala da comunidade, apoiar a criação de sistemas alimentares locais, redirecionar o fluxo de financiamento para apoiar economias locais vibrantes, fortalecer negócios cooperativos e a propriedade cooperativa e, assim, acelerar a transição para uma cultura resiliente e regenerativa.

Em alinhamento com a narrativa do interser, Lewis e Conaty referem-se à sugestão de Desmond Tutu de que "não somos feitos para a autossuficiência, mas para a interdependência e violamos a lei do nosso próprio ser" (p. 336-337) e sugerem que, "se a interdependência é a essência, a resiliência e a cooperação são os pilares" (p. 337). A tabela abaixo oferece conselhos extraídos de Lewis e Conaty sobre como alimentar a resiliência e a cooperação.

Sete Princípios de Resiliência	Sete Princípios Cooperativos
Promover e sustentar a diversidade social, econômica e biológica.	Participação econômica dos membros. Membros contribuem e controlam democraticamente o capital da cooperativa, mas recebem compensação limitada ou nenhuma.

Sete Princípios de Resiliência	Sete Princípios Cooperativos
Manter a modularidade. Conectar, mas evitar a dependência e garantir que haja meios independentes para modificar e adaptar.	Cada cooperativa é autônoma e independente; relações externas, financiamento e federação são decisões democráticas.
Reforçar os ciclos de *feedback* da comunidade para garantir a conscientização sobre o que está acontecendo e evitar cruzar limites críticos.	Existe cooperação entre cooperativas nos níveis local, regional, nacional e internacional.
Construir capital social de redes fortes, confiança nos relacionamentos e liderança competente que possibilite a ação coletiva.	As cooperativas têm adesão voluntária, aberta e inclusiva.
Foco no aprendizado, na experimentação, na criação de regras locais e na inovação orientada para mudanças.	As cooperativas fornecem educação, treinamento e informações para seus membros, representantes eleitos e todos os funcionários. Elas também buscam o público em geral para educar sobre a natureza e os benefícios da cooperação.
Sobreposição de design e redundância em sistemas de governança e combinação de direitos de propriedade comuns e privados.	Governança democrática significa que uma cooperativa é responsável perante os seus membros – um membro, um voto.

Sete Princípios de Resiliência	Sete Princípios Cooperativos
Valorizar e apreciar todas as funções dos ecossistemas.	As cooperativas trabalham para benefício da comunidade. (A alteração desse princípio para incluir o respeito pelo meio ambiente está agora formalmente em discussão.)

Tabela 1: Princípios de Resiliência e Cooperação (Lewis, Conaty, 2012: 337)

A cooperação na construção da resiliência comunitária melhora a saúde sistêmica como base para todas as culturas regenerativas.

> *Essa é a essência da mudança cultural pela qual estamos passando nos primeiros anos do século XXI, fazendo a transição de noções culturais de independência e individualismo para interdependência e mutualismo, uma reunião do "eu" e do "nós" como Martin Luther King profetizou. Talvez uma Declaração de Interdependência una nossas cabeças e corações de maneira a cristalizar a essência da enorme mudança cultural em que estamos envolvidos, e que devemos organizar e alavancar em grande escala, se a espécie humana quiser sobreviver com dignidade.*
>
> ***Michael Lewis e Pat Conaty (2012: 337)***

A *David Suzuki Foundation* (http://www.davidsuzuki.org/) [1992] publicou essa declaração de interdependência para a Cúpula da Terra de 1992 no Rio de Janeiro. Sua frase final diz: "[...] neste momento decisivo em nosso relacionamento com a Terra, trabalhamos para uma evolução: do domínio à parceria; da fragmentação à conexão; da insegurança à interdependência". A cooperação para a resiliência comunitária e a saúde sistêmica é uma consequência natural da compreensão de nossa interdependência, nosso *interser*.

De controle e previsão a participação consciente, prognose e antecipação

Uma das contribuições únicas que os seres humanos oferecem aos sistemas socioecológicos – e uma possível resposta à pergunta "por que somos dignos de ser preservados?" levantada por David Orr – é nossa capacidade de prognose, ou o que Bill Sharpe chama de "consciência futura" (veja no Capítulo 2). Prognose é diferente de previsão! A prognose examina e antecipa possíveis futuros em reconhecimento da natureza imprevisível e incontrolável, em sua essência, dos complexos sistemas dinâmicos nos quais participamos. Através da prática de prognose e antecipação, desenvolvemos a "consciência futura" e podemos trabalhar de forma mais efetiva com o potencial futuro do momento presente – visando participar com sabedoria no pleno reconhecimento dos limites do nosso conhecimento.

A necessidade de previsão surge de uma mentalidade de "comando e controle", que é em si uma resposta ao isolamento e à alienação que as pessoas começam a sentir quanto mais experimentam a vida através da narrativa da separação. A necessidade de prognose para orientar a participação apropriada em face da incerteza surge de uma compreensão mais profunda da nossa interdependência fundamental. A vida em si traz uma miríade de perspectivas à existência, trazendo um mundo refletido em consciência – talvez até mesmo em graus variados permeados por ela.

A narrativa do *interser* expõe um sentimento de pertencimento que celebra o "outro" como uma expressão valiosa de um "eu maior" e nos une na comunidade da vida. Quando passamos a experimentar o mundo a partir dessa narrativa cultural, começamos a curar a divisão cartesiana entre mente e corpo. Nós nos reconectamos com todas as nossas capacidades para conhecer o mundo como sujeitos e participantes incorporados. O pensamento racional é apenas uma janela para o mundo. Além de poder pensar, todos nós temos a capacidade de conhecer e experimentar o mundo através do pensamento, das sensações, dos sentimentos e da intuição (Harding, 2009).

O bom prognóstico é baseado em todas as quatro maneiras de conhecer. Está alicerçado na nossa capacidade de antecipar uma variedade de cenários futuros que não se fundamentam apenas em nossa compreensão das dinâmicas e tendências sistêmicas atuais, mas também em nossa percepção, nos nossos sentimentos e na nossa intuição no futuro potencial do momento presente. A prática de prognóstico e antecipação fortalece nossa consciência da dinâmica do sistema e dos potenciais estados futuros – não como certezas, mas como possibilidades. Identificar e prever coletivamente futuros estados preferenciais são os primeiros passos para explorar estratégias para cocriar comunidades e culturas prósperas e regenerativas.

Em vez de tentar administrar o sistema por meio de uma abordagem de "comando e controle" como se fosse de fora, a prognose e a consciência futura nos convidam a uma nova percepção e prática de "viver as perguntas" como participantes incorporados. Cientes de que a ambiguidade e a incerteza nunca irão nos deixar, podemos abandonar nossa obsessão pelo controle; e, conscientes de nossa participação e de nosso interser, podemos assumir a responsabilidade por nossa instância de cocriação, visando participar de forma apropriada através do "design para emergência positiva", com base na intenção subjacente de beneficiar a saúde do sistema inteiro, apoiando a regeneração e a auto-organização.

As culturas regenerativas têm que desenvolver a resiliência para conhecer, perceber, sentir e intuir respostas sábias para a mudança disruptiva - às vezes com persistência e capacidade adaptativa e, outras vezes, escolhendo uma resposta transformadora. Para enfrentar esse desafio, precisamos aprofundar nossa compreensão da dinâmica dos processos de mudança natural, influenciados pelo pensamento de resiliência, pelo pensamento sistêmico vivo e pela alfabetização ecológica. Todos eles oferecem importantes *insights* sobre como participar apropriadamente da dinâmica de sistemas socioecológicos complexos (SSEs).

Em *The Pathology of Natural Resource Management*, Holling e Meffe (1996) exploram vários aspectos do padrão e da dinâmica dos ecossistemas em escalas maiores, que fornecem informações sobre a resiliência dos ecossistemas e enfatizam a importância de manter "tipos e gamas de variação natural críticos em sistemas de recursos" para manter sua resiliência (p. 328). Não podemos forçar a complexidade dos sistemas dinâmicos da natureza em nossa estrutura limitada linear e mecanicista de previsão e controle.

> *A abordagem de comando-controle pressupõe em si que o problema é bem delimitado, bem definido, relativamente simples e em geral linear em relação a causa e efeito. Mas, quando os mesmos métodos de controle são aplicados a um mundo natural complexo, não linear e pouco compreendido, e quando os mesmos resultados previsíveis são esperados, mas raras vezes obtidos, produzem graves repercussões ecológicas, sociais e econômicas.*
>
> ***C.S. Holling and Gary Meffe (1996: 329)***

O design para culturas resilientes e regenerativas é para facilitar o surgimento positivo, cocriando redes colaborativas de relacionamentos que alimentam as condições nas quais nós (vida) podemos enfrentar a incerteza com criatividade, capacidade adaptativa e prontidão, respondendo às mudanças e rupturas.

A diversidade é a estratégia da vida para manter suas opções abertas em resposta à mudança, desde a genética de uma população até a biológica de um ecossistema ou da biosfera. A promoção da diversidade em e através de diferentes escalas é melhor alcançada pela distribuição descentralizada e em rede das funções dos sistemas vitais. A redundância resultante não é uma repetição supérflua de funções em e através de escalas, é uma estratégia de gerenciamento de risco vital que garante que diversas comunidades adaptadas em escalas locais possam atender suas necessidades básicas e que a interrupção de uma função vital em uma localidade não resulte em falha sistêmica em escalas. Alimentar a diversidade gera variedade e redundância necessárias em diferentes escalas espaciais, e todas as três são características de um sistema resiliente. Diante da incerteza, da imprevisibilidade e do controle limitado, a promoção da resiliência nos SSEs é uma resposta antecipatória apropriada a múltiplos riscos.

A diversidade é a pedra angular da resiliência e da saúde sistêmica. Ao criar designs para a resiliência e a saúde sistêmica, facilitamos relações simbióticas entre diversos agentes no sistema e possibilitamos condições para a restauração e regeneração do funcionamento de ecossistemas saudáveis. Juntamente com o aumento da diversidade e da resiliência, aumentos da bioprodutividade, das funções dos ecossistemas, da coesão social, da colaboração e do bem-estar são indicadores de mudanças positivas nas SSEs e de uma capacidade aumentada de responder a interrupções.

Uma cultura resiliente e regenerativa visa reverter o declínio da bioprodutividade através da agricultura regenerativa e da restauração de ecossistemas, por exemplo. Um dos muitos efeitos sinérgicos do aumento da bioprodutividade planetária, que é baseada no rendimento solar atual e em CO_2 como matéria-prima, é que a concentração de carbono na atmosfera e os oceanos começariam a declinar, conforme o carbono fosse sequestrado nos aumentos correspondentes na biomassa em todos os lugares.

Há muitos exemplos de como a aplicação de "pensamento de comando e controle" limitado a ecossistemas dinâmicos complexos resultou em perda de diversidade, diminuição da resiliência e efeitos ecológicos e socioeconômicos negativos. Eles incluem os efeitos desastrosos que grandes barragens têm sobre os ecossistemas dos rios e as populações de peixes nativos; o aumento da vulnerabilidade a grandes incêndios, resultando em grave degradação sistêmica que caminha de mãos dadas com a supressão de frequentes incêndios de baixa intensidade em ecossistemas florestais "manejados"; e as muitas tentativas malfadadas de controle de enchentes pela canalização dos rios.

Os efeitos sistêmicos prejudiciais da agricultura monocultora em grande escala e que consomem muita energia podem ser considerados como a "epítome da redução da variação e da perda de resiliência". Holling e Meffe concluem que a "supressão ou remoção de distúrbios naturais em geral reduz a resiliência do sistema" (p.331). Temos que trabalhar com interrupções periódicas e não em oposição a elas. Elas fazem parte da dinâmica que aumenta a saúde e a resiliência sistêmicas. Aqui estão algumas das principais lições que Holling e Meffe aprenderam em seus estudos comparativos da dinâmica dos ecossistemas:

- Os processos críticos funcionam em taxas radicalmente diferentes e em escalas espaciais abrangendo várias ordens de magnitude, e essas taxas e escalas se agrupam em torno de algumas frequências dominantes.

- O escalonamento de pequena escala para grande não pode ser um processo de simples adição linear: processos não lineares organizam a mudança de um conjunto de escalas para outro. Não apenas os grandes e lentos controlam os pequenos e rápidos, os últimos ocasionalmente "se revoltam" para afetar os primeiros.

- Por um lado, forças desestabilizadoras são importantes para manter a diversidade, a resiliência e a oportunidade. Por outro lado, as forças estabilizadoras são importantes para manter a produtividade e os ciclos biogeoquímicos e, mesmo quando essas características são perturbadas, elas se recuperam rapidamente se o domínio da estabilidade não for excedido.

- Os ecossistemas são alvos móveis, com múltiplos futuros potenciais que são incertos e imprevisíveis. Portanto, a gestão deve ser flexível, adaptativa e experimental em escalas compatíveis com as escalas de funcionamento crítico dos ecossistemas.

C.S. Holling e Gary Meffe (1996)

Acredito que essas percepções abstraídas do estudo de longo prazo da dinâmica nos ecossistemas também podem influenciar a participação apropriada em SESs. Precisamos estar conscientes dessas lições em nossa tentativa de cocriar comunidades, negócios e economias que sejam sensíveis à escala, persistentes, adaptáveis e se transformem apropriadamente em resposta à mudança.

A participação consciente em sistemas complexos tem a ver com a sensibilidade à dinâmica de encadeamento temporal e espacial. *Precisamos aprender a surfar o "limite do caos" entre estrutura, dissolução e inovação transformadora.* A saúde dinâmica envolve o caos e a estabilidade, cada um na escala e no tempo apropriados. O pensamento de resiliência ajuda-nos a identificar e depois criar intencionalmente caminhos que apoiem o surgimento da saúde sistêmica como base para a regeneração. Giles Hutchins tira algumas conclusões úteis em *The Nature of Business – Redesigning for Resilience.*

> *Ao nos tornarmos conscientes dos ciclos da vida sempre presentes em tudo, no interior e no exterior, aprendemos a reconhecer os colapsos e avanços como estágios positivos em nossas evoluções. Nossas organizações não devem gastar energia vital tentando controlar seus ambientes, tentando resistir a qualquer parte do ciclo adaptativo além do crescimento [quantitativo em excesso]. Isso é resistir à evolução, e é um desperdício de energia inútil, ao mesmo tempo que diminui a transformação efetiva da organização dentro de seu ambiente dinâmico de negócios. De muito maior utilidade é a conscientização e compreensão do ambiente dinâmico em que se está operando e a capacidade de se adaptar a ele. Algumas partes da organização podem estar em um estágio de crescimento rápido, enquanto outras podem estar declinando simultaneamente e rumando para o renascimento.*
>
> ***Giles Hutchins (2012: 63)***

Capítulo 5

Por que utilizar uma abordagem baseada no design?

Se não mudarmos a direção, terminaremos exatamente onde começamos.
Provérbio chinês

Se aceitarmos que perguntas em vez de respostas e experimentação contínua em vez de soluções impostas são formas mais seguras de guiar-nos através desses tempos turbulentos e na direção de um futuro imprevisível, então também precisamos aceitar que há um limite em relação ao que podemos planejar do nosso futuro mediante a complexidade e as incertezas. Contudo, utilizar uma abordagem baseada no design nos proporciona uma forma prática de propor e implementar soluções de maneira a continuar a aprender e aperfeiçoar nossas perguntas orientadoras.

Por um lado, precisamos aceitar que o futuro permanecerá imprevisível e incontrolável. Por outro, podemos trabalhar de forma criativa com o potencial futuro do momento presente para visualizar e navegar em direção ao terceiro horizonte. A visão coletiva concentra a nossa atenção nos futuros que queremos criar. Esse fator pode nos auxiliar a concordar sobre o que valorizamos e estabelecer as intenções que irão influenciar a nossa prática de design regenerativo.

A mudança cultural é, sobretudo, uma mudança coletiva de perspectiva e consciência, levando a uma mudança de valores, intenções e comportamento. As tecnologias que empregamos e os designs que implementamos dão suporte a essas mudanças e expressam nossas intenções de forma concreta e nos sistemas e estruturas que criamos. Todavia, essas relações são circulares e não lineares. Nossa consciência e nossas perspectivas influem no nosso comportamento, nas tecnologias que empregamos e na forma como "criamos" soluções, ao mesmo tempo em que designs e soluções antigas continuam a moldar a nossa concepção do mundo e a nossa consciência.

Todos somos designers! Todos cocriamos o mundo em que vivemos através de nossas relações e de nosso comportamento como cidadãos, membros da comunidade e consumidores. Todos temos necessidades reais e perceptíveis e *planejamos* nossas próprias estratégias para satisfazer as nossas necessidades. Todos temos intenções sobre o que gostaríamos de fazer e que tipo de mudança gostaríamos de ver no mundo. As maneiras como agimos (ou não) em consonância com essas intenções são práticas de design. Nossas intenções influenciam tanto as nossas ações quanto a nossa passividade, elas definem como cocriamos o mundo.

Toda vez que gasto um centavo em qualquer coisa, estou participando, diretamente, tanto na manutenção de decisões de designs passados (possivelmente sem questioná-los) quanto no encorajamento de uma mudança rumo a uma cultura regenerativa ao apoiar práticas comerciais éticas e sustentáveis. Os produtos e serviços que escolhemos e oferecemos em nosso trabalho são formas importantes de participarmos na cocriação e *design* da cultura em que vivemos. As histórias que contamos sobre nós mesmos, a educação que oferecemos às nossas crianças, a maneira como compartilhamos a nossa riqueza (de ideias, compaixão, experiência e capital), tudo isso influencia não só as nossas vidas como também a cultura que estamos cocriando.

> *Todo ato de conhecer produz um mundo [...] Todo fazer é conhecer, e todo conhecer é fazer [...] Só temos o mundo que criamos com os outros [...]*
>
> ***Maturana, Varela (1987: 25, 249)***

O design, no sentido mais abrangente possível, pode nos ajudar a compor a incrível riqueza do conhecimento especializado, habilidade e aspiração que são característicos da humanidade. O design não deveria ser considerado um campo especializado da atividade humana; de preferência, deveria ser compreendido como uma atividade integrada que conecta as intenções humanas com a sua expressão cultural e material na forma de artefatos, instituições e processos. Uma abordagem baseada no design irá não somente nos auxiliar a integrar muitas perspectivas e disciplinas diferentes, como também nos lembrar que, para que seja eficaz, a transição terá que incluir, além de uma base científica sólida fundamentada através do pensamento sistêmico, reflexões éticas, étnicas, estéticas, sociais, culturais, econômicas e, claro, ecológicas.

Se definirmos design no seu sentido mais amplo, *como a intenção humana expressa através de interações e relações*, fica evidente que qualquer mudança que afete as intenções humanas irá redirecionar todo o cenário do design posterior a mudança de intencionalidade. À primeira vista essa definição de design pode parecer um pouco ampla, mas se você refletir sobre ela, caso a apliquemos a um produto como uma cadeira que expresse intenções funcionais e estéticas do designer, ou a um sistema monetário que também tenha sido projetado para exercer uma função específica baseada em um conjunto de intenções, a definição também se mantém. No caso da cadeira, as interações e relações estão mais focadas em dois diferentes materiais, processos de produção e nas geometrias existenciais envolvidas, mas também incluem a forma na qual o objeto, seu designer, produtor, distribuidor e usuário interagem com a cadeira, e através disso se relacionam uns com os outros. No caso de serviços e sistemas, por exemplo um sistema monetário específico, o design define e molda as interações e relações entre usuários daquele meio específico de troca. O design expressa e cria cultura!

O ensino de design possibilita a transformação cultural

> *Nossos olhos não nos separam do mundo, mas nos unem a ele. Que todos saibam que isso é verdade. Renunciemos à simplicidade da separação e atribuamos à unidade seu devido valor. Renunciemos à automutilação que tem sido a nossa maneira de agir [...]*
>
> ***Ian L. McHarg (1969: 5)***

> *O que precisamos é de educação para uma vivência coletiva e não para o sucesso individual. O coletivo para o qual precisamos prestar mais atenção inclui todas as outras espécies do planeta.*
>
> ***Brian Goodwin (2001)***

Em 2001, após uma tentativa fracassada de criar um centro educacional sustentável e uma ecovila no sul da Espanha, matriculei-me no mestrado em Ciência Holística na Schumacher College. Naquela época, a palavra "sustentabilidade" ainda não havia entrado no vocabulário da vasta maioria dos designers industriais e dos educadores de design do meio acadêmico. Meu contato com "designing" até aquele momento havia sido através do estudo e aplicação da obra de Bill Mollison *Permaculture – A Designer's Manual* (1988) e uma série de cursos e estágios no Centre for Alternative Technology no País de Gales, onde eu havia aprendido sobre o *design* de estruturas de molduras de madeira, sistemas ecológicos de tratamento de esgoto básicos, vasos sanitários de compostagem e sistemas fotovoltaicos, microeólicos e micro-hídricos independentes.

Na Schumacher College tive a sorte de frequentar um curso com John Todd e Nancy Jack-Todd, dois anciões do campo do design ecológico e cofundadores do New Alchemy Institute, em 1969, e David Orr, o educador ambiental mais famoso dos Estados Unidos. Após passar três semanas com eles no ambiente único "small is beautiful" da encantadora Old Postern, que abriga a faculdade, *a importância da ação transformadora do design,* de repente, me impressionou. Compreendi que a finalidade prática da visão de mundo emergente que estávamos explorando na ciência holística (Teoria da Complexidade, Teoria do Caos, Ciência Goetheana, Teoria de Gaia, Ecologia Profunda e Ecopsicologia) era na verdade o *design.* Percebi que a mudança global, como exposta por Brian Goodwin, da previsão e controle da natureza para a *participação apropriada* na natureza, teria que ser implementada nos nossos estilos de vida *através* do *design.* Como David Orr explica:

> *O problema é apenas saber como uma espécie que se deleita em chamar a si mesma de* Homo sapiens *ajusta-se a um planeta com uma biosfera. Esse é um problema de design e requer uma filosofia do design. A própria ideia de que precisamos construir uma civilização sustentável precisa ser inventada ou redescoberta, disseminada de maneira ampla e logo aplicada.*
>
> ***David W. Orr (2002: 50)***

Em minha dissertação de mestrado defendi que "design ecológico é um processo participativo, interdisciplinar, comunitário, que ganha amplitude e pertinência de maneira relevante e considera soluções possíveis dentro de um contexto holístico" (Wahl, 2002: 58), e sugeri que todo design deveria visar ao aumento da diversidade e da resiliência como meios de aperfeiçoar a saúde dos sistemas integrados. Durante o período que passei na Schumacher College conheci o professor Seaton Baxter, que mais tarde supervisionaria a minha pesquisa de doutorado. Em 2008, ele e eu fomos coautores de um artigo na revista acadêmica *Design Issues,* no qual sugerimos que a Teoria Integral (Wilber, 2001), a Dinâmica da Espiral (Beck, Cowan, 1996) e a Ecologia Integral (Esbjörn-Hargen, 2005; Zimmerman, 2005) ofereciam aos designers uma conjuntura para facilitar um diálogo multilateral e a integração de diversas perspectivas a favor de soluções mais sustentáveis e culturalmente transformadoras:

Criar designs para sustentabilidade não requer apenas o redesign de nossos hábitos, estilos de vida e práticas, mas também da forma como pensamos o design. A Sustentabilidade é um processo de coevolução e codesign que envolve diversas comunidades ao tornar decisões referentes ao design flexíveis e adaptáveis na escala local, regional e global. A transição para a sustentabilidade refere-se à cocriação de uma civilização humana que floresça dentro dos limites ecológicos do sistema de sustentação de vida do planeta [...] O design desempenha um papel essencial na formação de uma civilização sustentável. Ele o faz nas dimensões materiais do design de produtos, da arquitetura, do desenho industrial, e do planejamento urbano e regional, assim como na dimensão imaterial do metadesign de conceitos e das multiperspectivas inclusivas, a partir das quais uma visão de mundo holística/integral pode surgir.

Daniel Wahl, Seaton Baxter (2008: 72-74)

A aplicação da teoria integral ao design, desde então, tem sido realizada por vários profissionais de design e acadêmicos. Em *Design Education for a Sustainable Future,* Rob Fleming (2013) aplicou toda a estrutura de Ken Wilber (2001) e a metodologia de Mark DeKay para *Design Sustentável Integral* (2011), remodelando o papel dos educadores de design. Fleming argumenta que precisamos reconsiderar o ensino de design "como uma ferramenta essencial no movimento societário mais amplo, visando um futuro sustentável" (p. xxv), e faz o importante questionamento:

P· **Como os educadores de *design* podem refletir melhor sobre o *zeitgeist* do novo século transformando seus bem-intencionados, mas pouco densos, ideais 'ecológicos' em ideais mais profundos e impactantes de sustentabilidade e resiliência? (p.1)**

Fleming destaca que "levar os profissionais de design para patamares superiores de consciência não exige tanto uma mudança de paradigma como a transcendência para uma visão de mundo, e a inclusão de todas as outras visões de mundo anteriores"; e afirma que "a abordagem de 'ambos de transcender e incluir' reconhece o valor contínuo de todas as visões de mundo precedentes e desempenha um papel essencial no estabelecimento de uma nova consciência de design, não como uma escolha entre o passado e o presente, mas como uma motivação adicional para buscar a sustentabilidade" (p. 4).

Em uma época em que estamos nos afogando em informação e conhecimento, ao mesmo tempo em que estamos sedentos por significado e sabedoria, precisamos de novos caminhos rumo à síntese e à integração. Fleming ressalta o fato de que o "ensino de design, especialmente o estúdio, é um dos mais poderosos e eficazes veículos para a aprendizagem através de todo o espectro da educação superior" (p. 7). Concordo com a convicção de Fleming de que "os educadores de design possuem consigo a promessa de um futuro sustentável nos corações e nas mentes de seus alunos". Seu livro oferece uma riqueza de estruturas e metodologias, tanto para estudantes como para educadores. Ele irá contribuir no futuro para a (r)evolução silenciosa que na atualidade está transformando o ensino de design para atender a transição para uma presença humana regenerativa na Terra.

Gideon Kossoff (2011a) recentemente articulou uma estrutura para o campo emergente do *design de transição*. Ele explora as implicações de uma visão de mundo holística participativa conduzida pelo design, visando uma sociedade mais sustentável através da reinvenção dos domínios da vida cotidiana pelo design.

> *A transição para uma sociedade sustentável exigirá a reconstrução e a reinvenção de famílias, vilas, bairros, cidades, metrópoles e regiões em todos os lugares do planeta como unidades interdependentes, agrupadas, auto-organizadas, participativas e diversificadas. [...] O resultado será uma estrutura diversificada e descentralizada do cotidiano que contrasta com as estruturas centralizadas e cada vez mais homogêneas com as quais estamos acostumados. [...] Reconstituir os Domínios é um processo intrinsecamente transdisciplinar e popular que representa uma oportunidade de reintegrar e recontextualizar o conhecimento, incorporando-o na comunidade e no cotidiano. Esse processo exige a reintegração intencional, ou através do design, de todas as facetas da vida cotidiana existentes, e sugere que é necessário um novo tipo de designer, um designer de transição.*
>
> ***Gideon Kossoff (2011b: 22-23)***

Em colaboração com Terry Irwin e Cameron Tonkinwise, Gideon auxiliou a criação de um Programa de Doutorado em Design de Transição e um Programa de Doutorado Profissional (*Doctor of Design Program – DDes*) que inclui o design de transição na prestigiada Escola de Design da Carnegie Mellon University. Eles definem o design de transição como "uma mudança societária de níveis de sistemas, orientada pelo design, objetivando um futuro mais sustentável" e sugerem que "designers de transição utilizarão as ferramentas e processos de design para reconceber estilos de vida como um todo e desenvolver infraestruturas, políticas sistemas (alimentares, de saúde, educação) e recursos energéticos, em apoio a uma sociedade mais sustentável" (Carnegie Mellon Design, 2015).

As abordagens para a inovação transformadora e o design para culturas regenerativas explorados neste livro são *abordagens de transição*. Elas reconhecem que soluções são alvos em movimento e não estáticos. A prática comunitária de viver os questionamentos é um convite a levar os debates sobre design a respeito de como dar assistência *à* transição para um futuro mais sustentável e uma cultura regenerativa além do ambiente acadêmico e para o interior das comunidades, negócios e governanças em todos os lugares. O ensino de design será um importante facilitador da futura transição. Debates bem organizados sobre design podem convidar a todos nós, no âmbito de nossas comunidades, a colaborar e aprender uns com os outros, de maneira que todos nos tornemos mais eficazes em nossos papéis de designers de transição. O ensino de design pode possibilitar uma transformação cultural cooperativa. Precisamos criar um tipo de parceria entre as universidades, a sociedade civil, o setor privado e o governo através da instauração de debates sobre design integrado.

> *Designers de transição aplicam uma compreensão profunda da interconectividade de sistemas sociais e naturais e concebem soluções que potencializam o poder da interdependência e da simbiose. Nós aprofundamos o papel do design ao negociar entre a transição que a nossa sociedade está vivendo e a transição que ela precisa fazer.*
>
> ***Carnegie Mellon Design (2015)***

Terry Irwin afirma: "Até que os designers façam a transição para uma visão de mundo mais holística, o design continuará a ser parte do problema e não a solução" (2012); e em todo o mundo: "Uma das mudanças mais fundamentais para os designers e para o processo de design será a modificação de foco dos objetos para as relações [...] Um modelo orgânico de sociedade e meio-ambiente substituirá o modelo dominante, mecanicista, e isso, por sua vez, irá evocar um processo mais respeitoso, interativo e inclusivo para soluções de design" (Irwin, 2011).

O número de programas centrados no design que compartilham a perspectiva da *transição* está crescendo de forma significativa. Entre eles está o Programa de "Design Ecossocial Integrado" e a habilitação em "Design para Sustentabilidade" da Gaia University; o Programa de Estudos Ambientais da Oberlin College; e o Programa de Pós-graduação em "Pensamento de Design Ecológico" na Schumacher College. Outros programas alinhados são o Programa de Design Sustentável e Regenerativo da Cornell University; e o Programa de Design Ecológico Regenerativo da Philadelphia University.

O trabalho de Ezio Manzini no Centro Interdepartamental de Pesquisa em Inovação para Sustentabilidade da Milan Polytechnic tem desempenhado um papel crucial na transformação da comunidade de design de dentro para fora. Ele e François Jégou (2004) convidam os designers a fazer importantes perguntas e a assumir um papel ativo ao visualizar e delinear um futuro sustentável:

- P · **Como seria o cotidiano em uma sociedade sustentável?**
- P · **Como você cuidará de si e de outras pessoas?**
- P · **Como trabalhará, estudará e se locomoverá?**
- P · **Como cultivará uma rede de relacionamentos pessoais e sociais e criará uma relação que não seja distorcida com o meio ambiente?**
- P · **O que as sociedades sustentáveis, que hoje somos capazes de imaginar, têm em comum?**
- P · **Quão ampla é a gama de opções disponíveis hoje em relação a esses elementos em comum?**

Manzini e Jégou criaram o Sustainable Everyday Project como uma plataforma on-line para estimular conversas sociais sobre futuros sustentáveis possíveis. Manzini também é o presidente da rede Design for Social Innovation and Sustainability (DESIS), que trabalha "com parceiros locais, regionais e globais para promover e apoiar mudanças sociais que almejam a sustentabilidade". A declaração de visão da rede destaca que "a inovação social está se espalhando e que seu potencial, como uma condutora de mudanças sustentáveis, está aumentando. Para facilitar esse processo, a comunidade de design, em geral, e as escolas de design, em particular, podem desempenhar um papel decisivo" (DESIS, 2015).

Na Griffith University, Tony Fry, que criou a EcoDesign Foundation em 1991, lidera um programa chamado Design Futures, que tem como objetivo "melhor educar os designers [...] a fim de que se tornem agentes de transformação, profissionais que baseiam suas práticas em pesquisas, críticos, empresários, teóricos, estrategistas e intelectuais pragmáticos" (Design Futures, 2015). Stuart Walker dirige um grupo de pesquisa em design sustentável no laboratório de pesquisa Imagination Lancaster (http://imagination.lancs.ac.uk/people/Stuart_Walker). Bill Reed leciona design integrado na Escola de Pós-graduação de Harvard (http://execed.gsd.harvard.edu/people/bill-reed) e na University of British Columbia (http://cirs.conference.sustain.ubc.ca/2011/08/17/bill-reed/). Alastair Fuad-Luke investiga o *design* como 'co-futuring' (construção coletiva de futuro) como professor de práticas emergentes de design na Aalto University (http://designresearch.aalto.fi/groups/nodus/2013/01/28/alastair-fuad-luke/) e Martin Charter dirige o Centre for Sustainable Design (http://cfsd.org.uk/) da University College for the Creative Arts (UCCA).

De maneira alguma essa lista está completa e há muitos outros programas que merecem ser mencionados, mas as pessoas e os programas mencionados acima fizeram uma importante contribuição para levar o diálogo sobre a transição da sustentabilidade para o meio acadêmico de design e para a prática profissional do design. Eles compartilham uma compreensão do papel decisivo do design e do ensino de design na transformação cultural visando a sustentabilidade. Assim, são catalizadores para o surgimento de culturas regenerativas.

Finalmente, gostaria de mencionar Gonzalo Salazar, da Universidad Católica de Chile, que está trabalhando em linhas similares. Ele também é doutor pelo Centre for the Study of Natural Design. Estou em dívida com Gonzalo por ter me ajudado a entender mais profundamente o quão fundamental é o diálogo para o design. Em uma linguagem poética que carrega a marca de sua terra natal, o Chile, a terra de Pablo Neruda, Humberto Maturana, Francisco Varela e Manfred Max-Neef, Gonzalo conclui em sua tese de doutorado:

> *O design é um diálogo humano sobre facilitar a nossa existência em diálogos [...] o design só se torna ecológico quando é guiado principalmente pela emoção de amar através do processo de criação em curso e de cultivar o nosso (sentimento de) estar em casa no mundo. [...] Ouvir com atenção é a primeira e mais importante ação do design ecológico. [...] O design ecológico é fundamentalmente cooperativo. Ele é cocriação, cofacilitação; é co-designing apaixonado.*
>
> ***Gonzalo Salazar-Preece (2011: 398-401)***

O design é onde a teoria e a prática se encontram

Todo design é uma expressão consciente ou inconsciente de nossas teorias sobre o mundo – nossa visão de mundo dominante em termos culturais. A mudança de nossa atual sociedade baseada no crescimento industrial para uma sociedade baseada na sustentação da vida e formada por diversas culturas regenerativas é, em essência, uma mudança em metadesign, partindo da "narrativa da separação" para a "narrativa do interser". Nossa visão de mundo delineia nossos designs e eles reforçam a visão de mundo na qual foram criados. Essa é uma das razões pelas quais não podemos solucionar os problemas da atualidade dentro da visão de mundo que os originou. As soluções de designs do passado na forma de produtos, serviços e sistemas ao nosso redor influenciam e reforçam perspectivas, processos, estruturas e comportamentos culturalmente dominantes, sem, em geral, questioná-los.

Nos deparamos com uma necessidade urgente de transformação sistêmica em inúmeros aspectos das nossas vidas. Seja em Londres, Nova York ou em uma área "favelizada" na periferia de uma das megacidades em crescimento acelerado do mundo, onde quer que você more, as pessoas urgem por ações concretas e reagem com impaciência se consideram uma abordagem "teórica em excesso" e que não seja passível de ser concretizada e fazer a diferença a curto prazo. Tenho vivido essa tendência contrária à "teoria" e a favor de "ações concretas" em meu trabalho com oficiais de governos locais, regionais e nacionais, com consultoria para negócios particulares ou para grupos empresariais de diferentes ramos, e com iniciativas populares como ecovilas ou projetos de cidades em transição.

Na minha opinião, a separação entre teoria e prática é outro falso dualismo que temos que aprender a superar. Ao classificar as iniciativas como teóricas ou práticas, não estamos atentos ao fato de que nossa visão de mundo já está profundamente influenciada por teorias sobre o mundo. Ao dizer "não temos tempo a perder com considerações teóricas, vamos ser práticos e começar a implementar soluções", o que estamos realmente sugerindo é que não há necessidade de questionar a nossa perspectiva e explorar perspectivas alternativas. Estamos entrando em ação prontamente, oferecendo respostas às questões e soluções para os problemas em pauta, sem recuar para nos certificarmos de que estamos fazendo as perguntas certas. Falhamos em analisar se as soluções que estamos buscando estão, mais uma vez, resolvendo um problema e, ao mesmo tempo, causando danos em outro lugar.

Todo ato concreto é profundamente influenciado por todo um conjunto de teorias e perspectivas. Portanto, a questão não é se somos práticos ou teóricos, mas se estamos implementando a prática com plena consciência das conjunturas teóricas – a visão de mundo e os sistemas de valores – que a influenciam. Adotar uma abordagem baseada em design pode nos ajudar a tornar nossa prática mais teórica e nossa teoria mais prática.

O design está no liame da teoria e da prática. É nele que a arte e a ciência se encontram. Na verdade, ele integra informações de quase todas as disciplinas nas quais separamos o conhecimento e a ação humana. O design é como podemos reconhecer as influências do passado e dar origem a visões de um futuro diferente. Todos nós vivemos dentro de edifícios, cidades, sistemas de transporte, sistemas econômicos, padrões de uso da terra e sistemas alimentares que foram projetados para uma finalidade específica em um determinado momento. No entanto, o design continua projetando. Em muitas cidades do mundo, nos movemos entre edifícios que foram construídos décadas e até séculos atrás.

A transição para diversas culturas regenerativas, elegantemente adaptadas à singularidade dos lugares em que habitam, exigirá que reexaminemos como fazemos o design do mundo ao nosso redor, nossas comunidades e instituições. Teremos que combinar o melhor da sabedoria tradicional, local, com o tipo apropriado de tecnologias modernas e inovação, e encontrar formas criativas de atender às necessidades humanas, em todos os lugares, dentro dos limites dos ciclos naturais que sustentam toda a vida na Terra.

> *Com a entrada do* Homo sapiens *em qualquer competição de design intergaláctico, a civilização industrial seria eliminada na fase de classificação. Ela não se encaixa. Não durará por muito tempo. Está fora de escala. E até mesmo seus defensores admitem que não é muito bonita. Os fracassos de designs de sociedades industriais / tecnologicamente orientadas são evidentes na perda de diversidade de todos os tipos, na desestabilização dos ciclos biogeoquímicos da Terra, na poluição, na erosão do solo, na feiura, na pobreza, na injustiça, na decadência social e na instabilidade econômica.*
>
> ***David W. Orr (1994: 104)***

Fazer perguntas mais profundas e mudar a perspectiva de nossa abordagem, abandonando respostas rápidas e soluções únicas, é um convite para nos tornarmos mais conscientes de como visões de mundo e sistemas de valores específicos influenciam o design e o comportamento. Se mudarmos a maneira como pensamos sobre nós mesmos e as histórias que contamos sobre quem somos e sobre nosso relacionamento com processos naturais mais amplos, estamos fazendo uma mudança que afetará o porquê, como e o que projetamos.

Da mesma forma, apenas porque problemas complexos e interconectados são difíceis de resolver, não ajudará dividir esses problemas em questões menores e aparentemente mais fáceis de resolver. Tal abordagem, na melhor das hipóteses, nos leva a aliviar temporariamente os sintomas, enquanto os problemas subjacentes podem realmente piorar.

Repetidas vezes cometemos o mesmo erro na política, nos negócios, na saúde e em outros campos. Nós tendemos a tratar sintomas ao invés de causas, enquanto continuamos com a visão de mundo e os padrões de comportamento que causaram esses problemas.

Os bons designs de sistemas integrados podem nos tornar mais conscientes do que pensamos e do que fazemos. Eles podem desencadear escolhas e mudanças de comportamento. A transformação do sistema orientada pelo design em todos os aspectos de nossas vidas tem uma influência muito prática no mundo em que vivemos e nas culturas que cocriamos.

O design segue a visão de mundo e a visão de mundo segue o design

Como vemos o mundo influencia as necessidades reais ou identificadas que, por sua vez, influenciam nossas intenções. Se vejo o mundo como um lugar dominado pela competição acirrada por recursos limitados, lutarei contra outros para que minhas próprias necessidades sejam atendidas. Vou viver uma vida diferente, interpretar as experiências de uma maneira diferente e projetar diferentes produtos, serviços e sistemas, se vejo o mundo como um lugar de abundância a ser compartilhado em solidariedade e colaboração dentro da família humana, e com profundo cuidado com as funções dos ecossistemas, que são a base para essa abundância. Essas duas perspectivas diferentes levam a abordagens fundamentalmente diversas para definir nossas necessidades reais e identificadas e para atender a essas necessidades por meios competitivos ou colaborativos. *O design segue a visão de mundo.*

Também é verdade que, como Winston Churchill disse, "primeiro moldamos nossos edifícios e depois nossos prédios nos moldam". O design de prédios, produtos, serviços e sistemas é como moldamos o mundo ao nosso redor, e esses designs influenciam nossas vidas por décadas e até séculos, à medida que mantemos ou reproduzimos decisões de designs anteriores, muitas vezes sem questioná-las. A maioria de nós cresceu e foi educada em uma cultura que basicamente subscreveu a perspectiva de escassez e competição – "a narrativa da separação". As instituições, processos e incentivos que moldaram nossa experiência do mundo foram influenciados por esse ponto de vista e, assim, reforçaram as experiências de competição e relativa escassez. O sistema educacional, o sistema econômico e a maneira como nos relacionamos com a natureza e com outros seres humanos, através dos produtos e serviços que produzimos e trocamos, reforçam as experiências de escassez e competição. As decisões de design que tomamos no passado continuam influenciando a forma como vivenciamos e interpretamos o mundo. *A visão de mundo segue o design.*

Então, a inovação transformadora rumo a uma cultura regenerativa é uma mudança na visão de mundo que influencia nossas soluções de design e uma mudança na prática de design para produtos, serviços e sistemas que geram experiências de colaboração e abundância, que afetam a maneira como vemos o mundo. Como a relação entre visão de mundo e design se reforça mutuamente, podemos começar intervindo em qualquer um deles. A inovação transformadora e o design para uma cultura regenerativa consistem em permitir que as pessoas vivenciem e vivam a "narrativa do interser" como uma realidade pessoal e social.

O design molda intencionalmente interações e relacionamentos. Pode fazê-lo de maneiras que favoreçam a criação colaborativa e o compartilhamento da abundância, ou de maneiras que reforcem a narrativa da separação. O recente aumento da inovação social transformadora - habilitado por redes on-line - é um bom exemplo disso. Em particular, muitas inovações no campo do 'consumo colaborativo' (ver Capítulo 2) permitem que as pessoas obtenham benefícios econômicos, interação humana e novos amigos e relacionamentos simplesmente compartilhando o acesso a um produto ou mercadoria que eles teriam anteriormente possuído e usado 'apenas de forma individual'. O consumo colaborativo *através do design* cria situações vantajosas para todos. Suas diversas aplicações nos dão uma experiência consolidada de *abundância compartilhada*, colaboração e confiança. A inovação transformadora para uma cultura regenerativa irá se espalhar amplamente através dessa relação recíproca entre design e visão de mundo, transformando o círculo vicioso impulsionado pela mentalidade de escassez e competição num círculo virtuoso impulsionado pela mentalidade de abundância, interconexão e colaboração.

Ética e design para culturas regenerativas

> *Design não tem a ver apenas com fazer coisas, mas com como fazer coisas que se encaixam graciosamente por longos períodos em um contexto ecológico, social e cultural específico.*
>
> ***David W. Orr (2002: 27)***

Lições importantes sobre ética ambiental podem ser aprendidas com as culturas tradicionais/indígenas do mundo. Muitas delas conseguiram criar sistemas regenerativos que lhes permitiram viver em um lugar específico por milênios. Na cultura ocidental, foi o ecologista de conservação Aldo Leopold quem forneceu a primeira formulação moderna de uma ética ecológica e ambiental. Ele sugeriu que: "Algo é certo quando tende a preservar a integridade, estabilidade e beleza da comunidade biótica; é errado quando faz o contrário" (1949: 224). Leopold enfatizou que a ética não é apenas um "processo" filosófico e social, mas também ecológico. A ética, em última instância, diz respeito à relação entre o individual e o coletivo, com o objetivo de definir e orientar a participação apropriada em nossa comunidade imediata, na família humana e na comunidade da vida como um todo.

A moralização disfarçada de ética pode ser rapidamente identificada quando prestamos atenção ao componente ecológico da ética. Leopold argumentou que "a extensão da ética para incluir a relação do homem com o meio ambiente" é uma "possibilidade evolutiva", mas uma "necessidade ecológica". Como tal, "ética, em termos ecológicos, é uma limitação da liberdade de ação na luta pela existência. Ética, em termos filosóficos, é uma diferenciação da conduta social da antissocial". Leopold apontou que "estas são duas definições de algo que tem sua origem na tendência de indivíduos e grupos interdependentes a desenvolver modos de cooperação" (1949: 202).

A ética, em seu contexto mais amplo, não trata apenas de orientar as interações humanas dentro de comunidades exclusivamente humanas. Uma ética de cunho filosófico, considerada apenas dentro da dimensão social e cultural, é frequentemente criticada por moralizar a partir do ponto de vista de um único contexto cultural e societário e conjunto de valores. A função mais ampla da ética – seu *imperativo ecológico* – transcende as preocupações antropocêntricas e inclui a preocupação biocêntrica pela evolução contínua da vida.

O australiano Tony Fry, ecodesigner e teórico do design, pede que os designers parem de se eximir de suas responsabilidades éticas delegando essas responsabilidades a seus clientes. Além de um código básico de conduta profissional, as implicações éticas de qualquer design precisam ser discutidas durante os estágios iniciais do processo de design. Fry argumenta: "uma ética atual precisa, acima de tudo, confrontar nosso ser antropocêntrico como uma condição estruturalmente antiética" (2004).

O surgimento de uma ética biocêntrica também encontrou expressão inicial no trabalho de Ian McHarg (1969), que insistiu que a humanidade tem que aprender a "vital lição ecológica da interdependência" e entender que todos os seres humanos estão "conectados como organismos vivos a todos os seres vivos e toda a vida que já existiu". Ele estava convencido de que, através da compreensão de nossa interdependência "com os microrganismos do solo" e "as diatomáceas do mar", a humanidade aprenderia que quando destrói a natureza se destrói e quando a restaura se restaura (1963).

Essa conclusão está no cerne da transição para uma cultura restaurativa e regenerativa, seja motivada por interesse próprio ou *biofilia* – nosso amor inato por toda a vida.

McHarg fez o discurso de abertura para a primeira celebração do Dia da Terra em 1971 e sua série de televisão da CBS *The House We Live In* contribuiu significativamente para a primeira onda de consciência ambiental e ecológica que varreu os EUA no final dos anos 1960 e início dos anos 70. McHarg previu a necessidade de reintegrar a atividade humana e as condições operacionais do sistema de suporte à vida do nosso planeta. Ele foi um dos primeiros a destacar que, quando fazemos designs voltados para a sustentabilidade e a sobrevivência e o florescimento humanos, o que estamos efetivamente tentando fazer é apoiar a saúde sistêmica do sistema integrado do qual dependemos.

> *Como todo esse sistema é, na verdade, um sistema, dividido apenas pela mente dos homens e pela miopia, que é chamada de educação, há outro termo simples que sintetiza o grau em que uma invenção é criativa e realiza um encaixe criativo. E esse termo é a presença da saúde.*
>
> ***Ian L. McHarg (1970)***

A definição de McHarg de "Design com a natureza" foi uma prática de design que aumenta a interconectividade, a diversidade, a adequação e a saúde em todo o sistema como um todo. Para McHarg, o sistema em questão é a natureza *e* a cultura. Ele argumenta que a mudança cultural é a maneira mais rápida e adaptável de restabelecer um encaixe criativo entre a humanidade e a natureza. Adaptações biológicas a um ambiente em mudança levam muito mais tempo para evoluir do que adaptações culturais. McHarg clamou por uma mudança de uma cultura que está engajada em controlar e explorar a natureza para uma cultura que visa ativamente a restauração da Terra e a saúde da natureza (1996). Ele foi um dos primeiros profissionais de design a promover inovações transformadoras para uma cultura regenerativa, mesmo que não utilizasse esses termos.

Antes de implementar qualquer solução de design, seria melhor aplicar uma série de verificações para avaliar se as soluções propostas são sistematicamente integradas o suficiente para contribuir para a saúde e a resiliência das pessoas e do planeta a longo prazo. David Orr sugeriu que design ecológico é fazer perguntas mais profundas. A lista de questões abaixo inclui aquelas que ele propõe que façamos em relação qualquer design novo (adaptado de Orr, 2002: 28). Não pude resistir a adicionar duas perguntas no final.

- P· **Realmente precisamos desse novo design?**
- P· **É ético produzir, comercializar e consumir o novo design da maneira pretendida?**
- P· **Que impacto esse design possui na comunidade que o produz e o utiliza?**
- P· **É mesmo seguro executar e utilizar o design proposto?**
- P· **É justo? (Contribui para a maior igualdade social, econômica e ecológica sem qualquer forma de exploração?)**
- P· **Foi concebido para ser consertável e pode ser reutilizado durante um longo período?**
- P· **Qual é o custo total ao longo de sua vida útil estimada em termos de capital social, ecológico e econômico?**
- P· **Esse novo design realmente oferece uma maneira melhor de atender a certas necessidades do que designs já existentes?**
- P· **Como podemos garantir que o design proposto não cause danos e ajude ativamente a restaurar os danos já ocorridos – regenerando nossa capacidade de unir um futuro imprevisível com a resiliência da comunidade?**
- P· **Como o design reforça ativamente nossa experiência vivida de uma cultura regenerativa e a "narrativa do interser"?**

Estética e design

Em 2003, participei de uma palestra de William McDonough e Michael Braungart em uma feira de Construção Civil em Barcelona. Eles iniciaram a palestra com esta questão:

- P· **Pode alguma coisa ser verdadeiramente bonita se causar repulsa, sofrimento ou doença em outro lugar?**

A maioria dos acadêmicos e profissionais de design sofre de uma certa presunção em relação à sua capacidade de fazer julgamentos estéticos, ao mesmo tempo em que mantêm uma noção de beleza superficial e tendenciosa. Em contraste, os povos indígenas da tribo Navajo descrevem seu estilo de vida tradicional como o "caminho da beleza". Para eles, viver em relação correta com a Terra é "caminhar em meio à beleza" (*Hózhóogo Naashá Doo*) e seu conselho é: "se você caminhar para o futuro caminhe em meio à beleza". A maneira de caminhar em meio à beleza é "testemunhar o 'Um contém o Todo e o Todo contém o Um'". É um caminho de relacionamento apropriado com o eu, com a comunidade e com a Terra. Temos muito a aprender com isso. Pode nos guiar em nosso caminho incerto em direção a um futuro onde a humanidade aprendeu a ser uma presença regeneradora e não destrutiva na Terra. Pode também ajudar a nos aprofundar numa estética ecológica de saúde e complexidade.

O clichê "a beleza está nos olhos de quem vê" revela-se uma profunda percepção da maneira como compreendemos a beleza com base em nossa visão de mundo culturalmente dominante. A maneira como vemos o mundo determina nossa experiência estética. Nós já estabelecemos no Capítulo 3 que aquilo em que escolhemos prestar atenção, e como interpretamos os "fatos sobre a realidade" que estamos selecionando, depende de crenças já estabelecidas que mantemos sobre o mundo. Da mesma forma, nossa percepção estética não é um processo unidirecional simples em que abrimos nossos olhos e o mundo os invade e vemos o que está "lá fora". Em vez disso, empregamos ideias organizacionais, ou crenças sobre o mundo, para dar sentido à nossa percepção e, assim, estruturar o que é visto de tal maneira que isso faça sentido para nós. *A percepção é um processo bidirecional.* O ato de ver envolve estímulos visuais que estão chegando e organizando ideias que estão saindo, ou melhor "construindo sentido" sobre o que está chegando. *Ver é interpretar.*

A beleza depende, portanto, em grande parte daquilo que aprendemos a ver como belo. Ela é baseada em relacionamentos e na nossa percepção de relacionamentos. Nicolas Bourriaud (1998), diretor da École Nationale Supérieure des Beaux-Arts em Paris, fala de uma "estética relacional" e Jale Erzen, um artista turco, arquiteto e membro da Associação Internacional de Estética, iguala o termo estética relacional a estética ecológica, já que a ecologia é, em sua essência, interdependência e relacionamento. "A estética e a ecologia podem ser consideradas complementares e interdependentes" (Erzen, 2004: 22). A estética é uma exploração participativa da relação entre o Um e o Todo. Essa compreensão da estética está se aproximando da visão tradicional do povo Navajo.

O artista alemão Herman Prigann acredita que a raiz dos problemas ambientais está em nossa "incapacidade de compreender o diálogo entre a natureza e a cultura que define seu relacionamento através da dependência mútua" (2004: 111). Na opinião de Prigann, os problemas ambientais que enfrentamos demandam "uma nova capacidade de julgamento estético" (p. 75). "Não é a ecologia que precisa de um tratamento estético, mas a estética que segue percepções ecológicas. A natureza não precisa de uma domesticação estética" (p.180). A estética ecológica media uma importante mudança na percepção:

> *Uma estética ecológica seria uma perspectiva sobre o meio ambiente e a sociedade, bem como a teoria e a prática que se seguiriam. Essa perspectiva anularia as contradições atuais e padronizadas, como a natureza - arte // natureza - tecnologia // natureza - civilização // natureza - cultura, e avançaria em direção a uma visão do princípio do diálogo em relação a tudo.*
>
> ***Hermann Prigann (2004: 180)***

Reiterando a sugestão de Gregory Bateson de que procuremos "o padrão que conecta", Prigann vê a estética como "o reconhecimento do padrão que conecta tudo". Ele acredita que "através da atenção ao padrão, essa conexão em tudo - a união universal - evolui uma perspectiva estética da percepção". Em uma cultura regenerativa, nossa percepção de beleza e nosso julgamento estético dependeriam do efeito que a arte, o design e a arquitetura, ou mesmo qualquer atividade criativa, têm na vida como um todo. Uma vez que começamos a ver as coisas em seu contexto - a partir de uma perspectiva sistêmica que é influenciada pela consciência ecológica dos impactos da produção e do consumo - percebemos belas mudanças. O julgamento estético influenciado pela alfabetização ecológica não é direcionado apenas pela aparência de algo, mas por um questionamento mais profundo de como foi feito, de quais materiais, por quem e sob quais condições.

Edwin Datschefski explora essa compreensão expandida da beleza em *The Total Beauty of Sustainable Products* (2001) e William McDonough e Michael Braungart (2002) constroem o conceito de 'beleza total' de Datschefski em seu livro inovador *Cradle to Cradle - Remaking the Way We Make Things*. A estética, como uma compreensão participativa e sistêmica de nossa relação com o resto da natureza, é perceber a beleza como uma expressão de nosso pertencer e ser, relacionados um com o outro. A beleza em uma cultura regenerativa é saúde, diversidade, participação na complexidade e relações eticamente apropriadas que criam condições propícias à vida. Uma nova sensibilidade estética do interser está emergindo:

> *Saúde é um termo para a compreensão estética da complexidade. Há um fio que liga biodiversidade, diversidade cultural e diversidade econômica. Essa é a compreensão metafórica da saúde de um sistema dinâmico complexo. [...] A percepção de saúde é um termo relativo, requer conhecimento íntimo durante um período e uma atenção crítica carinhosa. Por sua vez, a falta de saúde*

pode ser descrita em termos de sistemas dominantes emergentes que mitigam a restrição da diversidade. [...] Dentro da percepção estética da diversidade está a relação sistêmica, o dinamismo, a complexidade, a simbiose, a contradição com a mensuração e a vitalidade indefinida e procriadora.

Timothy Collins (2004: 172)

Em uma cultura regenerativa, qualquer design, seja um produto, um prédio, uma comunidade ou processos, serviços e sistemas, será julgado por seu impacto geral na saúde, resiliência e sustentabilidade. Qualquer ato de "fabricação" engendra a responsabilidade do uso de materiais e energia, juntamente com todas as outras formas pelas quais o resultado afeta todo o processo do qual ele participa. A estética das culturas regenerativas valorizará como podemos ver o "Um contém o Todo e o Todo contém o Um" em tudo. A beleza nos atrai e nos dá uma experiência direta de nossa íntima comunhão com o mundo ao nosso redor.

Se não é bonito, não é sustentável. A atração estética não é uma preocupação superficial – é um imperativo ambiental. A beleza poderia salvar o mundo.

Lance Hosey (2012: 7)

Emergência e design

A beleza das coisas vivas origina-se do fato de que elas são soluções encarnadas de existência individual em conexão.

Andreas Weber (2013: 38)

Mencionei anteriormente que uma das principais descobertas da teoria da complexidade é a profunda mudança de perspectiva que resulta do reconhecimento da natureza imprevisível e incontrolável de sistemas dinâmicos complexos em sua essência. O conceito de emergência, que se tornou popular na teoria de gerenciamento e design, descreve como sistemas complexos têm propriedades emergentes características que não podem ser previstas e, portanto, são impossíveis de controlar. São características novas do sistema que emergem de interações e relações que são governadas por processos não lineares e iterativos, que orientam o comportamento de sistemas complexos.

Jeffrey Goldstein (1999: 49) definiu emergência como o "surgimento de estruturas, padrões e propriedades novas e coerentes durante o processo de auto-organização em sistemas complexos". A emergência ocorre em um nível explicativo mais elevado e as novas formas, comportamentos e propriedades de todo o sistema "não são nem previsíveis, nem dedutíveis, nem reduzíveis apenas às partes" (p.50). Brian Goodwin explica: "Propriedades emergentes são tipos inesperados de ordem que surgem de interações entre componentes cujo comportamento separado é entendido. Algo novo emerge do coletivo – outra fonte de imprevisibilidade na natureza". Ele continua: "Os sistemas complexos dos quais nossas vidas dependem – sistemas ecológicos, comunidades, sistemas econômicos, nossos corpos – todos têm propriedades emergentes, sendo uma das principais propriedades a saúde e o bem-estar" (Goodwin et al., 2001: 27).

Essa conclusão tem implicações importantes para qualquer investigação de como a inovação transformadora pode facilitar a cocriação de uma cultura regenerativa. Ela sugere que, ao trabalhar para a saúde, o bem-estar e a resiliência de nossas comunidades, economias e ecossistemas, sempre teremos que estar preparados para o inesperado e o novo que surgem da complexa dinâmica que caracterizam esses sistemas.

- P· **Como podemos promover o surgimento de propriedades de sistemas positivas, salutogênicas (de suporte à saúde), e desencorajar o surgimento de propriedades de sistema autodestrutivas e patológicas?**

Algumas propriedades como saúde, resiliência e bem-estar podem ser consideradas como propriedades emergentes desejáveis, outras podem ser consideradas indesejáveis: fragilidade, colapso súbito de funções vitais e impactos negativos em todos ou alguns componentes do sistema.

- P· **Se os sistemas dos quais o nosso futuro depende são imprevisíveis em sua essência, como aprendemos a participar deles de forma apropriada?**
- P· **Podemos de fato criar designs para a saúde humana, comunitária, ecossistêmica e planetária, se essas são efetivamente propriedades emergentes de sistemas dinâmicos complexos interdependentes em diferentes escalas?**
- P· **Podemos influenciar o surgimento de propriedades sistêmicas positivas em nossas economias, sociedades e comunidades?**

Como não podemos deixar de participar desses sistemas e, portanto, não podemos deixar de afetá-los de uma forma ou de outra, simplesmente temos que tentar. Se o fizermos com precaução, prevenção e em constante conscientização e antecipação de mudanças imprevisíveis, acredito que podemos tentar projetar para a emergência positiva através do *design voltado para a saúde de sistemas integrados*. É melhor considerar o surgimento e o design como dois lados da mesma moeda. Como participantes desses sistemas, somos todos corresponsáveis por quais propriedades emergirão. Tanto a qualidade de nosso ser, como o que fazemos, ou o que não fazemos, afeta a saúde geral e o bem-estar dos sistemas dinâmicos complexos nos quais participamos.

Brian Goodwin me ensinou que a lição mais importante da Ciência da Complexidade é uma *mudança de intenção da previsão e controle para uma participação apropriada*. O estado mental, emocional e psicológico de um interventor afeta o resultado de qualquer intervenção de sistemas. Se deixarmos de querer controlar a mudança e a abraçarmos, nos tornaremos agentes de mudança mais eficazes e capacitados a facilitar a emergência positiva. Ao fazê-lo, nos tornamos designers de transição.

Eu acredito que criar designs voltados para a participação adequada é, em última instância, projetar para a saúde humana e planetária. Ao prestar atenção à dinâmica subjacente dos sistemas complexos de que participamos, podemos aprender a aumentar sua resiliência, saúde e bem-estar geral. A mentalidade para a resiliência e a mentalidade para a totalidade sistêmica são habilidades cruciais para o design de transição. Então, como criamos designs para a emergência positiva? Uma maneira é apoiar a capacidade de um sistema dinâmico complexo de continuar se adaptando, aprendendo e respondendo às mudanças internas e externas. Podemos começar fazendo estas perguntas:

- P· **Estamos tecendo as sinergias adequadas, valorizando o grau e a qualidade das interconexões entre os diferentes componentes ou agentes do sistema?**
- P· **Estamos prestando atenção suficiente à diversidade e à qualidade dos componentes interativos dos sistemas e sua interdependência?**
- P· **Estamos criando designs para o uso renovável de recursos vitais (como energia e materiais) dos quais estes sistemas dependem?**
- P· **Estamos prestando atenção à qualidade e à velocidade da informação que flui através desses sistemas para permitir que os diferentes componentes aprendam com os ciclos de *feedback* sistêmicos?**

Ao prestar atenção a estas perguntas, podemos abraçar efetivamente o aparente paradoxo da emergência imprevisível e do design intencional para a saúde sistêmica e uma cultura regenerativa.

Criando designs para a emergência positiva (um estudo de caso)

As últimas três seções sobre ética, estética e complexidade podem parecer teóricas, mas, como já vimos, para romper com um novo modo de pensar sobre nossos problemas, precisamos fazer perguntas mais profundas sobre as teorias que atualmente influenciam a nossa prática.

Deixe-me tornar a teoria mais palpável relacionando-a com aspectos do projeto de longo prazo para promover a inovação transformadora e a transição para uma cultura regenerativa na ilha mediterrânea de Maiorca, onde moro.

Claramente, mesmo em escala relativamente pequena e dentro dos limites definidos da ilha, não posso prever - muito menos controlar - todos os parâmetros possíveis que definirão se a transição para maior resiliência, sustentabilidade e uma cultura regenerativa será bem-sucedida, nem posso acelerar a velocidade da transição. No entanto, acredito de fato que as intervenções sistêmicas, por meio de processos que envolvem diversas partes interessadas, contribuirão para essa mudança cultural mais profunda.

Um ponto de partida útil é a questão da produção local de alimentos e a ligação entre a alimentação e o bem-estar, bem como a produção de alimentos e a saúde dos ecossistemas e a resiliência da sociedade. Não consigo controlar até que ponto a transição para o aumento da produção local de alimentos orgânicos resultará das intervenções sistêmicas em que me envolvo. Ainda trabalhando com a imprevisibilidade e a emergência, e não contra ela, posso facilitar as interconexões entre certas partes do sistema que anteriormente não possuíam conexões umas com as outras. O grau de interconexão e a qualidade das conexões (que tipos de relacionamentos são estabelecidos) afetam o comportamento de sistemas complexos e as propriedades emergentes que eles apresentam.

Por exemplo, a facilitação de reuniões entre as cooperativas agrícolas da ilha e uma grande cozinha comercial que abastece hospitais, escolas, cantinas de empresas e alguns hotéis ajudou a iniciar um diálogo sobre como essa cozinha poderia incluir mais produtos locais em seus planos de refeição. Isso ofereceu à cozinha e aos seus clientes uma oportunidade de apoiar a economia local e ajudará a aumentar as vendas e, até mesmo, a produção de alimentos locais em algum momento. Como a cozinha tem vários clientes, o projeto iniciou uma série de conversas que, em muitos casos, são o primeiro passo para educar os responsáveis pela aquisição sobre os benefícios sistêmicos da escolha de produtos produzidos regionalmente.

Uma intervenção relativamente pequena pode, portanto, afetar o fluxo de informações no sistema mais amplo, por meio de conexões e relacionamentos recém-facilitados, e por meio das redes existentes de diferentes investidores. O tipo de informação do qual o sistema depende afeta de forma vital o comportamento emergente. Então, mantendo o mesmo exemplo, educar fazendeiros, donos de hotéis, governos locais, residentes permanentes e formadores de opinião (como educadores, acadêmicos, ativistas e jornalistas) sobre o impacto potencial do rápido aumento nas tarifas de transporte e nos preços dos alimentos - devido ao processo de extração do petróleo, ao caos climático, aos cenários terroristas, a especulação dos preços dos alimentos ou a crise econômica -, tornará o sistema como um todo mais consciente de sua vulnerabilidade a qualquer elemento capaz de afetar as importações baratas. Uma vez que esses possíveis cenários sejam aceitos - mesmo que apenas de maneira hipotética - será mais fácil disseminar máximas como a necessidade de aumentar a produção local de alimentos e as vantagens de um aumento do nível de "soberania alimentar" como estratégia de gerenciamento de risco.

Diferentes atores do sistema podem coletar essas informações de maneiras diferentes e por motivos diferentes. Alguns podem favorecer a ideia de aumentar a autossuficiência local, enquanto outros podem querer proteger a rentabilidade de suas operações de turismo local de serem dependentes em excesso da disponibilidade de alimentos baratos importados. Outros, no entanto, podem se sentir motivados pela redução geral do impacto ambiental que acompanha o aumento da produção local de alimentos orgânicos, incluindo o impacto positivo em relação à proteção da beleza do interior de Maiorca (da qual o turismo também depende). Políticos e economistas locais podem vislumbrar as múltiplas oportunidades de geração de mais empregos por meio de tal mudança para a produção local.

Oportunidades de empreendimento, proteção da herança cultural, fortalecimento da resiliência local e a ligação entre alimentos orgânicos locais, saúde e educação são outras razões pelas quais as máximas "vamos diminuir a dependência de alimentos baratos e de baixa qualidade" e "aumentar a produção local de alimentos orgânicos" poderiam se espalhar pela sociedade maiorquina.

Eu não posso controlar exatamente como as pessoas responderão às minhas intervenções nos sistemas - ou das diversas pessoas como eu -, mas posso tentar trabalhar como um "construtor de pontes" entre diferentes facções que antes pensavam que não tinham nada para fazer e explorar uns com os outros. Posso ilustrar para eles o potencial de soluções muito vantajosas para todas as partes envolvidas e a sinergia sistêmica. Uma vez que eles entendam este princípio baseado na fácil "questão de partida" da qualidade dos alimentos, segurança alimentar e saúde, posso expandir o aprendizado e essa abordagem do pensamento de sistemas integrados para outros aspectos do sistema da ilha.

Por exemplo, isso pode ser feito explorando os benefícios da diminuição da dependência da importação de energia fóssil e nuclear e a mudança para a energia renovável descentralizada produzida regionalmente. Além de manter o dinheiro gasto em energia na economia local e permitir que Maiorca se torne um exemplo internacional de energia renovável e sistema de transporte, essa mudança ajudaria a diversificar a economia local, tirando-a de sua dependência quase exclusiva do turismo e gerando novos empregos, protegendo a beleza da ilha e a integridade de seus ecossistemas.

De muitas maneiras, o ato mais poderoso do design de transição foi simplesmente plantar e distribuir as sementes de um diálogo, fazendo as seguintes perguntas: Como seria uma Maiorca sustentável? Como poderia Maiorca tornar-se um exemplo respeitado de transição regional (ilha) para uma cultura regenerativa em todo o mundo? Por que o sistema atual é profundamente insustentável, carente de resiliência e em risco de colapso? Como podemos cocriar um futuro melhor para todos que vivem em Maiorca e visitam a ilha?

Ao espalhar essas perguntas, começo a trabalhar para a emergência positiva através da conexão de partes anteriormente isoladas do sistema e influenciando na qualidade das informações no sistema. É óbvio que sou apenas uma expressão de uma cultura emergente. Algumas pessoas antes de mim, e muitas ao meu redor, também estão divulgando suas visões de uma Maiorca sustentável. Quando essas pessoas começam a colaborar, começamos a viver as perguntas todos juntos.

A educação e a comunicação são vitais em qualquer tentativa de criar designs para a emergência positiva. Sistemas educacionais ultrapassados e uma mídia cada vez mais subserviente aos interesses corporativos propagam perspectivas limitadas e tendenciosas da complexidade em que estamos inseridos. A narrativa de separação e especialização sem integração gera perspectivas limitadas que não fazem jus à complexidade que enfrentamos. Essas perspectivas válidas, mas estritas em excesso, estão influenciando as soluções que implementamos e como nosso comportamento muda, influenciando, assim, as propriedades sistêmicas que emergem. As soluções de design regenerativo são influenciadas por uma visão participativa dos sistemas de vida que é capaz de integrar múltiplas perspectivas. Uma das intervenções de design com maior potencial de alavancagem para a transição para culturas regenerativas é a educação em larga escala sobre conhecimento ecossocial e de sistemas.

Outra influência importante no comportamento de sistemas complexos é a maneira como as "condições iniciais" (como a visão de mundo dominante, sistemas de valores ou sistemas econômicos) e "iterações" (a repetição inquestionável de certos padrões sistêmicos de organização e interações) afetam o sistema. É importante que, como "designers de transição" ou "facilitadores de emergências positivas", também analisemos mais de perto os padrões dominantes que impedem a mudança sistêmica positiva e o surgimento da saúde sistêmica.

Muitos desses padrões têm a ver com elites de poder estabelecidas, educação insuficiente e o domínio da "narrativa da separação". Trabalhar com a transformação cultural dessa maneira requer paciência. Um efeito da narrativa da separação é fazer as pessoas acreditarem que não têm o poder e a influência para mudar o sistema, mas a narrativa do interser nos lembra que toda mudança no nível individual e todo o diálogo de fato muda o sistema, visto que nós somos parte dele.

Em meu próprio trabalho em Maiorca, escolhi um lugar para assumir uma posição em relação à transformação cultural e fazer o que puder para contribuir para a emergência positiva em uma biorregião bem definida. Ilhas em todos os lugares oferecem oportunidades especiais de estudo de caso para a transição regional para uma cultura regenerativa. Muitos compartilham problemas semelhantes, por exemplo, suas economias tendem a ser dependentes em excesso do turismo e seu consumo tende a ser muito calcado em importações. Embora existam limites para as possibilidades de localizar a produção e o consumo em uma ilha, esses limites podem agir como restrições que desafiam nossa imaginação e impulsionam a inovação transformadora. Eles também nos desafiam a pensar em uma forma de interconexão em escala, localmente adaptada e globalmente colaborativa.

Como a autossuficiência local em um mundo interconectado é uma miragem que não vale a pena perseguir, esses estudos de caso podem servir como experimentos que nos mostrem como encontrar um equilíbrio entre a produção local para o consumo local, promovendo maior autossuficiência e resiliência, e produção local de bens, serviços e *know-how* que formem uma base econômica para o comércio, que, por sua vez, permita a importação de bens que não podem ser produzidos em um determinado local ou região.

Antes de me mudar para a ilha, passei quatro anos vivendo em uma ecovila internacionalmente conhecida da Findhorn Foundation, no norte da Escócia. Também trabalhei com várias iniciativas de cidades de transição para entender como podemos criar maior sustentabilidade e resiliência, bem como uma mudança de cultura mais profunda na escala da comunidade. Ao fazê-lo, percebi que enquanto as comunidades locais, sejam rurais ou urbanas, são a escala na qual a mudança em direção a uma cultura regenerativa será implementada de forma mais imediata, muitas das mudanças sistêmicas necessárias requerem uma escala maior (regional) e colaboração regional entre comunidades.

Mudei-me para Maiorca para explorar como facilitar uma abordagem de interconexão em escala para o design de transição, vinculando as comunidades locais dentro de um contexto regional e conectando-as com o apoio de uma rede internacional de especialistas em sustentabilidade e empreendedores que busquem preservar o meio ambiente. Acredito firmemente que as ilhas podem servir como excelentes estudos de caso para o tipo de transformação regional em direção às bioeconomias regionais, que serão necessárias em todos os lugares.

Design salutogênico, de interconexão em escala, objetivando a resiliência

A etimologia da palavra "saúde" revela sua conexão com outras palavras, como cura, completude e sagrado. O design ecológico é uma arte pela qual visamos restaurar e manter a completude de todo o tecido da vida, cada vez mais fragmentada pela especialização, pelo reducionismo científico e pela divisão burocrática. [...] O padrão para o design ecológico não é nem eficiência, nem produtividade, mas saúde, começando com a do solo e se estendendo de forma ascendente através de plantas, animais e pessoas. [...] é impossível prejudicar a saúde em qualquer nível sem afetá-la em outros níveis.

David W. Orr (2002: 29)

O design ecológico, provedor de saúde (salutogênico) e de interconexão em escala visando a resiliência e a saúde sistêmica não é uma inovação recente. Essa abordagem surgiu ao longo do século passado com o trabalho de pioneiros abordados em outras partes deste livro. A maioria deles faz, de forma clara, da melhoria da saúde um aspecto central de seu trabalho. Esses pioneiros forneceram uma base sólida para a emergente teoria e prática do design de transição para culturas resilientes e regenerativas.

Em sistemas socioecológicos (SESs), os efeitos de nossas ações só podem ser observados e compreendidos após longos tempos. Em tais sistemas dinâmicos complexos, a causa e o efeito geralmente não são lineares, com ciclos de *feedback* que levam a escalonamentos repentinos, consequências imprevistas e efeitos colaterais. O que determina a mudança em um SES ao longo do tempo são, principalmente, as variáveis subjacentes que mudam lentamente, como clima, uso da terra, estoques de nutrientes, valores humanos e políticas, bem como sistemas de governança e interdependências entre escala local, regional e global. Os SESs nunca existem isoladamente; eles são aninhados dentro de uma estrutura de ligação de escala ou holárquica de outros SESs (ver Capítulo 4).

Como criamos designs para a resiliência em escala comunitária e biorregional, bem como nacional e global? Ao tentar criar sistemas mais saudáveis, capazes de uma resposta transformadora apropriada para interrupções e crises súbitas, precisamos prestar atenção especial à forma como as soluções propostas são interconectadas à escala espacial e temporal. A ação de escala espacial conecta indivíduos, comunidades, ecossistemas, biorregiões e nações até a escala planetária (e além). A interconexão em escala temporal pode ser entendida como a maneira como processos lentos e processos rápidos interagem. Muitos dos fatores que causarão uma perda de resiliência em uma escala específica, por exemplo, dentro de uma comunidade e seu ecossistema local, também afetarão a resiliência em outra escala, em nível nacional ou planetário. Ações localizadas, como a queima de combustíveis fósseis, podem se acumular para ter efeitos globais como a mudança climática, o que, por sua vez, pode afetar as condições locais de múltiplas e imprevisíveis maneiras. Essa é a natureza do sistema hierárquico interconectado em sua essência (holarquia) em que vivemos.

Entre os fatores que podem degradar a saúde sistêmica em múltiplas escalas estão: perda de biodiversidade, poluição tóxica, interferência no ciclo hidrológico, degradação dos solos e erosão – mas também instituições inflexíveis, subsídios perversos que atuam como incentivos para padrões insustentáveis de consumo, e medidas inapropriadamente escolhidas de valor total que focam na maximização de curto prazo da produção e aumento da eficiência na perda de redundância e diversidade no sistema como um todo.

A *narrativa (re-)emergente do interser* nos ajuda a entrar no contexto de um todo complexo interconectado e em constante transformação em sua essência. Como seres humanos, moldamos e somos moldados pelo processo evolutivo da vida. Nossas ações e designs moldam nosso mundo. O mundo que cocriamos, por sua vez, molda a experiência atual e o nosso futuro coletivo. Nas perspectivas de muitas culturas indígenas, criar relacionamentos de cura é visto como um ato sagrado. O design salutogênico e de interconexão em escala também é design sagrado. Expressa nossa conexão significativa (interser) com esse todo transformador pela maneira como participamos de nossa comunidade humana e da comunidade da vida. Essa perspectiva participativa também pode ser encontrada nas "novas ciências" como a noção de participação apropriada em sistemas complexos.

> *A nova ciência continua nos lembrando que, nesse universo participativo, nada vive só. Tudo ganha forma com os relacionamentos. Somos constantemente chamados para relacionarmos – com informações, pessoas, eventos, ideias e vida. Até a realidade é criada através da nossa participação nos relacionamentos. Nós escolhemos o que percebemos; nos relacionamos com certas coisas e ignoramos os outras. Através desses relacionamentos escolhidos nós cocriamos nosso mundo. Se estivermos interessados em realizar mudanças, é crucial lembrar que estamos trabalhando dentro de redes de relações e não com máquinas.*
>
> ***Margaret J. Wheatley (1999: 145)***

Em última análise, a mudança para uma civilização humana regeneradora e o aumento da saúde humana e planetária exigirá que a maioria dos cidadãos globais assuma total responsabilidade por seu envolvimento cocriativo na formação do futuro da humanidade e do planeta. Em maior ou menor grau, somos todos designers desse futuro. Podemos *intencionalmente* escolher criar relacionamentos que curam nas comunidades e ecossistemas dos quais participamos. Em 2006, minha pesquisa de doutorado concluiu que, se a intenção básica por trás de todo o design humano fosse a salutogênese, seríamos capazes de facilitar uma mudança local e global em direção à sustentabilidade (Wahl, 2006b).

Valerie Brown lista dois critérios que devem guiar o comportamento humano se esperamos evitar danos sérios aos processos naturais que mantêm a saúde sistêmica. Precisamos i) "consumir os fluxos da natureza enquanto conservamos os estoques (isto é, viver dos 'juros' enquanto conservamos o capital natural" e ii) "aumentar os estoques da sociedade (recursos humanos, instituições civis) e limitar o fluxo de material e energia" (Brown et al., 2005). Ambos são aspectos fundamentais de uma cultura regenerativa.

O design salutogênico visa facilitar o surgimento da saúde em todas as escalas do todo. Ele reconhece a ligação inextricável entre saúde humana, ecossistêmica e planetária. Em vez de se concentrar principalmente no alívio dos sintomas de doenças ou problemas de saúde, essa abordagem tenta promover a saúde positiva e o florescimento do todo. Em outras palavras, o objetivo do projeto salutogênico é apoiar indivíduos saudáveis, em comunidades saudáveis, que atuem de forma responsável em sociedades saudáveis, para nutrir e manter um funcionamento saudável do ecossistema como base para biorregiões saudáveis e, finalmente, uma biosfera saudável. O design salutogênico e de interconexão em escala visa criar sistemas resilientes e regenerativos em e através de todas as escalas.

O ressurgimento de uma cultura de criadores: relocalização da produção

Uma maneira de capacitar as comunidades locais e suas economias regionais para exprimir suas visões de um futuro melhor é relocalizar a produção e o consumo e, assim, fortalecer as economias regionais. Há um papel importante para o comércio internacional e o intercâmbio global de bens e serviços, mas não quando se trata de atender às necessidades regionais básicas. Sempre que possível, devemos atender às nossas necessidades da maneira mais local ou regional possível e restringir a troca global de mercadorias àquelas que não podem ser produzidas em um determinado local. A inovação sem restrições e o compartilhamento de conhecimento em escala global serão uma parte importante do processo de relocalização da produção. Algumas empresas globais já estão começando a explorar como se reinventar como facilitadoras da mudança para a "produção distribuída" e à "economia circular".

Desde 2013, juntamente com o Forum for the Future, tenho estado envolvido na concepção e implementação de um projeto de inovação de longo alcance para o fabricante belga de produtos de limpeza e detergentes ecológicos Ecover. O projeto usa as condições únicas de Maiorca como um campo de teste para explorar como uma empresa global como a Ecover pode ajudar a facilitar uma mudança para a produção regional para consumo local, com base em material e recursos energéticos locais, e em colaboração com parceiros comerciais da região. No processo, estudamos o potencial da bioeconomia de Maiorca para fornecer – de forma regenerativa – matéria-prima biológica suficiente (a partir de fluxos de resíduos) para produzir produtos de limpeza para o mercado local.

A ilha é particularmente dependente das importações de produtos de consumo e alimentos, devido ao aumento da demanda causada por 16 milhões de visitas turísticas a cada ano. Embora a sustentabilidade a longo prazo desse turismo em massa seja mais do que questionável, esses números de visitantes fornecem o motor econômico que pode financiar a transição para infraestruturas locais de produção, alimentos e energia.

A Ecover e o "Forum for the Future" colaboraram com uma rede de investidores multissetoriais dentro da ilha para criar uma vitrine que, se bem-sucedida, poderia servir como um exemplo transferível e um modelo de uma mudança focada na região para uma economia circular baseada em energia e materiais renováveis (ver Glocal, 2015). Nós aprendemos algumas lições muito importantes. O simples ato de embarcar no processo de cocriar um experimento inspirador como esse e envolver diversos investidores nele contribuiu para a transformação mais ampla em direção a uma cultura regenerativa. O diálogo sobre a relocalização da produção e do consumo em Maiorca começou.

O experimento regional teve como objetivo dar um passo em direção a uma economia circular baseada na rerregionalização da produção e do consumo. Foi motivado em menor escala pelo potencial de sucesso econômico de curto prazo, e em maior escala pelo poder da experimentação, como uma forma de garantir que estamos fazendo as perguntas certas. Foi o catalizador de um diálogo sobre design local, enquanto a Ecover analisa como poderia se reinventar como um parceiro global de conhecimento e negócios com uma ampla rede de colaboradores regionais, possibilitando a produção distribuída e promovendo o desenvolvimento econômico regional.

A transformação de nossos sistemas de produção e consumo é um desafio de design criativo que exigirá o pensamento de sistemas integrados e a inovação transformadora em sua melhor forma. As inovações disruptivas resultantes acabarão por tornar obsoleto o sistema existente. Estávamos efetivamente tentando criar um design para a produção e o consumo de produtos químicos, produzindo um produto local ao tentar operar mais como um ecossistema. Em um ecossistema, os materiais são adquiridos na própria região e montados através de processos atóxicos baseados em energias renováveis.

A promessa deste sistema produtivo regionalizado é uma economia regional mais diversificada, que gera empregos, incentiva o uso eficiente dos fluxos de resíduos regionais como recursos de produção, ajuda os agricultores locais a obterem um bom preço pelos alimentos e biomateriais que cultivam, cria resiliência aumentando dependência, reduz a dependência de importações caras e contribui para o esforço de minimizar de forma rápida as emissões de gases de efeito estufa, diminuindo transporte de matérias-primas e produtos finais.

Os primeiros passos para alcançar esse patamar já estão sendo explorados em muitos projetos de ecologia industrial em todo o mundo (ver Capítulo 6).

Mesmo que alguns desses projetos atuais sejam sistemas híbridos que ainda dependem de energia fóssil e recursos materiais não renováveis, eles estão alcançando incrementos na eficiência de materiais e energia, conectando processos industriais antes separados, de maneira que transformam os resíduos de uma indústria (sejam fluxos de material ou calor residual) no recurso de produção de outra indústria. Eles são trampolins de sistemas regenerativos movidos a energia renovável para o Horizonte 2 (H2).

Libertar todo o potencial de tais ecossistemas de produção e consumo com base no design industrial integrado requer colaboração regional em todos os setores e em todos os ramos. As sinergias que podem ser geradas quando ramos previamente separados são conectados por meio do pensamento de design ecológico são substanciais. O livro *Blue Economy* resume algumas dessas soluções de projeto inovadoras que estão sendo implementadas ou estão em estágios avançados de desenvolvimento (Pauli, 2010). Ele oferece inspiração para os empreendedores interessados na conservação do meio ambiente se envolverem em H2+ inovação transformadora.

A mudança completa não está relacionada com um sistema industrial baseado em combustíveis fósseis, com instalações de produção centralizadas, dependentes de matérias-primas de todos os cantos da Terra apenas para depois distribuir de novo os produtos acabados pelo mundo. Esse sistema de desperdício é baseado em soluções de design industrial desatualizadas, desenvolvidas durante a primeira revolução industrial, onde a economia de fabricação em massa significava que maior era melhor, e combustíveis fósseis abundantes e baratos e materiais não renováveis eram dados como certos.

Hoje, a grande maioria dos nossos produtos de consumo contém materiais à base de petróleo. Durante a primeira metade do século XXI, testemunharemos a transformação deste sistema global de produção. Começaremos a cocriar uma cultura material que dependa de materiais disponíveis localmente, química verde (à base de vegetais) e fontes de energia renováveis para produção e consumo regionais.

O design integrado baseado no pensamento de sistemas integrados e no tipo de soluções de design inspiradas na natureza, exploradas nos próximos dois capítulos, nos ajudará a criar "soluções elegantes baseadas na singularidade do lugar". É assim que meu mentor, professor John Todd, pioneiro em sua área, define o design ecológico. Tais soluções são uma mistura elegante do melhor da tecnologia moderna e uma sensibilidade redescoberta de lugar, cultura e sabedoria tradicional. As novas tecnologias estão abrindo uma relocalização do design do século XXI, possibilitada pela cooperação e compartilhamento global de recursos.

A fabricação distribuída está se tornando realidade à medida que novas tecnologias de impressão 3D, permitindo a manufatura aditiva em pequena escala, se desenvolvem de forma rápida e em conjunto com abordagens revolucionárias para inovação aberta, baseada na colaboração entre pares, a disseminação de *"Fab-labs"* e uma nova cultura de fabricantes, avanços na ciência dos materiais, bem como diversos projetos de bioeconomia. Ainda é necessário muito trabalho na área de desenvolvimento de matéria-prima regenerada e cultivada em escala local para tecnologias de impressão 3D.

O projeto Open Source Ecology, iniciado por Marcin Jakubowski, demonstra como inventores e tecnólogos já estão colaborando no mundo para recriar meios regionais de produção que são cada vez mais independentes dos sistemas centralizados de produção em massa de multinacionais. O objetivo do projeto é criar o "Global Village Construction Set", uma biblioteca de design e engenharia de código aberto que permitirá que pessoas com habilidades técnicas e de engenharia básica criem as cinquenta máquinas mais importantes e necessárias para construir uma civilização sustentável. Estamos começando a perguntar:

- P· **Como podemos implementar a mudança global visando ao aumento da produção regional para o consumo regional?**
- P· **Como podemos criar sistemas eficazes de inovação de código aberto que permitam que as pessoas compartilhem globalmente *know-how* e inovações de design?**
- P· **Como podemos garantir que a rerregionalização da produção e do consumo aconteça dentro dos limites de bioprodutividade de cada região específica e encontrar um equilíbrio entre o cultivo de alimentos e o crescimento dos recursos industriais regionalmente?**
- P· **Como podemos tornar as tecnologias de impressão 3D sustentáveis, garantindo que elas usem matéria-prima local, renovável e com alta capacidade de reciclagem, através de processos ambientalmente benignos, alimentados por energia renovável descentralizada?**
- P· **Como podemos usar biorrefinarias e tecnologias avançadas de fermentação para facilitar a mudança de uma química orgânica à base de combustíveis fósseis para uma química solar, à base de vegetais e não tóxica, a fim de reinventar nossa cultura material?**

Uma lição inicial que aprendemos em Maiorca é que uma bioeconomia bem-sucedida requer colaboração entre setores. Intervenções políticas são necessárias para regular o acesso aos recursos biológicos e sua produção e uso sustentável (regenerativo). Com limitado potencial bioprodutivo dentro de uma determinada região, devemos encontrar maneiras de criar ecossistemas de colaboração que otimizem o uso dos recursos disponíveis.

Soluções de designs regenerativos requerem diálogos sobre o projeto de sistemas integrados em todos os setores da sociedade. A partir dessas conversas, surgirá uma visão orientadora. Essa visão pode tornar-se realidade, em um lugar de cada vez, feita por todos nós. [No momento em que escrevo, o projeto Ecover Glocal não está avançando, devido à falta de financiamento. Ele criou uma rede de colaboradores e implantou uma visão que provavelmente será retomada no futuro.]

Visão coletiva e diálogos sobre design mudam a cultura

> *A Visão sem a ação é inútil. Mas a ação sem a visão não sabe para onde ir ou por que ir até lá. A visão é absolutamente necessária para orientar e motivar a ação. Mais do que isso, a visão, quando amplamente compartilhada e mantida firmemente ao alcance, cria sistemas.*
>
> **Donella Meadows** *et al.* **(1992: 224)**

Qualquer atividade que envolva uma comunidade, uma empresa ou uma região inteira em um diálogo aberto com o objetivo de vislumbrar um futuro mais desejável é o começo de um diálogo sobre design que tem o potencial de se tornar transformador de culturas. A visão nos convida a não ser restringidos pelas limitações que percebemos no *status quo* e a deixar de lado as previsões lineares de como será nosso futuro "inevitável" com base nas tendências prevalentes de ontem e de hoje. Visionar abre um espaço onde podemos ter um diálogo com vários investidores sobre o futuro que queremos, onde podemos fazer o design de um futuro ideal e definir intenções claras para o que gostaríamos de cocriar.

Visões podem servir como faróis que nos guiam para uma cultura regenerativa. Assim como os faróis raramente são o ponto de chegada, mas apenas os guias que nos direcionam para uma meta que está além deles. Nossas visões atuais de culturas regenerativas provavelmente não serão reflexos precisos da cultura regenerativa que iremos cocriar durante o século XXI. A visão coletiva pode servir como um catalisador para a inteligência coletiva, envolvendo todos nós em uma conversa sobre design e um futuro mais significativo e saudável. Os processos de visionamento educam e transformam os envolvidos em sua cocriação.

O objetivo não é criar uma visão fixa. Se estamos realmente "vivendo as perguntas" à medida que nos aproximamos do que imaginamos, a visão continuará a evoluir. No entanto, as visões podem nos ajudar a ter certeza de que estamos indo na direção certa. É importante entender que, no processo de criar uma visão de uma comunidade, sociedade e civilização sustentáveis, não devemos nos restringir ao que pode ser percebido como obstáculos intransponíveis agora. A formulação inicial de uma visão deve ser idealista, criativa, poética, estética, ética, intuitiva e imaginativa. O processo de criá-la deve ser inclusivo, colaborativo, não dogmático e participativo. Os diálogos sobre design que fazem parte do processo de visionamento nos convidam a ouvir múltiplas perspectivas, valorizar a contribuição de diversos pontos de vista e cocriar o alicerce em comum, a partir do qual podemos avançar juntos, com compreensão e respeito mútuos.

Raciocinar a partir de apenas uma perspectiva particular não deve restringir o processo integrativo e participativo de criar a visão inicial. Em primeiro lugar, o melhor cenário possível, o estado futuro otimizado e vantajoso para todos, tem que ser claramente imaginado. Isso cria uma meta coletiva desejável para todos e fornece a base para envolver a participação de diversas partes interessadas no processo de longo prazo, de transformar essa visão em realidade por meio de um design apropriado.

Embora o planejamento e a previsão de cenários sejam formas de observar as tendências que notamos no presente e de extrapolá-las para o futuro, o processo de visionamento cria primeiro um estado futuro ideal, de maneira tão clara quanto pode ser imaginado coletivamente. Somente depois que a visão foi formulada em detalhes, fazemos a pergunta de como poderemos chegar lá, retrocedendo dessa visão para estabelecer uma série de conquistas marcantes na transição do *business as usual* para a plena manifestação de nossa visão. Aqui estão algumas perguntas que podem ajudar a orientar um processo de visão eficaz:

P· **Identificamos os representantes apropriados de cada grupo de investidores que precisam estar presentes para criar uma visão inclusiva?**

P· **Quais são as diferentes questões que precisamos incluir em nosso processo de cocriação da visão, a fim de moldar uma visão abrangente?**

P· **Como a visão positiva do futuro que cocriamos difere do *status quo* de hoje?**

- **P· Estamos garantindo que a nossa visão não é limitada pela nossa narrativa cultural atual dominante e que é baseada nos valores que aspiramos?**
- **P· Quais são os nossos valores básicos de orientação, no processo para alcançar a nossa visão, e como podem ser os marcos ao longo do caminho?**
- **P· Quais são as etapas práticas que podemos implementar em nível local para expressar nossa visão passo a passo?**
- **P· A nossa visão é desejável ambiental, social e economicamente? É significativa para todas as partes interessadas?**

Seja em salas de reuniões corporativas, grupos de especialistas do governo ou grupos comunitários, o processo de visionamento e retrospectiva já está sendo usado de forma eficaz. O impacto deste trabalho será ainda mais culturalmente transformador quando aplicarmos esses processos em equipes que incluam membros de cada um desses diferentes setores da sociedade. As oficinas do movimento Cidades em Transição, por exemplo, incluem visão de estado futuro e retrospectiva ao longo de um cronograma para ajudar as pessoas a imaginar o futuro de sua comunidade, cidade ou bairro em transição. Infelizmente, é raro que representantes de todos os diferentes setores participem desses *workshops*.

Do mesmo modo, o World Business Council for Sustainable Development criou uma pauta arrojada, a *Vision 2050 – The New Agenda For Business* (WBCSD, 2010) que detalha uma série de *must haves* (marcos) em certos pontos, ao longo do caminho, que são necessários para concretizar essa visão. Bob Horn, membro do International Futures Forum, resumiu o conteúdo desse trabalho em um mural com uma cronologia que pode ser baixado no site do WBCSD junto com um relatório mais detalhado (http://www.wbcsd.org/vision2050.aspx). A iniciativa tem muitos méritos e destaca questões importantes que estão ajudando a educar líderes empresariais em uma perspectiva mais sistêmica de sustentabilidade, mas o relatório tem suas falhas, pois foi criado dentro de uma comunidade fechada de líderes empresariais e careceu da participação de mais contribuintes intersetoriais diversificados no processo inicial de visão. O relatório é um exemplo de tentativa de resolução de nossos problemas dentro da mentalidade que os criou. Ele não questiona suficientemente as premissas subjacentes e a visão de mundo dominante que fundamentou a *Vision 2050*. No entanto, os *must haves* convidam os líderes empresariais a formularem questões importantes:

- **P · Como incorporamos os custos das "externalidades', como as emissões de carbono, funções dos ecossistemas e água, na estrutura do mercado?**
- **P · Como podemos dobrar a produção agrícola sem aumentar a quantidade de terra e água usada para essa produção?**
- **P · Como podemos parar o desmatamento global e aumentar a rentabilidade das florestas plantadas?**
- **P · Como reduzimos pela metade as emissões de carbono em todo o mundo (com base nos níveis de 2005) até 2050, por meio de uma mudança para sistemas de energia com baixo teor de carbono?**
- **P · Como podemos melhorar a eficiência energética do lado da demanda e fornecer acesso universal à mobilidade de baixo carbono?**

Existem muitas visões de um mundo mais sustentável. Talvez possamos aprender com todos elas. Elas abrangem desde a visão da *Carta da Terra* de valores humanos compartilhados globalmente, os *Objetivos de Desenvolvimento Sustentável da ONU* e o *Futuro que realmente queremos* delineados pela *Alliance for Sustainability and Prosperity,* ao *Plan B* de Leister Brown e propostas visionárias para mudanças globais de sistemas feitas por Ross Jackson (2012), Albert Tullio Lieberg (2010), Roy Madron, John Jopling (2003) e outros. Essas visões e estratégias para a transição, para uma civilização sustentável, são excelentes pontos de partida para a vivência das questões em conjunto e o início de diálogos sobre design em nossas comunidade, empresas e com nossos representantes políticos.

Os processos de visão coletiva, estruturados através de conversas de design sobre o futuro que queremos criar juntos, precisam ocorrer em tantos contextos e locais diferentes quanto possível. Quanto mais diversificados forem os participantes nesses processos, mais rico será o aprendizado. Através da visão coletiva, podemos mudar a maneira como vemos o mundo ao nosso redor. Podemos nos tornar esperançosos novamente, inspirados pelas muitas oportunidades de prosperar juntos, em vez de lutarmos sozinhos. Juntos podemos fazer co-design de expressões prototípicas dessa "nova história", que nos faz experimentar os benefícios das culturas regenerativas (H3 – momentos de futuro no presente).

As tecnologias sociais que podem ser usadas para facilitar a visão coletiva e os diálogos sobre design incluem a metodologia *Dreaming New Mexico,* de Bioneers, *IFF's World Game* e *Three Horizons framework;* versões orientadas do futuro de *World Café* (Brown et al., 2005), o *Dragon Dreaming process,* de John Crofts, *U process,* de Otto Scharmer, *Oasis Game,* do Elos Institute, e *trans-*

formative scenario planning, de Adam Kahane (2012). Todos esses processos podem ser formas de aprender com a diversidade e construir comunidades de colaboração baseadas em uma compreensão compartilhada das vastas oportunidades que estão na transição para culturas regenerativas.

A cultura evolui em diálogos que nos ajudam a questionar pressupostos, avaliar nossa perspectiva, considerar outros pontos de vista, investigar o significado e encontrar valores e intenções compartilhados. Esses valores e intenções compartilhados formam a base para nos engajarmos em criar co-designs de nosso futuro coletivo. O simples ato de se engajar em diálogos sobre design de transição com os outros é culturalmente criativo. Ao aprender de múltiplas perspectivas, aprendemos a cocriar uma compreensão sistêmica mais profunda. Começamos a criar o co-design de nosso futuro juntos e, assim, contribuir para o surgimento de culturas regenerativas.

Capítulo 6

De que maneira podemos aprender a projetar melhor *como* natureza

Se você não acredita nas bases sólidas da natureza, você trabalhará com pouca honra e menos lucro. Aqueles que têm como referência qualquer coisa que não seja a natureza – a senhora de todos os mestres – se cansam em vão.

Leonardo da Vinci (1452-1519)

A vida sustenta sua presença na terra em torno de 3.800 milhões de anos. Mais do que se sustentar, ela prosperou, diversificou e criou condições para outras formas de vida mais complexas se desenvolverem. Durante o longo período de evolução, a vida se fortaleceu, superou adversidades catastróficas e continuou a inovar, se adaptar à mudança e moldar as condições do meio ambiente e da biosfera, permitindo que mais vidas prosperassem. A vida, como um processo, é a grande mestra da inovação transformadora.

P· Quais são os princípios operacionais da vida que garantem a sobrevivência a longo prazo?

Deveríamos fazer essa pergunta e prestar atenção ao que podemos aprender com a natureza, já que ela se expressa em uma diversidade impressionante de espécies em comunidades interdependentes de colaboração e simbiose. Aqui é onde a linguagem me desaponta novamente. Quando falo "aprender com a natureza", não quero dizer para criar uma distinção que nos coloque – a humanidade – separados da natureza. *Nós somos a natureza*, e, como tal, podemos projetar *como* natureza. Na verdade, não podemos fazer nada além disso. A diferença principal é que como muitos dos "projetos experimentais" da natureza no curso da evolução terminaram em extinção, nós também estamos indo em direção a um fim prematuro, como uma espécie junto com a nossa versão atual de cultura industrial, a menos que prestemos mais atenção às lições que podemos aprender com a evolução da vida. Como Janine Benyus (2002) disse tão bem, "a vida tem uma vantagem de 3,8 bilhões de anos em pesquisa e desenvolvimento, assim, devemos unir a criatividade humana com a humildade para nos tornar aprendizes da natureza".

Algumas das lições mais simples que podemos aprender com os ecossistemas em todos os lugares é que quase toda a energia que impulsiona os ciclos ecológicos vem do sol. Em última análise, até a energia cinética, ondas e correntes marítimas derivam da energia solar que chega à Terra. Nossa civilização industrial, por outro lado, é impulsionada por reservas de combustíveis fósseis nas formas de carvão, petróleo e gás, junto com outras fontes não renováveis, como a energia nuclear. Os combustíveis fósseis não são nada mais do que uma *luz solar arcaica* (Hartman, 1999) armazenada na crosta da Terra. Esses portadores de energia são os vestígios de plantas e animais compactados e transformados que povoaram a Terra há milhões de anos. A quantidade de combustível fóssil que a humanidade está usando atualmente em um único ano levou aproximadamente um milhão de anos para se acumular na crosta da Terra (Fischer, 2012:36).

A expressão "não renovável" nos dá uma dica importante: esse padrão está longe de ser sustentável! Já vimos que uma das primeiras lições que podemos aprender com a natureza é que a imensa indústria química-solar da biosfera, que conduz a bioprodutividade e quase todos os processos energéticos dentro da biosfera, é baseada na quantidade de luz solar que chega à Terra e não em reservas fósseis. Aprender a projetar melhor, como a natureza faz, significa criar uma civilização movida à energia solar regeneradora, baseada na energia e em recursos materiais renováveis.

Nossa cultura industrial, além de ser dependente dos recursos energéticos errados e, portanto, pouco atenta à escala apropriada, é quase totalmente baseada nos recursos materiais errados. A vida desenvolveu uma ampla variedade de moléculas orgânicas e processos de sínteses bioquímicas que são os elementos essenciais e os processos de produção dos projetos da natureza, testados ao longo de muitos milhões de anos.

Durante a maior parte da história humana, usamos poucos materiais não orgânicos, além de pequenas quantidades de minerais, minérios e pedras para construções. Com a revolução industrial, decidimos pegar um desvio perigoso dos metabolismos testados da vida e começamos a criar um sistema de energia e uma cultura material baseada em elementos fósseis extraídos da crosta terrestre e uma variedade cada vez maior de minerais e minérios que conseguimos extrair devido à energia barata, na forma de combustíveis fósseis.

Na primeira metade do século XIX, o uso do carvão como combustível para transporte e fonte de energia para aquecimento e produção industrial aumentou rapidamente. Em particular, o uso de coque à base de carvão na produção de aço criou uma grande quantidade de resíduos na forma de alcatrão. À medida que essa pasta tóxica e fedorenta começou a se acumular, começamos a procurar novos usos industriais para ela e, pouco depois, nossa indústria química baseada em combustíveis fósseis foi criada.

Há menos de duzentos anos, em 1834, o químico alemão Friedlieb Ferdinand Runge inventou as tintas e corantes a partir da anilina presente no alcatrão (Fischer, 2012: 30). Em 1889, o químico francês Hilaire de Chardonnet comercializou a primeira fibra artificial chamada raiom – uma seda artificial. No começo de 1900, o químico belga Leo Baekeland criou o baquelite, o primeiro plástico termofixo. O polietileno e o poliestireno só foram inventados na década de 1930. Em menos de dois séculos criamos uma cultura material quase totalmente dependente do petróleo e do carvão como suas matérias-primas principais. A maior parte dos nossos produtos têxteis, plásticos, tintas, fragrâncias, cosméticos, detergentes, fertilizantes, aparelhos tecnológicos, medicamentos e até a comida contém produtos químicos derivados dos combustíveis fósseis. A indústria química global é, no momento, a mais poderosa influenciadora no planeta e com uma estreita ligação com a indústria de combustíveis fósseis.

Os 118 elementos químicos podem ser combinados em milhões de diferentes substâncias químicas, e dezenas de milhares de novos compostos estão sendo criados a cada ano sem uma regulamentação rigorosa sobre os testes em organismos vivos. Todos nós carregamos vestígios de centenas de compostos químicos feitos pelo homem em nosso sangue e tecidos adiposos, muitos deles tóxicos ou cancerígenos (Ewing Duncan, 2014).

A disciplina relativamente nova "Química verde" (Anastas, Warner, 1998) visa criar alternativas vegetal, não tóxicas, para muitos de nossos materiais baseados em combustíveis fósseis. Isso é de suma importância para a reformulação da nossa cultura material. Não devemos cometer o erro de ver a biomassa simplesmente como uma possível fonte de energia ou como um meio de produzir biocombustível. Se formos humildes o bastante para nos tornarmos novamente aprendizes da natureza, podemos desvendar os segredos da química da vida. A biomassa, especialmente os resíduos agrícolas, florestais e orgânicos, se tornará uma fonte importante para os químicos do século XXI.

Entender a química da vida nos ajudará a transformar nossa cultura material – atualmente baseada quase que exclusivamente em matéria-prima fóssil não renovável – em uma cultura material que irá depender da química vegetal, que é menos tóxica, necessita de pouca energia (de fontes renováveis) e não cria resíduos que não podem ser metabolizados em outros processos industriais. Um dos grandes desafios da inovação transformadora do século XXI é reinventar a química baseada em processos metabólicos da natureza.

Aprender a projetar melhor, *como* natureza, é um dos desafios criativos mais empolgantes na transição em direção a culturas regenerativas, da química verde, do design de produtos biomiméticos, dos sistemas de energia renováveis e arquitetura biomimética, até cidades e indústrias que funcionam como ecossistemas. Em essência, ao desejar projetar *como* natureza, de modo a criar a saúde de todo o sistema, queremos aprender a como participar apropriadamente dos ciclos de sustentação da vida da biosfera. Isso significa atender às necessidades humanas dentro dos limites planetários e, ao mesmo tempo, atuar como uma espécie essencial que mantém e regenera a capacidade da vida de criar condições favoráveis para a sua sobrevivência. Ao almejar fazer isso nos ecossistemas locais em todos os lugares, criaremos resiliência, saúde e condições para que a vida prospere por todo o mundo.

Se realmente acreditamos no fato de que *somos vida, somos natureza* e, como tais, somos ligados por um vínculo familiar e interdependência à comunidade da vida da qual depende a saúde humana e planetária, vamos considerar a criação de uma civilização globalmente regenerativa, representada por uma impressionante diversidade adaptada localmente, como o desafio criativo de nossos tempos. Esse é um desafio que, além de unificar a família humana por trás de uma visão comum de cocriatividade em vez de somente sobrevivência, também une a humanidade com a base do seu próprio ser – o gênio da natureza se desdobrando pela diversidade da vida e da evolução da consciência.

Quando entendermos que o objetivo é a participação adequada, estamos ao mesmo tempo *plenos de poder* (como membros da natureza não podemos deixar de projetar *como* ela) e *humildes* (ainda temos muito a aprender sobre como nos encaixar criativamente em uma vasta população global de humanos em um planeta com uma biosfera frágil). Ao invés de forçar um mundo natural a se separar de nós para atender às nossas necessidades humanas, como a narrativa da separação nos faria, temos que nos integrar como uma espécie que tem muito a aprender com o resto da natureza na tentativa de discernir quais os projetos que melhor atendem a todo o sistema.

Precisamos de humildade para usar a tecnologia com sabedoria. Viver as questões em conjunto como um meio para acessar a inteligência coletiva nos ajudará a distinguir quais caminhos são propícios à vida e quais não são, e colocarão em risco não só o futuro de nossos filhos e da nossa espécie, mas a saúde e diversidade de nossa família maior – a vida na Terra. Aprender a projetar sabiamente *como* natureza é uma peregrinação e um aprendizado que nunca terminará. Como podemos medir nosso sucesso? Estamos indo bem se observarmos um aumento na prosperidade humana e na bioprodutividade planetária, uma redução na concentração de gases de efeito estufa na atmosfera e a disseminação de comunidades alinhadas e adaptadas regionalmente, de uma diversidade biocultural vibrante, em colaboração e solidariedade global.

Ecoalfabetização: aprendendo com os organismos vivos

> *Se nos rendermos à inteligência da Terra podemos nos erguer enraizados, como as árvores.*
>
> **Rainer Maria Rilke,** *O livro das horas*

Precisamos reintegrar nossas atividades econômicas, a forma como atendemos às nossas necessidades e como produzimos e compartilhamos valores, com as regras básicas da ecologia. Nosso design e tecnologia precisam estar alinhados com a maneira como a vida e os sistemas vivos são estruturados e como eles mantêm suas funções vitais em apoio aos indivíduos e a todo o sistema. Os princípios básicos da ecoalfabetização são um bom ponto de partida para explorar algumas das lições básicas que podemos aprender com a natureza e como elas podem esclarecer algumas questões fundamentais para o *redesign* de nossas economias, indústrias e sociedade.

A ecoalfabetização é a capacidade de compreender a organização dos sistemas naturais e os processos que mantêm o funcionamento saudável dos sistemas vivos e sustentam a vida na Terra. Uma pessoa ecologicamente instruída é capaz de aplicar esse entendimento ao projeto e à organização de nossas comunidades humanas e à criação de uma cultura regenerativa. Promovido originalmente pelo educador ambiental David W. Orr (1992) e pelo físico Fritjof Capra (1995), o encorajamento à alfabetização ecológica para estudantes de diversas idades tornou-se o objetivo dos programas de educação sustentável em todo o mundo.

O Centro de Ecoalfabetização em Berkeley, Califórnia, tem sido decisivo na divulgação de seu programa inovador de ecoalfabetização em escolas secundárias na Califórnia, no Havaí e até mesmo em algumas escolas na ilha de Maiorca. As hortas escolares tornam-se a sala de aula de atividades vivas onde as crianças aprendem matemática, ecologia e pensamentos sistêmicos enquanto cultivam alimentos saudáveis. Professores e alunos, juntos, aprendem com a natureza, através da natureza e *como* natureza. O centro definiu uma série de princípios ecológicos (*Center for Ecoliteracy*, 2015) que podem nos ajudar a estruturar perguntas que queremos fazer enquanto visamos planejar *como* natureza:

■ Redes: Toda vida em um ecossistema está interconectada por redes de relacionamento que definem os processos de sustentação da vida.

> P· **Como podemos aumentar a vitalidade e sustentabilidade das nossas próprias comunidades enquanto construímos relacionamentos mutualmente solidários entre nossas redes de comunidades humanas e o restante das redes de suporte à vida da natureza?**

As redes são os padrões de organização que expressam o *interser* fundamental da vida. Elas se apoiam mutuamente, aprendem, trocam e alimentam os relacionamentos possíveis. Um exemplo de aplicação desta lição no planejamento humano é evitar ou diminuir a interrupção desnecessária de redes que sustentam a vida dentro e entre os ecossistemas. Pontes naturais sobre as autoestradas na Holanda, Alemanha, França e parques naturais canadenses estão fazendo exatamente isso. Essas vias construídas artificialmente, muitas vezes com cem metros de comprimento, atravessam as principais autoestradas e linhas ferroviárias e não se destinam ao uso dos humanos, mas são elaboradas para permitir que os animais migratórios percorram mais livremente, sem dividir o seu habitat com obstáculos intransponíveis. De modo geral, a criação de "corredores de vida selvagem" de uma reserva natural para outra têm uma função semelhante. Permitindo que os padrões migratórios continuem e evitando a fragmentação de um habitat de espécies, estamos mantendo a biodiversidade, a saúde e a resiliência dos ecossistemas naturais.

■ ***Sistemas aninhados*:** A natureza é estruturada como sistemas aninhados dentro de sistemas (ou processos dentro de processos). Cada sistema individual é integrado completamente e, ao mesmo tempo, constituído de subsistemas menores, também integrados em sistemas maiores. Essa estrutura de ligação em escalas significa que a mudança em um nível pode afetar todos os outros.

P· Como podemos ligar em escala nossos sistemas humanos em sinergia dentro dos sistemas ecossociais aninhados que fornecem resiliência e vitalidade?

Os sistemas aninhados fazem parte do padrão de saúde e resiliência da natureza, pois criam tanto a interconexão quanto um grau de autossuficiência em diferentes escalas. Como vimos no Capítulo 4, a resiliência e a vitalidade dos sistemas em qualquer escala dependem dessa panarquia interligada que mantém a redundância, a diversidade, a adaptabilidade e a capacidade de transformação. A relocalização da produção e do consumo aumentará a resiliência local ou regional e diminuirá os múltiplos impactos negativos do transporte desnecessário de bens e materiais.

Uma comunidade sustentável tem certo nível de autossuficiência no que diz respeito a satisfazer suas necessidades de energia, alimentos, água, abrigo, transporte, saúde e educação ao nível da comunidade local. Para esses sistemas semiautossuficientes funcionarem e serem resilientes, eles devem ser projetados como sistemas aninhados dentro de um contexto local, regional, nacional e global, com base na troca de conhecimento, colaboração e troca de materiais, produtos e serviços que não podem ser facilmente fornecidos em uma escala menor ou usando apenas os recursos regenerativos naturais de uma determinada localidade.

■ ***Ciclos:*** Todas as comunidades ecológicas são definidas e mantidas por meio da troca cíclica de recursos entre os membros. Esses ciclos contínuos dentro de um ecossistema também se cruzam com ciclos regionais e globais maiores em uma forma de ligação em escala. Ciclos de movimento rápido e lento estão interligados e interdependentes.

P· O que podemos aprender com os padrões dos ciclos de interligação da natureza em várias escalas nas nossas tentativas de criar economias circulares que liguem o local, ao regional e ao global de modo a sustentar a vida?

Para criar uma cultura verdadeiramente regenerativa, precisamos planejar processos em ciclos interconectados de circuito fechado. Isso inclui: ciclos de produção primária de recursos biológicos e padrões de uso que permitam que quantidades iguais ou maiores sejam colhidas de forma sustentável nos anos subsequentes; ciclos de aprendizado e adaptação em resposta a mudanças no meio ambiente; ciclos que mantêm as funções básicas dos ecossistemas, como água limpa, ar puro, energia para novo crescimento e recursos materiais; e ciclos que separam todos os nossos produtos em um metabolismo industrial para a reciclagem e reutilização de recursos técnicos, ou em um metabolismo biológico de recursos orgânicos através de compostagem e uso como fertilizante para apoiar um crescimento mais biológico (McDonough, Braungart, 2002 e 2013).

Para criar culturas restaurativas e regenerativas, teremos que reaprender a trabalhar com ciclos naturais como a disponibilidade de luz natural; o ciclo hidrológico e o armazenamento de água na estação chuvosa; o ciclo do carbono e a restauração da fertilidade do solo; e o ciclo sazonal de disponibilidade de alimentos e materiais locais. Nossas indústrias, prédios e sistemas alimentares precisam estar sintonizados com os ciclos locais, regionais e globais da natureza - não apenas com a sazonalidade anual, mas também com as "secas, enchentes ou tempestades de cem anos". O planejamento da resiliência está atento a esses ciclos, que são locais, regionais e globais em escala, além de operar a curto, médio e longo prazo. A imitação do padrão cíclico de fluxos de materiais com base em recursos de energia renovável, em ciclo fechado, sem desperdício, nos ajudará a transformar a visão de economias circulares em realidade.

■ ***Fluxos:*** Os organismos dependem de um fluxo contínuo de energia, água e nutrientes para manter suas funções básicas e continuar vivos. A energia solar sustenta quase todas as vidas direta ou indiretamente e aciona quase todos os ciclos ecológicos.

P· **Como podemos redesenhar todos os nossos sistemas de geração e distribuição de energia para reproduzir o uso direto descentralizado da natureza dos fluxos de energia solar?**

Um dos fluxos mais importantes para o qual uma cultura regenerativa tem que adaptar seus padrões de consumo de energia é o fluxo de energia do sol. Essa energia atinge inicialmente a Terra na forma de luz e radiação solar, mas depois começa a acionar outros ciclos de energia, como o fluxo dos principais sistemas eólicos, que, por sua vez, influenciam as correntes e ondas marinhas. Temos que ligar os fluxos de energia de nossos sistemas humanos a esses fluxos de energia natural e renovável que, em última análise, vêm do sol. Também temos que redesenhar nossas indústrias químicas e a cultura material para dependermos quase que inteiramente dos fluxos de recursos materiais que são baseados nas plantas e, portanto, na energia solar.

■ ***Desenvolvimento:*** Toda a vida muda ao longo do tempo, seja a vida de organismos individuais, espécies inteiras ou ecossistemas inteiros. Os indivíduos se desenvolvem e aprendem, as espécies se adaptam e evoluem, os ecossistemas se transformam através da coevolução dos organismos dentro deles.

P· **O que podemos aprender com os padrões de desenvolvimento e evolução da natureza para criar formas mais adaptáveis e resilientes de lidar com a mudança por meio de aprendizado e transformação contínuos?**

Neste princípio ecológico está uma das chaves para enfrentar as múltiplas crises convergentes que a humanidade criou devido a séculos de projetos e tecnologia que desconsideram os padrões naturais. O caminho mais rápido para a humanidade responder a esta situação insustentável é através da transformação cultural baseada no desenvolvimento pessoal e coletivo. A adaptação evolutiva por mutação e seleção levará muito tempo. Os indivíduos mudam a cultura e a cultura muda os indivíduos. Precisamos de mudanças individual, cultural e civilizacional, para reforçar uns aos outros, a fim de reagir em tempo hábil a esta oportunidade de reinventar nossos sistemas humanos baseados no aprendizado de outros sistemas naturais. A disseminação do ensino em alfabetização ecológica ajudará essa transformação cultural.

■ ***Equilíbrio dinâmico*:** Comunidades ecológicas estão em movimento e transformação constante, mas ainda se mantêm sólidas ao longo do tempo. Esse equilíbrio dinâmico é alcançado por meio de padrões de recursos, energia e troca de informações conhecidos como ciclos de *feedback*.

O conceito de "equilíbrio dinâmico" descreve como os sistemas naturais permanecem relativamente estáveis ao longo do tempo, apesar da constante mudança e transformação. A chave aqui é "ao longo do tempo": o que pode parecer um longo período de estabilidade relativa, da perspectiva do ciclo de vida humana, é apenas um piscar de olhos na escala de tempo da evolução. As interações de ciclos de curto e longo prazo criam períodos de equilíbrio dinâmico e mudanças transformacionais. No núcleo do equilíbrio dinâmico estão os processos de autorregulação e auto-organização baseados em ciclos de *feedback*. Alguns exemplos de equilíbrio dinâmico e envolvimento da vida na criação e manutenção de condições propícias à vida são a regulação da salinidade no oceano, a concentração de oxigênio na atmosfera e a regulação de longo prazo das temperaturas da superfície global (ver o trabalho de James Lovelock sobre a Teoria de Gaia).

Em um projeto de sistemas humanos, temos que monitorar nosso uso de recursos renováveis disponíveis localmente em tempo real para evitar o esgotamento da capacidade regional de regeneração. Se usarmos um recurso local excessivamente, teremos que reduzir o consumo e substituir o recurso por uma alternativa, ou reagir assegurando o crescimento da colheita anual sustentável aumentando a bioprodutividade desse recurso. Ao imitar os padrões de auto-organização da natureza com base nos ciclos de *feedback*, podemos criar um equilíbrio dinâmico nos sistemas socioecológicos como base para a sustentabilidade a longo prazo. A regeneração constante e a longo prazo dos recursos que uma cultura precisa para satisfazer suas necessidades básicas é a característica determinante das culturas regenerativas.

Valorizando o conhecimento ecológico tradicional e a sabedoria indígena

Vamos juntar nossas mentes e ver que tipo de vida podemos criar para os nossos filhos.

Tȟatȟáŋka Íyotake – "Touro Sentado" (1831-1890)

Para superar – de uma vez por todas – a falsa separação entre a natureza e a cultura é necessário que reconheçamos que aprender com a habilidade humana e adaptações de longo prazo a ambientes específicos também é aprender com a natureza. Entre os povos indígenas existe uma longa tradição de resolver problemas humanos aprendendo com outras espécies e com os processos naturais mais abrangentes dos quais participamos. Tendo uma perspectiva de longo prazo, a humanidade só conseguiu sobreviver fazendo exatamente isso. Durante a maior parte da nossa história, adaptamos cuidadosamente as fontes de materiais e energia que podíamos colher de forma renovável e não esgotável dentro dos ecossistemas locais e regionais que habitávamos. Uma razão pela qual passamos boa parte de nossa história vivendo como nômades é que nossos ancestrais atenderam às suas necessidades básicas seguindo as rotas de migração de outros animais e alimentos disponíveis sazonalmente que poderiam ser recolhidos ao longo do caminho.

Por dezenas de milhares de anos, vivemos dentro dos limites de nossas biorregiões locais, aprendendo cuidadosamente – por tentativa e erro – como atender melhor as necessidades de nossa população nômade ou residente, utilizando a energia local, regional e fluxo de material. A cultura é um epifenômeno da natureza, e as culturas tradicionais baseadas no local são (ou foram) o resultado da cuidadosa coevolução das comunidades com os ecossistemas que habitam. Isso significa que o ambiente moldou a cultura humana enquanto os humanos moldaram seu ambiente.

Não pretendo apoiar uma imagem idílica de que as culturas indígenas nunca ultrapassaram os limites ecológicos, com efeitos negativos em seus ecossistemas locais. Elas certamente o fizeram (por exemplo, Ilha de Páscoa, Babilônia). No entanto, há muito mais casos de práticas indígenas que ajudam a aumentar a produtividade e a vitalidade dos ecossistemas com os quais elas coevoluíram. Os seres humanos são capazes de ser uma espécie-chave benéfica em um ecossistema, em vez de um agente de desastre ecológico!

Culturas indígenas começaram a formar seu ambiente há 50 mil anos. Ao prestar atenção ao passado das nossas espécies, podemos aprender lições para a restauração de ecossistemas. O mais antigo documento escrito da humanidade, a Epopeia de Gilgamesh, conta a história da Mesopotâmia secando e salgando depois que o rei matou o deus da floresta, Humbaba, e derrubou as florestas de cedro do Líbano. Os ecologistas modernos chamariam isso de "desertificação pelo vento". A maioria dos ecossistemas hoje foi alterada e degradada pelo impacto humano. O livro *Used Planet: A global history* mostra que muitos dos ecossistemas do mundo sofreram grandes mudanças ecológicas devido à interferência de um número relativamente pequeno de seus habitantes há três mil anos. Essas mudanças nem sempre foram negativas, pois muitas vezes aumentaram a bioprodutividade (Erle et al., 2012).

Nos últimos anos, a pesquisa sobre a terra preta – culturas de solo preto estimulada pelo homem, enriquecidas pelo carvão vegetal, pela matéria orgânica e pelos fungos micélios – está começando a mostrar que até as florestas virgens da Amazônia, da África Ocidental e de Bornéu são ecossistemas afetados pelas práticas de jardinagem florestal de seus habitantes. Da mesma forma, as grandes planícies da América do Norte, os charcos "selvagens" da Inglaterra ou as Terras Altas da Escócia são exemplos de ecossistemas que foram reformulados pela presença do homem através de repetidas queimadas, desmatamento e pastoreio (Pearce, 2013).

Uma forma de redescobrir as práticas que ajudaram o *Homo sapiens* a sobreviver por mais de 200 mil anos é prestar mais atenção à sabedoria indígena e ao conhecimento tradicional baseado nos locais onde viviam (onde ela ainda não foi completamente perdida). As culturas indígenas são uma expressão de gerações de coevolução de humanos dentro dos ecossistemas que habitaram. Culturas que conseguiram sobreviver por milênios dentro de suas biorregiões têm muito a nos ensinar. Nos últimos cem anos, desenvolvemos o lamentável hábito de considerar esse conhecimento como antiquado e chamar essas culturas de "primitivas". Hipnotizados pelos benefícios visíveis do progresso científico e tecnológico, cometemos o erro de descartar o conhecimento ecológico tradicional que sustentou a sobrevivência humana durante a maior parte da pré-história.

Reavaliar a sabedoria das culturas tradicionais e indígenas não significa retornar a uma suposta "era de ouro", quando a humanidade vivia em perfeita harmonia com o resto da natureza. Significa simplesmente reconhecer que essas culturas conseguiram se sustentar e evoluir por uma adaptação íntima à singularidade do lugar por muitos milênios. Em comparação, os poucos séculos de civilização moderna industrializada nos trouxeram muitas grandes conquistas, mas também criaram alguns dos problemas globais mais urgentes que enfrentamos atualmente. Temos que aprender com os sucessos e os fracassos das tecnologias modernas, e temos que prestar mais atenção à sabedoria indígena da cultura local adaptada ao lugar. As visões de mundo indígenas ao redor do planeta compartilham uma perspectiva comum: o mundo é vivo e significativo, e nosso relacionamento com o resto da vida é de participação, comunhão e cocriação. Criar culturas regenerativas também tem a ver com encontrar respostas criativas para as perguntas:

- P· **Como podemos combinar o melhor da tecnologia moderna, da ciência e da expressão cultural com a orientação da tradicional sabedoria das culturas indígenas?**
- P· **Como podemos inovar e transformar nossa cultura com um olho no passado (aprendendo com a sabedoria e práticas tradicionais), e o outro no futuro (o social, o ecológico, o econômico e a inovação tecnológica)?**

Nós perdemos o nosso caminho individual e coletivo. O poema "Perdido", de David Wagoner, dá o mesmo tipo de conselho que um ancião indígena daria a um jovem membro da tribo para encontrar seu caminho pela escuridão da densa floresta do noroeste do Pacífico. Pare e ouça com mais atenção quando estiver perdido. Essa é uma recomendação pertinente para a humanidade como um todo. Confrontados com o excesso sensorial e de informação da vida moderna, perdemos a habilidade de realmente ouvir a nossa intuição, de considerar a sabedoria de outras pessoas e de apreciar as percepções que podemos reunir ao prestar atenção às experiências de 3,8 bilhões de anos da vida, não só em sobreviver, mas em florescer, transformando e evoluindo. A humanidade perdeu o seu caminho!

Perdido

Fique quieto.
As árvores à sua frente e os arbustos ao seu lado não estão perdidos.
Onde quer que você esteja é chamado de Aqui,
E você deve tratá-lo como um estranho poderoso,
deve pedir permissão para conhecê-lo e ser conhecido.
A floresta respira. – Escute. – Ela responde,
Eu criei esse espaço ao seu redor,
Duas árvores não são iguais para um corvo.
Dois galhos não são iguais para o pardal.
Se você não consegue ver o que a árvore ou o galho fazem,
Você com certeza está perdido.
Fique quieto. – A floresta sabe onde você está.
Deixe que ela te encontre.

David Wagoner

Acredito profundamente que, se realmente quisermos criar culturas regenerativas de justiça e inclusão baseadas em relacionamentos saudáveis com a comunidade da vida, uma das primeiras coisas que temos que aprender a fazer é ouvir com mais atenção. Temos que aprender a ouvir nosso coração e nossa mente e confiar em nossa sabedoria interior, a sabedoria da nossa comunidade, a sabedoria das culturas indígenas e a sabedoria do resto da natureza. Devemos nos perguntar:

- P · **Como podemos aprender a ouvir com mais atenção a nossa sabedoria interior e conselhos que falarão conosco se aquietarmos nossa mente e procurarmos o isolamento na natureza?**
- P · **Como podemos aprender a ouvir com mais atenção a sabedoria da tribo, os presentes que nossas comunidades possuem e a agir com mais sabedoria, com base na inteligência coletiva?**
- P · **Como podemos aprender a ouvir com mais atenção e aprender com a habilidade das nossas relações com animais e plantas?**

Outra característica comum das culturas indígenas em toda parte é que elas têm *modos de comunicação que envolvem uma escuta respeitosa e um compartilhamento que vem do coração em uma roda de conselho.* Em minha própria experiência de trabalhar e me comunicar dessa maneira, quando nos sentamos em roda e oferecemos o presente da atenção e ouvimos profundamente um ao outro, nos é dada a oportunidade de viver diretamente e experimentar a realidade de *interser*. Juntos, representamos o vasto potencial que se desdobra ao acessar a inteligência e a sabedoria coletivas; podemos experimentar os efeitos profundamente curadores de abrir nossos corações à compaixão que somos capazes de sentir um pelo outro e pelo mundo, porque nunca fomos separados - apenas em nossas mentes.

Um terceiro modelo mental ou sistema de crenças que as culturas indígenas do mundo inteiro compartilham é que *o resto do mundo natural está em contínua comunicação conosco, se apenas aprendermos a ouvir*. Somos capazes de aprender com as plantas, as bactérias, os fungos e os animais com quem compartilhamos essa experiência de *sermos a vida na Terra*.

A escuta profunda está no centro da criação de uma cultura regenerativa. Nós perdemos o caminho que alimenta toda a vida. Precisamos ouvir com muita atenção para encontrá-lo novamente: escutar uns aos outros e ao resto da comunidade da vida. Essa é uma sabedoria que podemos recuperar aprendendo com as culturas indígenas.

Em 2010, enquanto ajudava Marcello Palazzi e a Fundação Progressio a sediar a primeira conferência Europeia dos *Bioneers* na Holanda, tive a sorte de conhecer Dennis Martinez, um ancião indígena americano que foi fundamental no estabelecimento da Rede de Restauração dos Povos Indígenas [Indigenous Peoples Restoration Network - IPRN]. Dennis é bastante reconhecido por estabelecer uma ponte entre o conhecimento ecológico tradicional [traditional ecological knowledge - TEK] e a ciência ocidental. Sua paixão é a !restauração ecocultural". A preservação dos ecossistemas e da biodiversidade está criticamente ligada com a preservação das culturas indígenas que coevoluíram com esses habitats. A TEK pode nos ajudar a explorar uma longa história de observação cuidadosa dos ciclos de longo prazo em um lugar particular, mantido dentro da memória coletiva das culturas indígenas restantes.

> *Enquanto a ciência ocidental é uma metodologia poderosa e bem-sucedida em seu próprio âmbito - análise quantitativa - outras epistemologias válidas como a TEK oferecem abordagens complementares para compreender o mundo natural e nossa relação com o mundo com o qual coevoluímos sem levarmos em conta o tempo. A TEK é um complexo de linhagem antiga baseado no conhecimento, na prática e na crença do lugar. [...] A World Conservation Union estima que os povos indígenas ocupam mais de 80% dos focos biológicos do mundo. A diversidade cultural adaptada localmente caminha lado a lado com a diversidade biológica. Juntos, eles constituem a diversidade ecocultural. [...] O que estamos realmente restaurando é a nossa relação com os lugares em que vivemos e dependemos à medida que aprendemos, mais uma vez, a sermos*

nativos desses lugares: sermos responsáveis pela terra; participar com nossos irmãos e irmãs mais velhos, plantas e animais, na renovação espiritual e física da terra e de nós mesmos.

Dennis Martinez (IPRN, 2015)

A criação de culturas regenerativas é um processo de reindigenização, de se tornar profundamente enraizado novamente, na condição única de estar em lugares específicos, de restaurar e cuidar de um lugar determinado a longo prazo. Agora que a humanidade está globalmente interconectada e ligada a um destino comum, nosso desafio é colaborar globalmente no processo de nos tornarmos adaptados às nossas localidades novamente.

Gregory Cajete (1999), um índio Pueblo, educador de ciências, enfatiza que o conhecimento tradicional é um sistema de conhecimento que não precisa de validação externa, assim como a ciência ocidental. O fato de que a TEK guiou a coexistência sustentável e resiliente de povos indígenas com a comunidade maior da vida em seu ecossistema nativo por muitos mais séculos do que a ciência ocidental existiu é uma prova do valor e da importância deste sistema de conhecimento. "O conhecimento tradicional é uma biblioteca viva de conhecimento oral transmitido de geração em geração, sempre adaptável e resiliente. Devido à sua natureza adaptativa, ele não pode ser preservado em bibliotecas. Sua sobrevivência depende da sobrevivência da cultura indígena" (Martinez, 2010). Se perdermos as tradições orais das culturas indígenas do mundo, estaremos apagando a memória coletiva de longo prazo da humanidade sobre o que significa viver de uma forma regenerativa *como* natureza (Nelson, 2008).

A preservação das línguas indígenas está intimamente ligada à preservação do conhecimento tradicional. Existem aproximadamente 6 mil línguas ainda faladas na Terra (a maioria delas línguas indígenas faladas por populações relativamente pequenas). "Cada nação indígena, tribo, grupo, comunidade e clã terão diferentes processos de 'conhecer' a nós mesmos, aos outros e ao mundo. Esses processos metafísicos e epistemológicos de aprendizagem – conhecer e ser – não são apenas conceitos abstratos, mas estão incorporados e em movimento nas práticas cotidianas de sobrevivência e convivência" (Nelson, 2011). A preservação e o aprendizado com o conhecimento tradicional, a cultura e a linguagem são patrimônios comuns da humanidade e uma contribuição vital para uma cultura restaurativa. Podemos aprender com o conhecimento tradicional baseado na localidade em todos os lugares, até na cultura ocidental. A inovação transformadora para uma cultura regenerativa também é sobre se perguntar:

P· Como podemos reindigenizar e adaptar cuidadosamente ao lugar (casa), enquanto mantemos a consciência planetária e a colaboração global entre toda a humanidade?

Grande parte do conhecimento tradicional de como atender as necessidades dentro dos limites dos recursos biologicamente regenerativos da região ainda era predominante apenas há 150 anos, mesmo no chamado "mundo desenvolvido". Ou seja, há poucas gerações! Se reavaliarmos a importância do conhecimento e da sabedoria indígena, podemos recuperar uma grande parte e combiná-la de maneiras criativas com o melhor da tecnologia moderna e da ciência.

Em *The Time of the Black Jaguar*, Arkan Lushwala (2012) oferece uma perspectiva profundamente perspicaz sobre a grande transformação em andamento: a cura de nossas patologias culturais. O "remédio do Jaguar Negro" (transformação) é um rito de passagem que traz a morte do que não é mais necessário e o renascimento de uma nova e antiga comunhão com a vida.

> *Vejo Pachamama se tornando novamente o solo fértil para o crescimento de comunidades humanas saudáveis. [...] Todos os humanos têm o direito de voltar para casa e se tornarem indígenas para essa terra, para se tornarem seres humanos reais vivendo todo o seu potencial como guardiões da vida, pessoas com grandes corações vivendo em cooperação um com o outro e com outras formas de vida. [...] Nesses tempos de renovação da vida na Terra, novos projetos, nova vida e novas tribos estão sendo criados. [...] É a essência da vida que deseja continuar vivendo e se multiplicando através de nós, a raça humana.*
>
> ***Arkan Lushwala (2012: 171-173)***

Como a vida cria condições favoráveis para a existência?

> *Prestar atenção, esse é o nosso trabalho correto e sem fim.*
>
> ***Mary Oliver***

Há quase vinte anos, a naturalista e escritora científica Janine Benyus deu ao design inspirado biologicamente e à inovação um novo nome: a biomimética. Desde então, o seu trabalho transmitiu esta longa tradição a um público dominante fora dos círculos de alguns dedicados projetistas, engenheiros, cientistas materiais, químicos, biólogos e ecologistas, ecológica e biologicamente inspirados. Seu estilo cômico e envolvente de contar histórias e seus exemplos bem escolhidos de inovação sustentável inspirada na natureza não deixam de despertar os corações e mentes dos líderes corporativos, investidores em tecnologia limpa, assim como pesquisadores e tecnólogos. Há algo que parece intuitivamente correto sobre o projeto e a tecnologia baseada em biomimética. Janine Benyus trouxe a lição central de uma cultura regenerativa ao fato: "A vida cria condições propícias à existência".

Em *Biomimética: inovação inspirada pela natureza* (Benyus, 2002), ela reuniu uma grande variedade de exemplos inspiradores e histórias de inventores que anunciam uma nova era no processo pelo qual a humanidade elabora maneiras de satisfazer suas necessidades. Essa nova era ressoa com tradições antigas de aprendizado com a natureza. Os tecnólogos e cientistas mencionados no livro baseiam-se em um longo legado de pioneiros em design ecológico, engenharia biônica e "design com a natureza". A publicação de *Biomimética* pode ser considerada um outro divisor de águas no despertar de nossa espécie para a necessidade de reintegração dos assuntos humanos com os ciclos de sustentação da natureza, assim como as publicações de Rachel Carson, *Primavera silenciosa* ou *Limites do crescimento* marcaram grandes avanços na compreensão do nosso impacto ecológico na Terra.

Janine Benyus e sua equipe trouxeram um design inspirado na natureza para escolas e universidades em todo o mundo. Eles inspiraram estratégias nacionais de inovação e trabalharam com muitos líderes corporativos de sucesso, entre eles empresas como HOK, Nike, Patagonia, Seventh Generation, Natura, General Electric e NASA. A revolução da biomimética está se espalhando pelo planeta. As universidades, os laboratórios de P&D e as redes profissionais estão se ocupando em criar soluções para nossos problemas mais urgentes, seguindo os princípios básicos da vida. Estamos reaprendendo a ver, como ela diz, a natureza como mentora, como medida e como modelo a ser imitado.

O "Biomimicry Guild" foi criado em 1998 e seguido, em 2005, pelo "Instituto de Biomimética", instituição sem fins lucrativos. Agora, estão juntos dentro do Biomimicry 3.8 (http://biomimicry.net/about/). Nos últimos dez anos, uma série de grupos de consultoria com experiência em inovação biológica e ecologicamente inspirada se estabeleceram pela Europa e internacionalmente; entre eles: The Symbiosis Group, Biomimicry NL, Biomimicry Europa, Biomimicry Iberia, Biomimicry for Creative Innovation (BCI), Biomimicry Switzerland e European Biomimicry Alliance. Existem também redes de biomimética na África do Sul, América Latina e Ásia. Além disso, existem várias redes e negócios paralelos focados em inovação tecnológica inspirada na biologia (sem explicitamente visar o aumento da sustentabilidade). Em vez de usar a palavra biomimética, eles tendem a se referir à sua prática como inovação biônica e bioinspiração.

Aqui estão algumas das perguntas que as equipes de P&D colaborativas podem se perguntar em sua busca pela criação de inovações de inspiração biológica. Essa lista se baseia na listagem crescente dos "Princípios da Vida" coletados e desenvolvidos por Janine Benyus e os seus colegas da Biomimicry 3.8.

■ Questões da vida

Como podemos desenvolver e transformar nossas tecnologias e processos de modo a oferecer um futuro a longo prazo para a nossa espécie e à vida como um todo?

- P· Quais estratégias de sobrevivência a longo prazo funcionaram até agora e como podemos replicá-las?
- P· Como podemos garantir que vamos nos manter abertos para o inesperado e para novas perspectivas?
- P· Se remodelarmos as nossas informações e capacidades e olharmos com novos olhos, podemos produzir novas perspectivas?

Como podemos nos certificar de manter e aumentar nossa capacidade de nos adaptar às novas condições e de transformar o que não é mais útil?

- P· De que maneira estamos incorporando e protegendo a diversidade?
- P· Quais estratégias ajudam a manter a integridade sistêmica assegurando ao mesmo tempo a autorrenovação contínua e a inovação transformadora?
- P· Como podemos otimizar a resiliência criando a redundância, a variação e as funções vitais descentralizadas no sistema?

Como estamos nos certificando de que nossas soluções estejam localmente sintonizadas e respondendo as mudanças?

- P· Estamos aproveitando ao máximo os processos cíclicos e alavancando os benefícios sistêmicos dos ciclos de recursos regenerativos?
- P· Estamos criando soluções que usam materiais disponíveis (locais) e fontes de energia de forma renovável?

- P · Em quais ciclos de *feedback* sistêmicos devemos prestar atenção ou quais devemos projetar para a solução?
- P · Quais são as relações cooperativas e simbióticas que podemos cultivar e nutrir para criar uma solução melhor?

Como estamos assegurando somente o uso da química amigável?

- P · Todos os produtos que usamos podem ser divididos em componentes benignos sem exigir um período de tempo excessivo ou muita energia no processo?
- P · Qual é o conjunto pequeno ideal de elementos constituintes que podemos combinar para criar a solução desejada?
- P · Estamos nos certificando de que empregamos uma química hidrossolúvel e não tóxica?

Como estamos garantindo que criamos altos níveis de eficiência de materiais e energia, enquanto usamos quantidades mínimas de recursos predominantemente locais?

- P · Quais processos de baixa energia podemos usar para criar uma solução?
- P · Como podemos projetar uma multifuncionalidade na solução?
- P · Todos os materiais usados para criar a solução são recicláveis (de preferência em uma escala local e regional)?
- P · De que maneira a solução proposta funciona?

Como podemos integrar o desenvolvimento ao crescimento qualitativo e atender aos limites do crescimento quantitativo?

- P · Existe uma maneira de planejar a auto-organização e o *feedback* dentro da proposta apresentada?
- P · Estamos nos certificando em construir a partir das bases?
- P · A combinação de componentes modulares e encaixados melhoram a produção e oferecem capacidade de flexibilidade e de adaptação?

(Baseado nos Princípios da Vida da Biomimética 3.8)

Essas perguntas podem esclarecer o "pensamento biomimético" – (http://biomimicry.net/about/biomimicry/biomimicry-designlens/biomimicrythinking/), e em equipes de projetos multidisciplinares podem despertar a inovação inspirada pelos processos e sistemas biológicos e ecológicos. A lista de exemplos inspiradores de inovações biomiméticas está crescendo a cada ano. Ela abrange desde melhorias no uso de energia e aerodinâmica dos trens, aviões, carros e barcos com base nas formas ideais de pássaros e peixes até métodos para a fixação de dióxido de carbono inspirados em recifes de coral ou fotossíntese; desde a criação de potentes colas não tóxicas, inspiradas em mexilhões, até tintas e superfícies inspiradas na pele do tubarão, que mantêm os hospitais estéreis ou reduzem o consumo de combustível dos navios cargueiros.

A biomimética ao nível do ecossistema está nos ensinando a tecer diferentes processos tecnológicos em ecossistemas industriais que imitam as cascatas de nutrientes em um ecossistema natural, construindo, assim, um dos princípios da vida: que os restos de um processo é a comida de outro. Revisitaremos essa visão nos capítulos sobre ecologia industrial e economia circular.

Inovação inspirada biologicamente

Em geral, o processo de inovação biologicamente inspirado consiste em identificar uma necessidade particular ou um problema de projeto, por exemplo, "como podemos criar um adesivo eficaz não tóxico?" e então identificar uma analogia biológica para aprender e ser inspirado por ela – para seguir o exemplo: uma espécie que consegue se prender a uma superfície de maneira efetiva. O mexilhão comum ou azul (*Mytilus edulis*) consegue "colar-se" nas rochas da zona intertidal, onde é exposto a fortes ondas e correntes.

Depois de identificarmos um modelo biológico promissor, estudamos em detalhes e exploramos quais padrões, princípios ou processos podem ser obtidos e copiados para esclarecer possíveis ideias sobre como aplicar o que aprendemos ao nosso desafio de projeto. O modelo biológico pode inspirar a inovação em diferentes níveis: seja da química, da forma e função, do processo e padrão ou das integrações sistémicas e sinergias. Em cada um desses níveis, podemos encontrar uma série de soluções de design de inspiração biológica. Estes são então aplicados aos nossos protótipos, testados, avaliados e (se necessário) redesenhados e otimizados, até chegarmos a uma solução de design que nos satisfaça.

Em nosso exemplo do mexilhão, o Dr. Kaichang Li, da Faculdade de Silvicultura da Universidade Estadual do Oregon, descobriu que os fios de bisso do mexilhão azul são feitos de uma proteína especial que age como uma cola muito forte e, ao mesmo tempo, flexível. Financiado pela Columbia Forest Products, Li aplicou o pensamento biomimético e finalmente conseguiu criar um novo tipo de resina adesiva, modificando as proteínas de soja para funcionar de maneira semelhante aos fios de bisso dos mexilhões. A invenção biomimética possibilitou criar painéis de compensados sem ureia formaldeído, que, por sua vez, ajudam a reduzir o acúmulo de toxinas em ambientes internos onde esses produtos são usados (Columbia Forest Products, 2014).

Globalmente, estamos à beira de uma transformação biologicamente inspirada de como fazemos negócios e inovamos. No livro *The Shark's Paintbrush – Biomimicry and how nature is inspiring innovation*, o empreendedor em série e inventor Jay Harman (2013) mostra como o design bioinspirado já está transformando a indústria. O livro oferece esperança para quem ainda duvida que somos capazes de cocriar culturas regenerativas. Jay, o fundador da Pax Scientific (http://paxscientific.com/), construiu, trabalhou e estudou vários negócios biomiméticos diferentes. Segundo ele, algumas das características determinantes é a sua construção em colaboração transdisciplinar envolvendo biólogos, engenheiros e designers, assim como empreendedores, criando alguma necessidade de "tradução" entre as áreas e perspectivas dessas diferentes disciplinas.

"As soluções bioinspiradas geralmente representam não apenas uma mudança incremental de uma tecnologia existente, mas também repensar totalmente como resolver um problema" (Harman, 2013: 219). A mudança de uma cultura leva tempo. As tecnologias inovadoras levam pelo menos 15 anos para entrar nos mercados e substituir as formas estabelecidas de fazer as coisas, mas a transição para tecnologias bioinspiradas já está ganhando força. O número de inovações registradas, publicações sobre biomimética e a quantidade de investimento em tecnologias biomiméticas vêm crescendo rapidamente nos últimos dez anos (p.22). "Os produtos bioinspirados já geraram bilhões de dólares em vendas" (p.20).

Um estudo de 2010 previu que, até 2025, tecnologias e negócios baseados em biomimética poderiam movimentar um trilhão de dólares (San Diego Zoo, 2010: 33). Muitos investidores éticos estão interessados em investir nesse setor em crescimento (Katherine Collins, 2014). Essa mudança nos fluxos de investimento degenerativos em direção aos regenerativos contribui ativamente para a transição em direção a "era solar" (Henderson, 2014) e a disseminação da cultura regenerativa. Ethical Biomimicry Finance (http://www.ethicalbiomimicryfinance.com/index.html) oferece apoio a esses investidores.

Grandes fundações nos EUA e em outros lugares estão mudando seus investimentos nos setores de combustíveis fósseis, investindo em energia renovável, construção de resiliência e inovação na biomimética e química verde. Quando os herdeiros de um magnata do petróleo como John D. Rockefeller retiraram $870 milhões dos fundos de investimentos em petróleo e gás, a situação está muito clara. Tim Dickinson relatou em um artigo da *Rolling Stone* que "como os ativistas da mudança climática pressionam as instituições públicas a não investir em combustíveis fósseis, está ficando cada vez mais claro que fazer o que é certo também é a opção mais inteligente" (Dickinson, 2015). Nós estamos aprendendo! A inovação biomimética pode se beneficiar com isso.

Inovadores biomiméticos com o objetivo de trazer transformações inovadoras e designs para os mercados existentes, muitas vezes irão encontrar resistência na administração do primeiro horizonte. A gestão H1 está preocupada em manter os negócios atuais, e a inovação biomimética tende a ser uma inovação disruptiva. Também é importante reconhecer que nem toda inovação biomimética é necessariamente sustentável. Há muitos projetos bioinspirados para o desenvolvimento de armas e tecnologia militar. Este é um exemplo claro de inovação disruptiva sendo identificada pelo H1. No entanto, de um modo geral, inovações biomiméticas têm o potencial inerente de ser inovações H2 +, nos ajudando a construir uma ponte para a transformação cultural e biomimética sistêmica, em direção ao H3 de uma cultura regenerativa.

"A biomimética estabelece as bases para a lucratividade futura e fornece soluções que não criam novos problemas; oferece algo que as soluções de economia de curto prazo não conseguem" (Harman, 2013: 231). Pela sua própria experiência, Jay Harman sabe que "os negócios bioinspirados precisam ser preparados para o longo prazo" (p.233), ainda que tenha uma vantagem importante. "A biomimética oferece o máximo em desempenho – o que a indústria está reconhecendo cada vez mais" (p.247).

A equipe da Biomimicry 3.8 descreve três níveis de biomimética: aprendendo com os padrões da natureza; aprendendo com os processos da natureza; e aprendendo com a natureza no nível dos ecossistemas. Cada um desses diferentes níveis pode ser aplicado a diferentes escalas de design de inspiração biológica. Como já mencionei, uma das grandes transições do século XXI será a mudança para uma química solar inspirada na maneira pela qual a vida cria compostos químicos eficazes baseados em energia e recursos materiais renováveis.

A "química verde" e a ciência material biologicamente inspirada são importantes fundamentos do design para culturas regenerativas. Outras escalas de design às quais podemos aplicar o pensamento biomimético são: design de produto, arquitetura, projeto de comunidade, ecologia industrial, planejamento urbano e economias circulares centralizadas biorregionalmente. A Figura 10 ilustra as diferentes escalas de design e como as diferentes abordagens de design alcançam essas escalas, na tentativa de conectá-las. Vamos explorar alguns exemplos nessas diferentes escalas de design com mais detalhes.

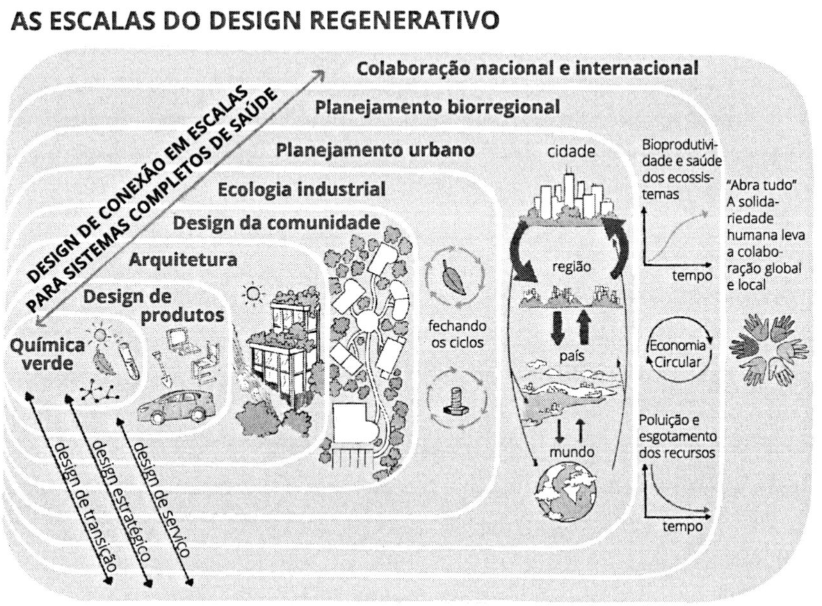

AS ESCALAS DO DESIGN REGENERATIVO

Figura 10: As escalas do design regenerativo

Química verde e ciência material

Estudar e copiar a natureza é uma das melhores ferramentas no arsenal da química verde.

Paul Anastas entrevistado por Josh Wolfe (2012)

Os químicos Paul Anastas e John Warner são os criadores de um movimento global chamado "química verde", destinado a projetar produtos químicos e processos para eliminar, ou reduzir drasticamente, a geração de substâncias perigosas pela indústria química. Eles formularam doze princípios da química verde, e algumas das perguntas que esses princípios convidam os químicos a fazer são:

- **Como podemos criar métodos de síntese química que maximizem a incorporação de todos os materiais utilizados no processo no produto final?**
- **Como podemos, tanto quanto possível, confiar em metodologias sintéticas que utilizam e geram substâncias com pouca ou nenhuma toxicidade para a saúde humana e o meio ambiente?**
- **Como podemos redesenhar produtos químicos para preservar a eficácia da função enquanto reduz a toxicidade?**
- **Como podemos minimizar a necessidade de energia e os impactos ambientais e econômicos associados ao método de síntese química, conduzindo-os a temperatura e pressão ambientes?**
- **Como podemos favorecer a produção de matéria-prima renovável em vez de esgotá-la (sempre que técnica e economicamente possível)?**
- **Como podemos projetar produtos químicos que se quebram em produtos inócuos no final da sua função e não perduram no meio ambiente?**

Em 2009, Paul Hawken, Janine Benyus e John Warner (do Warner Babcock Institute of Green Chemistry)iniciaram um projeto ambicioso para criar uma tecnologia de energia solar não tóxica e de baixo custo, baseada em tintas fotossensíveis que são impressas em um filme fino totalmente reciclável. Em vez de seguir as marcas convencionais do desenvolvimento da tecnologia fotovoltaica, buscando a máxima durabilidade dos painéis e a máxima eficiência de conversão usando tecnologias baseadas em silício, eles decidiram observar como a natureza cria seus próprios painéis solares. A maioria das folhas é renovada a cada ano e são totalmente recicláveis, e a eficiência da fotossíntese é baixa, mas baseada em materiais não tóxicos renováveis recolhidos em temperatura e pressão ambientes. Se a empresa deles, a OneSun Inc. é bem-sucedida no desenvolvimento dessa biomimética e "célula solar sensibilizada por corante" baseada na química verde (http://en.wikipedia.org/wiki/Dye-sensitized_solar_celltechnology), a invenção será um divisor de águas no campo da energia solar e nos aproximará da criação de culturas regenerativas mais justas. Existem outras empresas com esse objetivo, entre elas a companhia australiana Dyesol (http://www.dyesol.com/about-dyesol/vision-mission) e a irlandesa Solarprint (http://www.solarprint.ie/).

A lista de inovações pioneiras baseadas em química verde e biomimética está crescendo rapidamente. Uma série de grupos de pesquisa e empresas de tecnologia limpa está tentando criar uma versão sintética da seda de aranha, que tem uma resistência à tração semelhante ao aço, mas é tão flexível quanto a borracha e produzida sem a necessidade de altas temperaturas. A empresa alemã AMSilk anunciou em 2013 que começaria a produção da "primeira fibra escalável com propriedades mecânicas semelhantes à seda de aranha natural".

Outras empresas líderes na área de biotecnologia e química verde estão trabalhando para apoiar a mudança para as bioeconomias circulares com base regional que usam plantas e resíduos como sua principal matéria-prima.

O cofundador da Novomer (http://www.novomer.com/), Scott Allen, uma empresa de química sustentável com sede nos EUA, inspirou-se no fato de que "a natureza usa bilhões de toneladas de dióxido de carbono a cada ano para fazer materiais úteis como a celulose" (Casey, 2011) e se propôs a criar caminhos catalíticos na produção de plásticos que usam o dióxido de carbono e o monóxido de carbono como matérias-primas. Atualmente, os plásticos da Novomer ainda são fabricados a partir de matéria-prima convencional de petróleo, mas, com o uso do dióxido de carbono, a quantidade de matéria-prima necessária foi reduzida pela metade. A chave para a abordagem inovadora da Novomer são os catalisadores que permitem que o dióxido de carbono e o monóxido de carbono sejam transformados em uma ampla variedade de produtos industriais (plásticos, combustíveis, fertilizantes, produtos farmacêuticos) de maneira econômica. O desenvolvimento dessas tecnologias inovadoras passou dos testes iniciais de laboratório para a demonstração em grande escala e espera-se que atinja a produção comercial em breve.

> *Estamos à beira de uma revolução de materiais que estará no mesmo nível da Idade do Ferro e da Revolução Industrial. Estamos avançando para uma nova era de materiais. Eu acho que a biomimética alterará significativamente a maneira como vivemos durante o próximo século.*
>
> ***Mehmet Sarikaya, cientista de materiais (em Janisch, 2015)***

O abalone vermelho (*Haliotis rufescens*) consegue produzir uma cerâmica extremamente dura, iridescente e colorida chamada "madrepérola" ou nácar. Ela é duas vezes mais forte do que qualquer cerâmica que produzimos atualmente com temperaturas acima de 2.000°C. O abalone alcança esse feito à temperatura ambiente, com a deposição de camadas alternadas de carbonato de cálcio (extraído da água do mar) convertidas em sua forma cristalina (aragonita) e camadas de uma proteína chamada Lustrin-A. No Sandia National Laboratories, uma equipe de pesquisa liderada pelo Dr. Jeffrey Brinker identificou que a combinação de camadas muito duras de aragonita com camadas flexíveis de proteína deu ao nácar sua capacidade de deslizar sob forças compressivas. A estrutura da parede de tijolos resultante dessa combinação impede a propagação de qualquer rachadura. A equipe imitou o que aprendeu com o abalone em um processo de automontagem, criando uma estrutura em camadas de um mineral e um polímero. O material resultante é "transparente, mas muito mais resistente que o vidro. Ao contrário das tecnologias tradicionais de 'aquecimento, moldagem e tratamento', o processo de Brinker de baixa temperatura, induzido pela evaporação, permite que os componentes líquidos se unam e endureçam em revestimentos que podem reforçar para-brisas, carrocerias de carros solares, aviões ou qualquer objeto que precise ser leve, mas resistente à fratura" (Janisch, 2015). Há muitas outras inovações biomiméticas inspiradoras no nível da química verde, biologia molecular e ciência material:

> *Peter Steinberg (Biosignal) criou um composto antibacteriano que imita a "bolsa de sereia". Essas algas vermelhas evitam que as bactérias se fixem nas superfícies, interferindo em seus sinais de comunicação com um composto ecológico chamado furanona. [...] Bruce Roser (Cambridge Biostability) desenvolveu um armazenamento de vacina com calor estável que elimina a necessidade da refrigeração cara. Baseado em um processo natural que permite que a planta de ressurreição permaneça em estado dessecado por anos. [...] Daniel Morse (Universidade Santa Bárbara) aprendeu a imitar o processo de produção de sílica empregado pelas diatomáceas. Isso pode indicar um caminho de baixa energia e menos tóxico para os componentes do computador.*
>
> ***Janine Benyus (em Biomimicry 3.8, 2014a)***

O empresário alemão Hermann Fischer, que construiu a Auro (http://www.auro.de/en/), uma empresa internacional que produz tintas, revestimentos e colas à base de plantas e minerais com os mais altos padrões ambientais e de desempenho, exige uma mudança radical em direção a uma "química solar para o século XXI" até 2050 (Fischer, 2008). Em seu livro *Stoffwechsel*, Fischer analisa a história da indústria química baseada no petróleo e explora em detalhes como a mudança para uma química não tóxica baseada em matérias-primas vegetais e minerais não é apenas possível, mas uma necessidade urgente. Como um empreendedor de sucesso em um setor dominado pela indústria petroquímica, Fischer passou mais de quarenta anos demonstrando que essa mudança é possível e pode ser alcançada de maneira economicamente viável.

Design de produtos inspirados biologicamente

Começando na escala da ciência dos materiais com novos produtos têxteis, revestimentos e tintas, os exemplos de design de produtos biomiméticos incluem ferramentas médicas aprimoradas, ventiladores, mecanismos de propulsão, veículos, trens, barcos, aviões, sistemas de energia renováveis, medidores inteligentes, tecnologias de dessalinização, tapetes, janelas e sistemas de embalagem; para citar apenas algumas das variedades de produtos de inspiração biológica de tirar o fôlego no mercado hoje. Vamos explorar algumas dessas inovações.

O que as borboletas podem nos ensinar sobre cores sem pigmentos e corantes? Borboletas do gênero *Morpho* podem ser reconhecidas pela sua cor azulada iridescente, que não é baseada em pigmentos, mas em como a estrutura da superfície de suas asas difrata e espalha a luz. As diversas espécies deste gênero utilizam as cores para atrair atenção. Donna Sgro, uma designer de moda australiana criou três vestidos a partir de um tecido chamado Morphotex, livre de pigmentos e corantes desenvolvido pela Tejin Fibers Limited no Japão. Este material azul iridescente extrai sua cor da interferência óptica (Vanderbilt, 2012) baseado em como fibras de diferentes espessuras e estruturas são entrelaçadas (Ask Nature, 2015a).

Existem muitos exemplos de como a natureza desenvolveu superfícies funcionais com base em sua estrutura em escala nanométrica. A microtopografia da folha de lótus a torna extremamente hidrofóbica e, portanto, repelente à água. Isso cria propriedades de autolimpeza, resultando em superfícies livres de sujeira. A folha de lótus (*Nelumbo nucifera*) força a formação de gotas, em vez de deixar a água grudar nela. Essas gotículas, em seguida, deslizam, coletando partículas de sujeira no processo (Ask Nature, 2015b). Em 1982, Wilhelm Barthlott aplicou essa visão biomimética à criação de uma tinta autolimpante, que é vendida sob a marca Lotusan e agora é usada em centenas de milhares de edifícios.

O que podemos aprender com a pele de tubarão no design de superfícies funcionais? Os tubarões são os organismos marinhos que nadam mais rápido. Isso se deve não apenas às suas formas aerodinâmicas eficazes, mas também à sua pele especial, que é coberta por pequenos dentes (dentículos dérmicos) em vez de escamas. Estes dentículos estão alinhados para produzir vórtices, redemoinhos em forma de espiral que fluem ao longo do corpo do tubarão, reduzindo a fricção (arrasto) à medida que o animal desliza pela água. Os inovadores da Speedo Aqualab aplicaram este princípio ao design de uma nova roupa de banho revolucionária que causou alvoroço nos Jogos Olímpicos de

2000, quando 80% das medalhas foram ganhas pelos nadadores que usavam esse modelo inspirado na pele dos tubarões. Os trajes Fastskin deram aos nadadores a vantagem de um aumento de 3% na velocidade (Waller, 2012). Desde então, seu uso foi proibido em competições.

A Sharklet Technologies, com sede na Califórnia, criou uma película fina coberta por placas microscópicas em forma de diamante que imitam a estrutura da superfície da pele do tubarão e efetivamente impedem que microrganismos potencialmente perigosos se estabeleçam nas superfícies cobertas por essa película. Este método não ataca ou mata as bactérias, mas simplesmente dificulta sua permanência nas superfícies, não podendo formar colônias e se espalhar. Como resultado, essa abordagem – ao contrário do uso de antibióticos – não criará micróbios resistentes (Cooper, 2009). Isso é importante, pois a disseminação das chamadas superbactérias, como o MRSA (*Staphylococcus aureus* resistente a meticilina) e outras cepas potencialmente fatais de *Staphylococcus* e *Escherichia coli*, é uma das preocupações da Organização Mundial de Saúde. A Sharklet Technologies está colaborando com a Marinha dos EUA para criar uma alternativa para as tintas à base de cobre atualmente em uso como agentes anti-incrustantes (Sharklet Technologies, 2015). Substituir essas tintas não só reduziria drasticamente uma importante fonte de poluição marinha, como também manteria os cascos dos navios livres de cracas e algas, o que reduziria o consumo de combustível, evitando o arrasto.

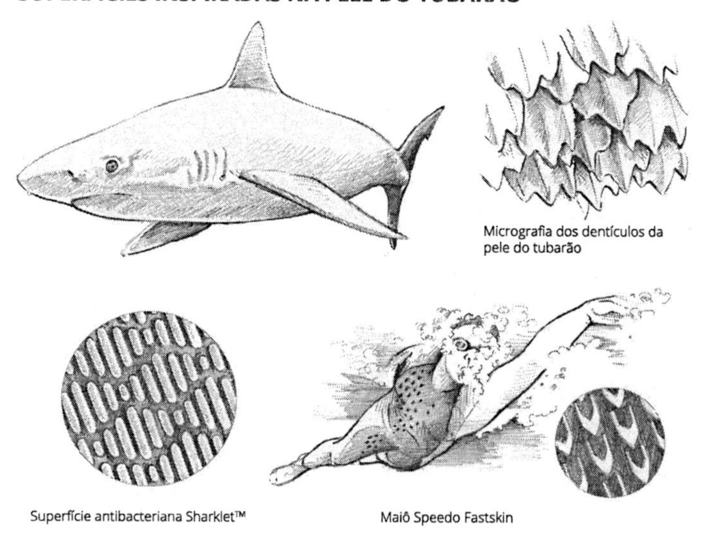

Figura 11: Produtos inspirados na pele do tubarão

O design biomimético pode ser inspirado por materiais biológicos, pela estrutura da superfície, pelas formas do corpo ou pela forma de certas espécies. Em 2004, uma equipe de engenheiros do Centro de Tecnologia da Mercedes-Benz e pesquisadores da Daimler Chrysler decidiram desenvolver um veículo conceitual biônico, procurando maneiras de otimizar a abordagem de volume único com desempenho e resistência aerodinâmicos. O design foi inspirado no peixe-cofre (*Ostracion cubicus*). Surpreendentemente, a forma cúbica deste peixe tropical é extremamente eficiente. Modelos do peixe testado em um túnel de vento atingiram coeficientes de arrasto de vento de apenas 0,06, um ideal aerodinâmico. O carro conceitual resultante estava entre os veículos mais aerodinâmicos nessa categoria de tamanho já desenvolvidos. De acordo com a Daimler, o consumo de combustível foi reduzido em 20%.

Além de se inspirarem na forma aerodinâmica do peixe-cofre, a equipe também estudou a relação força-peso da estrutura do esqueleto do peixe, o que lhe confere uma ótima resistência com o uso mínimo de material (peso). Novamente, de acordo com a Daimler, a transferência do design esquelético otimizado do peixe-cofre para o carro conceitual permitiu que os engenheiros aumentassem a rigidez dos revestimentos das portas externas em 40% em comparação com projetos convencionais, resultando em uma redução de um terço no peso total sem diminuir a força ou a segurança em colisões (Daimler Chrysler AG, 2004).

CARRO BOXFISH

Figura 12: Carro Boxfish

As baleias podem nos ensinar a construir moinhos de vento mais eficientes? O inventor Frank Fish estudou as saliências na borda frontal das barbatanas das baleias jubarte (*Megaptera novaeangliae*) e descobriu que esses chamados tubérculos comprimem o fluido que passa pelas barbatanas, dando às baleias mais força e propulsão para se engajarem em seu espetacular "salto" quando esses animais (pesando até 36 toneladas) se impulsionam para fora da água.

A Whalepower Corporation está agora aplicando essa perspectiva ao projeto de novos ventiladores mais eficientes e pás de geradores eólicos que aumentam a potência em um determinado regime de vento. A tecnologia também pode ser adaptada às pás das turbinas existentes. A aplicação dessa tecnologia de tubérculos à indústria aeronáutica pode resultar em aviões mais eficientes com mais sustentação. Talvez as baleias jubarte inspirem o próximo passo na eficiência das aeronaves?

Já existem muitos projetos biomiméticos no setor aéreo. Os cisnes inspiraram o nariz característico do Concorde, por exemplo, e as pontas de asa viradas, agora comuns na maioria dos aviões como medidas de redução de turbulência, foram inspiradas nas aves de rapina.

AVE DE RAPINA E ASAS DE AVIÃO

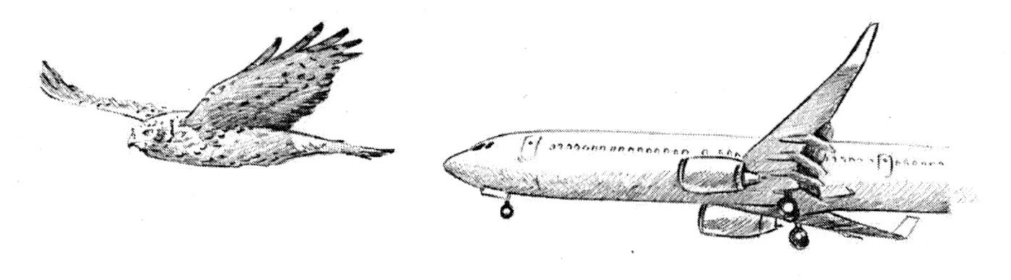

Figura 13: Ponta da asa

Um dos exemplos de inovação mais famosos baseados em biomimética é o trem-bala Shinkansen 500, que, usando princípios de concepção copiados do bico do martim-pescador (*Alcedo atthis*) [Ask Nature, 2015c], é mais rápido, consome menos energia e é mais silencioso. Muitos projetos de trens velozes e eficientes foram baseados nas formas aerodinâmicas de outras aves, como a espanhola AVE 102, com uma locomotiva que tinha a forma de um bico de pato.

MARTIM-PESCADOR E TREM-BALA FERROVIA SHINKANSEN 500

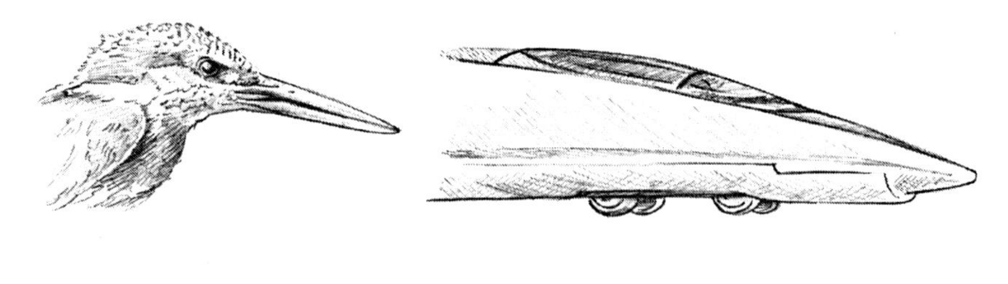

Figura 14: Bicos

O aprendizado com processos naturais não precisa ser limitado a imitar determinadas espécies, mas também pode ser baseado em padrões e processos comuns que podemos observar na natureza. Jay Harman foi designer de barcos durante algum tempo. Seu amor pelo oceano e a obsessão pelo movimento das águas o inspiraram a estudar os "princípios da racionalização" por trás da formação dos redemoinhos.

Estudando as geometrias formadas pela água corrente e redemoinhos, Harman criou a PAX Scientific para trazer a eficiência excepcional do fluxo natural à tecnologia de manuseio de fluidos, como misturadores, bombas, turbinas, conversor de calor, dutos e hélices. Um dos produtos da empresa, o impulsor Lírio, é um dispositivo de mistura de água altamente eficiente com base nesses princípios. Outros exemplos incluem ventiladores mais eficientes para resfriamento, sistemas de propulsão de navios e um novo tipo de sistema de dessalinização.

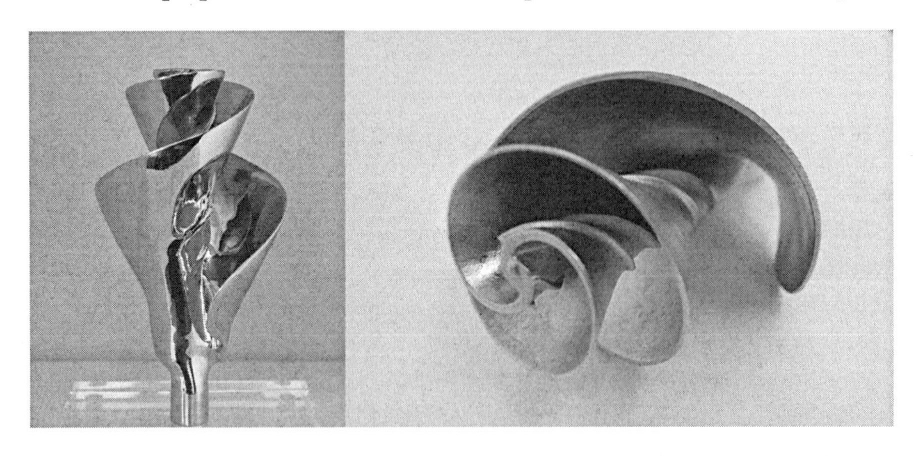

Figura 15: O impulsor Lírio (Imagens reproduzidas com a permissão da PAX Scientific Inc.)

A lista de inovações de design de produtos biologicamente inspiradas é quase inesgotável. Esses exemplos simplesmente ilustram a diversidade de aplicações da biomimética na escala de produtos. Existem muitos mais.

Arquitetura biomimética

Através de sua complexidade infinita, a natureza é uma influência instrutiva e inspiradora que pode expandir os horizontes estéticos das artes da construção e confirmar o direito inalienável da humanidade de tentar salvar um lugar neste planeta antes que seja tarde demais. A missão agora na arquitetura, como em todo esforço humano, é recuperar os frágeis fios de conexão com a natureza que foram perdidos durante a maior parte deste século. A chave para uma arte estrutural verdadeiramente sustentável para o novo milênio dependerá da criação de pontes que unam a tecnologia de conservação com uma filosofia centrada na terra e a capacidade dos designers de transformar essas forças integradas em uma nova linguagem visual.

James Wines (2000: 237)

Existem inúmeros exemplos de arquitetos se inspirando na biologia. O Centro Cultural Uluru-Kata Tjuta, na Austrália, projetado pela Gregory Burgess Architects, imita os corpos entrelaçados de duas cobras lutando. A sede da companhia de seguros Swiss Re projetada pela Foster & Partner em Londres, conhecida como "pepino", é uma torre de quarenta andares inspirada em organismos marinhos chamados "esponjas-de-vidro". Eles sugam a água pela parte de baixo e a expelem pelo topo para filtrar os nutrientes; o sistema de ventilação do edifício imita esse fluxo. Muitos outros arquitetos reconhecidos internacionalmente contam com a inspiração zoomórfica para os projetos, processos e conceitos que definem a forma de seus edifícios.Embora muitos deles sejam inspirados em formas naturais e biológicas, a abordagem biomimética de Michael Pawlyn na arquitetura é concentrar-se no que ele pode aprender com os processos biológicos para tornar os edifícios mais eficientes, simulando os sistemas de ciclo fechado da natureza, a energia renovável e sem desperdício no projeto dos edifícios (2011).

Ao ajudar a projetar os ambientes internos para as exposições da floresta tropical e bioma mediterrâneo no famoso Projeto Eden, Pawlyn aprendeu muito sobre como a água e o ciclo de energia através dos ecossistemas naturais e os processos e funções são integrados e interligados para criar sinergias. Sua proposta para o "Projeto Floresta no Saara" (Figura 16) faz uso desse pensamento biomimético. O projeto ousado visa não apenas gerar grandes quantidades de energia renovável, com base em energia solar concentrada, e dessalinizar grandes quantidades de água do mar. Ele integra estas funções através do uso de estufas resfriadas com água do mar para o cultivo hortícola de alimentos e biomassa, criando uma estratégia de longo prazo para reverter a desertificação e regenerar os ecossistemas produtivos, onde o deserto do Saara faz fronteira com o mar.

O projeto está na fase de implementação. Um teste piloto e um centro de demonstração (http://saharaforestproject.com/projects/qatar.html) foram construídos no Qatar, em colaboração com duas empresas gigantes de fertilizantes, a norueguesa Yara (http://www.yara.com/sustainability/commitment_and_policy/our_opinions/in) e sua parceira no Qatar, Qafco. Seria bom ter em mente que, a longo prazo, os fertilizantes usados nessa instalação também deverão ser produzidos a partir de fontes e de energia renováveis. No entanto, esta experiência nos dará muitas oportunidades para aprender. Ela nos ensinará a fazer as perguntas certas, na tentativa de reverdecer os desertos do mundo.

Figura 16: Reproduzida com a permissão da Fundação Projeto Floresta no Saara

O cultivo de vegetais e biomassa no deserto com insumos externos de fertilizantes, usando energia renovável e abordagens inovadoras de dessalinização e horticultura, pode ser considerado um trampolim para a tecnologia do Horizonte 2, nos oferecendo oportunidades importantes para inovar ainda mais os sistemas de ciclos fechados, que são baseados, o máximo possível, em fertilizantes orgânicos e na reciclagem de nutrientes no local.

Tradicionalmente, os sistemas feitos pelo homem tendem a ser dependentes de combustíveis fósseis, lineares e esbanjadores, monofuncionais e projetados para

maximizar um objetivo. Aqui, o objetivo é perseguir um paradigma diferente – que é demonstrado por ecossistemas maduros que funcionam com a luz solar, operam como sistemas de desperdício zero, são complexos e interdependentes e evoluíram em direção a um sistema global otimizado. O Projeto Piloto demonstrará a energia solar concentrada, as estufas resfriadas com água do mar e as sebes evaporativas, criando condições para a agricultura restaurativa, o cultivo de halófitos e a produção de algas em um cluster interdependente que alcança aumentos significativos na produtividade de todos os elementos do sistema.

Michael Pawlyn (2014)

Os seres humanos, como expressões das condições geradoras e conducentes à vida, são capazes de criar projetos que sejam ao mesmo tempo restaurativos e regenerativos. Podemos ir além de simplesmente não causar danos e começar a regenerar a saúde, a resiliência e as comunidades prósperas em todos os lugares. Esta é a promessa do design e da arquitetura biológica e ecologicamente inspirados.

O Eastgate Centre, um prédio comercial de vários andares em Harare, capital do Zimbábue, usa um sistema de resfriamento passivo inspirado no modo como os cupins (*Macrotermes michaelseni*) esfriam seus montículos. Mick Pearce e engenheiros da Arup projetaram o prédio para usar apenas um décimo da energia normalmente necessária para esfriar um edifício daquele tamanho no clima quente da África (*Biomimicry* 3.8, 2014b). O arquiteto sueco Anders Nyquist, da EcoCycleDesign, aplicou um sistema de aeração similar a dos cupins na Escola Laggarberg, em Timra, na Suécia.

O visionário arquiteto e escritor Jason McLennan, ganhador do prêmio Buckminster Fuller e membro da Ashoka, criou o Living Building Challenge em 2006 como um novo tipo de sistema de certificação de construções que vai além dos padrões nacionais ou internacionais como LEED ou BREAM e estabelece um padrão para arquitetura regenerativa baseado em design biologicamente inspirado e ecologicamente direcionado. Atualmente, existem 192 projetos em quatro continentes abrangendo vários tipos de edifícios. O "Living Building Challenge 3.0" nos desafia a fazer algumas perguntas fundamentais sobre arquitetura e design:

- P· **E se cada ação de design e construção fizesse do mundo um lugar melhor?**
- P· **E se toda intervenção resultasse em uma maior biodiversidade; um aumento da saúde do solo; alternativas adicionais para beleza e expressão pessoal; uma compreensão mais profunda do clima, da**

cultura e do lugar; um realinhamento dos nossos sistemas de alimentação e transporte; e um sentido mais profundo do que significa ser um cidadão de um planeta onde recursos e oportunidades são fornecidos de forma justa e igualitária?

International Living Future Institute (2014: 7)

Para McLennan, é preciso pegar o que já foi aprendido nas versões anteriores do Living Building Challenge e incorporar essas ideias e novas perguntas no âmbito do Living Future Challenge, o qual considera uma "oportunidade para repensar e redesenhar todos os nossos sistemas e fornecer uma visão para uma sociedade verdadeiramente regenerativa" (Living Future Institute Australia, 2014). Ele é uma força motriz na transição para uma cultura regenerativa que inspirou arquitetos de todo o mundo a aceitar seu desafio de criar prédios conducentes à vida.

O sistema de otimização completo da natureza direcionado ao design de comunidades

Todas as nossas ações afetam a sustentabilidade, a resiliência e a saúde das comunidades em que vivemos, trabalhamos e aprendemos. As relações e a visão coletiva do futuro que criamos com nossas comunidades definirão se elas são sustentáveis e capazes de regeneração. Todos podemos contribuir para o surgimento de uma cultura regenerativa no nível da comunidade. As redes aninhadas de interações que cocriamos moldam o presente e o futuro de nossa comunidade e sua participação nos ecossistemas locais.

O design da comunidade sustentável consiste em tornar-se consciente dessas redes aninhadas de relacionamentos e processos e otimizá-las de maneira a apoiar a saúde da comunidade e de todos os seus participantes. O objetivo é integrar sinergicamente a dimensão social, ecológica, econômica e cultural (visão de mundo / narrativa) da comunidade, criando uma cultura de colaboração e solidariedade capaz de ser regenerativa a longo prazo. As comunidades que conseguem isso são lugares prósperos, saudáveis e inspiradores que oferecem uma qualidade de vida excepcional aos seus residentes, tendo um impacto positivo no ambiente local e regional.

A melhor compreensão das comunidades ecológicas (ecossistemas) pode nos ajudar a integrar e otimizar as comunidades humanas em simbiose com o resto dos seres vivos. Em vez de maximizar os números e o sucesso a curto prazo de uma espécie, os ecossistemas tendem a otimizar todo o sistema de forma a sustentar a diversidade, a saúde, a resiliência e a capacidade de regeneração como um todo. A estratégia de maior sucesso e de longo prazo para um indivíduo ou comunidade é simular o padrão fundamentalmente colaborativo da natureza de otimização de todo o sistema e imitar seus processos e relacionamentos. O sucesso a longo prazo e a vitalidade de todos os participantes dependem da saúde de todo o sistema.

P· Como podemos criar povoações com base no aprendizado dos padrões de organização e colaboração que encontramos nos ecossistemas?

Os professores Declan Kennedy e Margrit Kennedy dedicaram a maior parte de suas vidas profissionais e comunitárias à exploração de projetos de comunidades sustentáveis e a mecanismos de troca econômica regional sustentáveis. Ambos trabalharam como professores de Planejamento Urbano em Berlim e vivenciaram simultaneamente o design comunitário sustentável dentro da ecovila Lebensgarten, que ajudaram a criar em Steyerberg, perto de Hannover, Alemanha. Em 1996, um projeto financiado pela União Europeia (UE), iniciado por eles, investigou as melhores práticas e os melhores exemplos de processos de planejamento de comunidades em toda a Europa. O projeto resultou em um livro *Designing Ecological Settlements* (Kennedy, Kennedy, 1997), no qual eles propõem um padrão ecologicamente direcionado para redesenhar a comunidade. Aqui estão algumas das perguntas que nos convidam a fazer:

P· Como podemos projetar povoações ecológicas e sustentáveis?
P· Como estamos celebrando e estimulando a diversidade humana e natural em nossa comunidade?
P· Como podemos focar nossa comunidade em torno de uma escala humana de interações pessoais e colaboração entre as pessoas para que os moradores possam formar laços pessoais uns com os outros?
P· Como podemos construir comunidades próximas e integrar importantes funções em uma escala de distância acessível?
P· Como podemos usar o menor espaço possível para as nossas infraestruturas humanas e criar espaços habitacionais de alta densidade que integrem a natureza na estrutura da comunidade?
P· Como podemos incentivar a participação da comunidade e inspirar todos membros da comunidade a cocriar a vantagem colaborativa da participação responsável?

- **P· Como podemos usar recursos energéticos renováveis locais e regionais e projetos de economia de energia para criar povoações com eficiência energética?**
- **P· Como podemos criar uma comunidade responsável pelo clima e livre de emissões?**
- **P· Como podemos criar povoações bonitas e tranquilas?**
- **P· Como podemos usar o design integrado para valorizar a água e ajudar a regenerar bacias hidrográficas locais?**
- **P· Como podemos criar padrões eficazes de uso circular de recursos em uma escala local e regional para tornar nossas povoações predominantemente livre de resíduos?**
- **P· Como podemos projetar edifícios saudáveis para comunidades saudáveis?**
- **P· Como podemos integrar o espaço para espécies nativas e plantas produtivas (horticultura, jardins florestais etc.) na estrutura de nossas povoações?**
- **P· Como podemos incentivar a alfabetização ecológica e social na comunidade e estabelecer processos eficazes de mediação e resolução criativa de conflitos?**
- **P· Como podemos cocriar uma narrativa comunitária direcionada aos valores compartilhados por todos os moradores?**

Essas perguntas nos desafiam a projetar nossas comunidades como a natureza. "O que une todos esses aspectos [...] é que eles lutam por [...] uma otimização do todo, em vez de uma maximização de partes individuais e, portanto, uma nova qualidade de moradia e de fato a própria vida" (Kennedy, Kennedy, 1997: 211). Essa otimização do todo é uma lição crucial de como a vida cria condições propícias para a existência. A comunidade sustentável e o design de povoações baseadas nessa visão ecológica sistêmica ajudarão a criar comunidades capazes de regeneração, adaptação e transformação. A otimização do todo vai além das preocupações imediatas das gerações atuais de criar abundância para as futuras gerações.

A inovação transformadora nas comunidades estabelecidas significa a readaptação de elementos de design inspirados por essas questões em padrões e infraestruturas culturais existentes. É quase impossível (e indesejável) impor esses conceitos. As políticas devem encorajar e permitir que os cidadãos se envolvam no *redesign* da estrutura comunitária. Um senso de lugar e de comunidade é nutrido pela participação nesses processos de visão coletiva.

"Viver essas questões" é um processo da comunidade. As perguntas acima nos convidam a dialogar e a nos relacionar com as pessoas ao nosso redor e com o lugar em que vivemos. Elas convidam ao primeiro passo para a participação completa e a cocriação consciente no nível da comunidade. Ao explorarmos como a nossa comunidade pode se tornar um exemplo de cultura regenerativa, estamos dando um ao outro uma oportunidade de aprendermos juntos. Esta jornada coletiva de aprendizagem em si mesmo cria o caminho para uma comunidade capaz de decisões sábias e de regeneração. A comunidade cria as condições para o surgimento de uma cultura regenerativa. Como podemos projetar como a natureza e em comunidade em uma sofisticada adaptação a esta cultura e lugar sem igual? Diversas culturas regenerativas podem se desenvolver dessa questão.

Vivenciar essas perguntas juntos cria comunidades

Meu interesse pessoal no design de comunidades sustentáveis como a principal escala de contribuição na criação de culturas regenerativas me levou a passar boa parte dos últimos 15 anos investigando as ecovilas como campos de teste para o design de comunidades sustentáveis. Meu próprio aprendizado e peregrinação de viver essas perguntas juntos, de descobrir em comunidade com outros qual seria a pergunta apropriada a ser feita, me levou a muitas ecovilas e iniciativas comunitárias. A participação em comunidades intencionais que estão vivendo ativamente as questões, juntas, é um poderoso acelerador de aprendizado.

Enquanto morei na ecovila da Fundação Findhorn, tive o privilégio de codirigir a sua faculdade e criar o primeiro Mestrado em Design de Comunidade Sustentável, em colaboração com a Universidade Heriot Watt. O design de comunidade não pode ser deixado a cargo de arquitetos profissionais, engenheiros e funcionários de planejamento, mas, uma vez treinados no design de sistemas completos, esses profissionais podem se tornar poderosos agentes de mudança. As comunidades regenerativas e sustentáveis emergem da participação ativa de todos (ou da maioria) de seus membros. Portanto, a ampla formação em design de comunidades e processos que estimulem o envolvimento cívico e a participação de todos é essenciail.

As ecovilas (Gilman, 1991; Dawson, 2006; Joubert, Dregger, 2015) e, mais recentemente, cidades de transição e grupos comunitários semelhantes são uma fonte de experiência e *insights* sobre como cocriar comunidades sustentáveis. A ecovila de Findhorn demonstra os resultados de cinquenta anos de investigação coletiva sobre como o serviço para o todo, a cocriação com a natureza e valores enraizados em escuta profunda podem criar culturas prósperas em uma cocriação consciente e responsável. Uma vez que o aprendizado, na maior parte das vezes, nasceu da experimentação – vivendo as questões em conjunto – esses *insights* e as tecnologias sociais são de particular relevância agora que precisamos urgentemente envolver as pessoas em suas comunidades em todos os lugares, a fim de aumentar a mudança em direção à regeneração.

O próprio processo de se envolver em conversas sobre o que podemos fazer juntos, no lugar em que habitamos e com as pessoas ao nosso redor, é um catalisador para a aprendizagem coletiva e a conscientização que farão a "cultura regenerativa" se espalhar como um vírus contagiante da saúde. Na escala humana da comunidade, podemos cocriar culturas regenerativas que se tornam uma experiência vivenciada e uma expressão da narrativa do "interser".

Dois dos programas mais bem-sucedidos capazes de estimular esse tipo de participação e criar multiplicadores que podem facilitar conversas culturalmente transformadoras em suas comunidades de origem são a Ecovillage Design Education (EDE) – Formação para o Design de Ecovilas – e o Design for Sustainability (GEDS) – Design para Sustentabilidade – cursos desenvolvidos pela Gaia Education. Esses programas intensivos oferecem aos participantes um entendimento de concepção de sistemas de comunidades sustentáveis. O programa explora quatro dimensões (social, econômica, ecológica e visão de mundo), cada uma com uma série de módulos (veja Figura 17). Ele expande a ortodoxia acadêmica que vê a sustentabilidade como um "tripé" (ecológico, econômico e social), adicionando a quarta dimensão crucial de "visão de mundo e sistema de valores". Desde então, essa abordagem tem sido mais amplamente adotada e é agora chamada de "dimensão cultural" pelas agências da ONU e governos nacionais.

Entre o seu lançamento em 2005 e janeiro de 2016, estes programas foram ministrados em um total de duzentas vezes em 41 países em seis continentes. Mais de 5 mil pessoas se formaram neste treinamento endossado pela Organização das Nações Unidas para a Educação, a Ciência e a Cultura (Unesco), que tem sido reconhecido como uma contribuição significativa para a Década das Nações Unidas da Educação para Desenvolvimento Sustentável. Muitos graduados em EDE e GEDS estão agora trabalhando ativamente com suas comunidades de origem. O programa foi traduzido em oito idiomas e está disponível para download gratuito (http://www.gaiaeducation.org/index.php/

en/publications/curriculum) no site da Gaia Education, sustentado por quatro coletâneas de pequenos ensaios, uma sobre cada uma das quatro dimensões do programa: visão de mundo (Harland, Keepin, 2012); ecológico (Mare, Lindegger, 2011); econômico (Dawson, Norberg-Hodge, Jackson, 2010); e social (Joubert, Alfred, 2007).

Ensinando sobre esses programas de EDE, nunca deixo de me surpreender com a eficácia das metodologias participativas de ensino e dos exercícios baseados em design, criando rapidamente um forte vínculo comunitário entre os participantes como uma base para o aprendizado coletivo. O curso inspirou, informou e possibilitou projetos culturalmente criativos nas favelas das megacidades brasileiras e nas aldeias tradicionais da Ásia, América Latina e África. Ele também ajudou a revitalizar aldeias abandonadas no sul da Europa e a criar modelos de trabalho para o desenvolvimento econômico local no norte da Europa, na América do Norte e no Japão. Os projetos de ecovilas urbanas estão transformando bairros em todo o mundo, e as pessoas que treinaram com o Gaia Education agora estão apoiando muitos dos projetos mais bem-sucedidos de cidades em transição.

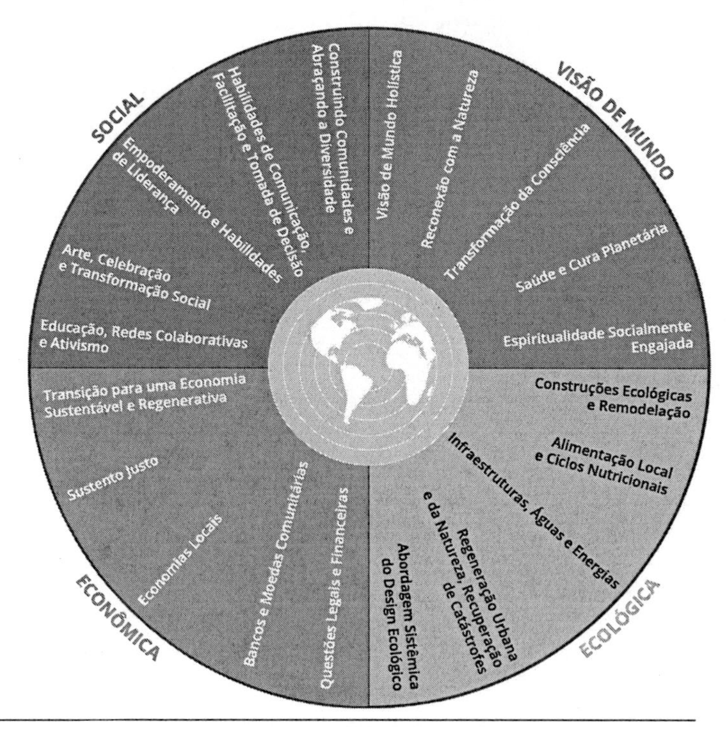

Figura 17: Mandala do programa de Design de Comunidades do Gaia Education (www.gaiaeducation.org)

Uma infinidade de iniciativas educacionais criadas pelos alunos formados está espalhando a cultura de viver as perguntas em conjunto adequada à singularidade do lugar. A Gaia Education e sua organização parceira, a Global Ecovillage Network (fundada em 1995), levaram com sucesso seus conhecimentos em projetos participativos de comunidades sustentáveis para ativistas de base, grupos comunitários, universidades, governos locais e nacionais, e consultaram ativamente as Nações Unidas como uma ONG do Conselho Econômico e Social (ECOSOC) desde 2000.

As ecovilas e as cidades em transição são exemplos importantes de comunidades que vivem ativamente as questões em conjunto. A experiência dessas iniciativas está agora permeando conversas em comunidades de todos os lugares. Nos EUA, o Alliance for Regeneration reúne profissionais que ajudam as comunidades a "reivindicar suas identidades e destinos" (2015). Os pioneiros do movimento de ecovilas criaram recentemente o VillageLab (http://www.villagelab.info/), reunindo décadas de conhecimento e experiência para fornecer ao movimento de comunidades sustentáveis o que eles descrevem como "um programa de pesquisa e desenvolvimento sistemático, coordenado centralmente e distribuído nas bases para a demonstração de práticas líderes em todos os aspectos do design de sistemas humanos sustentáveis e regenerativos". A instituição de caridade baseada em Londres, Clear Village, ajuda as comunidades a construir um futuro melhor através de regeneração, particularmente dos bairros do centro da cidade.

Essas iniciativas e muitas outras estão ajudando a revitalizar as comunidades na escala humana, onde as culturas regenerativas podem emergir. Todos compartilham dois *insights* importantes: podemos projetar *como* natureza, ouvindo profundamente e aprendendo com os lugares que habitamos; e o primeiro passo para criar culturas regenerativas é envolver as pessoas em conversas para reformular o futuro das comunidades em que vivem. Para fazer isso, também temos que reestruturar nossos sistemas de produção e consumo.

A ecologia industrial e a simbiose estão fechando os ciclos

> *[...] Se pretendemos mudar o metabolismo energético das sociedades industriais modernas, por exemplo, devemos estar cientes da extensão do projeto. Não será apenas uma tarefa tecnológica: implicará, no final, em profundas mudanças his-*

tóricas e socioeconômicas [...] você não pode alterar profundamente a produção de um sistema (ou seja, seus resíduos e emissões) sem alterar também suas entradas e as formas como ele trabalha internamente [...] para poder lidar com o metabolismo industrial, as ciências sociais e naturais devem cooperar intimamente.

Fischer-Kowalski (2003: 44-45)

A ecologia industrial (Graedel, Allenby, 1995), a simbiose industrial, a abordagem do berço ao berço (McDonough, Braungart, 2002) e *The Natural Step* (Robert, 2008) estão explorando caminhos eficazes para aplicar *insights* ecológicos aos nossos sistemas de produção e consumo. Todas essas abordagens visam transformar nossos processos de produção industrial de sistemas lineares (ciclo aberto) – baseados no investimento de capital para adquirir recursos que se movem através do sistema de produção para eventualmente acabarem como resíduos – em processos industriais baseados em sistemas circulares (ciclo fechado), em que os resíduos são eliminados completamente e toda a energia e os fluxos de resíduos de materiais se tornem insumos para outros processos.

McDonough e Braungart contribuíram com uma distinção importante entre o metabolismo industrial e biológico. Todos os fluxos de material devem permanecer dentro de um desses ciclos. Essa é a base para criar economias circulares (ver Capítulo 7). A Figura 18 ilustra essa abordagem.

Para alcançar essa mudança em direção ao design de sistemas completos cíclicos integrados, precisamos transformar os produtos e como os projetamos e produzimos, de forma a permitir que os produtos fora de uso sejam, no final de sua vida útil, desmontados em matéria-prima industrial totalmente reciclável ou renovável ou em matéria-prima orgânica. Esta transformação fundamental do nosso sistema industrial está em andamento. É necessário um nível totalmente novo de envolvimento de várias partes interessadas na compreensão compartilhada de que nosso futuro regenerativo está na vantagem colaborativa de todos, e não na vantagem competitiva de alguns.

McDonough e Braungart fazem a seguinte pergunta: "Como os humanos – as pessoas dessa geração – podem melhorar para as futuras gerações? [...] Como as pessoas podem amar todas as crianças, de todas as espécies, para sempre?" (2013: 49). Estas são questões culturalmente criativas que convidam à inovação transformadora em direção a uma cultura regenerativa. O gráfico a seguir ilustra a "Estratégia de melhoria contínua do berço ao berço", que eles propõem para implementar uma transformação dos nossos sistemas industriais. Em vez de parar em "sustentável" (0% ruim), a abordagem do berço ao berço também é regenerativa, visando 100% bom.

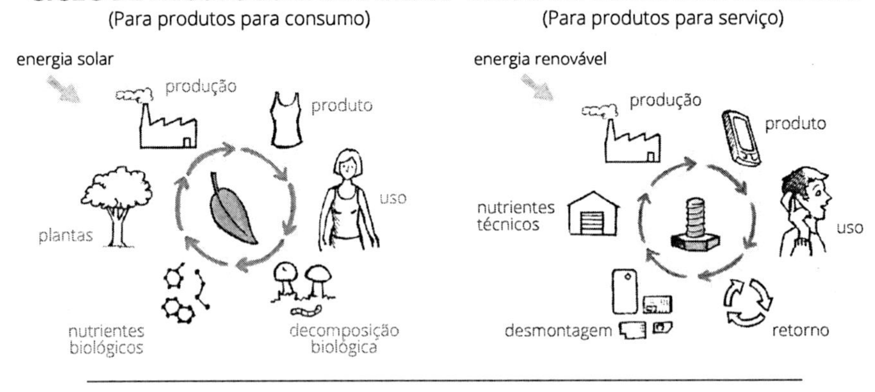

Figura 18: Ciclos de recursos

A reciclagem simplesmente não é suficiente, se ela apenas conduz os materiais a encontrarem outro uso em produtos menos valiosos e menos complexos antes de terminarem num aterro ou como lixo. O *upcycling* é sobre a manutenção de nutrientes biológicos e industriais (recursos) circulando pelo metabolismo de nossos processos industriais para que eles possam ser convertidos em produtos de qualidade igual ou superior ao que eram, no final da vida útil de um produto. Ser capaz de fazer isso com sucesso é um grande passo para a criação de culturas regenerativas.

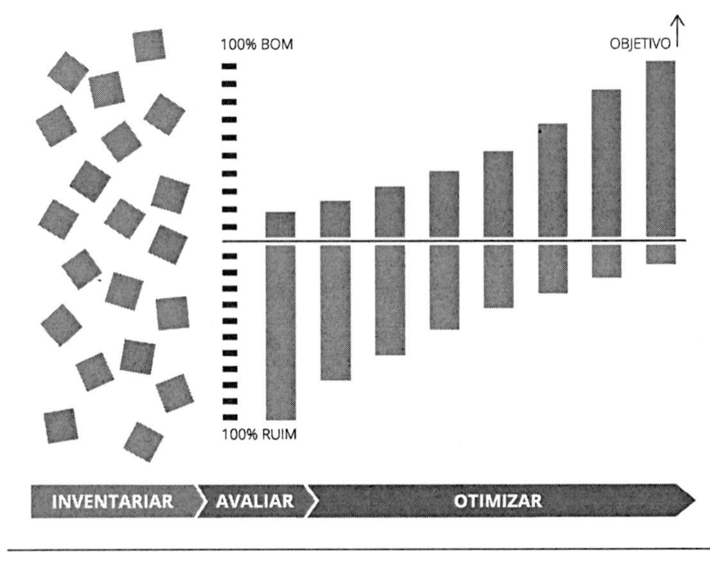

Figura 19: Gráfico de *Upcycle* – Reproduzido com a permissão da MBDC LLC.

Usando a estrutura do berço ao berço, podemos falar de upcycle sobre projetar não apenas para a saúde, mas para abundância, proliferação, prazer. Podemos falar de upcycle não sobre como a indústria humana pode ser apenas "menos ruim", mas como ela pode ser melhor, algo positivo e extraordinário no mundo.

William McDonough e Michael Braungart (2013: 11)

A abordagem *upcycling* do berço ao berço está usando o design inspirado biologicamente para ter um impacto regenerativo. Ela imita como a produção e o consumo são organizados no ecossistema e é construída no campo mais amplo da ecologia e simbiose industriais. Graedle e Allenby (1995: 297) definiram uma série de objetivos e princípios para nos ajudar a implementar gradualmente a abordagem para a ecologia e simbiose industriais em um esforço para redesenhar as nossas indústrias. Esses objetivos nos motivam a fazer as seguintes perguntas fundamentais:

- P· **Como podemos garantir que todas as moléculas que entram no processo de fabricação deixam esse processo como parte de um produto vendável?**
- P· **Como podemos garantir que toda a energia usada realmente produz a transformação de material desejada e os fluxos de energia residual sejam recuperados e usados em outro lugar?**
- P· **Como podemos criar um sistema industrial que minimize o uso de energia e materiais em produtos, processos e serviços?**
- P· **Como podemos ir em direção ao uso abundante de materiais (renováveis) e não tóxicos ao projetar produtos?**
- P· **Como podemos criar indústrias que se baseiem nos fluxos de reciclagem (deles ou de outros) como fonte predominante (de preferência exclusiva) de material e evitar a extração de matéria-prima sempre que possível?**
- P· **Como podemos garantir que cada produto e processo preserve a utilidade embutida dos materiais utilizados (por exemplo, pela desmontagem e design modular)?**
- P· **Como podemos facilitar uma transformação que examine todas as propriedades ou instalações industriais desenvolvidas, construídas ou modificadas com atenção especial na melhora dos habitats locais e diversidade de espécies, minimizando os impactos sobre os recursos locais, regionais e globais?**

- **P· Como podemos projetar produtos para que eles possam servir para produzir outros produtos úteis no final da sua vida útil?**
- **P· Como podemos garantir que essa abordagem transcenda e inclua todas as indústrias, envolvendo fornecedores de materiais, fabricantes e produtores e consumidores para tecerem uma rede cooperativa que minimize o empacotamento e possibilite a reciclagem e a reutilização de materiais?**

Em uma escala local, os parques ecoindustriais estão fornecendo exemplos práticos de como encontrar respostas inovadoras para essas questões. Ao juntar diferentes processos de produção em um mesmo local e aplicando uma abordagem de projeto de sistemas integrados para conectar seus fluxos de recursos e energia, eles podem criar muitas soluções em que todos saem ganhando. Entre os ganhos econômicos estão a redução dos custos gerais de matérias-primas e energia, do gerenciamento de resíduos, melhor conformidade, menores custos associados à legislação ambiental, redução de custos de transporte e benefícios econômicos resultantes da criação de marcas conscientes para um mercado responsável.

Os benefícios ecológicos resultam do uso reduzido de matérias-primas (virgens) e de insumos energéticos através da substituição de matérias-primas importadas por fluxos de resíduos disponíveis localmente. Isso, por sua vez, leva a uma redução nos resíduos e emissões gerados pelas indústrias que colaboram no grupo. Além disso, a relocalização da produção e do consumo, o uso de recursos locais renováveis e as oportunidades de negócios criadas pela interligação de diferentes indústrias geram oportunidades de emprego local (Saikku, 2006) e diversificam e fortalecem as economias locais. O aumento da participação e da cooperação ao longo de todo o ciclo de vida do produto fortalece a comunidade como mais um benefício social.

O projeto de parques ecoindustriais está sendo promovido pelo governo indiano em colaboração com a Agência Internacional de Cooperação Alemã para o Desenvolvimento Sustentável (Gesellschaft für Internationale Zusammenarbeit – GIZ). Um relatório recente sobre o desenvolvimento ecoindustrial na Índia relatou: "Deve-se notar que não apenas novos parques industriais podem aproveitar os princípios dos Ecoparques Industriais. Experiências na Índia mostram que mesmo os parques antigos, com sérios problemas ambientais, podem ser transformados com medidas muitas vezes simples e econômicas" (GIZ, 2012: 73). O relatório destacou a necessidade de sistemas de informação apropriados e programas de treinamento para ajudar as pessoas a aplicar o design ecológico. Para atender a essa necessidade, o Instituto do Banco Asiático de Desenvolvimento criou um manual de treinamento para disseminar informações e metodologias para o desenvolvimento de conjuntos ecoindustriais (Anbumozhi et al., 2013).

Entre os exemplos particularmente notáveis da aplicação da biomimética no nível dos ecossistemas estão os parques ecoindustriais como o Kalundborg na Dinamarca, a simbiose industrial em Östergötland na Suécia, o Programa Nacional de Simbiose Industrial (NISP) no Reino Unido e o Parque Industrial Verde em Nandigama, Índia (ainda em desenvolvimento). Marian Chertow, da Universidade de Yale, analisou e comparou vários exemplos importantes de "simbiose industrial" em todo o mundo e concluiu que "as trocas simbióticas ambientais e economicamente desejáveis estão à nossa volta e agora precisamos mudar nosso olhar para encontrá-las e promovê-las" (Chertow, 2007).

A abordagem integral no design de sistemas da ecologia industrial é uma maneira poderosa de tornar os sistemas de produção de alimentos mais efetivos e com menos desperdício, ao aplicar os ecossistemas pensando na integração sinérgica de múltiplos processos de produção de alimentos. No próximo capítulo, voltaremos a esta poderosa estratégia para a inovação transformadora baseada no fechamento de ciclos e colaboração intersetorial, na seção sobre a criação de economias circulares.

Planejamento urbano e regional orientados ecologicamente

> *Tudo o que é branco no inverno deve ser verde no verão. Tudo o que a chuva molha, tudo sob o sol, pertence ao reino vegetal. As florestas crescerão nos vales e nos telhados. Devemos ser capazes de respirar o ar puro do campo na cidade.*
>
> ***Friedrich Hundertwasser (em Senosiain, 2003: 157)***

A empresa de design, arquitetura e engenharia HOK fez uma parceria com a Biomimicry 3.8 para criar um novo processo de inovação chamado "Fully Integrated Thinking" (FIT) [Pensamento Totalmente Integrado], que agora é usado em seus projetos em todo o mundo. A estrutura do FIT permite que as equipes de projeto aproveitem a sabedoria por trás dos sistemas naturais, sociais e ecológicos de um lugar para direcionar o design e a tomada de decisões. Ele oferece respostas aos desafios atuais de design ao copiar a genialidade da natureza (HOK, 2015a).

Cada projeto FIT visa integrar múltiplas lentes (água, atmosfera, materiais, energia, alimentos, comunidade, cultura, saúde, educação, governança, transporte, abrigo, comércio, ecoestrutura e valor) para criar um design integrado que funciona com e como a ecologia de um determinado lugar. Todos os projetos FIT estão enraizados no local através de uma compreensão profunda das ecologias locais. Eles são baseados pelos "Princípios da vida" e pelos tipos de perguntas que analisamos anteriormente. A estrutura ajuda a definir metas, referências e indicadores de desempenho que garantem que todos os projetos FIT sejam totalmente responsáveis em relação aos seus impactos ecológicos, sociais e econômicos (HOK, 2015a).

A colaboração entre a Biomimicry 3.8 e a HOK também levou a uma exploração do que poderíamos aprender com a genialidade da natureza expressa no bioma da floresta temperada decídua. Esse bioma se estende ao redor do planeta e abriga a grande maioria da população humana. Dayna Baumeister, Taryn Mead e a equipe da Biomimicry 3.8 ajudaram a HOK a fazer a importante pergunta: como podemos criar cidades que funcionam como ecossistemas? O projeto explorou como projetar cidades com base em "padrões de desempenho ecológico", comparando o design do projeto urbano com o ecossistema original do local dado e estabelecendo as métricas de como o ambiente natural deve funcionar: "Quantos milímetros de solo, quantas toneladas de carbono, quanta água armazenada, quanto ar puro?" Janine Benyus argumenta: "Ter as paredes e o teto verdes não é o suficiente, precisamos perguntar como um prédio vai armazenar o carbono. Precisamos que as cidades funcionem como os ecossistemas e não sejam só parecidas com eles" (Oppenheimer, 2010). Os dois locais-pilotos onde o projeto se concentrou foram um novo bairro residencial ao redor do Lago Meixi, na cidade de Lang Fang na China e um empreendimento urbano em Lavasa, uma nova cidade montanhosa espalhada por 12.500 acres a sudeste de Mumbai (HOK, 2015c). Esses projetos ainda estão em desenvolvimento.

Além dessas abordagens inspiradas na biomimética, existem muitas outras baseadas em design ecológico para comunidades sustentáveis e planejamento urbano. O movimento global Eco-City Movement e o trabalho do pioneiro da ecocidade Richard Register, que fundou a Ecocity Builders em 1992, ajudaram a desenvolver o International Ecocity Framework and Standards (IEFS)– [Estrutura e Padrões de Ecocidade Internacional]. Os construtores de ecocidades estão agora colaborando com a UNISDR (Escritório da ONU para Redução de Risco de Desastres) para apoiar a campanha "Tornando as cidades resilientes", que já registrou 1.840 cidades (UNISDR, 2015.). Eles apoiaram o "Programa de Perfil de Resiliência da Cidade" da ONU-Habitat e também criaram o Ecocitizen World Map Project, que adquire e divulga ferramentas, dados e metodologias replicáveis de todo o mundo para apoiar a sustentabilidade urbana.

Figura 20: A visão de Michael Sorkin para uma Nova York estável, Bienal de Veneza em 2010 (Reproduzido com a permissão da Terreform Inc.)

Essas visões e ferramentas para o planejamento urbano, muitas delas biológica ou ecologicamente inspiradas, estão apoiando as crescentes redes de cidades em todo o mundo, como a Campanha Mundial Urbana e o Grupo de Liderança Climática das Cidades C40 (http: //www.c40. org/), na importante tarefa de redesenhar o nosso ambiente urbano de forma a apoiar a mudança para culturas regenerativas.

> *As melhores inovações humanas imitam e aprendem com os sistemas naturais. As cidades precisam refletir essa abordagem para a inovação em seu planejamento, projeto, produção, consumo e governança.*
>
> ***Peter Newman e Isabella Jennings (2008: 238)***

Sir Patrick Geddes, o pioneiro do urbanismo, destacou em *Cities in Evolution* (1915) que o planejamento urbano eficaz deve se basear em um levantamento detalhado e na integração com a região circundante. Ele também demonstrou, com seu trabalho sobre o redesenvolvimento de favelas, que eram necessários os processos participativos e cidadãos ativos e instruídos.

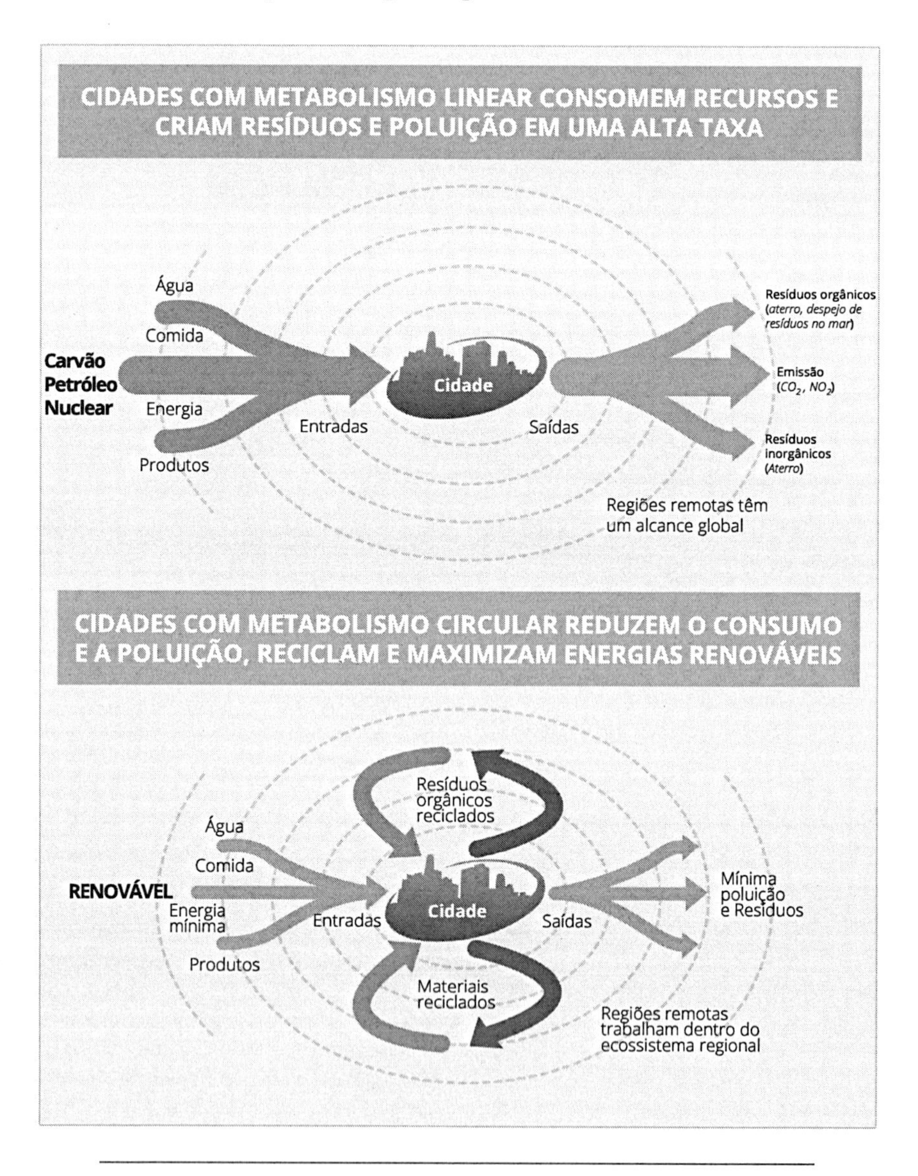

Figura 21: Reproduzido com a permissão de Herbert Girardet e Rick Lawrence

Quase cem anos depois, Herbert Girardet escreveu em *Regenerative Cities* que "Os urbanistas que buscam projetar sistemas urbanos resilientes deveriam começar estudando a ecologia dos sistemas naturais. Em um planeta predominantemente urbano, as cidades precisam adotar sistemas metabólicos circulares para assegurar sua própria viabilidade a longo prazo, assim como a dos ambientes rurais dos quais dependem". Segundo ele, os responsáveis políticos, o setor comercial e o público em geral precisam desenvolver conjuntamente uma compreensão muito mais clara de como as cidades podem desenvolver uma relação restauradora com o ambiente natural do qual, por fim, dependem (Girardet, 2010). A Figura 21 mostra como podemos criar cidades regenerativas reduzindo sua pegada ecológica e reprojetando os fluxos de material e energia de que dependem principalmente na sua região.

Em seu livro mais recente, *Creating Regenerative Cities,* ele descreve a evolução das cidades de "agrópolis" até a "petrópolis" de hoje. Para criar a "ecópolis, a cidade regeneradora", precisamos aprender com os ecossistemas para nos ajudar a reduzir a pegada ecológica das cidades, otimizando o metabolismo urbano ao projetar recursos e fluxos de energia circulares, além de confiar nos recursos e energia renováveis (Girardet, 2015).

A abordagem da Cidade Inteligente de otimizar o uso de recursos e o funcionamento das cidades através do uso generalizado de sensores e redes que fornecem *feedback* em tempo real sobre como está o desempenho da cidade certamente fará parte da transição para cidades mais sustentáveis, mas devemos ter cuidado para não projetar a dependência desses sistemas de alta tecnologia. Precisamos projetar para resiliência através da inclusão de alternativas analógicas e redundância, caso esses sistemas digitais inteligentes falhem ou sejam corrompidos. Um estudo recente da ARUP para o governo do Reino Unido estimou que o mercado de tecnologias da cidade inteligente chegará a $408 bilhões de dólares até 2020 (ARUP, 2013).

A agricultura urbana (Phillips, 2013) e a fazenda vertical (Marks, 2014) serão elementos igualmente importantes nas cidades regenerativas de amanhã como sistemas de transporte eficazes, ecologias industriais urbanas, sistemas ecológicos de tratamento de água, construção de sistemas de energia renováveis integrados e sistemas combinados de calor, energia e resfriamento conectados em escala de quarteirões ou zonas urbanas. A integração de sistemas, as soluções onde todos saem ganhando e os sistemas descentralizados que atendem à demanda local por meio de suprimentos locais são elementos dessa biomimética urbana e regional no nível dos ecossistemas. O movimento de "biorregionalismo" (Brunckhorst, 2002), que começou na década de 1970, merece ser revisitado neste contexto. Os fundadores do Grupo de Desenvolvimento Biorregional aconselham:

> *[...] Os preços de muitos dos produtos e serviços que compramos não levam em conta os danos que causam ao meio ambiente, às pessoas e às comunidades. Se levássemos em conta esses custos externos, veríamos o equilíbrio mudando para uma escala menor, um desenvolvimento local e regional mais diversificado ou um desenvolvimento biorregional. Podemos então colher os benefícios da vantagem de ser biorregional. Não será preciso muito para inclinar a balança e tornar o desenvolvimento biorregional uma parte muito maior da economia dominante.*
>
> ***Pooran Desai e Sue Riddlestone (2002: 82)***

Capítulo 7

Por que culturas regenerativas são enraizadas na cooperação?

Estamos começando a aprender a partir da forma como recursos, informações e fluxos de energia são organizados nos ecossistemas. Estamos aprendendo a aplicar *insights* ecológicos para criação de soluções de design baseadas em sistemas integrais que prestam atenção às interconexões sistêmicas e ao potencial para sinergias sistêmicas (ou soluções "ganha-ganha-ganha"). Biomimética no nível ecossistêmico, em sua forma de design integral de sistemas baseados nos entendimentos ecológicos, é o caminho mais complexo e promissor de aplicar os *insights* da natureza para criação de culturas regenerativas.

Em ecossistemas maduros, a saúde do sistema inteiro é otimizada ao criar relações simbióticas entre a diversidade de espécies do próprio sistema. Cascatas e ciclos de nutrientes, informações e energia criam a diversidade de interconexões por todo o sistema, de tal forma que o resíduo de um organismo se torne o alimento de outro organismo, e ciclos de retroalimentações regulem uma estabilidade temporária inseridos num contexto constantemente transformador e envolvente. A comunidade de organismos em um dado ecossistema – com suas diversas funções, múltiplas redundâncias e rápidos ciclos de retroalimentação – é entrelaçada em redes dentro de redes para otimizar a saúde, resiliência e adaptabilidade do sistema como um todo. Temos muito o que aprender destes padrões de organização. É este padrão que define sistemas regenerativos capazes de se auto-organizarem.

A transição para uma cultura regenerativa exige o *redesign* de nossas comunidades, empresas, sistemas de governança e como atendemos às necessidades básicas de todos, de forma a aprender com esses padrões de organização dos ecossistemas. Ao realizar isso, precisamos ter o cuidado de esmiuçar de que forma aplicamos nosso conhecimento biológico e ecológico. Enquanto precisamos urgentemente aplicar o *design* e a inovação inspirados pela biologia, devemos primeiro examinar até que ponto a "história da separação" (escassez e competição) também influenciou nossa perspectiva sobre a vida, a biologia e a ecologia. A perspectiva neodarwiniana, que ainda domina a compreensão popular da biologia, isola organismos individuais ou genes do contexto da matriz viva que os sustenta. Escassez, competição e sucesso individual são vistos como os principais direcionadores da evolução. Esta é uma perspectiva ultrapassada, baseada em metáforas ultrapassadas como "*O gen egoísta*" de Richard Dawkins (1976).

O foco reducionista em genes e indivíduos isolados não reflete suficientemente nossa compreensão científica atual de como os ecossistemas e a biosfera mantêm a saúde e a resiliência. Uma compreensão de longo prazo e mais sistêmica de como a vida cria condições propícias à vida levou os cientistas a reconhecerem a importância vital da simbiose, colaboração e otimização sistêmica nos sistemas vivos. A maximização da eficiência de aspectos limitados do sistema ou o sucesso (temporário) de certos indivíduos ou espécies, nos quais grande parte de nossa narrativa biológica (e econômica) se concentrou, são de importância secundária para a sobrevivência a longo prazo. Colaboração e otimização sistêmica são estratégias de sobrevivência mais eficazes.

Os ecossistemas são resilientes porque têm variedade necessária (diversidade) e redundâncias múltiplas em escalas diferentes. As redes complexas de relacionamentos que criam ecossistemas saudáveis não podem ser explicadas de maneira eficaz, concentrando-se apenas no sucesso ou fracasso dos indivíduos dentro delas. As interconexões e trocas simbióticas que criam saúde e resiliência como propriedades emergentes de sistemas dinâmicos complexos sustentam a vitalidade de todos os participantes e contribuem para a sobrevivência do sistema como um todo. Essa saúde e vitalidade são propriedades emergentes das redes de informação e fluxo de recursos em constante transformação em sistemas integrais. Pense na saúde e resiliência do seu próprio corpo (como um sistema complexo). Nossa saúde individual é em grande parte mantida por um ecossistema de bactérias e fungos que habitam nossos intestinos, nossa boca e nossa pele. Nós somos ecossistemas que andam! Nós carregamos dez vezes mais células não humanas conosco (e em nós) do que temos células humanas em nossos corpos (Wenner, 2007). A diversidade da vida nos permeia. A biologia moderna confirma que ser é *interser*!

O paradigma emergente e mais holístico de regulação e identidade biológica sustenta agora que a identidade dos sujeitos biológicos frequentemente não é a de uma única espécie: a maioria dos organismos deve ser vista como 'metabiomas' consistindo em milhares de espécies simbióticas, em maior parte bacterianas, de acordo com pesquisas recentes.

Andreas Weber (2013: 29)

O biólogo norte-americano Craig Holdrege oferece uma compreensão orientada no processo sobre organismos biológicos em seu inspirado artigo "Onde os organismos terminam?". Ele sugere uma mudança "de uma noção tradicional de organismo biológico separado para a concepção de organismos ecológicos, dos quais os organismos biológicos são parte". Nesta perspectiva, "o organismo é interação com outros organismos dentro do contexto de um habitat. O único organismo (ou espécie) que deveria competir com os outros *não existe*. É muito mais apropriado ver os organismos como membros de um todo diferenciável que nunca se dissolveu em entidades distintas" (Holdrege, 2000: 16).

Se vemos indivíduos isolados em competição ou comunidades interconectadas em colaboração, depende da nossa perspectiva. Ambas as perspectivas são formas úteis e válidas de abordar o paradoxo indivíduo-todo existente - subjetivamente e individualmente - se relacionando e sendo indivisível ao todo. Ao permitir que ambas as perspectivas informem nossas investigações científicas e nossa visão do processo natural, superamos o ponto cego da percepção criado pela atenção dominante nas interações individuais competitivas.

Uma vez que fizermos isso, descobriremos que as dinâmicas regenerativas do sistema integral, que criam condições propícias à vida, são predominantemente colaborativas por natureza. A sobrevivência a longo prazo (sustentabilidade e regeneração) depende dessas interações colaborativas, enquanto as interações competitivas que tem dominado nossa atenção vêm desempenhando um papel subordinado de ajuste fino da dinâmica do sistema a curto prazo.

O biólogo e filósofo Andreas Weber argumenta que a vanguarda de nossa compreensão científica da vida está nos pedindo para reintegrar a experiência subjetiva de estar vivo como participantes cocriativos da evolução em nossa narrativa cultural. Ele clama por um *enlivenment*, um segundo iluminismo, que reconhece que o nosso "fazer-significado" humano é em si uma expressão de um processo vivo. Se quisermos cocriar culturas regenerativas em todos os lugares, temos que despertar para o fato de que somos capazes, assim como a *vida*, de participar apropriadamente no processo vivo. Nossas ações e como criamos significado são capazes de criar condições propícias à vida.

A nova biologia, assim como a nova física há mais de cem anos, está começando a entender que nós - e a vida como um todo - estamos muito mais interconectados e interdependentes do que a nossa atenção estreita, baseada, em competição individual e escassez, nos permitiu ver. A compreensão emergente da vida reflete o paradoxo de existir simultaneamente como participantes individuais - *e* como reflexões subjetivas - no todo.

Somos - como indivíduos - indivisíveis do ecossistema e da biosfera que cocriamos com toda a vida. Paradoxalmente, tanto a colaboração quanto a competição contribuem para o modo como a vida cria condições propícias para a vida. "A biosfera não coopera de maneira simples e direta, mas é *paradoxalmente* cooperativa. Relações simbióticas emergem de processos antagônicos e incompatíveis" (Weber, 2013: 32). Temos que manter em mente essas novas percepções biológicas e a relação paradoxal entre indivíduo/todo e competição/colaboração quando temos o objetivo de criar sistemas humanos regenerativos que emulem a dinâmica e os padrões dos ecossistemas. Andreas Weber destaca:

> *A biologia evolutiva [darwinista] é um reflexo mais preciso das práticas sociais pré-vitorianas do que da realidade natural. Na tomada de consciência dessa aquisição metafórica, conceitos como "luta pela existência", "competição" e "aptidão" - que eram justificativas centrais do* status quo *político na (pré) Inglaterra vitoriana - tornaram-se tacitamente peças centrais de nossa própria autocompreensão de seres corporificados e sociais. E eles ainda são. [...] O progresso biológico, tecnológico e social, segundo o argumento, é produzido pela soma de egos individuais que se esforçam para competir entre si. Em uma rivalidade perene, espécies aptas (corporações poderosas) exploram nichos (mercados) e multiplicam sua taxa de sobrevivência (margens de lucro), enquanto as mais fracas (menos eficientes) são extintas (falidas). Essa metafísica da economia e da natureza, no entanto, é muito mais reveladora sobre a opinião de nossa sociedade sobre si mesma do que uma explicação objetiva do mundo biológico.*
>
> ***Andreas Weber (2013: 24)***

Antes de explorarmos como redesenhar nossas indústrias, a agricultura, a economia e a forma como fazemos negócios com base na dinâmica regenerativa que cria ecossistemas e saúde planetária, precisamos aumentar a consciência e a atenção de como nossa compreensão da biologia e da economia há muito tempo foi baseada em uma série de suposições cegas e metáforas limitantes. Muitos dos principais conceitos que ajudaram Charles Darwin a construir o argumento central de sua teoria da evolução pela seleção natural foram influenciados pelas teorias econômicas de seu tempo, por exemplo, o trabalho de Adam Smith e a obsessão do economista político Robert Malthus com "a ideia da escassez como força motriz da mudança social" (Weber, 2013: 24).

A narrativa limitada da separação, com sua compreensão da vida focada exclusivamente em competição e escassez, é apoiada por teorias biológicas e econômicas ultrapassadas. Weber chama isso de "ideologia econômica da natureza" e sugere que uma perspectiva ideologicamente tendenciosa "reina suprema sobre nossa compreensão da cultura e do mundo humanos. Ela define nossa dimensão incorporada (*Homo sapiens* como uma máquina de sobrevivência governada por genes), bem como nossa identidade social (*Homo economicus* como um maximizador egoísta da utilidade). A ideia de competição universal unifica os dois domínios, o natural e o socioeconômico. Valida a noção de rivalidade e interesse próprio predatório como fatos inexoráveis da vida" (p. 25-26).

Se entendermos a vida e a evolução como um sistema inteiro em transformação, começaremos a prestar atenção às relações e redes de participantes desse sistema e, de repente, veremos a colaboração, a simbiose e a coevolução como os padrões prevalentes que mantêm a saúde sistêmica. Ver as interações competitivas entre participantes individuais do todo como a principal característica que define e rege os processos biológicos e socioeconômicos é um pouco como observar as ondas (competição) na superfície de um oceano, mas não ver o imenso corpo de água (cooperação) abaixo. A vida prospera através da colaboração.

A otimização do compartilhamento e processamento de recursos para compartilhar e gerar saúde abundante e sistêmica de forma equitativa, em vez de competição por recursos escassos, é a base do modo de vida da economia. Na tentativa de criar uma economia amigável à vida, precisamos entender as profundas implicações que a "visão sistêmica da vida" emergente tem para o nosso empreendimento. Com base na noção de uma *ciência de qualidades* introduzida pelo biólogo e matemático Brian Goodwin, o físico e pensador de sistemas Prof. Fritjof Capra e o Prof. Pier Luigi Luisi, químico que trabalha no departamento de biologia da Roma Tre University, argumentam:

> *Com o desenrolar do século XXI, uma nova concepção científica está surgindo. É uma visão unificada que integra, pela primeira vez, as dimensões*

biológica, cognitiva, social e econômica da vida. Na vanguarda da ciência contemporânea, o universo não é mais visto como uma máquina composta de blocos de construção elementares. Descobrimos que o mundo material, em última análise, é uma rede de padrões inseparáveis de relacionamentos; que o planeta como um todo é um sistema vivo e autorregulador. [...] A evolução não é mais vista como uma batalha competitiva pela existência, mas como uma dança cooperativa na qual a criatividade e o constante surgimento de novidades são as forças motrizes. E com a nova ênfase na complexidade, redes e padrões de organização, uma nova ciência de qualidades está emergindo lentamente.

Fritjof Capra e Pier Luigi Luisi (2014b)

O que está sendo questionado aqui não é o processo geral da evolução biológica, mas se a competição por recursos escassos, em vez de redes simbióticas em que a vida cria condições favoráveis à vida, são os principais propulsores da especiação e evolução da vida como um processo interconectado. Novos *insights* na biologia, neurociência e teoria evolutiva estão oferecendo uma perspectiva que nos ajuda a recontar a história sobre quem somos como seres biofísicos.

Entender-se verdadeiramente, individual e coletivamente, como "estarmos *nos* e *através* dos relacionamentos" é a mudança de meta-design conceitual/perceptivo subjacente à transformação cultural que está em andamento. Estamos transformando uma humanidade globalizada, porém fragmentada e baseada na *narrativa da separação* e da competição, em redes globalmente cooperativas de culturas localmente adaptadas compartilhando uma *narrativa unificadora de interexistência.*

- P· **Como podemos criar uma cultura material regenerativa e um sistema industrial baseado na colaboração?**
- P· **Como podemos cocriar uma abordagem regenerativa para a agricultura que apoie a segurança alimentar e hídrica, mitigação das mudanças climáticas, economias locais, ecossistemas locais saudáveis e diversidade de produtos com base em biomateriais?**
- P· **Como seria uma economia regenerativa com relações predominantemente colaborativas?**
- P· **Entendendo que a vantagem colaborativa de longo prazo supera a vantagem competitiva de curto prazo como a estratégia de sucesso em sistemas saudáveis, como poderíamos redesenhar a forma como fazemos negócios?**

P · **Como vamos redesenhar nossos sistemas econômicos para refletir a percepção de que a participação colaborativa em relacionamentos que sustentam a vida é o princípio fundamental da evolução da vida?**

A partir de uma perspectiva sistêmica, conectada em escala e de longo prazo dos processos naturais, podemos começar a perceber que as interações isoladas e competitivas que observamos a partir de uma perspectiva de curto prazo estão, na verdade, inseridas em um contexto de colaboração sistêmica e de longo prazo. Todos os sistemas regenerativos são fundamentalmente colaborativos. A otimização do todo baseada em relações simbióticas a longo prazo é a marca dos sistemas regenerativos.

A *visão sistêmica da vida* (Capra, Luisi, 2014a), como um processo fundamentalmente interconectado e colaborativo, está nos convidando a redesenhar a presença humana na Terra com base em nossa nova compreensão do modo como a vida destrava a abundância através da colaboração. As práticas emergentes de ecologia industrial, *design* ecológico integrado e agricultura regenerativa, bem como o movimento em direção a economias circulares regenerativas baseadas em recursos biológicos regenerados localmente, fazem parte de um *redesign* fundamental que levará ao surgimento de culturas regenerativas. Os sistemas regenerativos são principalmente colaborativos, e culturas regenerativas são culturas de colaboração.

■ Redesenhar a agricultura para a soberania alimentar e subsidiariedade

> *O mundo precisa de uma mudança de paradigma para o desenvolvimento agrícola: de uma "revolução verde" a uma abordagem de "intensificação ecológica". Isso implica uma mudança rápida e significativa da produção industrial convencional, baseada em monocultivo e alta dependência de insumos externos, para os mosaicos de sistemas de produção regenerativa sustentáveis que também melhoram consideravelmente a produtividade dos pequenos agricultores. Precisamos ver uma mudança da gestão linear para uma holística, que reconhece que um agricultor não é apenas um produtor de produtos agrícolas, mas também um administrador de um sistema agroecológico que fornece um bom número de bens e serviços públicos (por exemplo, água, solo, paisagem, energia, biodiversidade e recreação).*
>
> ***Acorde antes que seja tarde demais, Relatório Unctad (2013: 2)***

Explorar a transformação em direção a uma cultura regenerativa sem olhar mais de perto como essa mudança profunda na sociedade depende da e reflete na maneira como nos alimentamos seria negligente. O setor primário - agricultura - é a base de uma cultura regenerativa próspera. Há muitas pessoas comprometidas que promovem a mudança para práticas agrícolas mais regenerativas, restaurativas e sustentáveis.

A agricultura biológica, a agricultura biodinâmica, a agricultura sustentável, a agrofloresta, a agroecologia, a permacultura e a agricultura regenerativa são apenas alguns dos nomes que descrevem metodologias relacionadas e muitas vezes complementares. Eles oferecem alternativas viáveis. Nossas práticas agrícolas industriais atuais não são apenas profundamente não econômicas (se os insumos de energia e fertilizantes são totalmente custeados), elas também estão destruindo a qualidade e diminuindo a quantidade da camada superior do solo do mundo, do qual nós e muito da vida dependemos.

Apesar de uma vasta quantidade de desinformação - em grande parte baseada em pesquisas financiadas pelo agronegócio químico -, a concepção equivocada de que a agricultura orgânica local não pode alimentar o mundo está sendo finalmente erradicada (Halweil, 2006; FAO, 2015). Desde a invenção da agricultura até muito recentemente, a humanidade se alimentou através de fazendas locais de pequena escala que empregam técnicas orgânicas para manter e melhorar a saúde do solo e os rendimentos agrícolas. Mesmo com a população global em rápida expansão durante o último século, a maioria dos alimentos que nutrem o mundo ainda vem de fazendas locais de pequena escala e é cultivada por mulheres (FAO, 2011).

Uma análise de 2013 da Conferência das Nações Unidas sobre Comércio e Desenvolvimento (Unctad) concluiu que a resposta adequada às mudanças climáticas e o desafio de alimentar uma população humana em perspectiva de 9 bilhões inclui mudanças transformadoras em nossos sistemas agrícolas, alimentares e comerciais. Precisamos aumentar a diversidade nas fazendas, reduzir o uso de fertilizantes e outros insumos externos e apoiar os agricultores locais a criar sistemas de alimentos locais vibrantes e resilientes (Unctad, 2013). Entre os principais desafios ou questões destacados no relatório estão:

- P· **Como podemos aumentar o conteúdo de carbono do solo e alcançar uma melhor integração entre a produção agrícola e pecuária *e* integrar agrofloresta e vegetação silvestre em práticas agrícolas?**
- P· **Como podemos reduzir drasticamente as emissões de gases de efeito estufa (GEE) associadas à produção pecuária?**

- **Como podemos reduzir as emissões de GEE através de manejo sustentável de turfeiras, florestas e pastagens?**
- **Como podemos otimizar o uso de fertilizantes orgânicos e inorgânicos, inclusive através de ciclos de nutrientes fechados?**
- **Como podemos reduzir o desperdício em toda a cadeia alimentar?**
- **Como podemos influenciar uma mudança nos padrões alimentares para o consumo de alimentos "climaticamente amigáveis"?**
- **Como podemos transformar o regime do comércio internacional de alimentos e agricultura?**

A "Via Campesina" é um movimento internacional de agricultores, indígenas, mulheres agricultoras, migrantes agrícolas e trabalhadores agrícolas, representando mais de 200 milhões de pequenos e médios produtores primários em 164 organizações locais e nacionais em 73 países. O principal objetivo desse imenso movimento global é "realizar a soberania alimentar" e criar uma resistência organizada contra uma globalização econômica que favorece as multinacionais predatórias.

Em suas próprias palavras, o movimento visa assegurar que "pequenos agricultores, incluindo pescadores, pastores e indígenas camponeses, que compõem quase metade das pessoas do mundo, sejam capazes de produzir alimentos para suas comunidades e alimentar o mundo de uma forma diferente, sustentável e saudável" (Via Campesina, 2011).

Sem a soberania alimentar, as comunidades e regiões perdem a resiliência e a vitalidade socioeconômica. A soberania alimentar descreve os direitos dos povos "a alimentos saudáveis e apropriados produzidos através de métodos sustentáveis" e o direito de "definir seu próprio sistema alimentar e agrícola". O fortalecimento da soberania alimentar regional é uma poderosa estratégia ganha-ganha-ganha na resposta às atuais crises de alimentos, desigualdade (pobreza) e clima. A implementação da soberania alimentar leva a sistemas agrícolas mais descentralizados e mais diversificados que estão ligados em rede a economias alimentares regionais. Isso cria redundâncias em diferentes escalas e aumenta a adaptabilidade e a resiliência.

> *A soberania alimentar prioriza a produção e o consumo de alimentos locais. Dá a um país o direito de proteger seus produtores locais de importações baratas e controlar a produção. Assegura que os direitos de uso e manejo de terras, territórios, água, sementes, gado e biodiversidade estão nas mãos daqueles que produzem alimentos e não do setor corporativo. Portanto, a implementação de*

uma reforma agrária genuína é uma das principais prioridades do movimento dos agricultores.

***La Via Campesina* (2011)**

Sem a soberania em alimentos, água e energia a nível regional, a subsidiariedade continuará a ser um ideal político. A subsidiariedade descreve os princípios de que qualquer autoridade central (política) deve ter uma função subsidiária de coordenação, realizando apenas as tarefas que não podem ser executadas a nível local e que as decisões devem ser tomadas o mais próximo possível e com o envolvimento dos cidadãos afetados por elas. Sem subsidiariedade, não poderemos desencadear os níveis de inovação transformadora de base local e participação cidadã ampla, necessárias para cocriar a transição para culturas regenerativas de maneira que promovam saúde, diversidade e adaptação local. Os atuais tratados comerciais globais e as políticas agrícolas desconsideram a subsidiariedade e direitos fundamentais das pessoas para a soberania de alimentos.

O movimento global Slow Food, fundado pelo italiano Carlo Petrini, visa promover a produção de alimentos "bons, limpos e justos" e cultivar as conexões saudáveis entre comida e cultura local, política, agricultura e meio ambiente. Um dos papéis do Slow Food foi catalisar a criação do Terra Madre, uma rede de redes que compreende organizações, cooperativas de produtores e comunidades de alimentos em 160 países. O Slow Food publicou um importante documento sobre *O Papel Central dos Alimentos*, convidando-nos a refletir sobre as seguintes questões (Petrini et al., 2012):

- **P· Como podemos fortalecer e recriar sistemas alimentares que aumentam a fertilidade do solo?**
- **P· Qual é a ligação entre alimentos saudáveis, água saudável e ar saudável?**
- **P· Como promover alimentos bons, limpos e justos e também agir na defesa da biodiversidade?**
- **P· Qual o papel da alimentação e da agricultura na manutenção das paisagens locais?**
- **P· De que maneira podemos usar a importância de alimentos bons, limpos e justos para a saúde das pessoas como forma de participar da produção e consumo sustentável de alimentos?**
- **P· Que papel a alimentação e a produção local de alimentos desempenham na manutenção da diversidade, do conhecimento e da memória bioculturais?**
- **P· Qual é o papel cultural da comida na promoção do prazer, relações sociais, convivência e compartilhamento?**

Há poucas maneiras melhores de engajar uma parte ampla da sociedade e das comunidades locais em um diálogo sobre a criação de uma cultura regenerativa do que começar com a questão da alimentação e como ela se relaciona com a saúde e o bem-estar de indivíduos, comunidades e ecossistemas. Agricultores locais e produtores de alimentos, e as relações que as comunidades locais constroem com eles, são criticamente importantes na criação de culturas regenerativas.

O Slow Food ajuda ativamente as pessoas a permanecerem no campo, incentivando os jovens a retornarem à agricultura, promovendo projetos de horticultura urbana e agricultura ao mesmo tempo em que criam redes de coprodutores que ligam os consumidores urbanos diretamente aos produtores rurais. A organização também está trabalhando ativamente para reduzir o desperdício de alimentos – um resultado direto de uma falha sistêmica estrutural no sistema industrial global de produção que transforma alimentos em commodities sujeitos à especulação.

A soberania alimentar local e a criação de uma economia local viva são pré-requisitos para a democracia participativa e para a vida socioeconômica vibrante da comunidade. A ampla participação dos cidadãos no fortalecimento das economias alimentares locais requer compartilhamento aberto de informações, educação continuada e aprendizagem ao longo da vida. O Slow Food, portanto, se engaja na educação como um meio de mudança cultural, promovendo e apoiando a "mutualidade, convivência, a pequena escala e a proteção do *commons*" (ibid: 22).

Muitas organizações inspiradoras têm promovido o *redesign* regenerativo da agricultura, a proteção de variedades crioulas contra monoculturas corporativas e a criação de economias alimentares locais baseadas na soberania alimentar, hídrica e de sementes, entre elas: a Sociedade Internacional de Ecologia e Cultura, fundada por Helena Norberg-Hodge, e a rede Navdanya, fundada pela física indiana Vandana Shiva. Economias locais de alimentos vibrantes favorecem a produção local para consumo local, quando possível, mas não se opõem categoricamente ao comércio.

Agricultura regenerativa: respostas efetivas às mudanças climáticas

O Relatório de Síntese da Avaliação do Ecossistema do Milênio da ONU (2005) chamou a agricultura de "a maior ameaça à biodiversidade e às funções do ecossistema de qualquer atividade humana isolada". Tudo o que fazemos depende da agricultura, e muitas práticas agrícolas atuais são profundamente insustentáveis. Ao redesenhar a maneira como "fazemos" a agricultura, podemos criar a base para o surgimento de culturas regenerativas em todos os lugares.

A chamada "revolução verde" da agricultura industrial de larga escala, com seu vício em recursos fósseis e sua degradação sistemática das comunidades agrícolas locais e a diversidade biocultural em favor de corporações multinacionais predatórias, tem sido um fracasso com efeitos desastrosos. Alternativas existem. A Soil Association no Reino Unido foi fundada em 1946, e o Instituto Rodale nos EUA em 1947; ambas as instituições promovem e desenvolvem abordagens de agricultura orgânica. Em 1972, foi fundada a Federação Internacional de Movimentos da Agricultura Orgânica (Ifoam). Agora tem organizações membros em 120 países.

Em abril de 2014, o Instituto Rodale publicou um artigo técnico que descreve como as técnicas agrícolas disponíveis hoje poderiam sequestrar quantidades suficientes de carbono atmosférico para reduzir a mudança climática e reduzir as concentrações de gases de efeito estufa a longo prazo, fixando carbono em solo agrícola. As práticas agrícolas regenerativas podem ajudar a construir solos férteis, a manter e, muitas vezes, aumentar os rendimentos agrícolas, e a apoiar a abundância ecológica nutrindo o funcionamento saudável dos ecossistemas:

> *Simplificando, dados recentes de sistemas agrícolas e testes de pastagens em todo o mundo mostram que poderíamos sequestrar mais de 100% das atuais emissões anuais de CO_2 com a mudança para práticas de manejo orgânico amplamente disponíveis e baratas, que chamamos de "agricultura orgânica regenerativa". Essas práticas trabalham para maximizar a fixação de carbono, minimizando a perda de carbono uma vez devolvida ao solo, revertendo o efeito estufa.*
>
> ***Rodale Institute (2014)***

Robert Rodale cunhou o termo "agricultura orgânica regenerativa" para indicar que essas práticas são mais do que simplesmente "sustentáveis", aproveitando as tendências naturais dos ecossistemas para se regenerarem quando perturbadas. A agricultura orgânica regenerativa é "uma abordagem holística de sistemas para a agricultura que incentiva a inovação contínua nas fazendas para o bem-estar ambiental, social, econômico e espiritual". Em geral, "a agricultura orgânica regenerativa é marcada por tendências em direção a ciclos fechados de nutrientes, maior diversidade na comunidade biológica, menos plantas anuais e mais plantas perenes e maior dependência de recursos internos ao invés de recursos externos" (Instituto Rodale, 2014).

As técnicas e metodologias utilizadas incluem a redução ou eliminação de lavoura em combinação com o plantio de culturas de cobertura, em pousios, em ciclos de rotação de culturas e a manutenção do resíduo dessas culturas na terra (cobertura verde). A compostagem – a decomposição aeróbica controlada de materiais orgânicos – e a adição desse composto rico em nutrientes e carbono ao solo como fertilizante é uma prática central da agricultura orgânica. Ela ajuda a acumular carbono no solo enquanto aumenta a fertilidade e a produção. O uso de plantas perenes, o aumento da diversidade de culturas, incluindo a produção de árvores e a manutenção de uma rica estrutura de solo através de plantas com sistemas radiculares espessos sustentam uma rede saudável de fungos micorrízicos e encorajam a fixação a longo prazo do carbono nos solos.

O Banco Mundial divulgou um relatório detalhado que analisa as diferentes "taxas de abatimento" de diferentes práticas de manejo da terra e a sua eficácia em diferentes regiões do mundo. O relatório destaca que "além de armazenar o carbono do solo, as tecnologias de manejo sustentável da terra podem ser benéficas para os agricultores porque podem aumentar os rendimentos e reduzir o custo de produção" (Banco Mundial, 2012: xvi). Uma das técnicas com maior pontuação para sua taxa de redução de gases de efeito estufa é a aplicação de biochar (ibid: xxiii).

Biochar pode ser obtido em fazendas da carbonização da biomassa através de pirólise ou gaseificação. A Iniciativa Internacional do Biochar sustenta que – aplicado corretamente – "o carbono no biochar resiste à degradação e pode reter carbono no solo por centenas a milhares de anos". Ele precisa ser aplicado em combinação com nutrientes orgânicos (por exemplo, composto líquido) para ter um efeito positivo sobre os rendimentos. "A coprodução de biocarvão e bioenergia pode ajudar a combater a mudança climática global ao deslocar o combustível fóssil usado e ao sequestrar carbono em reservatórios estáveis de carbono" (Biochar International, 2015).

A agricultura regenerativa e a ampla gama de metodologias de gestão de terras associadas a ela têm o potencial de criar múltiplas soluções ganha-ganha-ganha. Além de oferecer uma resposta oportuna ao espectro da mudança climática, essas técnicas ajudam a restaurar os solos, revitalizar as comunidades rurais, construir a soberania alimentar, hídrica e energética, e apoiar o processo de redistribuição da produção e do consumo – construindo assim resiliência sistêmica como base de culturas regenerativas prósperas.

A partir da década de 1960, o biólogo da vida selvagem Allan Savory desenvolveu uma metodologia particularmente promissora de agricultura regenerativa que poderia ser um divisor de águas para a mitigação das mudanças climáticas. O manejo holístico e sua técnica associada de "pastagem planejada holística" são baseados em uma abordagem de pensamento sistêmico que imita a natureza. O "Gerenciamento Holístico" da Savory é "um Sistema de Planejamento Agrícola Integral que ajuda agricultores, pecuaristas e administradores de terras a administrar melhor os recursos agrícolas para obter benefícios ambientais, econômicos e sociais sustentáveis".

Os quatro pilares dessa prática são o *Planejamento Financeiro Holístico* para "obter um lucro saudável"; *Planejamento Holístico de Pastagem* para gerenciar os efeitos do descanso da terra combinado com a interrupção periódica dos pastadores para melhorar a "saúde da terra e a saúde animal"; *Planejamento Holístico da Terra* para ajudar a "projetar o plano de propriedade ideal"; e *Monitoramento Biológico Holístico* usando técnicas simples para *feedback* sobre a saúde e produtividade da terra (Holistic Management International, 2015).

> *A Gestão Holísitica ensina as pessoas sobre a relação entre grandes rebanhos de herbívoros selvagens e as pastagens e, em seguida, ajuda as pessoas a desenvolver estratégias para o gerenciamento de rebanhos de animais domésticos, para imitar esses rebanhos selvagens, para curar a terra. [...] A Gestão Holística abraça e homenageia a complexidade da natureza e usa o modelo da natureza para trazer abordagens práticas para o gerenciamento e restauração da terra.*
>
> ***The Savory Institute (2015)***

Nos últimos quarenta anos, mais de 10 mil pessoas receberam treinamento em "Gestão Holística" e, globalmente, existem mais de 40 milhões de acres gerenciados usando esse sistema (Savory Institute, 2014). Com testes de campo de longo prazo em quatro continentes, alguns deles em andamento desde a década de 1970, a eficácia do manejo holístico está bem estabelecida.

Em um relatório de 2013, o Instituto sugeriu que o pastoreio holístico planejado poderia ser aplicado a aproximadamente 5 bilhões de hectares dos solos degradados do pasto para restaurá-los à saúde ideal e, assim, sequestrar mais de 10 gigatoneladas de carbono atmosférico na matéria orgânica do solo, "diminuindo assim as concentrações de gases de efeito estufa para níveis pré-industriais em questão de décadas. Ele também oferece um caminho para restaurar a produtividade agrícola, fornecendo empregos para milhares de pessoas em comunidades rurais, fornecendo proteína de alta qualidade para milhões e melhorando o habitat da vida selvagem e os recursos hídricos" (2013: 3). Ainda há algum debate científico sobre essas alegações e elas agora estão sendo avaliadas por meio de pesquisas e testes de campo.

Considero o manejo holístico um excelente exemplo de biomimética no nível dos ecossistemas. Sua prática é adaptada à singularidade do lugar e baseada nos princípios científicos e no conhecimento local. Os praticantes intervêm na dinâmica dos ecossistemas de pastagens degradadas substituindo pastores naturais ausentes (cuja ausência é frequentemente atribuída a práticas agrícolas passadas) com herbívoros domesticados como gado, ovelhas, cabras ou bisontes, girando-os sobre a paisagem em padrões que imitam a perturbação natural e adubação causada por rebanhos itinerantes de herbívoros.

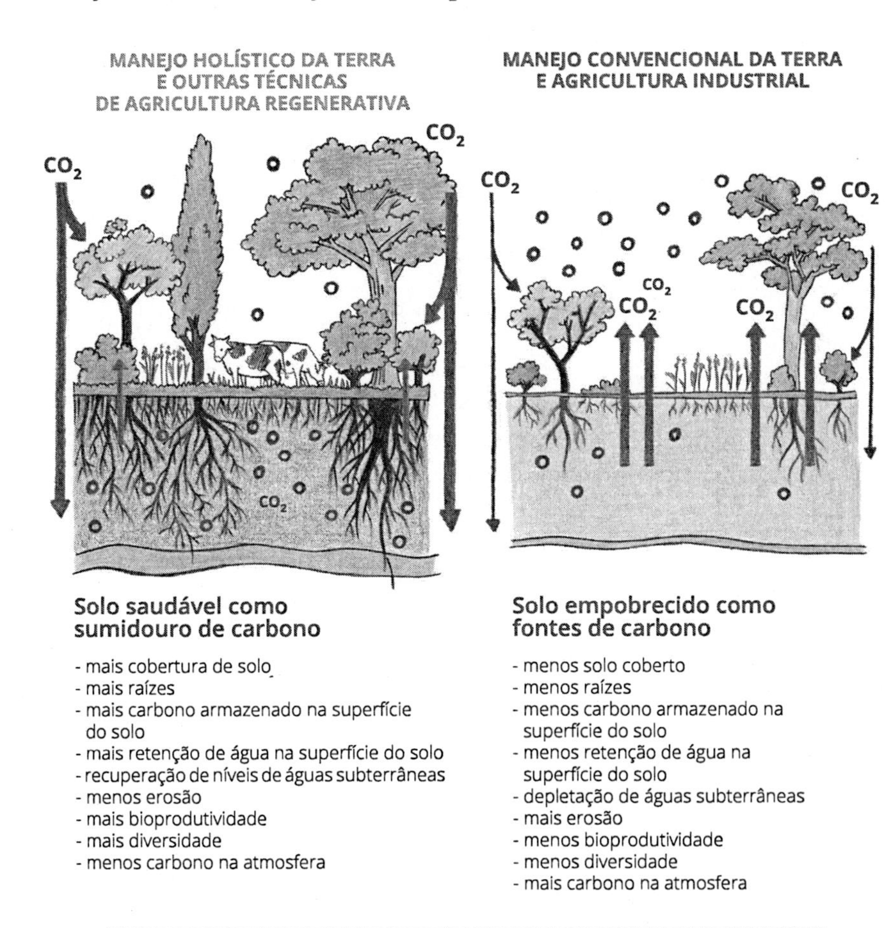

Figura 22: Comparação de gestão holística e convencional de terras

O Manejo Holístico influencia os processos ecossistêmicos naturais para apoiar a conversão da energia solar pelas plantas (fluxo de energia eficiente), melhorar a interceptação e retenção da precipitação pelo solo (ciclo da água efetivo), otimizar os ciclos de nutrientes (ciclo mineral efetivo) e promover "biodiversidade do ecossistema com misturas mais complexas e combinações de espécies de plantas desejáveis, também conhecidas como dinâmicas comunitárias" (2013: 9). Estamos começando a (re)aprender a agir como uma espécie-chave responsável e a participar apropriadamente no surgimento de mais saúde, maior bioprodutividade e diversidade vibrante nos ecossistemas que habitamos. A Figura 22 ilustra alguns dos múltiplos benefícios sinérgicos do manejo holístico da terra e do pastoreio holístico planejado.

Regeneração significa promover diversidade e resiliência acima e abaixo do solo, restaurar bacias hidrográficas e reabastecer os aquíferos. A agricultura regenerativa alimenta relações simbióticas inter e intraespécies para apoiar a saúde sistêmica. É um exemplo de design salutogênico (gerador de saúde). As dinâmicas de ecossistemas saudáveis são as medidas, o modelo e o mentor da agricultura regenerativa, que promete alimentar a humanidade enquanto restaura os ecossistemas, regulando o clima e aumentando a base de recursos das bioeconomias regionais.

Aprendendo e imitando ecossistemas saudáveis

> *Como os componentes dos ecossistemas são interdependentes, degradando ou melhorando um aspecto da saúde do ecossistema, todo o sistema também pode ser degradado ou melhorado. A reconstrução da matéria orgânica do solo bombeia dióxido de carbono para o solo e cria uma espiral ascendente de saúde do ecossistema. Tornar a saúde do solo uma meta central das políticas agrícolas em todo o mundo será essencial para alcançar a segurança alimentar e hídrica global e mitigar as mudanças climáticas.*
>
> ***Center for Food Safety (2014: 19)***

Desde os primórdios da agricultura industrial em larga escala escutam-se vozes sábias de advertência e discordância, junto com inovadores e pioneiros que buscam alternativas saudáveis. A indústria petroquímica promoveu agressivamente o uso de pesticidas e monoculturas em grande escala cultivados com maquinário pesado após a Segunda Guerra Mundial. Durante a chamada "revolução verde" nos anos 1950 e 1960, um punhado de corporações multinacionais efetivamente assumiu a maior parte da produção global de grãos. O solo tornou-se apenas um substrato para o crescimento e o resultado foi a rápida degradação da fazenda e das pastagens do mundo. Existem centenas de milhões de agricultores em todo o mundo, muitos deles aprendizes dedicados de ecossistemas e dos lugares únicos que habitam. Vamos dar uma olhada em alguns dos inovadores pioneiros que desenvolveram e aplicaram técnicas que apoiarão a transição para um sistema agrícola regenerativo.

O biólogo vegetal e agricultor Wes Jackson cofundou o The Land Institute em 1976 para trabalhar no "problema da agricultura" e ajudar a "desenvolver um sistema agrícola com a estabilidade ecológica da pradaria e rendimento de grãos comparável ao das culturas anuais". Wes Jackson adotou uma abordagem biomimética desde o início. A declaração da missão do Land Institute diz: "Quando as pessoas, a terra e a comunidade são como uma só, todos os três membros prosperam; quando eles se relacionam não como membros, mas como interesses concorrentes, todos os três são explorados. Ao consultar a Natureza como fonte e medida dessa associação, o The Land Institute procura desenvolver uma agricultura que evite que o solo seja perdido ou envenenado, ao mesmo tempo que promove uma vida comunitária próspera e duradoura" (Land Institute, 2015a).

Nos últimos 39 anos, o Land Institute desenvolveu uma proposta de "Agricultura de Sistemas Naturais" e demonstrou sua viabilidade científica. O extenso programa de melhoramento de plantas do instituto tem a visão de longo prazo de criar "uma pradaria doméstica produtora de grãos com os quatro grupos funcionais representados (gramíneas de estação quente e de estação fria, leguminosas, família de girassol)" (Jackson, 2002: 7). Seus esforços se concentram tanto em domesticar espécies silvestres como em transformar espécies anuais domesticadas em perenes.

O desenvolvimento de variedades perenes baseadas no melhoramento de plantas tradicionais leva o tempo de gerações. Wes Jackson adora ressaltar: "Se o trabalho de sua vida pode ser realizado durante o tempo de sua vida, você não está pensando grande o suficiente" (Land Institute, 2015b). Uma cultura regenerativa precisa de um pensamento a longo prazo! O Land Institute já teve seus primeiros sucessos; por exemplo, criando um novo grão perene que eles chamavam de "Kernza". Seu objetivo de longo prazo é "projetar uma agricultura que se baseie em padrões e processos ecológicos comprovados para alcançar a sustentabilidade, mudando a agricultura de extrativista e prejudicial para restauradora e alimentadora" (Land Institute, 2014). Desenvolver um sistema agrícola predominantemente baseado em grãos perenes é uma inovação transformadora de longo alcance do tipo "Horizonte 3", e podemos aprender muito ao longo do caminho.

No The Land Institute, os ecologistas estão explorando maneiras de cultivar grãos, sementes oleaginosas e leguminosas juntos, para que as terras cultiváveis possam mais uma vez se beneficiar das vantagens da diversificada vegetação perene. Esses novos arranjos culturais serão menos dependentes de fertilizantes à base de nitrogênio e mais bem equipados para ancorar o solo, praticamente eliminando a erosão e o escoamento químico, e prometendo um custo de energia muito menor. Eles interagem de forma complementar para gerenciar patógenos e pragas naturalmente, tudo isso enquanto fornecem alimento por anos sem replantio. Em muitas situações, as raízes profundas dos grãos perenes suportarão melhor a seca ou o dilúvio que provavelmente acompanhará as mudanças climáticas. Eles sequestram carbono, o que ajuda a reduzir os gases do efeito estufa, e hospedam microrganismos e invertebrados que contribuem para a saúde do solo.

Land Institute (2014)

A agricultura regenerativa concentra muita atenção à melhoria da qualidade do solo. A diversidade de microrganismos e micélios fúngicos no solo é a base para um sistema de agricultura regenerativa. As plantas precisam dos microrganismos e fungos no solo para absorver nutrientes de forma eficaz. As chamadas plantas de fixação de nitrogênio, usadas como adubo verde, não estão fixando o nitrogênio em si, mas sim em simbiose com bactérias (por exemplo, *Rhizobium*) que vivem em suas raízes. A agricultura industrial moderna tende a reduzir a diversidade de nutrientes que sustentam plantas saudáveis e resistentes a apenas três fertilizantes principais (fósforo, potássio e nitrogênio). Eles podem suportar um crescimento rápido e altos rendimentos (por um tempo), mas usados sem uma ampla variedade de nutrientes complementares, deixam as plantas mais vulneráveis a doenças e parasitas.

Outra prática agrícola comum que é colocada em questão pela agricultura regenerativa é o arado e o revolvimento do solo através do uso de máquinas pesadas (e, portanto, de compactação do solo). Deixar o solo exposto e revirá-lo leva a uma morte maciça de microrganismos benéficos no solo e pode levar à perda do solo superior, seja pelo vento (em condições secas) ou pela água. A compactação do solo destrói a capacidade de retenção de água do solo e torna as culturas vulneráveis a secas.

A técnica de aragem *key-line*, desenvolvida por Percival Yeomans na década de 1950, agora é aplicada com o arado desenvolvido por seu filho Allan. Envolve a remoção das linhas de contorno topográficas com uma inclinação muito gradual (aproximadamente 1 metro em 400 metros) para criar um perfil de superfície que reduz o escoamento de água e dá tempo para a água afundar no solo. A maioria das abordagens de agricultura regenerativa não transforma o solo e apenas corta o solo usando seu arado inovador (Yeomansplow, 2015). O arado simplesmente abre o solo para a água penetrar.

As ranhuras finas podem ser cortadas em diferentes profundidades e usadas para inocular o solo com microrganismos benéficos e micélios para ajudar no processo de construção do solo. Biochar inoculado com composto orgânico líquido pode ser alimentado nas ranhuras finas para enterramento de carbono ativo e construção do solo.

A manutenção de uma flora e fauna bacterianas e fúngicas saudáveis no solo aumenta o conteúdo de carbono no solo. As soluções ganha-ganha-ganha para restaurar os solos mais ricos do mundo, isolar ativamente o carbono atmosférico e criar um sistema agrícola local mais resiliente e produtivo estão praticamente implorando que engajemos agricultores locais em todos os lugares neste processo. O aumento do teor de carbono orgânico para a nossa camada superior do solo também tem o importante papel de aumentar a capacidade de retenção de água do solo (Rawls et al., 2003), e as culturas cultivadas nelas são mais resistentes a secas e a padrões climáticos instáveis. A agricultura regenerativa visa otimizar o ciclo hidrológico local, incluindo a recarga de aquíferos subterrâneos e a restauração de bacias hidrográficas saudáveis. “Espalhar! Devagar! Afundar!” É o mantra do diretor do Instituto da Água, Brock Dolman, que é um defensor fervoroso e praticante da gestão regenerativa de bacias hidrográficas.

A prática do Manejo Holístico mencionada no último capítulo também ajuda a aumentar a retenção de água no solo e é um meio eficaz de regenerar terras secas degradadas e até mesmo desertos. Aplicado na escala da fazenda, é também uma excelente estratégia para criar negócios agrícolas resilientes, regenerativos e lucrativos. Joel Salatin, da Polyface Farm, é um agricultor norte-americano que construiu uma fazenda modelo que atrai a atenção internacional. Ele criou um agroecossistema altamente produtivo e saudável, plantando árvores, cavando lagoas, construindo imensas pilhas de compostagem e criando vacas alimentadas com capim, que ele movimenta por toda a área com a ajuda de cercas elétricas portáteis. Imitando os padrões de pastoreio dos ecossistemas com diversos herbívoros, as vacas são seguidas por galinhas e porcos usando abrigos de animais móveis e inovadores. Cada espécie assume um papel específico na fertilização e no enriquecimento da diversidade da policultura de pradaria perene na qual ela se alimenta (Polyface, 2015a). A fazenda de 500 acres emprega dez pessoas e gera mais de US $ 1 milhão em vendas por meio de marketing direto para famílias locais, restaurantes e lojas de varejo. Joel Salatin descreve seu método de cultivo como um “modelo de produção simbiótico de relacionamento denso, sinérgico multiespeciado, que rende muito mais por hectare do que os modelos industriais” (Polyface, 2015b).

Os fazendeiros australianos Colin e Nicholas Seis transformaram sua fazenda de 2 mil acres, Winona, em New South Wales, em um exemplo internacionalmente aclamado de uma técnica chamada "cultivo de pastagens". As culturas de cereais são semeadas diretamente em pastagens perenes nativas, combinando o pastoreio e o cultivo em um único método de uso da terra com benefícios econômicos e ambientais sinérgicos. Colin Seis começou a desenvolver esta técnica em 1992, conduzindo um rebanho de 4 mil ovelhas merino e cultivando aveia, trigo e centeio de cereal na mesma terra. Nos últimos anos, tornou-se cada vez mais popular, com mais de 1.500 agricultores na Austrália passando a utilizar o método e agricultores no hemisfério norte adotando a mesma abordagem (Pasture Cropping, 2008).

Outro conjunto importante de técnicas necessárias para o sucesso da agricultura regenerativa é a produção de BioFertilizantes agrícolas, a fim de evitar os efeitos desastrosos, do ponto de vista econômico e ambiental, de fertilizantes artificiais caros e que consomem muita energia. Entre as técnicas utilizadas estão a compostagem de resíduos orgânicos na fazenda em combinação com microrganismos benéficos, micélios fúngicos e poeira de rocha para remineralização. Muitas novas técnicas de produção de fertilizantes orgânicos e testes de fertilidade do solo foram desenvolvidos por cientistas latino-americanos, entre eles o mexicano Eugenio Gras, o colombiano Jairo Rivera e o brasileiro Sebastião Pinheiro. Nos últimos anos, organizações como RegenAG (http://regenag.com/web/), Agricultura Regenerativa Ibérica (http://www.agriculturaregenerativa.es/pages/about-us/ari/), Regenerative Agriculture UK e MasHumus (https://elmanzano.org/tag/mashumus/) começaram a promover e a ensinar internacionalmente as diversas ferramentas da agricultura regenerativa.

Existem muitas abordagens complementares para ajudar a agricultura a possibilitar a transição para culturas regenerativas. Muitas pessoas que agora promovem a agricultura regenerativa são experientes praticantes de design de permacultura e professores. Bill Mollison e David Holmgren desenvolveram a permacultura na década de 1970. Este método sistemático, baseado no design, foi originalmente destinado a criar uma "agricultura permanente" e desde então tem sido expandido em uma abordagem multifacetada para criar uma "cultura permanente" (ou cultura regenerativa), com aplicações na dinâmica social, tomada de decisão, planejamento comunitário e economia.

Ao redor do mundo existem dezenas de milhares de pessoas treinadas em permacultura e milhares de fazendas de permacultura estabelecidas. Os Princípios e Ética do Projeto de Permacultura da Bill Mollison (2011) oferecem um conjunto útil de diretrizes para a criação de culturas adaptadas localmente, capazes de regeneração. *Essence of Permaculture* [Essência da Permacultura] pode ser baixado no site da Holmgren em nove idiomas diferentes (Holmgren, 2002). A "jardinagem florestal" é um método pré-histórico de produção de alimentos em muitas áreas tropicais. Robert Hart foi pioneiro em climas temperados e seu trabalho foi desenvolvido por Patrick Whitefield e Martin Crawford, que dirigem o Agroforestry Research Trust. A abordagem relacionada de "Analog Forestry" usa "florestas naturais como guias para criar paisagens ecologicamente estáveis e socioeconomicamente produtivas". Essa abordagem de sistemas inteiros para a silvicultura "minimiza os insumos externos, como os agrotóxicos e os combustíveis fósseis, e promove a função ecológica para a resiliência e a produtividade". Ranil Senanayake desenvolveu a abordagem "florestal analógica" no Sri Lanka no início dos anos 1980. Desde então, tornou-se uma rede global de profissionais com um padrão para os *Forest Garden Products* certificados (IAFN, 2015).

A agroecologia, promovida por Miguel Altieri (1995), também está muito alinhada com a mudança para uma agricultura regenerativa. Altieri fez um importante trabalho sobre a preservação do conhecimento e das técnicas agrícolas indígenas enquanto trabalhava para a Organização das Nações Unidas para Agricultura e Alimentação (Koohafkan, Altieri, 2010). Seu trabalho apoiou uma "revolução agroecológica na América Latina" para ajudar a curar ecossistemas naturais, criar soberania alimentar e apoiar camponeses (Altieri, Toledo, 2011).

Um aspecto importante e de alguma forma ainda pouco desenvolvido na restauração e agricultura regenerativa é a criação de relações entre plantas, cogumelos e solo, baseadas na simbiose micorrízica (ver Smith, Read, 2008). A manutenção de ecossistemas saudáveis do solo, em especial o apoio ao papel do micélio fúngico nas trocas de nutrientes solo-raiz-planta, decomposição da matéria orgânica e remediação do solo dos poluentes é um aspecto central da restauração regenerativa da agricultura e dos ecossistemas.

O *Mycelium Running: Como os cogumelos podem ajudar a salvar o mundo*, de Paul Stamets (2005), é um recurso inestimável para designers de cultura regenerativa. De fontes de proteína saborosas de alta qualidade, uso medicinal de amplo espectro e filtração de água, para aplicações na agricultura, silvicultura, remediação do solo e restauração de ecossistemas. Stamets explora *mycomimicry* e como podemos aplicar *mycorestoration* para beneficiar os ecossistemas e as pessoas. Tive o prazer de fazer várias caminhadas pelos cantos arborizados das Highlands escocesas com Paul. Ele acredita que ignoramos ou tememos nossos primos fúngicos por muito tempo. Cogumelos são os desmontadores moleculares da natureza. A maioria dos processos cíclicos e regenerativos que cuidam da decomposição, ciclos de nutrientes, fertilidade do solo, retenção de água no solo e saúde do solo envolvem micélios fúngicos.

Cogumelos também aprenderam a se defender contra infecções bacterianas e mostraram não apenas ter antibióticos, mas também propriedades antivirais e anticancerígenas. Eles praticamente "criaram a primeira internet", conectando ecossistemas florestais inteiros em uma rede de inteligência coletiva distribuída e simbiótica. Paul gosta de salientar que "após cada grande evento de extinção foram os cogumelos que herdaram a Terra" e ajudaram a vida a reiniciar.

A Stamets embutiu sua empresa, a Fungi Perfecti (https://fungi.com/), em um negócio verde de sucesso e entrou com uma longa lista de patentes (para proteger suas inovações contra o que ele chama de "os capitalistas abutres"). Seu trabalho e coleta de micélios fúngicos serão um recurso crítico, já que a regeneração de ecossistemas se torna uma atividade central para a humanidade no século XXI.

> *Em terra, toda a vida nasce do solo. O solo é uma moeda ecológica. Se gastarmos demais ou a esgotarmos, o ambiente vai à falência. Na prevenção ou reconstrução após uma catástrofe ambiental, os micologistas podem tornar-se artistas ambientais, concebendo paisagens para benefício humano e natural.*
>
> ***Paul Stamets (2005: 55)***

Há muitos praticantes comprometidos com as atividades agrícolas regenerativas e restauração de ecossistemas em todo o mundo. Podemos ter muita esperança de que a cocriação de culturas humanas regenerativas seja de fato uma possibilidade de nossa escolha. Exemplos esperançosos vão desde o reflorestamento das Highlands, com base no plano de negócios de 500 anos do Trees for Life da Scottish Charity (https://treesforlife.org.uk/) para trazer de volta a Floresta da Caledônia; a Treepeople (https://www.treepeople.org/), em Los Angeles, que trabalha com a bacia hidrográfica urbana e com a restauração de florestas urbanas comunitárias; The Wild Foundation (https://www.wild.org/), e quase trinta anos da Sociedade para a Restauração Ecológica (https://www.ser.org/). Pessoas de todas essas organizações e muitas outras como elas nos deram o conhecimento e a experiência para restaurar os ecossistemas e bacias hidrográficas do mundo. Em 2002, participei da Conferência Restaurar a Terra, quando mais de 200 pessoas, de quarenta países e seis continentes, declararam oficialmente o século XXI como o século da restauração da Terra. Vamos continuar trabalhando para essa visão em prol das gerações futuras e das nossas.

O premiado cineasta sino-americano e pesquisador sênior da União Internacional para a Conservação da Natureza (IUCN), John D. Liu, documentou uma série de projetos de regeneração em grande escala bem-sucedidos na China (Loess Plateau), Etiópia, Uganda e América Latina. Liu conclui: "Pelo que tenho visto, os fatores determinantes para a sobrevivência e sustentabilidade na Terra são a biodiversidade, a biomassa e o acúmulo de matéria orgânica, quanto mais, melhor". Ele sugere que "as lições do Platô de Loess mostram que é possível restaurar ecossistemas danificados em grande escala e que isso mitiga os impactos climáticos, torna a terra mais resiliente e aumenta a produtividade" (Liu, 2011, p.24). Seguindo essas ideias simples da restauração de ecossistemas, podemos criar a base para a regeneração.

Restaurar os ecossistemas do mundo e aumentar a bioprodutividade é um caminho para um futuro regenerativo. As fotografias de John Liu do projeto de restauração ambiental em grande escala no Platô de Loess na China (abaixo) demonstram que, como seres humanos, não estamos condenados a ter um impacto negativo na comunidade da vida. Podemos ser uma influência regenerativa e restauradora nos ecossistemas. Podemos projetar como natureza e gerar abundância compartilhada.

Figura 23: Projeto de restauração no platô de Loess, China – © The Environmental Media Project

A agricultura regenerativa é uma prática crescente de intensificação ecológica, baseada em sistemas integrados de produção de alimentos, que imitam os ecossistemas naturais e mantêm diversidade e resiliência tecendo a criação de animais, o cultivo de grãos, horticultura, pomares transformados em jardins florestais, lagoas de aquicultura e cultivo de cogumelos em agroecossistemas altamente produtivos que não apenas alimentam a humanidade, mas mantêm a saúde e a diversidade da comunidade biótica da Terra. Em ambientes urbanos, estamos vendo a evolução de parques e calçadas comestíveis, paredes verdes, agricultura vertical (Despommier, 2011), silvicultura urbana (Clark et al., 1997) e hortas comunitárias urbanas, entre muitas outras iniciativas de agricultura urbana. Terras selvagens, cidades e ecossistemas agrícolas podem ser repositórios e santuários para a diversidade de flora e fauna silvestre e domesticada do mundo.

Redesenhar a agricultura ao longo das linhas exploradas e demonstradas pelos pioneiros da agricultura orgânica regenerativa nos oferece uma maneira oportuna de evitar a fuga das mudanças climáticas e trabalhar para reduzir as concentrações de dióxido de carbono na atmosfera e nos oceanos. A agricultura regenerativa também ajudará a garantir a soberania alimentar, hídrica e energética de maneira global e localmente equitativa. No desafio de redesenhar toda a nossa cultura material e nos afastar das nossas atuais dependências de combustíveis fósseis e recursos da crosta terrestre, a agricultura regenerativa fornecerá fluxos de recursos regenerativos que serão a base de bioeconomias circulares vibrantes locais, regionais e globais.

Ao imitar cuidadosamente a natureza, podemos criar agroecossistemas que fornecem alimentos, água, energia e matéria-prima para nossa nova cultura material baseada na manufatura distribuída dentro de economias regionais, circulares e interconectadas em diferentes escalas. Em uma cultura regenerativa, faremos isso não apenas para atender às necessidades humanas de maneira equitativa. Ao regenerar as funções dos ecossistemas em uma escala local e planetária, pretendemos coevoluir com a vida como nossa comunidade maior – reconhecendo tanto o valor utilitário quanto intrínseco de toda a vida. A humanidade está amadurecendo e se tornando um membro consciente e responsável da comunidade da vida. *Como a vida, podemos criar condições propícias à vida!*

Redesenhando a economia baseada na ecologia

Fazer o mundo funcionar para 100% da humanidade no menor tempo possível, através da cooperação espontânea, sem ofensa ecológica ou a desvantagem de ninguém.

R. Buckminster Fuller

Muito do nosso comportamento cotidiano e atividade cultural é estruturalmente determinado por nossos sistemas monetários e econômicos. Seu redesenho é um facilitador crucial da transição para uma cultura regenerativa. Transformar nosso(s) sistema(s) econômico(s) em todas as escalas é uma audaciosa intervenção de projeto salutogênico, mas é a única maneira de podermos efetuar mudanças profundas o suficiente para evitar o colapso da civilização e danos futuros aos ecossistemas e à biosfera.

P· **É possível criar um sistema econômico regenerativo baseado na cooperação e não na competição?**

P· **Como as lições da ecologia – como a simbiose, os sistemas circulares sem desperdício e a otimização de sistemas integrais – influenciam o redesenho de nossos sistemas econômicos e monetários?**

Em linha com a intenção central do design de Buckminster Fuller, temos que nos perguntar: o nosso atual sistema econômico e monetário trabalha para 100% da humanidade sem ofensa ecológica e desvantagem para ninguém? Claramente não! Precisamos de novas regras econômicas e mudanças estruturais fundamentais que incentivem relacionamentos regenerativos e colaborativos. O sistema redesenhado precisará desencorajar o tipo de padrões de comportamento patológico que nossa atual narrativa de separação culturalmente dominante, apoiada pela biologia neodarwiniana e pela economia neoclássica, justifica e recompensa.

Como seres humanos, somos em nossa própria natureza compassivos e colaborativos, mas nossos atuais sistemas monetários e econômicos são baseados na narrativa da separação que cria e estimula a competição. Por muito tempo, contamos uma história sobre a natureza "vermelho no dente e na unha" e desculpamos o pior do comportamento humano como natural. Escassez é, principalmente, uma mentalidade e falta de colaboração não é uma realidade biofísica! A competição cria escassez, que por sua vez é usada para justificar o comportamento competitivo (um círculo vicioso). Os limites naturais das funções de bioprodutividade e ecossistemas saudáveis não criam escassez como tal. A colaboração pode transformar esses limites planetários naturais ao permitir restrições para criar abundância para todos dentro de ecossistemas saudáveis e uma biosfera também saudável. A colaboração cria uma abundância compartilhada, que por sua vez convida mais colaboração (um círculo virtuoso). Nós escolhemos o mundo que queremos trazer juntos!

Nossos sistemas econômicos precisam ser redesenhados para permitir, em vez de inibir, mudanças vitais em direção a uma melhora na saúde dos sistemas integrais. Quanto mais saudável for todo o sistema, mais abundância é gerada pelas funções dos ecossistemas saudáveis. Nosso atual sistema monetário gera dinheiro do nada, baseado em dívidas (toda vez que alguém toma um empréstimo). Juros diferenciais para emprestar e tomar emprestado, juntamente com os juros compostos, impulsionam ainda mais um sistema que não é apenas configurado como um jogo de ganhar ou perder, mas também requer crescimento econômico contínuo para continuar. Além disso, esse sistema depende da extração contínua de recursos naturais, transformando-os em ativos econômicos (privatizados) e externalizando os custos ecológicos e sociais. Este é um sistema estruturalmente insustentável.

Em vez de criar um meio de troca e uma reserva de valor que incentive a participação apropriada nos processos de sustentação da vida da biosfera, criamos um sistema monetário e econômico que orienta a exploração sistemática e a destruição do funcionamento saudável do ecossistema. Além disso, esse sistema mal projetado nos faz competir em vez de colaborar uns com os outros. Nossos sistemas monetários e econômicos profundamente insustentáveis estão na raiz de muitas das crises convergentes que nos rodeiam. Eles reforçam uma profecia autorrealizável de competição e escassez. Uma cultura regenerativa só surgirá se abordarmos essas mudanças estruturais necessárias e fundamentais.

Em seu site Peak Prosperity (https://www.peakprosperity.com/), Chris Martenson, um ex-executivo da Fortune 300, oferece um excelente curso intensivo, com uma série de pequenas apresentações em vídeo explorando as forças interconectadas de nosso sistema econômico estruturalmente disfuncional. A fase de crescimento econômico da economia global está chegando ao fim sistêmico (estrutural). Eu recomendo este recurso para todos dispostos a investir quatro horas para entender melhor por que a transformação econômica e cultural é inevitável e urgentemente necessária. Como um ecossistema que atinge a maturidade, nossos sistemas econômicos precisam mudar do crescimento quantitativo para o qualitativo, revitalizando as economias locais e regionais através da prosperidade que vem da colaboração e da resiliência da comunidade.

A palavra "regenerativa" em "cultura regenerativa" refere-se - em parte - à capacidade que uma cultura tem de se regenerar e se transformar em resposta à mudança. Mais importante, refere-se à capacidade de uma cultura de manter e regenerar funções saudáveis dos ecossistemas como base da verdadeira riqueza e bem-estar. Se finalmente entendermos que nossos atuais sistemas monetário e econômico não são adequados para o propósito, podemos iniciar mudanças estruturais que criarão condições para que a vida como um todo, incluindo toda a humanidade, prospere.

O fundador do Fórum Econômico Mundial, Klaus Schwab, disse na corrida para o fórum de 2012 que "o capitalismo, em sua forma atual, não se encaixa mais com o mundo ao nosso redor [...] uma transformação global é urgentemente necessária" (Economic Times, 2012). No Capítulo 5, exploramos como o design continua a projetar, como há um *feedback* autorreforçador entre nossa visão de mundo e projetos que reforçam a maneira como vemos o mundo. Precisamos sair desse círculo vicioso de más decisões econômicas - elas reforçam uma perspectiva de escassez, separação e competição que impulsiona a degradação ecológica e social. Os seres humanos projetaram este sistema e os seres humanos podem redesenhá-lo para servir as pessoas e o planeta.

Nada sobre o nosso atual sistema econômico é inevitável ou imutável. Lembre-se, a economia é, na melhor das hipóteses, um "sistema de gestão" e, na pior das hipóteses, uma ideologia perigosa. Ao contrário da biologia e da ecologia, a economia não é uma ciência. Criamos nosso atual sistema econômico e podemos redesenhá-lo, com base em percepções ecológicas, para melhor servir ao nosso propósito comum: promover a saúde e o bem-estar da humanidade e da comunidade da vida. Redesenhar a economia a partir do zero nos desafia a projetar novos sistemas monetários, políticas de comércio e instituições financeiras, assim como economias locais vivas encadeadas e bioeconomias circulares de base regional, apoiadas por colaboração global e compartilhamento de recursos e informações.

O fracasso estrutural do sistema atual não é mais uma hipótese provocativa de alguns líderes de pensamento. O Banco Mundial, as Nações Unidas, as instituições financeiras do mundo, muitos líderes políticos e, mais importante, uma onda de cidadãos globais cada vez mais informados, reconheceram a disfuncionalidade do atual sistema econômico e monetário. Somos desafiados a redesenhar o avião em que estamos em pleno voo. A necessidade do "Horizonte 1" - manter as luzes acesas e as pessoas alimentadas e em empregos - está levando muitas pessoas em cargos de liderança a reagirem a ciclos eleitorais e econômicos de curto prazo com pouco espaço de manobra, em vez de iniciar mudanças transformadoras com benefícios de longo prazo da humanidade e da vida em mente. Esse bloqueio estrutural impulsiona os negócios como de costume. Aqui estão apenas algumas das principais falhas no atual sistema monetário e econômico:

- O dinheiro como dívida criada a partir do nada conduz à extrema desigualdade e define a "concorrência" como regra.

- Juros compostos sobre empréstimos e depósitos criam uma bomba-relógio econômica que impulsiona a necessidade perversa de crescimento exponencial e consumo desenfreado, estabelecendo estruturalmente um campo de jogo em que se ganha e perde, em vez de vencer.

- Medidas inadequadas e equivocadas de sucesso econômico, como o PIB, desviam nossa atenção da criação de saúde e bem-estar sistêmicos (preocupação com a qualidade) para o desempenho econômico (preocupação com a quantidade).

- Subsídios anacrônicos e políticas de comércio internacional estabelecidas sob o domínio econômico de grandes lobbies favorecem o tipo errado de indústrias e fontes de energia.

- As atuais regras comerciais favorecem os ganhos financeiros para os acionistas de empresas multinacionais, mas sabotam a produção e o consumo local e regional (em detrimento da maioria dos 5 bilhões de pobres e das funções dos ecossistemas).

- Os sistemas fiscais que são estabelecidos para o trabalho fiscal, em vez de uso de recursos, aumentam estruturalmente a desigualdade e promovem a degradação ambiental e social.

- A criação de valor é baseada em um sistema exploratório de extração, produção e consumo que externaliza os custos sociais e ecológicos da degradação de nossa base de recursos, causando perigosas mudanças climáticas.

- O fluxo de investimentos e subsídios não está apoiando atividades e tecnologias salutogênicas e regenerativas, como seria o caso se a criação de valor fosse baseada em funções de ecossistemas saudáveis e regeneração.

Os sistemas econômicos e monetários, tal como estão, são estruturalmente disfuncionais e, na melhor das hipóteses, servem apenas a alguns (por enquanto). Sob nenhuma circunstância eles vão entregar uma vida saudável, significativa e feliz para todos. Em um planeta lotado, com ecossistemas fracassados, temos que aprender que competir com outros ao mesmo tempo em que destrói os sistemas de suporte à vida planetária não é uma estratégia evolutiva de sucesso. Jogos de perde e ganha a longo prazo se transformam em jogos de perde e perde.

Começando com os pontos de alavancagem sistêmica mencionados acima, podemos transformar nossa economia global e fortalecer economias regionais e locais resilientes como as bases de culturas prósperas, diversificadas e regenerativas. Se quisermos criar economias saudáveis que protejam e não destruam os ecossistemas locais, precisaremos reescrever as regras do comércio internacional de maneira que incluam os custos sociais e ecológicos da produção e do consumo, além do comércio. Precisamos proteger as economias locais das importações "baratas" possibilitadas por subsídios ocultos, externalização dos custos reais e terceirização da produção (explorando a desigualdade internacional). Relocalizar e rerregionalizar a economia – mantendo a colaboração internacional e o comércio justo – cria empregos e resiliência da comunidade. Apoia uma economia de impacto social e ecológico positivo.

O dogma econômico neoclássico chamaria isso de "protecionismo" e se oporia a ele porque "precisamos de desregulamentação em vez de regulamentação para garantir o livre mercado". Que mito onipresente este assim chamado mercado livre está provando ser! Em uma resposta automática condicionada, muitas pessoas inteligentes defenderão um ideal (o livre mercado) que simplesmente não existe. Kenny Ausubel, cofundador da Bioneers, acertou em cheio:

> *O mundo está sofrendo com os incentivos perversos do "capitalismo antinatural". Quando as pessoas dizem "mercado livre", pergunto se livre é um verbo. Nós não temos um mercado livre, mas um mercado altamente gerenciado e frequentemente monopolizado. [...] Temos bancos e empresas que são "grandes demais para fracassar", mas na verdade são grandes demais para não fracassar. Os extremos resultantes da concentração da riqueza e do poder político são muito ruins para os negócios e a economia (para não mencionar o meio ambiente, os direitos humanos e a democracia). Um resultado é que as pequenas empresas não podem avançar muito contra os grandes jogadores com legiões de advogados e lobistas do Capitólio, quando na verdade são pequenas e médias empresas que fornecem a maioria dos empregos e inovação.*
>
> ***Kenny Ausubel in Harman (2013: 77)***

A transformação do nosso sistema econômico já está em andamento. Inovadores sociais, culturais, ecológicos e econômicos em todo o mundo já estão oferecendo e explorando uma infinidade de alternativas. Nossos sistemas socioeconômicos estão sendo reinventados desde o início. Em *Money and Sustainability – The Missing Link*, Bernard Lietaer e seus colegas (2012) exploram uma variedade de maneiras pelas quais moedas regionais complementares podem ser projetadas para lidar com os problemas criados por nosso atual sistema monetário. Já começamos a fazer diferentes perguntas sobre o propósito e os objetivos da economia e do dinheiro:

P· **Como podemos reinventar nosso sistema econômico para curar sua atual disfuncionalidade estrutural e criar uma economia que esteja a serviço de todas as pessoas e do planeta?**
P· **Que tipo de sistemas monetários nos serviriam em que escala?**
P· **Podemos projetar uma moeda de reserva integral baseada na capacidade bioprodutiva, na biodiversidade e no funcionamento saudável dos ecossistemas?**
P· **Como seriam as bioeconomias circulares e como as criamos efetivamente, e em que escala?**
P· **Que tipo de sistema econômico nos ajudaria a otimizar o compartilhamento de recursos e a criação de recursos (biologicamente regenerativos) local, regional e globalmente?**
P· **Como seriam uma "economia para o *commons*", uma "economia da felicidade" e uma "economia sagrada" em nossa comunidade e como cocriá-las?**
P· **Como podem as novas regras na economia facilitar uma partilha justa e uma responsabilidade comum pelos *commons* globais?**
P· **Como criamos sistemas monetários e econômicos em que o valor é, em última análise, baseado no funcionamento saudável do ecossistema e onde a regeneração ecológica e social é estruturalmente incentivada?**
P· **Como a alfabetização ecológica e o aprendizado do resto da natureza podem nos ajudar a redesenhar um sistema econômico mais adequado para uma cultura regenerativa?**

Eu não posso fazer justiça a essas importantes perguntas aqui. Mas vou destacar alguns dos excelentes trabalhos de pessoas que, em minha opinião, têm uma peça do quebra-cabeça. Todas essas abordagens são baseadas no importante *insight* ecológico de que sistemas regenerativos na natureza são colaborativos. O compartilhamento eficaz de recursos em sistemas naturais é baseado na colaboração em padrões circulares de uso e regeneração de recursos. A criação de um sistema econômico saudável exige que atendamos às necessidades da humanidade dentro dos limites da bioprodutividade anual do planeta e, ao mesmo tempo, tentamos regenerar a capacidade bioprodutiva dos ecossistemas danificados em todos os lugares. Willem Ferwerda, membro executivo da Escola de Administração de Roterdã e assessor especial da IUCN, explica por que a restauração de ecossistemas danificados é um imperativo econômico:

> *Os ecossistemas formam a base de toda a criação de riqueza. Os serviços ecossistêmicos fluem do capital natural e são o principal ativo de um investidor. [...] Os ecossistemas proporcionam às sociedades fertilidade do solo, alimentos, água, abrigo, bens e serviços, medicamentos, estabilidade, prazer, conhecimento e lazer. [...] Hoje, 60% dos serviços fornecidos pelos ecossistemas estão ameaçados. As atividades econômicas voltadas para a obtenção de riqueza de curto prazo estão destruindo ecossistemas em todo o mundo e, portanto, o principal ativo das economias. A restauração de ecossistemas danificados é essencial para garantir a subsistência das gerações futuras.*
>
> ***Willem Ferwerda (2012: 13)***

Criando economias circulares

> *A economia circular refere-se a uma economia industrial que é restaurativa pela intenção; pretende contar com energia renovável; minimiza, rastreia e elimina o uso de produtos químicos tóxicos; e erradica o desperdício através de um design cuidadoso. O termo vai além da mecânica de produção e consumo de bens e serviços [...] (exemplos incluem reconstrução de capital, social e natural, e a mudança de consumidor para usuário). O conceito da economia circular baseia-se no estudo de sistemas vivos não lineares e particulares. Um dos principais resultados de obter* insights *de sistemas vivos é a noção de otimização de sistemas, em vez de componentes.*
>
> ***Ellen MacArthur Foundation (2013a)***

As perguntas sobre como criar uma economia circular e regenerativa baseada nos padrões de recursos e fluxo de energia que podemos observar nos ecossistemas inspiraram líderes de pensamento e inovadores em design ecológico e economia ecológica por várias décadas; agora essas perguntas estão sendo feitas por instituições financeiras globais, pela Comissão Europeia, empresas líderes e consultorias tradicionais como a McKinsey. Escolho considerar isso como um sinal positivo de que as conversas culturalmente criativas iniciadas por pioneiros ecologicamente instruídos há décadas estão começando a atingir massa crítica para uma resposta cultural transformadora às crises convergentes.

Nos últimos anos, o trabalho da fundação Ellen MacArthur e sua iniciativa CE100 (https://www.ellenmacarthurfoundation.org/our-work/activities/ce100) levaram a conversa sobre como facilitar a transição para uma economia circular para salas de reuniões corporativas em todo o mundo. O CE100 une empresas e autoridades locais em diferentes regiões do mundo, com inovadores em design ecológico, para permitir troca rápida de informações e inteligência coletiva. O objetivo é facilitar a implementação rápida de melhorias nos processos industriais que, segundo estimativas, valem mais de US $ 1 trilhão para a economia global. O CE100 oferece a melhor prática e o melhor banco de dados de processos para que as empresas possam aprender com as experiências umas das outras. Também oferece um programa de educação executiva on-line para trazer os líderes do setor e suas equipes de gestão e mantê-los informados.

O tipo de transformação necessária para implementar a abordagem da economia circular local, regional e global só pode ocorrer se for impulsionada pela colaboração generalizada e transversal aos setores. Os líderes de negócios estão despertando para os múltiplos benefícios de se concentrar na *vantagem colaborativa*, em vez de na *vantagem competitiva*. Sistemas regenerativos são definidos pela colaboração e soluções ganha-ganha-ganha, em vez de competição e jogos de soma zero criando vencedores e perdedores.

Walter Stahel (2014) destaca características de uma economia circular que a distingue de uma economia linear baseada na extração, produção, consumo e disposição (resíduos):

1. "Quanto menor o ciclo (em termos de atividade e geografia), mais lucrativo e eficiente o recurso é." O objetivo não é criar uma economia circular globalizada, mas a estratégia mais eficaz é vincular apropriadamente escalas de múltiplas economias circulares nas esferas locais, regionais e globais.

2. "Os ciclos não têm começo nem fim", por isso exigem colaboração contínua ao longo de toda a cadeia de valor.

3. “A velocidade dos fluxos circulares é crucial: a eficiência do gerenciamento de estoque na economia circular aumenta com uma velocidade de fluxo decrescente”; e, portanto, as empresas terão de repensar estratégias baseadas na “obsolescência planejada” e criar produtos duráveis e de alta qualidade.

4. “A posse contínua é econômica: reutilizar, reparar e remanufaturar sem mudança de propriedade, exceto custos de transação duplicados.” Isso cria um incentivo para as empresas venderem (arrendarem) o uso ou serviço fornecido por seus produtos, em vez dos próprios produtos.

5. “Uma economia circular precisa de mercados funcionais.”

O atual sistema de mercado, longe de ser um mercado livre, é regulado de forma a privatizar os lucros e externalizar os custos dos danos sociais e ambientais causados na fabricação, distribuição e descarte do produto como “danos colaterais”, em vez de incluí-los na real contabilidade de custos de um determinado produto. Para criar mercados que funcionem, precisamos de legislação que insista em que os custos sociais e ambientais sejam incluídos na precificação de produtos, e uma mudança da tributação do trabalho para a tributação do uso de recursos e energia.

A mudança de uma economia linear para uma economia circular tem múltiplos benefícios econômicos, sociais e ambientais. Em 2014, a equipe da McKinsey sugeriu que a economia circular já “está começando a ajudar as empresas a criar mais valor, reduzindo sua dependência de recursos escassos”. Eles concluíram que “a era de ignorar amplamente os custos dos recursos acabou” e que os líderes empresariais estão começando a fazer a importante pergunta: “poderia um sistema industrial que seja regenerativo pelo design – uma economia circular que restaura insumos materiais, energéticos e trabalhistas – ser bom tanto para a sociedade quanto para os negócios?” (Nguyen et al., 2014).

A Renault criou uma fábrica de remanufatura, onde muitos componentes mecânicos de seus carros são remanufaturados. O projeto para desmontagem, reciclagem de material em circuito fechado e trabalho sistemático ao longo de toda a cadeia de suprimentos trouxe maior lucratividade, juntamente com uma ampla diversidade de benefícios ambientais. A Renault está aplicando a inovação do Horizonte 2, adotando medidas já lucrativas em direção a uma economia circular. A equipe da McKinsey destacou que há:

um corpo crescente de evidências sugerindo que as oportunidades de negócios em uma economia circular são reais – e grandes [...] De fato, nossa pesquisa sugere que apenas a economia em material poderia exceder US$1 trilhão por ano até 2025 e que, sob as condições certas, uma economia circular pode se tornar um impulsionador tangível da inovação industrial global, criação de empregos e crescimento para o século XXI.

Hanh Nguyen et al. (2014)

O CEO da Philips, Frans van Houten, acredita que estamos "à beira de uma nova revolução econômica" e precisaremos de um repensar fundamental de como definimos "valor" e "propriedade". De acordo com os *insights* de Stahel sobre o ótimo funcionamento das economias circulares, ele sugere: "Talvez, em vez de vender produtos, empresas como a Philips devam manter a propriedade e vender seu uso como serviço, permitindo otimizar o uso de recursos" (van Houten, 2014). Em uma entrevista sobre o trabalho dentro da Philips, ele disse: "É recompensador ver como as pessoas podem se entusiasmar quando aprendem o que podem fazer do ponto de vista do pensamento circular" (Fleming, Zils, 2014). Entusiasmo é estimulado pelo significado e não apenas pelo dinheiro. Dada a chance, a maioria das pessoas prefere que seu trabalho diário contribua para a criação de uma cultura regenerativa, em vez de simplesmente pagar suas contas no Titanic.

Até que ponto esse aumento no interesse pela "economia circular" levará à verdadeira inovação do Horizonte 2+, que constrói uma ponte para a transformação cultural mais ampla (H3), ao invés de ser capturada pelo *business as usual* (H1) e transformar-se na inovação em H2, dependerá da profundidade com que essa abordagem transforma os negócios e as instituições que participam dela. Se as grandes empresas multinacionais detêm a propriedade sobre seus produtos e apenas vendem o acesso a eles, isso poderia impulsionar ainda mais a desigualdade e criar dependências injustas para os usuários do produto.

Para alcançar a transformação do tipo H2+ e H3, os múltiplos benefícios sociais, econômicos e ambientais da abordagem da economia circular devem ser comunicados e compreendidos por toda a força de trabalho, não apenas pela alta gerência. As mudanças técnicas no design do produto, processos de produção e ciclos de vida do produto precisam ser contextualizadas dentro da mudança cultural mais ampla para comunidades locais e regionais mais prósperas e uma cultura regenerativa. A mudança transformadora na produção e no consumo não será apenas uma mudança no como, mas também uma mudança no porquê e, como tal, transformará a própria natureza das grandes corporações. Acredito que o futuro deles está no papel de parceiros de conhecimento global que apoiam a manufatura distribuída, facilitando a colaboração global-local.

O diagrama esquemático na Figura 24 foi criado pela Fundação Ellen MacArthur e mapeia os vários elementos de uma economia circular.

Tive a oportunidade de experimentar em primeira mão como a visão de cocriar um projeto de economia circular de base regional pode inspirar as pessoas e criar ampla colaboração entre as partes interessadas previamente isoladas. Enquanto o Projeto Glocal em Maiorca, para Ecover e em colaboração com o Fórum para o Futuro, mencionado no Capítulo 5, que foi colocado em espera após o piloto inicial, já criou uma mudança de atitude entre muitos dos participantes baseados na ilha. Nosso trabalho semeou um novo modo de pensar que é mais sistêmico, explora o potencial de conectar os laços e as colaborações necessárias para fazê-lo efetivamente. Outras empresas estão começando a demonstrar interesse por esse experimento de inovação de longo alcance sobre como criar bioeconomias circulares em escala de ilha.

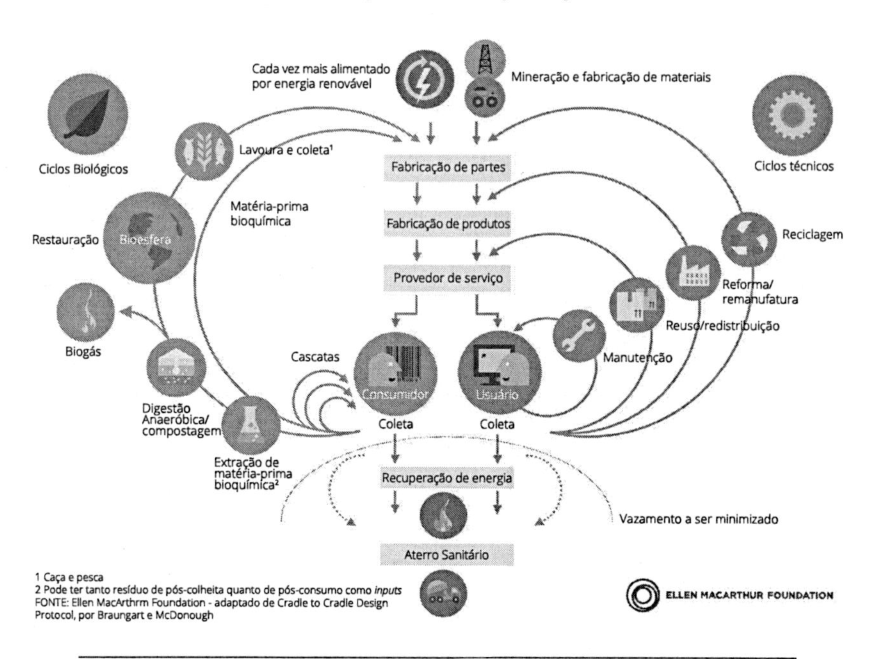

Figura 24: Economia circular – reproduzida com permissão da Fundação Ellen MacArthur

Outro projeto do Fórum para o Futuro, com a especialista em reciclagem de alumínio Novelis Inc., apoiou a criação da maior fábrica de reciclagem de alumínio do mundo, na Alemanha. Espera-se que a instalação processe 400 mil toneladas métricas de sucata de alumínio a cada ano em um processo otimizado que reduza as emissões de carbono e torne esse metal valioso disponível para reutilização na indústria de latas e automotiva. A mudança é do tradicional "pensamento da cadeia de suprimentos" para o "pensamento de rede de valor". A abordagem cria e incentiva novas maneiras de colaborar na criação de soluções ganha-ganha-ganha. John Gardner (2014), vice-presidente e diretor de sustentabilidade da Novelis, chama isso de "inovação disruptiva por meio da colaboração". Uma vez que a abordagem da economia circular está mais efetivamente vinculada a uma regionalização da produção e do consumo, essa inovação disruptiva se desenvolverá em inovação transformadora para as culturas regenerativas. Regionalmente, as bioeconomias circulares criarão empregos e economias regionais vibrantes.

Em direção a uma economia regenerativa

Em última análise, precisamos transformar as finanças e mudar o fluxo de capital de investimento para perpetuar uma Economia Regenerativa que serve à humanidade e é, ao mesmo tempo, um administrador dos ecossistemas da Terra. [...] A transição para uma Economia Regenerativa é sobre ver o mundo de uma maneira diferente – uma mudança para uma visão de mundo ecológica em que a natureza é o modelo. O processo regenerativo que define sistemas prósperos e vivos deve definir o próprio sistema econômico.

John Fullerton, Hunter Lovins (2013)

Redesenhar nosso sistema industrial de produção e consumo em torno dos padrões circulares de uso de recursos e energia que observamos em ecossistemas maduros é apenas uma parte do redesenho de nossa economia usando as percepções da ecologia. Criar uma economia verdadeiramente regenerativa nos desafia a fazer perguntas mais profundas e a iniciar mudanças transformadoras mais abrangentes. O crash da bolsa de valores de setembro de 2008 chocou muitos economistas tradicionais ao fazê-los perceber que o sistema atual é fundamentalmente disfuncional. Alguns deles, desde então, tornaram-se agentes efetivos de mudança na transição para uma cultura regenerativa. Em vez de condenar essas pessoas altamente inteligentes, bem conectadas, com bons recursos e extremamente capazes por seus papéis na criação de parte da bagunça do Horizonte 1 (da qual todos nós tivemos participação), devemos celebrar o novo apoio das pessoas que têm acesso a importantes tomadores de decisão e é respeitado por eles.

John Fullerton, diretor administrativo do J.P. Morgan até 2002 e agora membro do Clube de Roma e presidente do Capital Institute, é um dos facilitadores mais ativos do diálogo sobre como podemos criar uma economia regenerativa. Ele publicou uma lista de princípios que poderiam ser usados para caracterizar uma economia regenerativa (Fullerton, 2015). Se transformarmos a lista de qualidades propostas de uma economia regenerativa em questões norteadoras, elas podem soar assim:

- P · **Como criamos uma economia com suas operações baseadas em relacionamentos cooperativos (entre si e dentro da ecosfera)?**
- P · **Como uma economia regenerativa alimentaria o espírito empreendedor?**
- P · **Como uma economia regenerativa permitiria uma participação fortalecida?**
- P · **Como podemos garantir que a economia promova fluxos circulares robustos?**
- P · **Como projetaríamos mecanismos de balanceamento (ciclos de *feedback*) na economia?**
- P · **Como podemos enriquecer as interações em nossa economia imitando "o efeito de borda" (o ponto onde dois ecossistemas e sua diversidade se encontram)?**
- P · **Como podemos nutrir atividades econômicas regenerativas que honram o lugar expressando a cultura e a ecologia do lugar em seus relacionamentos?**
- P · **Como seria uma economia que vê a riqueza como holística?**

Perguntas como essas podem servir como ativadores de conversas importantes em sua comunidade local, em uma sala de diretoria ou no diálogo político recém-animado sobre o redesenho da economia.

Uma economia regenerativa teria "trocas adicionadas de valor crítico" ocorrendo dentro de redes de relações recíprocas "em contraste com transações comoditizadas" (ibid). Um aspecto importante da transição para tal sistema é encorajar as pessoas a "descobrirem sua essência, inovarem e criarem novamente em todos os setores e atividades da sociedade, não apenas no setor empresarial". Para estimular a participação, as pessoas precisam se sentir capacitadas para contribuir para uma economia humana saudável, "negociando em seus próprios interesses iluminados, como eles naturalmente promovem a saúde do todo" (ibid). Se aprendermos a compreender a riqueza holisticamente, em vez de apenas em termos monetários, compreenderemos que, ao regenerar a saúde e a riqueza de nossas comunidades e ecossistemas, estamos criando riqueza para todos.

Os fluxos materiais de uma economia regenerativa imitarão "o processo metabólico encontrado em sistemas vivos resilientes", com os resíduos sendo totalmente reciclados ou reciclados em um "fluxo contínuo, produtivo, circulatório e aumento de valor" (ver economia circular). O fluxo de informações e dinheiro seguiria padrões semelhantes. Os processos de autorregulação e os ciclos de *feedback* mantêm o equilíbrio dinâmico nos ecossistemas; por analogia, "um sistema econômico e financeiro regenerativo busca um equilíbrio entre eficiência e resiliência, global e local, grande e pequeno, diversidade e uniformidade, inovação e conservação, flexibilidade e restrição" (ibid).

Vincular apropriadamente as escalas local, regional e global de sistemas regenerativos aninhados através da colaboração será uma conquista central de uma economia regenerativa. Tal projeto de vinculação de escala alimentaria "comunidades estáveis e saudáveis, localmente, regionalmente e globalmente, tanto reais quanto virtuais, em um mosaico conectado, centrado no lugar" (ibid). A colaboração em escala entre as diferentes "economias vivas locais" (BALLE, 2012) e economias regionais dentro de
um contexto global será um aspecto importante da criação e manutenção de maior equidade local e globalmente.

A riqueza compreendida holisticamente é expressa principalmente na saúde de todo o sistema. Muitos aspectos de sistemas socioecológicos saudáveis e uma cultura regenerativa não são redutíveis a valores e números monetários. Eles evitam a quantificação, uma vez que são qualidades enraizadas em serem nutridas e alimentadas por relacionamentos colaborativos.

Uma economia regenerativa redefinirá a riqueza em termos de múltiplos tipos de capital, em vez de apenas capital financeiro. Ethan Roland e Gregory Landua propuseram um mapa da economia para todo o sistema que concebe a riqueza como baseada em oito formas de capital: capital vivo, cultural, experiencial, intelectual, espiritual, social, material e financeiro (2011). Revisitaremos esse modelo com mais detalhes quando explorarmos o papel do empreendimento regenerativo.

O redirecionamento do fluxo de capital financeiro do especulativo para a economia real e de empresas exploradoras e destrutivas para empresas regeneradoras e *for-benefit* é também um passo crucial para a criação de uma economia regenerativa. A Ethical Markets Media (http://www.ethicalmarkets.com/), uma empresa social criada por Hazel Henderson, vem relatando histórias de sucesso da transição para uma economia verde há mais de dez anos. O "Painel de Transição Verde" da organização monitora a quantidade de investimento verde privado globalmente e mostrou um aumento constante nos últimos dez anos para US$ 5,7 trilhões até setembro de 2014, prevendo que a marca de US $ 10 trilhões será alcançada até 2020. Juntamente com Biomimicry 3.8, Ethical Markets desenvolveu um conjunto de "Princípios de Financiamento da Biomimética Ética" (Ethical Markets, 2012).

Henderson também ofereceu um grande passo em direção a formas mais qualitativas e holísticas de medir o sucesso econômico com uma alternativa prática ao indicador de sucesso disfuncional do PIB. Apoiado pela empresa de investimentos socialmente responsável Calvert, Henderson liderou o desenvolvimento de um novo conjunto de indicadores, agora chamados Indicadores de Qualidade de Vida nos Mercados Éticos. Esta medida de desempenho econômico é baseada na educação, emprego, energia, meio ambiente, saúde, direitos humanos, renda, infraestrutura, segurança nacional, segurança pública, recreação e abrigo.

Uma economia regenerativa exigirá, além disso, que reformulemos o papel do sistema bancário. A Global Alliance for Banking on Values (http://www.gabv.org/) é uma rede independente de bancos que usa o financiamento para fornecer desenvolvimento sustentável para "pessoas não atendidas, comunidades e meio ambiente". A aliança inclui bancos pioneiros e inovadores em seis continentes, todos comprometidos com: i) "fornecimento de produtos de finanças sociais", ii) "financiamento de iniciativas de desenvolvimento comunitário e empreendedores sociais", iii) "fomento de empreendimentos sustentáveis e ambientalmente saudáveis e desenvolvimento humano potencial, incluindo a redução da pobreza", iv) "gerando um resultado triplo para as pessoas, o planeta e o lucro" (GABV, 2014). Nós não estamos começando a transição para uma economia regenerativa a partir do zero. Muitas ferramentas, processos e inovações importantes já estão à nossa disposição e a transição já está ocorrendo.

Em todo o mundo, indivíduos, organizações e empresas estão perguntando como podemos transformar nosso sistema econômico disfuncional. Nos EUA, a New Economy Coalition (NEC) [https://neweconomy.net/] une muitos desses desbravadores com o objetivo de cocriar "uma economia que seja restauradora de pessoas, lugares e planeta, e que opere de acordo com princípios de democracia, justiça e escala apropriada" (New Economy Coalition, 2015). No Reino Unido, a New Economics Foundation (https://neweconomics.org/) está igualmente determinada a "transformar a economia para que funcione para as pessoas e o planeta" (New Economics Foundation, 2015). Talvez não tenhamos encontrado todas as respostas e soluções, mas estamos fazendo as perguntas que nos permitirão dar passos importantes rumo a uma economia regenerativa.

Comunidades prósperas e economia solidária

> *Uma economia verde não é um fim em si mesmo. Pelo contrário, [...] é um meio para uma prosperidade compartilhada e duradoura. Mas o que exatamente significa prosperidade? Propomos uma definição de prosperidade em termos das capacidades que as pessoas têm para florescer em um planeta finito. É claro que uma parte de nossa prosperidade depende de bens e serviços materiais. Viver bem significa conquistar níveis básicos de segurança material. Mas a prosperidade também tem importantes componentes sociais e psicológicos. Nossa capacidade de participar da vida da sociedade é vital. Emprego significativo, lazer satisfatório e um ambiente saudável também importam. [...] As comunidades prósperas são a base da prosperidade compartilhada.*
>
> ***Tim Jackson e Peter A. Victor (2013: 6)***

Em 2009, o professor Tim Jackson catalisou uma mudança na discussão sobre o "imperativo do crescimento" que é estruturalmente construído em nosso sistema econômico. Em um relatório para a Comissão de Desenvolvimento Sustentável do Reino Unido, Jackson ousou nomear o elefante na sala perguntando se "prosperidade sem crescimento" era uma possibilidade, afirmando claramente porque *business as usual* não era mais uma opção (Jackson, 2009a).

O relatório mostrou que, embora a economia global tenha mais que dobrado de tamanho nos últimos 25 anos, ela degradou gravemente mais de 60% dos ecossistemas do mundo sem proporcionar uma divisão mais justa da riqueza. Pelo contrário, a desigualdade cresceu dentro e entre as nações. Vivemos em um mundo com 5 bilhões de pobres, e o quinto mais baixo da população mundial tem que se contentar com apenas 2% da renda global. De acordo com um relatório do Credit Suisse, as pessoas mais ricas de agora, que possuem mais da metade da riqueza financeira do mundo, somam 1% da população (Treanor, 2014). Essa extrema desigualdade gera uma série de reações em cadeia devastadoras, afetando a saúde, a coesão da comunidade, a segurança nacional e internacional e o meio ambiente.

No entanto, a prosperidade e o bem-estar não são simplesmente uma função da riqueza (financeira) que uma pessoa possui. Precisamos de mais do que dinheiro para nos sentirmos bem. A participação em comunidades prósperas faz com que os indivíduos prosperem e, através da colaboração na comunidade, podemos criar prosperidade para todos. O relatório de Tim Jackson e Peter Victor sobre *Economia Verde na Escala Comunitária* (2013) concluiu que as comunidades podem tomar ações positivas independentes para criar uma economia verde local e melhorar a prosperidade para todos.

"Na melhor das hipóteses, a economia verde oferece um modelo positivo para uma nova economia – firmemente ancorada em princípios de restrição ecológica, justiça social e prosperidade duradoura" (p. 6). Adotar uma perspectiva sistêmica sobre a verdadeira prosperidade significa ir além do simples atendimento às necessidades materiais e dar igual importância ao estabelecimento de condições sociais e psicológicas nas quais indivíduos e comunidades possam prosperar. "Os limites materiais não limitam em si mesmos a prosperidade; [...] Com a devida atenção aos limites materiais, pode ser possível melhorar a qualidade de vida de todos, mesmo quando reduzimos nosso impacto combinado sobre o meio ambiente" (p. 17-18).

Na escala das comunidades locais, a abundância e a prosperidade humana não se baseiam exclusivamente na disponibilidade de recursos materiais e energia, mas na criatividade e nos relacionamentos humanos. A prosperidade da comunidade e do indivíduo depende de como colaboramos para criar soluções para todos. Jackson e Victor identificaram quatro facilitadores de comunidades prósperas: "o papel da empresa, a qualidade do trabalho, a estrutura do investimento e a natureza da economia monetária" (p. 6). Atividades empreendedoras e de negócios em uma comunidade precisam oferecer às pessoas a oportunidade de florescer. Além de suprir as necessidades básicas de alimentos, roupas e abrigo, "a prosperidade depende de 'serviços humanos' que melhorem a qualidade de nossas vidas: saúde, assistência social, educação, lazer, recreação e manutenção, renovação e proteção de recursos físicos e naturais "(p. 7).

Quase todos nós passamos grande parte de nossas vidas trabalhando. Ao fazê-lo, participamos de importantes relações que moldam nossa cultura. Essas relações fazem parte da "cola" da nossa sociedade. "O bom trabalho oferece respeito, motivação, realização, envolvimento na comunidade e, na melhor das hipóteses, um senso de significado e propósito na vida" (p. 7). Diante das múltiplas crises convergentes que estão desafiando a humanidade, participar da cocriação de comunidades locais prósperas como expressões de uma cultura humana regeneradora pode oferecer esse sentido de significado e propósito na vida. Como mencionado anteriormente, a reestruturação do investimento e o redesenho de nossos sistemas monetários são dois importantes facilitadores dessa colaboração em escala comunitária.

Muitos exemplos inspiradores e informativos de todo o mundo mostram como comunidades e regiões podem começar a criar estruturas econômicas que facilitam o surgimento de culturas regenerativas. O site Global Transition to a New Economy mapeia muitas dessas iniciativas. Todos elas têm um fio condutor comum: *o caminho para a prosperidade de todos é cocriado através da colaboração.* Sistemas regenerativos são colaborativos! A abordagem da "economia solidária" ilustra isso. O SolidarityNYC (http://solidaritynyc.org/), por exemplo, tenta dar visibilidade e criar sinergias entre as iniciativas existentes que fazem parte da colaboração da comunidade na economia solidária de Nova York.

> *A economia solidária inclui uma ampla gama de práticas e iniciativas econômicas, mas todas compartilham valores comuns que contrastam com os valores da economia dominante. Em vez de impor uma cultura de competição predatória, eles constroem culturas e comunidades de cooperação. Em vez de nos isolarmos uns dos outros, eles fomentam relações de apoio mútuo e solidariedade. No lugar de estruturas centralizadas de controle, elas nos levam à responsabilidade compartilhada e à tomada de decisões democráticas. Em vez de impor uma única monocultura global, elas fortalecem a diversidade das culturas e ambientes locais. Em vez de priorizar o lucro acima de tudo, eles encorajam um compromisso com a humanidade compartilhada, melhor expressa na justiça social, econômica e ambiental.*
>
> ***SolidarityNYC (2015)***

A Rede de Economia Solidária dos EUA (https://ussen.org/) apoia esse impulso transformador nos EUA. Internacionalmente, a Aliança pela Economia Plural e Solidária Responsável (http://aloe.socioeco.org/) estimulou o diálogo sobre como podemos cocriar um modelo econômico colaborativo que construa, em vez de dividir, a comunidade na Ásia e no Brasil, e www.socioeco.org oferece um excelente recurso nessa área. Um relatório do Instituto de Pesquisa para o Desenvolvimento Social da ONU concluiu: "Os formuladores de políticas e a comunidade internacional de desenvolvimento precisam prestar muito mais atenção às formas e aos meios de possibilitar a SEE (Economia Solidária Social). Isto é particularmente evidente no atual contexto de risco acentuado e vulnerabilidade associado a crises econômicas e alimentares e mudanças climáticas" (UNRISD, 2014: v). Ethan Miller (2010) tentou mapear as diversas estratégias econômicas, formas organizacionais e ferramentas que podem contribuir para a criação de uma economia solidária (Figura 25).

Figura 25: A Economia Solidária – Redesenhada com conteúdo original com permissão de Ethan Miller.

Mais uma vez, a mensagem importante é que não estamos tentando reinventar a economia com a ecologia e a comunidade em mente a partir de um papel em branco. Existem muitas estratégias e ferramentas testadas ao longo do tempo e já disponíveis para nós hoje. Elas foram desenvolvidas nas margens ricas em inovação do sistema convencional. Alguns deles podem muito bem ser "ilhas do futuro no presente" H3, esperando para se espalhar não necessariamente pela escalabilidade, mas empregando e adaptando-os em todos os lugares na escala das comunidades locais e das economias regionais. Mesmo que a transformação do contexto macroeconômico mais amplo teste nossa paciência um pouco mais, já estamos começando a encontrar o sistema econômico descendente globalizado de cima para baixo com a inovação H2+

com inovações de baixo para cima. A aplicação conexão em escala, design gerador de saúde à economia significa criar diversidade e resiliência, fortalecendo a economia solidária em escala local e regional.

Mudando do crescimento quantitativo para o qualitativo

> *Demais e por muito tempo, parecíamos ter rendido a excelência pessoal e os valores da comunidade ao mero acúmulo de coisas materiais. Nosso produto nacional bruto, [...] se julgarmos os Estados Unidos da América por isso – leva em conta a poluição do ar e a propaganda de cigarros, e ambulâncias para limpar nossas estradas de carnificina. Conta as fechaduras especiais para nossas portas e as cadeias para as pessoas que as quebram. Ele leva em conta a destruição da sequoia e a perda de nossa maravilha natural em expansão caótica. Napalm e conta ogivas nucleares e carros blindados para a polícia para combater os tumultos em nossas cidades e os programas de televisão que glorificam a violência para vender brinquedos aos nossos filhos. No entanto, o produto nacional bruto não permite a saúde de nossos filhos, a qualidade de sua educação ou a alegria de suas brincadeiras. Não inclui a beleza de nossa poesia ou a força de nossos casamentos, a inteligência de nosso debate público ou a integridade de nossos funcionários públicos. Não mede nem a nossa inteligência nem a nossa coragem, nem a nossa sabedoria nem a nossa aprendizagem, nem a nossa compaixão nem a nossa devoção ao nosso país, mede tudo em resumo, exceto o que faz a vida valer a pena.*
>
> ***Senador Robert Kennedy, 1968, in Capra e Henderson (2013:2).***

Nós temos conhecimento há muito tempo que julgar o progresso e o sucesso de uma economia em termos quantitativos (financeiros) leva a distorções perigosas e prioridades equivocadas. Em 1972, *Limits to Growth* alertou para os efeitos ambientais potencialmente devastadores do crescimento desenfreado e do esgotamento de recursos em um planeta finito. Embora algumas das previsões feitas tenham sido retardadas pela extraordinária resiliência do sistema planetário, pesquisas recentes sugerem que estamos agora muito perto de testemunhar o cenário de colapso do *business as usual* que os autores alertaram. Na atualização em seus trinta anos de *Limits to Growth*, os autores enfatizaram:

Sustentabilidade não significa crescimento zero. Em vez disso, uma sociedade sustentável estaria interessada no desenvolvimento qualitativo, não na expansão física. Usaria o crescimento material como uma ferramenta considerada, não um mandato perpétuo. [...] começaria a discriminar entre tipos de crescimento e propósitos para crescimento. Perguntaria para que serve o crescimento, quem se beneficiaria, quanto custaria e quanto tempo duraria, e se o crescimento poderia ser acomodado pelas fontes e sumidouros da Terra.

Meadows, Randers e Meadows (2005: 22)

Os chamados por "decrescimento" (Assadourian, 2012), economia pós-crescimento (Post Growth Institute, 2015), prosperidade sem crescimento (Jackson, 2011) e uma "economia de estado estacionário" (Daly, 2009) tornaram-se mais audíveis e encontraram um público muito mais amplo nos últimos anos. Todas essas perspectivas mais ou menos anticrescimento fazem contribuições importantes para repensar a economia com as pessoas e o planeta em mente, mas podem estar superando o pêndulo. Como um biólogo que está ciente de como o crescimento em sistemas vivos tende a ter aspectos qualitativos e quantitativos, eu me sinto desconfortável em demonizar o "crescimento" por completo. O que precisamos é de uma compreensão mais sutil de como, à medida que os sistemas vivos amadurecem, eles mudam de um estágio inicial (juvenil) que favorece o crescimento quantitativo para um estágio mais tardio (maduro) de crescimento (transformação) qualitativamente e não quantitativamente.

Parece que nosso principal desafio é como mudar de um sistema econômico baseado na noção de crescimento ilimitado para um que seja ecologicamente sustentável e socialmente justo. "Sem crescimento" não é a resposta. O crescimento é uma característica central de toda a vida; uma sociedade, ou economia, que não cresce, morrerá mais cedo ou mais tarde. O crescimento na natureza, no entanto, não é linear e ilimitado. Enquanto certas partes dos organismos, ou ecossistemas, crescem, outras diminuem, liberando e reciclando seus componentes, que se tornam recursos para um novo crescimento.

Fritjof Capra e Hazel Henderson (2013: 4)

Capra e Henderson argumentam que "não podemos compreender a natureza de sistemas complexos como organismos, ecossistemas, sociedades e economias, se os descrevermos em termos puramente quantitativos". Uma vez que "qualidades surgem de processos e padrões de relacionamentos", elas precisam ser mapeadas em vez de medidas (p. 7). Há estreitos paralelos entre a diferença de como economistas e ecologistas entendem os conceitos de crescimento e desenvolvimento. Embora os economistas tendam a adotar uma abordagem puramente quantitativa, os ecologistas e biólogos sabem diferenciar entre os aspectos qualitativos e quantitativos do crescimento e do desenvolvimento.

> *Parece que a visão linear do desenvolvimento econômico, como usada pela maioria dos economistas e políticos do mainstream e das empresas, corresponde ao conceito quantitativo estreito de crescimento econômico, enquanto o senso de desenvolvimento biológico e ecológico corresponde à noção de crescimento qualitativo. De fato, o conceito biológico de desenvolvimento inclui crescimento quantitativo e qualitativo (ibid: 9).*

Os padrões de crescimento da vida seguem a curva logística, e não a curva exponencial. Um exemplo de crescimento quantitativo aberrante nos sistemas vivos é o das células cancerígenas que acabam por matar o seu hospedeiro. O crescimento quantitativo ilimitado é fatal para sistemas e economias vivas. O crescimento qualitativo em organismos vivos, ecossistemas e economias, "pelo contrário, pode ser sustentável se envolver um equilíbrio dinâmico entre crescimento, declínio e reciclagem, e se também incluir desenvolvimento em termos de aprendizagem e amadurecimento" (p. 9). Capra e Henderson argumentam:

> *Em vez de avaliar o estado da economia em termos da medida quantitativa bruta do PIB, precisamos distinguir entre crescimento "bom" e crescimento "ruim" e depois aumentar o primeiro em detrimento do segundo, de modo que os recursos natural e humano alocados em processos de produção desperdiçados e insalubres podem ser liberados e reciclados como recursos para processos eficientes e sustentáveis (ibid: 10).*

A distinção entre crescimento bom e crescimento ruim pode ser informada por uma compreensão socioecológica mais profunda de seu impacto. Embora o crescimento ruim externalize os custos sociais e ecológicos da degradação dos sistemas ecossociais da Terra, o bom crescimento é o "crescimento de processos e serviços de produção mais eficientes que internalizam custos que envolvem energias renováveis, emissões zero, reciclagem contínua de recursos naturais, e restauração dos ecossistemas da Terra" (p. 10). Capra e Henderson concluem: "a mudança do crescimento quantitativo para o qualitativo [...] pode guiar os países da destruição ambiental para a sustentabilidade ecológica e do desemprego, pobreza e desperdício para a criação de um trabalho significativo e digno" (p. 13). A promoção do crescimento qualitativo através da integração da diversidade em redes colaborativas interligadas nas escalas local, regional e global, e entre as mesmas, facilita o surgimento de culturas regenerativas.

Valorizando os *commons* através do compartilhamento cooperativo dos dons da vida

> *Um número cada vez maior de pessoas está tomando medidas que nos levam, gradualmente, na direção de* commons *básicos da sociedade – um mundo em que o foco fundamental na competição que caracteriza a vida de hoje seria equilibrado com novas atitudes e estruturas sociais que fomentam a cooperação.*
>
> ***Jay Walljasper (2011)***

A prática de "comunizar" – para manter colaborativamente um recurso natural ou cultural como um *commons* – é uma maneira de colaborar com a salvaguarda dos dons da natureza e da cultura que as pessoas compartilham em um lugar particular e que a humanidade compartilha coletivamente. Uma cultura regenerativa valorizará, e responsavelmente administrará, os *commons* bioculturais de que todos nós dependemos: ar limpo, água potável, funções de ecossistemas saudáveis, bioprodutividade abundante, por um lado, e os frutos de diversas culturas (como epifenômenos da natureza) por outro. Essa herança cultural inclui música, arte, ciência, dança, literatura, línguas, tecnologias libertadoras, como a Internet aberta, e as histórias e questões de sabedoria que orientaram a humanidade até agora.

Na maioria das culturas indígenas, os recursos naturais gerados em um lugar específico, juntamente com as tradições e conhecimentos culturais, não são "propriedade privada" de ninguém, mas considerados *commons*, mantidos em confiança e gestão por todos, para o benefício de todos. O que é considerado um *commons* não é para ser possuído, mas para ser cuidado e regenerado para que possa ser passado para a próxima geração em condições tão boas ou melhores do que a geração atual recebeu.

Da mesma forma, os *commons* de uma determinada localidade ou cultura são um direito inato dessa comunidade. Os *commons* dizem respeito a relacionamentos e pertencimento, a interser e não a separação. Ter coisas em "comum" convida as pessoas a colaborarem e compartilharem a abundância fornecida por um lugar e cultura específicos, enquanto a propriedade privada (ou corporativa) cria escassez e separação artificiais, que nos levam a competir.

O artigo de 1968 de Gareth Hardin, "A tragédia dos *commons*", ofereceu uma justificativa conveniente para a rápida privatização (reclusão) das dádivas da vida durante o período de crescimento econômico veloz que viu o surgimento de grandes corporações multinacionais. Hardin argumentou que, com o aumento da população, as pessoas inevitavelmente superexplorariam e destruiriam os *commons*, e sugeriu que regular o crescimento populacional era o jeito mais importante de acabar com sua tragédia. Apesar dele enfatizar que "todo novo cercado de *commons* envolve a violação da liberdade individual de alguém" (1968: 1.248), seu trabalho tem sido usado desde então para justificar mais cercados dos *commons* através da privatização e severa regulamentação governamental. Este processo continua nos dias de hoje.

Elinor Ostrom, a primeira mulher a receber o Prêmio Nobel de Economia, passou a vida trabalhando em uma economia de colaboração e não de competição. Ela demonstrou que "comunidades de indivíduos têm confiado em instituições que não se parecem nem com o estado nem com o mercado para governar alguns sistemas de recursos com graus razoáveis de sucesso durante longos períodos de tempo" (1990: 1). Ela revisou uma série de casos bem e malsucedidos de comunidades que fazem a gestão de um recurso comum; e identificou um conjunto de "princípios de design" que levaram a uma gestão coletiva bem-sucedida dos *commons*:

1. definir a comunidade de pessoas que compartilham os *commons*

2. adaptar regras de uso ao tipo de *commons* e seus usuários

3. os próprios cidadãos têm que estabelecer as regras

4. o estado dos *commons* deve ser monitorado de forma responsável

5. o abuso por parte dos indivíduos precisa ser contido de forma gradual

Elinor Ostrom (1990: 185-186)

Estes princípios basicamente incentivam a colaboração e desestimulam a concorrência, criando uma comunidade de interesses comuns.

Nos últimos anos, tem havido um aumento do interesse em explorar como seria uma economia colaborativa baseada em *commons*. Recursos on-line incluem *On the commons; News and Perspectives on the Commons*, de David Bollier (http://www.bollier.org/) e a Fundação P2P (https://p2pfoundation.net/). David Bollier explica que, efetivamente, "um *commons* surge sempre que uma determinada comunidade decide administrar um recurso de maneira coletiva, com especial atenção ao acesso, uso e sustentabilidade equitativos". É importante ressaltar que o *commons* não é simplesmente um recurso, mas "um recurso *mais* uma comunidade definida *e* os protocolos, valores e normas criados pela comunidade para gerir seus recursos" (Bollier, 2011). Criar culturas regenerativas dependerá criticamente de nossa capacidade de colaborar na gestão coletiva de recursos locais, regionais e globais. Precisamos aprender *a arte de comunizar*.

Os sistemas tradicionais de *commons* têm sido de pequena escala e geralmente com foco na administração coletiva de recursos naturais. Cerca de dois bilhões de pessoas em todo o mundo ainda dependem de florestas, pesca, água e outros recursos naturais geridos de forma comum para seu sustento. Ao disseminar a prática de gerenciar coletivamente recursos comuns em escala local e regional, também precisamos conectar os "plebeus" locais e regionais em redes de colaboração nacional e global.

Cercar é roubo! Através desse processo, indivíduos ou instituições reivindicam as dádivas da vida como propriedade privada. Uma onda maciça de cercados ocorreu com a institucionalização de estados-nação e colonização. Durante os últimos cinquenta anos, a agressiva globalização econômica e a disseminação do capitalismo exploratório corporativo caminharam de mãos dadas com uma nova onda de cercados dos *commons*. Em todo o mundo, testemunhamos "a expropriação e a comercialização de recursos compartilhados, geralmente para ganho de mercado privado". Exemplos dessa prática são "o patenteamento de genes e formas de vida, o uso de direitos autorais para bloquear a criatividade e a cultura, a privatização da água e da terra e tentativas de transformar a Internet aberta em um mercado fechado e exclusivo" (Bollier, 2011).

Como temos o objetivo de criar culturas regenerativas local, regional, nacional e globalmente, temos que salvaguardar os *commons* remanescentes e restabelecer a gestão de recursos baseada em *commons* em várias escalas. Temos que "viver" coletivamente a importante questão:

P· **Como a prática de "comunizar" oferece uma maneira de administrar e gerir as dádivas da natureza e da cultura, com conexão em escala?**

David Bollier sugere: "para concretizar os *commons* e deter os cercados do mercado, precisamos de inovações na lei, na política pública, na governança, na prática social e na cultura. Tudo isso irá manifestar uma visão de mundo muito diferente da que agora prevalece nos sistemas de governança estabelecidos, particularmente os do Estado e do Mercado" (ibid). Criar uma economia colaborativa requer uma mudança na visão de mundo e na narrativa cultural da separação para o interser. Os seres humanos são capazes de sentir empatia e agir em colaboração tanto quanto podem ser autocentrados e competitivos. Não criaríamos uma cultura mais saudável se nosso sistema econômico fosse estruturalmente projetado de tal maneira que incentivasse o comportamento colaborativo e criasse condições que tornassem a competição desnecessária?

Vasilis Kostakis e Michel Bauwens (2014) exploraram como deve ser a produção individual madura e embasada em *commons* dentro de um modelo econômico colaborativo. Eles distinguem dois cenários em que *ambos* poderiam contribuir: o cenário global de *commons* (CGC), no qual os "comunizadores" criam infraestruturas para compartilhamento global; e o cenário de comunidades resilientes (CCR), no qual os "comunizadores" planejam aumentar a autossuficiência local por meio de compartilhamento e gestão de recursos locais. Kostakis e Bauwens não ambicionam ter respostas definitivas, mas exploram uma série de questões e caminhos que podem nos ajudar a construir uma economia colaborativa.

O espírito de "viver as perguntas" para que possamos um dia "viver as respostas" que este livro promove também pode ser encontrado no trabalho da Fundação P2P e na experimentação radical e inovação disruptiva da "Cooperativa Integral Catalana" (CIC), criada em 2010. A CIC se reconhece como uma "iniciativa de transição para a transformação social a partir de baixo, através da autogestão, auto-organização e trabalho em rede" (CIC, 2015). Recentemente, o CIC lançou a "Fair Coop" como "a cooperativa da Terra para uma economia justa" e introduziu uma nova criptomoeda chamada "Faircoin" (http://vimeo.com/109479717)' – "*hackeando* os mercados financeiros para introduzir o vírus da cooperação" (Fair Coop, 2014). Tais experimentos culturalmente criativos de H2+ e H3 são exemplos de design (salutogênico) para a saúde infectada, permitindo-nos compartilhar as dádivas da natureza e da cultura de forma colaborativa.

Lei da Terra: as restrições que permitem a vida coletiva

> *Uma coisa está certa quando tende a preservar a integridade, a estabilidade e a beleza da comunidade biótica; está errada quando faz o contrário.*
>
> ***Aldo Leopold (1949)***

A fim de compartilhar as dádivas da vida cooperativamente, também precisamos de inovações transformadoras no direito nacional e internacional. As leis fornecem restrição de habilitação e atribuem direitos e responsabilidades. Idealmente, elas precisam incentivar a cooperação como um comportamento adequado e limitar o comportamento competitivo que compromete a saúde sistêmica. Que tipo de leis e políticas facilitariam a transição para culturas regenerativas?

> *E se houvesse outro sistema e jurisprudência, baseados no conceito de que o planeta e todas as suas espécies têm direitos – e eles têm esses direitos em virtude de sua existência como membros componentes de uma única comunidade terrestre?*
>
> ***Thomas Berry (2001)***

Fazendo essa importante pergunta e convidando outras pessoas a explorá-la com ele, Thomas Berry catalisou uma conversa global-local que está alcançando mais e mais pessoas e instituições. Berry entendeu que, para a "história do universo" (Swimme, & erry, 1992) continuar de modo a permitir que nossas espécies jovens e imaturas se tornassem membros maduros da comunidade da vida, nós temos que aceitar a responsabilidade que vem com a dádiva da consciência autorreflexiva e salvaguardar os direitos de todos os participantes dessa comunidade. A fim de possibilitar a criação de culturas regenerativas em toda parte, "há uma necessidade de uma jurisprudência que reconheça que o bem-estar da comunidade mundial integral é primordial e que o bem-estar humano é derivado" (Berry, 2001).

A "participação original" expressa pela visão de mundo das culturas indígenas significa que seus membros nascem nessa comunidade mundial integral. Eles foram encorajados a falar em nome dos quadrúpedes, dos seres alados, dos que têm barbatanas, da floresta, da montanha, do rio ou da Terra. Rotulamos essa prática como "cultura primitiva" por nossa conta e risco. É, na verdade, um sinal de uma consciência ecológica evoluída que será tão vital para o nosso futuro quanto foi para nosso passado, antes que a narrativa de separação deixasse nosso julgamento nebuloso.

A Grande Obra (Berry, 1999) de cocriar a transição da humanidade para a *Era Ecozoica* (Swimme, Berry, 1992) requer que criemos uma base legal para falar em seu nome e defender a comunidade da vida. Nossas leis atuais baseiam-se na narrativa da separação e ainda permitem que corporações e governos criminalizem a oposição a crimes contra a natureza. A visão de Berry de uma Jurisprudência da Terra inspirou muitos outros que estão trabalhando na mesma direção.

Do *Manifesto pela Justiça da Terra* de Cormac Cullinan (2011), até o trabalho de Vandana Shiva (2005) e Polly Higgins (2010), e graças a organizações como a Fundação Gaia, a Aliança Pachamama, Navdanya e EnAct, a conversa sobre a Lei da Terra foi aprofundada e ampliada. A Aliança Global pelos Direitos da Natureza está trabalhando agora para "uma adoção e implementação universal de sistemas legais que reconheçam, respeitem e apliquem os Direitos da Natureza" (GARN, 2010).

Assim como a maioria das pessoas hoje consideraria não conceder direitos a alguém com base em seu sexo, sexualidade, etnia ou cor de sua pele como um ato de apartheid fundamentalmente ilegal e injusto, as culturas regenerativas do não tão distante futuro questionarão como foi possível acreditar que a natureza não tinha direitos.

Em *Fazendo as pazes com a Terra*, Vandana Shiva explora como a narrativa da separação é uma espécie de "eco-apartheid" que faz com que os seres humanos estejam em guerra com a Terra e entre si. Ela analisa as causas desta guerra contra a natureza e mostra que um "Antropoceno destrutivo" não é o único futuro possível, se abordarmos as condições sistêmicas estruturais que estão levando a guerras pela água, pelo clima, pelas florestas e por outros recursos.

Explorando a situação na Índia e no mundo, a Dra. Shiva argumenta que projetamos a fome no sistema por meio de acordos comerciais internacionais formulados sob o controle de corporações multinacionais. Shiva alerta para as muitas armadilhas associadas ao uso de organismos geneticamente modificados (OGM) e certos tipos de biologia sintética. Temos que fazer perguntas importantes para garantir que nossas abordagens para a criação de uma "bioeconomia" não sejam simplesmente uma "industrialização da vida", mas que mantenham e criem "economias de biodiversidade" reais (Shiva, 2012: 143). A proliferação da agricultura industrial e petroquímica, e de monoculturas de OGM, é uma "guerra da biodiversidade", e a supressão de pequenos agricultores e a erradicação da variedade local é uma "guerra de sementes" (p. 148).

Para criar "culturas vivas" regenerativas, paz duradoura dentro da família humana e paz com a Terra, precisamos de leis e políticas baseadas na deliberação cuidadosa das seguintes questões (com base em Shiva, 2012):

- **P· Como vamos passar de um sistema baseado na privatização da Terra para o respeito a integridade dos ecossistemas e processos ecológicos da Terra?**
- **P· Como vamos desencorajar e reverter o "cerceamento dos *commons*" e apoiar a sua recuperação?**
- **P· Como podemos garantir que os custos ecológicos sejam internalizados e proibir a externalização da destruição ambiental?**
- **P· Como podemos desmantelar "economias corporativas de morte e destruição" e criar "economias vivas"?**
- **P· Como podemos inverter a erosão da democracia e criar "democracias vivas"?**
- **P· Como podemos parar a destruição da diversidade cultural e criar "culturas vivas"?**

A Lei da Terra, bem formulada e aplicada local e globalmente, fará parte da vivência das respostas sobre essas questões, dando às comunidades os meios legais para defender o funcionamento saudável dos ecossistemas dos quais depende seu bem-estar.

Lições colaborativas da vida transformam os negócios

As organizações têm três opções:
• 1. Bater na parede
• 2. Otimizar e atrasar o bater na parede
• 3. Redesenhar para resiliência – simultaneamente otimizando redes existentes enquanto abraça a inovação disruptiva e trabalha em colaboração com os parceiros.

Dawn Vance, Diretor Global da Cadeia de Fornecedores da Nike, em Hutchins (2011)

Viver as questões que iniciam a transição para uma economia colaborativa baseada em *commons* descreve a inovação transformadora de dentro do terceiro horizonte. Este é um exemplo de como o H3 já está presente hoje, mas distribuído de forma desigual. Uma transformação fundamental de nossos sistemas econômicos e monetários está se tornando uma necessidade, se não inevitabilidade. Então, como as empresas de hoje podem agir nas condições atuais e, ao mesmo tempo, engajar-se em sua própria transformação e na transformação do ambiente econômico em que estão operando? Os negócios de transformação inovadora (H2+) precisam ser viáveis na economia atual *e*, simultaneamente, transformar os ecossistemas de negócios dos quais participam.

Uma infinidade de soluções tecnológicas verdes disruptivas está em oferta. Como podemos evitar os caminhos H2- e as inovações que acabarão sendo capturadas no primeiro horizonte para manter o *business as usual*? Existem oportunidades econômicas imediatas e diversas para negócios regenerativos, mesmo sob as condições econômicas atuais. Como escolhemos inovações que são realmente transformadoras e nos levam ao terceiro horizonte e culturas regenerativas? O objetivo é criar negócios que apoiem soluções ganha-ganha-ganha, saúde sistêmica e redes colaborativas que atendam pessoas e o planeta.

Um padrão fundamental que define sistemas vivos regenerativos é o surgimento da saúde geral do sistema com base em relações predominantemente colaborativas entre todos os seus diversos participantes. A competição em tal sistema é sobre servir todo ele de forma mais eficaz, em vez de quem obtém ganhos de curto prazo às custas do coletivo e, portanto, em detrimento de todos a longo prazo.

Em *Holonomics: Business where People and Planet Matter*, os autores argumentam que "muitas vezes temos uma visão equivocada da competição, associando a palavra e seu significado à rivalidade, à sobrevivência de um sobre o outro". Eles continuam: "De fato, um processo competitivo pode resultar no fracasso de um dos participantes, mas, quando visto da perspectiva do sistema, ele faz parte de todo o processo evolutivo" (Robinson, Moares Robinson, 2014: 214).

Nem todas as interações competitivas têm um efeito prejudicial na saúde dos sistemas como um todo, assim como nem toda colaboração leva a sistemas regenerativos. Refletindo sobre nossas próprias vidas, com que frequência a incapacidade de alcançar um determinado objetivo causou desapontamento no curto prazo e uma compreensão mais profunda de nossos verdadeiros dons e de sua aplicação mais efetiva no longo prazo? A competição saudável ensina os participantes individuais sobre a participação apropriada e como melhor aplicar suas habilidades e conhecimentos únicos para otimizar todo o sistema. Algumas formas de competição dentro de sistemas predominantemente colaborativos podem ser benéficas para todos os participantes.

Em termos gerais, dentro de um sistema socioecológico regenerativo, as empresas e os indivíduos atingem seus objetivos mais efetivamente ao alimentar a vantagem colaborativa resultante da conexão de participantes previamente separados ou concorrentes de modos sinérgicos - conectando necessidades não satisfeitas com capacidades novas ou raras, para que todos vençam. A vida evolui no sentido de aumentar a complexidade, favorecendo os relacionamentos de resultado diferente de zero (ganha-ganha-ganha) sobre as relações de resultado igual a zero (ganha-perde) [ver Wright, 2001]. A colaboração é a principal estratégia evolutiva da vida para a integração da diversidade.

Fortalecer redes colaborativas (ganha-ganha-ganha) otimiza o sistema e constrói capital social, ecológico e econômico e prepara o sistema para eventos disruptivos. À medida que a "tempestade perfeita" de mudanças econômicas, políticas, culturais e ecológicas está se intensificando, fortes redes de colaboração estão em melhor posição para enfrentar a mudança vindoura do que indivíduos ou empresas isoladas.

Resistir aos tempos turbulentos futuros é estar inserido em amplas redes de troca de informações abertas com meios estabelecidos para manter a competição "saudável" - em apoio à otimização do sistema como um todo. Essas redes são baseadas em relações colaborativas que valorizam a sinergia e a simbiose, garantindo que a informação e o suporte mútuo fluam rapidamente, permitindo-nos responder com resiliência, adaptar-se adequadamente e promover transformações juntos quando necessário.

A saúde e o futuro do sistema de apoio à vida planetária e, com ele, o futuro da humanidade estão em jogo. Estratégias competitivas baseadas no pensamento "nós contras eles" só retardarão nossa resposta coletiva e se provarão prejudiciais para todos. Nesta fase do jogo, ou a vida como um todo ganha e nós estabilizamos e revertemos o aumento da temperatura média global, interrompendo a rápida perda de biodiversidade, ou ninguém vence. Todas as vitórias competitivas serão de curta duração. Os negócios hoje têm de servir a toda a humanidade e a vida como um todo, caso contrário, não servirão efetivamente a si mesmos (no médio ou no longo prazo). As empresas transformadoras baseiam-se no *insight* ecológico de que a otimização do todo fornece benefícios de longo prazo, enquanto a maximização de partes isoladas leva apenas a um "sucesso" efêmero e questionável.

Negócios colaborativos e ecossistemas de negócios regenerativos se tornarão o novo *mainstream* do terceiro horizonte. Ecologicamente inspirados, negócios colaborativos são capazes de transformar todo o ecossistema e os sistemas econômicos em que operam. Como criamos esses negócios? O que a vida pode nos ensinar sobre negócios que criam condições que levam à vida? Giles Hutchins, cofundador da "Biomimética para Inovação Criativa" (BCI), explica:

> *[Princípios de Negócios da Natureza] destinam-se a criar condições comerciais propícias à colaboração, adaptabilidade, criatividade, sintonização local, multifuncionalidade e capacidade de resposta; portanto, melhorar a evolução das organizações, de hierarquias rígidas e estritamente gerenciadas para organizações vivas e dinâmicas que batalham e prosperam dentro de condições comerciais, socioeconômicas e ambientais em constante mudança. Organizações que entendem como incorporar esses princípios da natureza em seus produtos, processos, políticas e práticas criam maior abundância para si mesmos e seus ecossistemas de negócios em tempos de rápida mudança, florescendo em vez de perecer em condições comerciais voláteis. As organizações inspiradas pela natureza são resilientes, otimizadoras, adaptáveis, baseadas em sistemas, orientadas por valores e de suporte à vida.*
>
> ***Giles Hutchins (2012: 80-83)***

Os colaboradores da rede BCI usaram a lista de "Princípios da Vida" desenvolvida pelo Instituto de Biomimética (ver Capítulo 6) e os transformaram em "um conjunto de princípios de negócios para a empresa do futuro" com o objetivo de "fornecer uma estrutura para orientar a transformação bem-sucedida em direção a [...] negócios inspirados pela natureza" (ibid: 81). Aqui estão apenas algumas das questões que a *Nature of Business* (2013) e Hutchins nos convidam a explorar, pois visamos transformar os negócios para apoiar o surgimento de uma cultura regenerativa com um sistema econômico igualmente regenerativo:

- P · **Como nosso negócio pode aprender a usar a mudança e a perturbação como oportunidades, em vez de considerá-las ameaças?**
- P · **Como podemos nos reestruturar para descentralizar, distribuir e diversificar o conhecimento, os recursos, a tomada de decisões e a ação em todo o negócio?**
- P · **Como podemos criar uma cultura de negócios que fomente a diversidade de pessoas, relacionamentos, ideias e abordagens?**
- P · **Como podemos otimizar o que fazemos alinhando forma a função, incorporando multiplicidade em funções e respostas e construindo**

produtos e serviços complexos e diversos a partir de componentes e padrões simples?

- **P· Como poderíamos construir um negócio mais adaptável por meio de ciclos de *feedback* de informação apropriados, processos cíclicos integrados e respostas flexíveis a mudanças na disponibilização de recursos?**
- **P· Como podemos apoiar a resiliência de nossos negócios e seu contexto socioecológico, promovendo sinergias dentro das comunidades, dentro das redes de energia, informação e comunicação, possibilitando o uso efetivo de recursos cíclicos?**
- **P· Como o nosso negócio pode contribuir para o sistema socioecológico mais amplo, usando os valores como o motor central para resultados positivos, respeitando e medindo o que é valorizado em vez de valorizar o que é medido?**
- **P· Como o nosso negócio pode se tornar verdadeiramente restaurativo, apoiando a atividade de construção de vida através da alavancagem de informação e inovação em vez de energia e materiais, criando relações saudáveis de geração de apoio mútuo entre indivíduos e ecossistemas e fazendo produtos ambientalmente benignos e socialmente benéficos?**

Eu tive o privilégio de estar em um ambiente onde esses tipos de questões estavam sendo formulados e explorados durante meus 18 meses na Schumacher College. Desde 2001, tenho visto a máxima culturalmente transformadora do design e da inovação ecologicamente inspirados espalhar-se da periferia para o coração dos negócios, do governo, da academia e, mais importante, das comunidades em todos os cantos. *Insights* biológicos, ecológicos e sistêmicos podem informar o design e a criação de negócios sustentáveis e regenerativos. Este não é um novo *insight*, mas um em que estamos finalmente começando a agir. Por mais de duas décadas, os líderes empresariais que precisam de inspiração puderam recorrer a livros inspiradoresexplorando as questões sobre *o que* e *como* de negócios sustentáveis. A maioria oferece perspectivas para o Horizonte 2 e apresenta uma diversidade de visões para o Horizonte 3. No entanto, estamos na fase inicial de nossa jornada de aprendizado sobre como criar negócios regenerativos que criem condições propícias à vida.

As empresas podem ser um poderoso catalisador na transição para uma cultura regenerativa, e precisamos tanto da inovação disruptiva do tipo H2+ quanto da transformadora inovação H3. Líderes empresariais estão reconhecendo que, em um mundo com recursos limitados, criar resíduos é um luxo que não podemos mais manter. À medida que mais pessoas estão se conscientizando dos danos colaterais associados ao *business as usual*, os clientes em todos os lugares estão escolhendo empresas que estão eliminando o modelo de "maximização do lucro dos acionistas" e, em vez disso, criando novos modelos de negócios "para benefício social e ecológico".

Num mundo em rápida mudança, ninguém tem respostas definitivas, mas pelo menos os líderes empresariais estão agora começando a "viver as questões" - criando degraus rumo a um futuro regenerativo. Os sinais de segundo horizonte de mudança esperançosa no *mainstream* incluem: uma nova geração de métricas de sustentabilidade que relatam "dependência do capital natural" e não apenas pegadas de carbono, pioneiramente usadas pela líder de mercado Trucost (https://www.trucost.com/); ferramentas de gestão como a "Conta de Lucros e Perdas Ambientais" (https://www.trucost.com/publication/puma-environmental-profit-loss-account/) da PUMA (codesenvolvida com a Trucost); a Rede de Economia Circular 100 (https://www.ellenmacarthurfoundation.org/our-work/activities/ce100); a convocatória da McKinsey para uma *Revolução de Recursos* (Heck, Rogers, 2014); muitas das soluções apresentadas pela *The Blue Economy* (Pauli, 2010), AskNature (https://asknature.org/) e EthicalMarkets (http://www.ethicalmarkets.com/); modelos de negócios para beneficiamento (Plano C, 2014 e Bocken et al., 2014), a Visão 2050 do WBCSD (WBCSD, 2010), o trabalho do CDP com empresas e investidores da Fortune 500 (CDP, 2015) e o time do Sistema B iniciado por Richard Branson (B-Team, 2015).

Em janeiro de 2016, o Sistema B (https://bcorporation.net/) havia certificado 1.577 empresas de 42 países e 130 indústrias como uma força comprometida com o bem no mundo (B-Corporation, 2015). Para descobrir como converter seu negócio em uma Empresa B e aprender com muitos bons exemplos, dê uma olhada no recente livro de Ryan Honeyman (2014).

O mundo dos negócios está mudando rapidamente em resposta às aceleradas mudanças ambientais, tecnológicas, sociais e econômicas que estão ocorrendo ao nosso redor. A mudança não responde apenas às forças externas; um importante motivador psicológico é uma transformação mais profunda, que alimenta o desejo das pessoas por um trabalho significativo e por fazer a diferença no mundo. O dever cumprido no trabalho significa obter satisfação com seu impacto significativo e não apenas ganhar mais dinheiro. Juntos, podemos encontrar significado em perguntar:

P· Como seria um negócio verdadeiramente regenerativo?

P· Como podemos criar um negócio que restaure as funções dos ecossistemas, regenere a bioprodutividade, melhore a solidariedade social e a colaboração e aumente a saúde e o bem-estar de nossas comunidades e ecossistemas?

A Empresa do Futuro explora as grandes transformações pelas quais negócios e organizações passarão para se adaptar a um mundo em constante mudança e para agir de acordo com padrões naturais. A Figura 26 (abaixo) ilustra a natureza dessa mudança de hierarquias lineares de controle para redes de colaboração mais flexíveis.

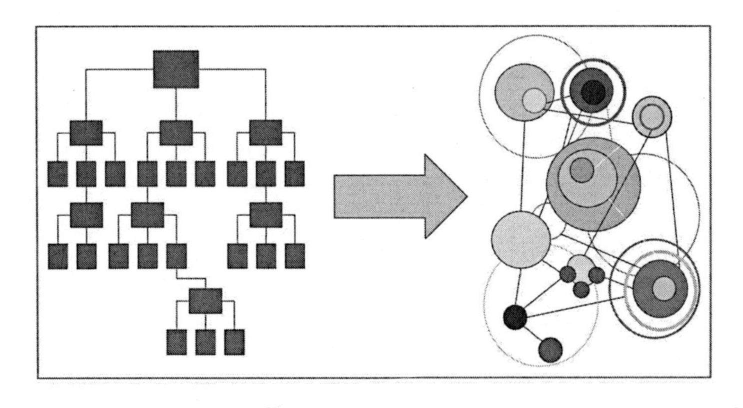

Figura 26: Transformando a gestão de negócios e as estruturas organizacionais (Reproduzida de DeLuca et al., 2010)

A tabela do mesmo relatório (a seguir) compara e contrasta a empresa do passado (um negócio clássico do Horizonte 1) com a empresa do futuro (um negócio de H2+ ou mesmo H3 integrado em ecologias de negócios adaptativas e regenerativas).

Empresa do Passado	Empresa do Futuro
Independente	Sinérgica
Competitiva	Colaborativa
Controlada	Conveniente

Empresa do Passado	Empresa do Futuro
Código fechado	Código aberto
Estável	Dinâmica
Maximiza/Minimiza	Otimiza
Resiste à mudança	Alavanca a diversidade
Linear	Em rede
Curto prazo	Longo prazo
Função se adequa à forma	Forma se adequa à função
Proativa, planejada	Responsiva, emergente
Autocentrada	Centrada no sistema
Exploração	Mutualismo
Evita perturbações	Alavanca perturbações
Gerencia riscos	Promove resiliência
Protege	Adapta
Força	Adequa

Tabela 2: Características da Empresa do Passado e da Empresa do Futuro (DeLuca *et al.*, 2010: 12)

As empresas H1 do passado foram criadas a partir da mentalidade dominada pela narrativa da separação, enquanto as empresas H3 do futuro serão expressões da narrativa do interser, reconhecendo a necessidade de colaboração e regeneração como estratégias eficazes para traçar seus caminhos na direção de um futuro desconhecido dentro de um mundo complexo e turbulento.

Cocriando corporações regenerativas

Se o objetivo é regenerar a saúde e a vitalidade dos sistemas vivos, então uma empresa será mais eficaz se for projetada para: 1. imitar sistemas vivos, seguindo princípios ecossistêmicos claramente definidos; 2. ser parte integrante dos sistemas vivos, construir capital vivo através de todos os seus processos; e 3. colaborar com outras empresas para formar ecologias empresariais conscientes.
Ethan Roland e Gregory Landua (2013: 35)

O livro de Roland e Landua, *Empresa regenerativa* (2013), fornece uma exploração lúcida e prática da questão "O que um negócio regenerativo faria?". Ethan é um múltiplo empreendedor e investidor com formação em permacultura e agricultura sustentável. Seu trabalho combina educação, restauração de terras agrícolas degradadas e desenvolvimento internacional. Gregory também trabalha com educação e desenvolvimento internacional e ajudou a estabelecer um negócio de comércio direto de chocolate que apoia o reflorestamento na América Latina tropical. Eles definem "empresa regenerativa" como "um empreendimento que proativamente cresce e cultiva as reservas fundamentais de capital social, cultural, espiritual e vital, fornecendo bens e serviços de maneira a gerar ganhos positivos líquidos para o sistema como um todo" (ibid: 22).

Tal negócio "não colhe as raízes da árvore da produção, apenas seus frutos". Trabalhando com sistemas ecoculturais saudáveis e apoiando-os, essas empresas são capazes de "reunir os bens e serviços locais únicos, excedentes" emergentes de sistemas regenerativos saudáveis e ecologias corporativas. Um "empreendimento regenerativo ajuda a cultivar as raízes mais profundas e de forma mais ampla, curando o dano que foi feito e eventualmente criando a possibilidade de novos e maiores frutos" (ibid: 24-25).

Em geral, os sistemas regenerativos criam condições propícias à vida, alimentando a diversidade e a complexidade caracterizadas por relacionamentos de apoio mútuo que criam resiliência, capacidade adaptativa e de transformação no sistema como um todo. Na criação de uma empresa regenerativa, devemos perguntar (p. 17):

Como a nossa conexão com o sistema em que estamos colhendo pode fazer crescer a integridade, resiliência e viabilidade a longo prazo dessas pessoas e desse lugar?

Eles explicam sua teoria de como um empreendimento regenerativo deve ser projetado e funcionar no contexto de um modelo holístico da economia baseado em oito formas de capital:

> *Social: a influência, relacionamentos e redes que um indivíduo, empresa ou comunidade pode utilizar.*
> *Material: os recursos físicos, infraestruturas e tecnologias.*
> *Financeiro: dinheiro, moedas, valores mobiliários e instrumentos financeiros similares que facilitam atualmente o intercâmbio de bens e serviços.*
> *Vital: solo, água, biodiversidade, saúde humana, a saúde de outros organismos e funções de ecossistemas saudáveis.*
> *Intelectual: ideias, conceitos e conhecimento.*
> *Vivencial: conhecimento real incorporado, construído a partir da experiência pessoal.*
> *Espiritual: conexão interna de uma entidade e consciência de um todo maior.*
> *Cultural: emergindo da "experiência compartilhada interna e externa de um grupo de pessoas: o capital cultural é uma propriedade emergente das complexas trocas intercapitais em uma comunidade, aldeia, cidade, bioma ou nação [...]".*
>
> ***Ethan Roland e Gregory Landua (2013: 12)***

Nesse modelo sistêmico, "reservas de capital podem ser mantidas e desenvolvidas por múltiplas entidades, e vários fluxos podem ocorrer dentro e entre cada forma de capital". A economia é entendida como "a soma total das trocas globais inter e intracapital". Roland e Landua argumentam que a atual "tendência internacional é esgotar as reservas da maioria das formas de capital, enquanto aumenta exponencialmente a quantidade de capital financeiro". Eles advertem que "essa trajetória monocapital tem impactos significativos na sustentabilidade das gerações atuais e futuras" (p. 13).

Ao valorizar o capital financeiro acima de todos os outros por muito tempo, dizem eles, degradamos e desestabilizamos severamente a dinâmica saudável de toda a economia (*oikos*). Nós comprometemos o sistema de suporte à vida planetária degradando os ecossistemas em todos os lugares, juntamente com a diversidade cultural humana e a resiliência da comunidade. [Nossa atual] "trajetória limita fundamentalmente a viabilidade a longo prazo dos seres humanos e outras espécies do planeta – em vez de a vida florescer, está se degenerando" (p. 15). Portanto, precisamos de uma abordagem de projeto de sistemas regenerativos.

Uma economia extrativa esgota diversas formas de capital no sistema e prejudica a viabilidade a longo prazo, a vitalidade e a saúde de todo o sistema.

Uma economia regenerativa, por outro lado, faz mais do que simplesmente sustentar o status quo, evitando esgotamento maior. Ela otimiza todo o sistema, em vez de maximizar as partes privilegiadas. Roland e Landua sugerem que o crescimento precisa ser ressignificado de nossa obsessão atual com o aumento do tamanho para aumentar a área de superfície e as conexões. "Cultivar regenerativamente o capital significa aumentar a quantidade e a complexidade da borda, e não apenas aumentar o tamanho do sistema" (p. 19). Conectando diversas redes de colaboração dentro e através das localidades em relações simbióticas, a economia cresce qualitativamente (otimizando todas as oito formas de capital) ao invés de quantitativamente (maximizando o capital financeiro nas mãos de poucos).

Como regra geral, o capital vital só deveria ser comercializado entre localidades quando excedente (em termos de bioprodutividade anual naquela localidade) e não esgotar "o núcleo vital de cada localidade, impedindo a regeneração e a manutenção da saúde do sistema". Eles enfatizam que "as reservas fundamentais de capital devem ser mantidas intactas – as empresas nunca devem extrair mais valor do que pode ser regenerado dentro da capacidade do próprio sistema vital"; e propõem que "cultivando o capital em vez de extraí-lo, aumentando as margens de um sistema e alimentando sua conectividade interna e externa, as empresas podem desenvolver proativamente maiores excedentes para colheita e troca" (p. 21).

O desenvolvimento regenerativo em qualquer escala exigirá que invertamos a atual tendência sistêmica de aumentar o capital financeiro, ao mesmo tempo em que degradamos e exaurimos severamente os sistemas ecológicos, sociais e culturais. Os investidores desempenham um papel importante no redirecionamento do capital financeiro para a regeneração e a construção dos "quatro capitais da criação" (social, vital, espiritual e cultural). O investimento de impacto pode fortalecer o círculo virtuoso de regeneração "otimizando a abundância multicapital".

Roland e Landua prestam atenção às dimensões interna e externa, assim como à pessoal e coletiva, da regeneração. O sucesso em empreendimentos, comunidades ou culturas regenerativas depende criticamente do nível de desenvolvimento pessoal dos indivíduos que cocriam esses coletivos. Nossa prosperidade coletiva depende de nossa capacidade individual de "articular e alcançar metas", da "capacidade de comunicação clara", "integridade em fazer e manter compromissos", "flexibilidade intelectual e emocional", bem como da auto-aceitação e de uma compreensão mais profunda e compaixão por diferentes pessoas e situações. Roland e Landua sugerem que "pessoas com pensamento claro, espiritualmente confiantes, emocionalmente resistentes são mais eficazes em reparar o capital cultural e vital do mundo" (p. 32). Criar uma cultura regenerativa pede a todos nós que revisitemos nossas forças e fraquezas pessoais, nossas cicatrizes emocionais e nossos padrões inúteis, e os transformemos para o benefício de nossa comunidade e de nós mesmos.

Os sistemas econômicos regenerativos emergem dos três seguintes "imperativos globais" (p. 48) intimamente ligados e autorreforçados (p. 48): i) o *imperativo pessoal* de que a mudança começa com nossas intenções e ações individuais; ii) o *imperativo comercial* que nos convida a "parar de comprar, vender e negociar bens e serviços degenerativos"; e iii) o *imperativo capital* que exige que a humanidade globalmente "inverta o fluxo dominante do capital, interrompendo os processos destrutivos do capital financeiro, para que o capital vital possa se recuperar, crescer e prosperar" (p. 45-46). A Figura 27 descreve uma empresa regenerativa como um sistema aninhado de transformação pessoal, comercial e cultural:

Figura 27: Princípios para Empresa Regenerativa (retraçada e reproduzida com permissão)

Em resumo, um empreendimento regenerativo visa reverter as tendências degenerativas de nossa economia atual (obcecada pelo crescimento financeiro), apoiando uma reserva saudável de capitais de criação (social, cultural, espiritual e vital) em escala local e regional. Isso é feito transformando efetivamente o capital financeiro em capital vital como a base para apoiar todas as outras formas de capital. Ao sustentar o desenvolvimento pessoal de todos os envolvidos em um empreendimento regenerativo, um negócio aumenta sua eficácia e suas chances de sucesso. O sucesso geral depende criticamente da maneira como as empresas otimizam múltiplas formas de capital, colaborando com a ecologia empresarial regenerativa da qual participam. Tais ecossistemas empresariais são culturalmente transformadores, pois oferecem "novas rotas para o fluxo de capital financeiro para empreendimentos regenerativos" (p. 57).

Muitas empresas e empreendedores pioneiros já estão explorando o vasto potencial para a criação de empresas a serviço da regeneração através do design regenerativo (http://en.wikipedia.org/wiki/Regenerative_design) e já estão vivendo a questão de como podemos cocriar empresas que regeneram a saúde e a produtividade de nossas comunidades e ecossistemas. Cuidando e trabalhando para a saúde e o bem-estar de nossas comunidades e ecossistemas, as empresas podem colaborar para se tornarem catalisadoras de uma cultura de regeneração.

Colaboração e empatia como histórias de sucesso evolucionárias

Este mundo, no qual nascemos e nos apropriamos do nosso ser, está vivo. Não é nossa casa de suprimentos e esgoto; é o nosso corpo maior. A inteligência que nos fez evoluir da poeira estelar e nos interconecta com todos os seres é suficiente para a cura de nossa comunidade terrestre, se nos alinharmos a esse propósito. Nossa verdadeira natureza é muito mais antiga e abrangente do que o eu separado definido pelo hábito e pela sociedade. Somos tão intrínsecos ao nosso mundo vital quanto os rios e árvores, tecidos dos mesmos fluxos intrincados de matéria/energia e mente. Tendo evoluído para a consciência autoreflexiva, o mundo pode agora se conhecer através de nós, contemplar sua própria majestade, contar suas próprias histórias – e também responder ao seu próprio sofrimento.

Joanna Macy e Chris Johnstone (2012)

Nós somos vida. Somos a natureza. Nós somos o universo. A consciência autorreflexiva nos permite diferentes perspectivas sobre este todo sempre em transformação e em evolução do qual participamos – *tudo* aquilo de que somos reflexos. Nós trazemos um mundo junto conosco, como manifestações incorporadas do universo, cocriando o mundo através de *como* nós participamos e a *que* nós prestamos atenção e com o *que* nos preocupamos. Espalhar a história de *por que* nos importamos com a vida e a saúde do todo e compartilhar a narrativa do interser é metaprojeto culturalmente criativo. Ao compartilhar a nova e antiga história do interser, facilitamos o surgimento de diversas culturas regenerativas conectadas em escala pela empatia e cooperação.

Como vida, como natureza, como o universo, podemos acessar a inteligência coletiva inerente ao todo. Coletivamente, temos a opção de cooperar uns com os outros e com a comunidade da vida para nutrir sistemas regenerativos local, regional e globalmente. Viver as questões em conjunto é sobre como aplicar inteligência coletiva à transformação cultural, cocriando uma nova história sobre *por que* vale a pena sustentar a humanidade e uma visão poderosamente contagiante de um futuro próspero para toda a vida. O "porquê" orientará o "quê" e o "como".

Em um artigo recente da publicação BioSistemas, John Stewart (2014) analisa evidências de que, ao longo da evolução da vida na Terra, podemos observar uma tendência geral em direção ao aumento da complexidade. Ele destaca duas outras tendências gerais intimamente ligadas a esse aumento da complexidade. A vida parece ter uma tendência geral para diversificar, uma vez que se adapta às mudanças de condições e à singularidade do lugar. O jeito da vida de acomodar essa diversidade de meios que otimizam todo o sistema é uma tendência geral para o aumento da integração, formando redes de conexão em escala de relações de suporte à vida. Em geral, a existência coopera na criação de condições propícias à vida através da criação de processos regenerativos que beneficiam diversas redes de vida localmente adaptadas e, assim, aumentam a saúde e a resiliência do todo. "A integração prosseguiu através de um processo gradual em que entidades vivas em um nível são integradas em grupos cooperativos que se tornam entidades de maior escala no próximo nível, e assim por diante, produzindo organizações cooperativas de escala crescente" (ibid).

A vantagem cooperativa tem impulsionado grandes inventos ao longo da evolução: endosimbiose – o passo evolutivo para as células nucleadas (células eucarióticas); organismos multicelulares cooperativamente integram muitas dessas células; e "grupos cooperativos desses organismos produzem sociedades animais". A tendência de aumentar a complexidade das redes vivas através da diversificação e integração é um padrão central na evolução da vida, da escala de moléculas a células, órgãos, organismos, comunidades e ecossistemas, aos biomas e à biosfera.

John Stewart argumenta que esta "tendência de aumentar a integração continuou durante a evolução humana com o aumento progressivo da escala de grupos e sociedades humanas". Ele postula que a crescente diversificação e integração "provavelmente culminarão no surgimento de uma entidade global. [...] Esta entidade emergiria da integração dos processos vivos, matéria, energia e tecnologia do planeta em uma organização cooperativa global" (ibid). A palavra "entidade" pode ser enganosa aqui, pois nos convida a pensar em uma superestrutura material ou superorganismo. Eu acredito que Stewart está realmente se referindo a um padrão de organização globalmente cooperativo que integra toda a diversidade da humanidade através de relações predominantemente colaborativas que administram e regeneram os comuns globais. De uma matilha de lobos ou um grupo de golfinhos a uma família humana, uma comunidade local, uma cidade, uma região, uma nação ou as Nações Unidas, essas "entidades" são melhor entendidas como processos definidos por padrões de colaboração.

As negociações multilaterais e os acordos facilitados pela ONU - com todas as suas falhas *e* sucessos - são expressões da humanidade que vive as questões, juntamente com um compromisso com a solidariedade global e a cooperação. Os recentemente ratificados Objetivos de Desenvolvimento Sustentável (ODS), com sua ênfase nos "meios de implementação", são um claro sinal de que, apesar de todos os nossos conflitos e divergências, a humanidade está aperfeiçoando sua capacidade de colaboração global. Esse padrão emergente de colaboração consciente também pode ser observado em uma enorme variedade de organizações da sociedade civil e redes de agentes de mudança cultural envolvidos na transição para uma presença humana mais sustentável na Terra. A única maneira de salvaguardar o privilégio da abundância é compartilhá-la de maneira colaborativa com toda a humanidade e com toda a vida. O sucesso evolucionário para a vida como um todo seguiu suas tendências diversificadoras e integradoras. Este processo está agora encontrando expressão na integração da diversidade humana na consciência global e solidariedade. Nosso sucesso individual e coletivo depende dessa integração por meio de colaboração e empatia.

Stewart observa que "quaisquer que sejam os desafios evolutivos, os processos vitais podem responder a eles de forma mais eficaz se forem organizações cooperativas e se suas ações forem coordenadas". A vida prospera como um processo planetário de conexão em escala através da integração da diversidade em fluxos circulares de energia, matéria e informação que facilitam o surgimento de processos colaborativos e regenerativos em nível local, regional e global. Isso cria abundância compartilhada em múltiplas escalas como base para o sucesso evolutivo individual e coletivo. A integração através da colaboração oferece várias vantagens:

- a oportunidade de distribuir tarefas-chave em ecologias descentralizadas de colaboração;

- a oportunidade de criar abundância dentro dos limites planetários através do compartilhamento de reservas de recursos comuns;

- o aumento da capacidade de inteligência coletiva para informar nossa resiliência comum, capacidade de adaptação e capacidade de transformação;

- maior eficácia dos recursos, pois menos energia e menos recursos são desperdiçados em interações competitivas que prejudicam a saúde sistêmica;

- a oportunidade de criar redes de apoio mútuo caracterizadas por uma soma diferente de zero ou relações ganha-ganha-ganha.

O biólogo Peter Corning, ex-presidente da Sociedade Internacional para Ciência de Sistemas e diretor do Instituto para o Estudo de Sistemas Complexos, sugere que, na evolução de nossa própria espécie, a cooperação tenha desempenhado um papel particularmente importante. A "hipótese de sinergismo" de Corning argumenta que "foram os retornos bioeconômicos (as sinergias) associados a várias formas de cooperação social que produziram – em combinação – a tendência direcional final ao longo de vários milhões de anos, dos primeiros hominídeos bípedes ao *Homo sapiens* moderno. [...] nós inventamos nós mesmos (com efeito) em resposta a várias pressões ecológicas e oportunidades" (Corning, 2005: 40). Corning explica: "uma implicação dessa visão mais complexa da evolução é que tanto a competição quanto a cooperação podem coexistir em diferentes níveis de organização, ou em relação a diferentes aspectos do empreendimento de sobrevivência. Pode haver uma interação delicada e equilibrada entre essas relações supostamente polares" (p. 38). A linguagem evolutiva e a capacidade de moldar a cultura através da narrativa permitiram que os humanos desenvolvessem padrões complexos de colaboração.

Corning enfatiza: "Se uma sociedade é vista apenas como um agregado de indivíduos que não têm interesses comuns e nenhuma participação na ordem social, então por que eles deveriam se importar? Mas se a sociedade é vista [...] como um 'empreendimento de sobrevivência coletiva' interdependente, então cada um de nós tem uma participação crucial, de vida ou morte, em sua viabilidade e funcionamento efetivo, quer o reconheçamos ou não" (p. 392). Em vez de nos perdermos nos desacordos e episódios competitivos que fazem parte da negociação da integração da nossa diversidade humana, somos chamados a lembrar que "a cooperação mutuamente benéfica é o princípio organizador fundamental subjacente a todas as sociedades humanas" (p. 393). O futuro da humanidade depende da cooperação mutuamente benéfica em escala planetária.

A bióloga evolucionista e futurista Elisabet Sathouris descreve como, na evolução de comunidades complexas de diversos organismos, um "ponto de maturação" é alcançado quando o sistema percebe que "é mais barato alimentar seus 'inimigos' do que matá-los" (comentário pessoal). Tendo habitado com sucesso seis continentes e diversificado o mosaico de sistemas de valores, visões de mundo, identidades (nacionais, culturais, étnicas, profissionais, políticas etc.) e modos de vida que compõem a humanidade, somos agora desafiados a integrar esta preciosa diversidade em uma civilização global e localmente colaborativa, agindo sabiamente para criar condições propícias à vida.

> *Chegamos agora a um novo ponto de inflexão, onde as inimizades são mais caras em todos os aspectos do que a colaboração amistosa; onde os limites planetários da natureza exploratória foram alcançados. Já é tempo de cruzarmos este novo ponto de inflexão em nossa maturidade comunitária global – uma integração da economia e da ecologia que colocamos em conflito entre si, para desenvolver uma ecosofia.*
>
> ***Elisabet Sathouris (2014)***

Se o *Homo sapiens sapiens* quiser continuar sua fascinante e até agora relativamente curta história de sucesso evolucionária, temos que desenvolver sociedades sábias caracterizadas pela empatia, solidariedade e colaboração. Culturas sábias, sociedades e uma sábia civilização irão "administrar a casa" com sabedoria (*oikos* + *sophia*) e um amor por toda a vida (biofilia). O desafio da humanidade em um mundo complexo e em constante mudança é estabelecer um conjunto de perguntas orientadoras que enfoquem nossa inteligência coletiva em responder sabiamente a mudanças muitas vezes imprevisíveis e surpreendentes.

Tais questões orientariam nossa atividade cultural para criar comunidades regenerativas e prósperas e economias circulares elegantemente sintonizadas com as condições únicas dos sistemas ecossociais locais e regionais. Precisamos responder aos desafios globais com ações locais e regionais efetivas, possibilitadas pela colaboração e troca globais. Para fazer isso efetivamente, precisamos de mais do que mudança política e democracia participativa; precisamos de uma mudança em nosso modo de pensar, partindo de mentalidades rígidas para a valorização de múltiplas perspectivas e reconhecimento de nossa interdependência e humanidade comum.

A metanarrativa do *interser* denota uma compreensão participativa de sistemas inteiros da vida e da consciência. Isso nos permite valorizar uma ampla diversidade de perspectivas, ao mesmo tempo em que nos unifica com nossa identidade maior, como humanidade e vida. A inovação transformadora e o design regenerativo estão apoiando a criação de comunidades prósperas, a abundância natural compartilhada e a saúde sistêmica através do fomento colaborativo à regeneração em toda parte. São formas criativas de dar forma à narrativa do interser – meios que reforçam nossa experiência de parentesco e união entre si e com os ecossistemas que habitamos. Essa colaboração é possibilitada por uma nova compreensão de quem e do que somos.

> *Não precisamos mais ser fragmentados e encaixotados; temos a opção de nos vermos dentro de uma Unidade cósmica que elimina toda a fragmentação; que une a nossa experiência interior à nossa experiência exterior à medida que nos une uns aos outros, ao nosso planeta e ao nosso Cosmos. Qualquer que seja a Nova História, apesar de muitas versões que escrevemos e contamos, ela refletirá essa nova visão de nós mesmos.*
>
> ***Elisabet Sathouris (2014)***

Jeremy Rifkin (2009) sugere que a natureza humana é fundamentalmente empática e cooperativa, em vez de egoísta e competitiva. Ele revisa evidências recentes de estudos sobre ciência do cérebro e desenvolvimento infantil que mostram como egoísmo, competição e agressão não são aspectos inatos do comportamento humano, mas respostas aprendidas e culturalmente condicionadas. Nossa natureza é muito mais cuidadosa, amorosa e empática do que fomos educados a acreditar. Embora ser empático possa ter inicialmente se estendido principalmente a nossa família e tribo, nossa capacidade de empatia continuou a se expandir para incluir toda a humanidade, outras espécies e a vida como um todo. Rifkin sugere que estamos testemunhando o surgimento evolucionário do *Homo empathicus*:

Estamos à beira, creio eu, de uma mudança épica para o clímax de uma economia global e um reposicionamento fundamental da vida humana no planeta. A "Idade da Razão" está sendo eclipsada pela "Era da Empatia". A questão mais importante que a humanidade enfrenta é a seguinte: podemos alcançar a empatia global a tempo de evitar o colapso da civilização e salvar a Terra?

Jeremy Rifkin (2009: 3)

A narrativa do interser informa e promove a empatia global à medida que nos torna conscientes da nossa interdependência como seres relacionais com a prosperidade da vida na Terra e com a evolução da consciência dentro do universo em constante transformação. A evolução saudável da consciência não é uma substituição da razão pela empatia, mas uma integração de nossa capacidade de raciocinar com múltiplos modos de conhecer e uma capacidade aumentada de empatia – o que Albert Einstein chamou de "ampliar nossos círculos de compaixão".

Mapas evolucionários da consciência como a rede de níveis e estados de consciência Wilber-Combs (Combs, 2009), os "sistemas biopsicossociais" de Clare Graves (Graves, 2004 e 2005) ou o mapa "dinâmico espiral" de Don Beck e Christopher Cowan de visões de mundo e sistemas de valores (1996), todos sugerem que o desenvolvimento saudável se dá por um processo de transcender *e incluir* (em vez de se opor a e rejeitar) perspectivas anteriores.

A tendência evolutiva de *aumentar a integração da diversidade* não é um caminho para o aumento da homogeneidade e uma monocultura dominante, mas um caminho para uma participação apropriada na complexidade. Evitar as "monoculturas da mente", valorizar e nutrir a diversidade e integrar cooperativamente essa diversidade, vivendo as questões em conjunto, permitirá à humanidade agir com sabedoria – informada pela inteligência coletiva e por múltiplas perspectivas – diante de mudanças imprevisíveis.

Estar focado em encontrar soluções milagrosas e respostas universais ou permanentes nos predispõe a enquadrar o progresso como substituição de uma perspectiva ou "paradigma" por outro. Nós tendemos a balançar o pêndulo de um extremo ao outro. Habitualmente, passamos da tese para a antítese, em vez de procurarmos o terreno fértil da síntese que transcende e inclui várias perspectivas na tentativa de informar uma ação sábia.

Cooperativa e empaticamente, a convivência das questões – no humilde reconhecimento dos limites de nosso conhecimento e capacidade individuais e coletivos – é um sistema de orientação cultural capaz de relatar ação sensata em face da mudança e da imprevisibilidade. Viver as questões em conjunto cria culturas regenerativas, alimentando a resiliência, a capacidade de adaptação e de transformação. Explorando e valorizando coletivamente as perspectivas que cada um dos três horizontes tem do potencial futuro do momento presente, facilitamos o surgimento de uma consciência futura que pode nos ajudar a agir com previsão diante de mudanças imprevisíveis.

DE UM CÍRCULO VICIOSO PARA UM VIRTUOSO

CULTURAS DEGENERATIVAS E EXPLORATÓRIAS

CULTURAS REGENERATIVAS E FORTALECEDORAS

Busca por significado
Criatividade e Brincadeira
Abundância colaborativa

Competição
Predição e controle
Separação

Colaboração
Participação
Cocriação

MEDO

AMOR

Homogeneização
Maximização de partes
Benefício individual

Alienação
Divisão eu-mundo
Divisão cultura-natureza

Valorização da diversidade
Otimização do todo
Benefícios coletivos

Pertencimento
Senso de lugar
Significado compartilhado

A narrativa da separação

A narrativa do interser

Decepção
Retirada
Escassez competitiva

Figura 28: Os círculos do amor e do medo.

Em 12 de setembro de 2001, um dia depois dos eventos traumáticos no World Trade Center em Nova York, o filósofo catalão Jordi Pigem liderou um pequeno grupo de estudantes do mestrado em Ciência Holística na Schumacher College em uma exploração coletiva do significado deste golpe trágico, mas catalisador, para a consciência coletiva da humanidade. Jordi iniciou a sessão acendendo uma vela e lendo dois poemas do monge vietnamita Thich Nhat Hanh: *Interser* e *Me chame pelo meu nome verdadeiro (Call me by my true name)*. Durante o diálogo subsequente, cocriamos uma versão inicial do diagrama na Figura 28, mapeando a escolha fundamental que temos, individual e coletivamente, para trazer à luz um mundo ativado pelo amor ou guiado pelo medo.

Ativismo revisitado: participação consciente e inteligência coletiva

Se o sucesso ou fracasso deste planeta e dos seres humanos dependesse de como sou e o que faço [...] COMO EU SERIA? O QUE EU FARIA?

R. Buckminster Fuller

Não podemos compreender individualmente o alcance, a profundidade e o detalhamento das consequências que coletivamente geramos para nós mesmos.

Tom Atlee (2002)

Durante meu tempo morando e trabalhando na ecovila da Fundação Findhorn, tive a oportunidade de colaborar com May East em uma ampla gama de projetos. May é brasileira e tem sido uma ativista desde o final dos anos 1980. Ela é cofundadora da Global Ecovillage Network e Gaia Education, e dirige o centro de treinamento das Nações Unidas CIFAL na Escócia. May tem sido repetidamente listada como uma das 100 principais líderes globais de sustentabilidade (ABC Carbon, 2012). Mais do que a maioria das pessoas que conheço, ela incorpora o papel de agente de mudança global e construtora de pontes entre os muitas vezes separados mundos da sociedade civil, dos negócios e da governança.

Seu trabalho abrange desde o ensino de cursos de capacitação em projetos de comunidades sustentáveis e treinamentos de transição para ativistas em todo o mundo, até trabalhar com governos locais e nacionais em uma ampla gama de questões de sustentabilidade, e para o trabalho de desenvolvimento internacional e treinamento em sustentabilidade com a Unitar e Unesco. May contribuiu ativamente para o desenvolvimento dos novos Objetivos de Desenvolvimento Sustentável (ODS) da ONU. May e eu compartilhamos a paixão de ajudar diversas circunscrições e *stakeholders* a explorarem soluções de design de sistemas completos que se baseiam na inteligência coletiva, alinhando diversas perspectivas e necessidades. Nós prosperamos construindo pontes de colaboração entre ativistas e líderes corporativos, entre a academia e organizações da sociedade civil, e entre governos locais e regionais e o sistema da ONU.

Há uma tendência generalizada entre os ativistas de "lutar contra" algo, em vez de estender nossas mãos e abrir nossos corações àqueles cujas práticas e atitudes insustentáveis estamos esperando transformar. Todos nós somos parte do problema e todos nós teremos que ser parte da solução. May uma vez compartilhou comigo sua definição de ativismo: "A primeira coisa que faço depois de minha meditação matinal é escolher conscientemente para onde vou dirigir minha atenção naquele dia, que conversas e projetos vou *ativar* com o poder da minha atenção".

Somos todos ativistas, ativando uma história ou outra através do poder de nossa atenção e da maneira como participamos de nossas comunidades. Podemos escolher ativar e incorporar a história da separação ou a história do interser. Podemos escolher que tipo de mundo queremos criar com as pessoas com quem estamos em contato. Podemos nos perguntar: o que eu estou escolhendo para ativar através do poder da minha atenção? Como minha participação contribui para o mundo em que eu gostaria de viver?

Somos todos designers! Somos todos ativistas! Culturas regenerativas são cocriadas por pessoas que se tornaram conscientes de como sua participação ativa certas possibilidades, pessoas que compartilham uma visão de um mundo melhor, colaborando para cocriar um futuro próspero para toda a vida. Praticantes atentos e ativistas conscientes vivem uma simples questão todos os dias: *Como posso ser a mudança que quero ver no mundo?* Eles estão cientes do "potencial futuro do momento presente" e pretendem agir sabiamente para facilitar a emergência positiva em um mundo imprevisível.

O primeiro passo é estar *ciente* do que estamos ativando no mundo pelo poder de nossa atenção e da história que propagamos através de nossos pensamentos, palavras e ações. Quando chegamos às nossas comunidades (famílias, vizinhanças, colegas e amigos) e as convidamos a viver as questões juntos, estamos convidando múltiplas perspectivas e diversas maneiras de saber para qualificar nossa cooperação na cocriação de culturas regenerativas.

Esse tipo de troca e investigação aberta pode facilitar o surgimento da inteligência coletiva e da consciência futura para influenciar ações sábias em face da complexidade crescente e no reconhecimento humilde dos limites de nosso próprio conhecimento. Você também pode se tornar um ativista consciente, agente de mudança e construtor de pontes, iniciando tal investigação em sua comunidade. O fato de você ter lido até aqui significa que você provavelmente já é. Ao explorar as perguntas deste livro com os outros, refinando-as, ou acrescentando outras, podemos continuar nossa peregrinação e aprendizado na transição para o terceiro horizonte de uma presença humana regenerativa na Terra.

Em *Reflexões sobre o ativismo evolucionista,* Tom Atlee destaca três dinâmicas evolutivas: i) integração da diversidade, ii) constante alinhamento com a realidade e iii) interesse próprio, enraizado no bem-estar do todo. Estas são características-chave de culturas regenerativas alinhadas com a evolução da vida. São também diretrizes para nos ajudar, como indivíduos, a continuar aprendendo e contribuindo para a criação de empresas, comunidades e culturas regenerativas.

Atlee começa seu livro lembrando-nos da longa jornada evolucionária desde os primórdios do universo até nossos tempos. Nossos corpos literalmente contêm átomos forjados na morte de estrelas gigantes. Como participantes neste todo sempre em transformação e em evolução, somos expressões do que Atlee chama de Poder Criativo do Universo. Ele estende um convite a todos nós:

> *Como ativistas evolucionários, podemos sair [da separação] e entrar na consciência de que somos parte da contínua criação do universo, que nosso poder é o Poder Criativo do Universo trabalhando através de nós, e que temos um trabalho criativo a ser feito, um empreendimento realmente importante do qual fazer parte. Nós somos os olhos e ouvidos e mãos e pés e coração e mente do Poder Criativo do Universo trabalhando em nosso mundo neste momento, formando a primeira civilização autoevolutiva sustentável e sábia já vista neste planeta. Todas as decisões que tomamos – incluindo como gastar esse precioso momento e onde colocar nossa preciosa energia e com quais pessoas preciosas trabalharemos e como estaremos com elas – todas essas decisões são a Grande CPU sentindo a seu modo o que fazer em seguida, o que é possível agora. [...] Você e eu somos esse Poder, nesse Poder, desse Poder. Bem-vindo ao lar. Estamos todos juntos neste trabalho, apoiados pela maior força criativa da Terra – e além. Vamos trabalhar, conscientemente, em sintonia, e juntos, como pudermos administrar.*
>
> ***Tom Atlee (2009: 33-34)***

O trabalho de Tom Atlee oferece inspiração profunda e apoio prático para pessoas dispostas a viver as questões em conjunto, a fim de redesenhar a presença humana na Terra. Ele descreve como uma série de perguntas guiou sua própria jornada como um ativista por um longo período (p. 43-47):

- P· **Como posso ajudar a construir um mundo melhor?**
- P· **Qual é o significado da inteligência coletiva auto-organizada?**
- P· **Como os grupos ativistas podem se tornar mais colaborativamente eficazes?**
- P· **Como as comunidades e os países podem ser mais colaborativamente eficazes?**
- P· **Como a humanidade pode, sábia e criativamente, trabalhar com as crises do nosso tempo?**

- **P· Como podemos ajudar nossos sistemas sociais e culturais a evoluir conscientemente?**
- **P· Como podemos crescer como seres em evolução – e assumir a responsabilidade por nosso próprio papel *como* a cointeligência cada vez mais consciente do universo?**
- **P· Como nós, ativistas, humildemente nos tornamos o mundo conscientemente evoluindo em direções que apoiam profundamente todas as formas de vida?**

As duas últimas perguntas nos convidam a um mergulho sob uma perspectiva participativa e evolutiva, da qual somos participações e expressões, com o objetivo de nos tornar mais plenamente conscientes de como o nosso *ser e fazer* criam condições propícias à vida.

A prática de Viver Juntos as Questões e coprojetar a transição para culturas regenerativas é uma prática do ativismo evolucionista. A abordagem que explorei neste livro está totalmente alinhada com os princípios de Atlee para o ativismo evolucionista:

i. Promovendo a autoorganização saudável e a capacidade de evolução consciente de sistemas inteiros

ii. usando perguntas e conversas estratégicas como ferramentas transformadoras primárias

iii. engajando diversidade e dissonância criativamente a serviço de uma vida melhor

iv. destacando, usando e promovendo a energia da possibilidade positiva

v. conscientemente buscando e usando a orientação da dinâmica evolutiva

vi. considerando cocriatividade a essência sagrada e poder do nosso trabalho

vii. vendo o ativismo evolucionário como parte da grande história da evolução se tornando consciente de si mesmo e convidando outros para participar dessa história.

(Atlee, 2009: 54-63)

Em *Pensamentos sobre Sabedoria e Inteligência Coletiva*, Atlee diz que "se as pessoas cooperarem, elas podem gerar inteligência coletiva". O mundo tornou-se tão complexo, novas tecnologias estão se desenvolvendo tão rapidamente, a informação e o conhecimento estão se expandindo a tal passo, e estamos enfrentando tantas crises convergentes em múltiplas escalas, que precisamos do poder de muitas mentes para reportar ações sábias. Para que surja a inteligência coletiva, precisamos prestar atenção à "presença do 'todo' na vida e no funcionamento das 'partes'".

Atlee enumera uma série de condições que facilitam o surgimento bem-sucedido da inteligência coletiva: uma visão compartilhada, uma compreensão do propósito coletivo, acreditando em trabalho compartilhado, lidando com diversas perspectivas de forma criativa, integrando múltiplas perspectivas das partes interessadas em uma "realidade mais complexa numa 'foto maior'", uma capacidade compartilhada de "encontrar mais do todo" e uma sensação de que o todo está trabalhando *através* de todos nós e *como* todos nós. Ele oferece uma percepção de participação sábia propondo que "a sabedoria caracteriza qualquer fator que facilite um maior engajamento com o todo". Nesse contexto, os "fatores" podem ser tão diversos quanto uma visão de mundo; um *insight*, informação, conhecimento ou compreensão; uma maneira de pensar, sentir ou se comportar; uma narrativa ou um design. "Qualquer um destes pode moldar o nosso envolvimento com o mundo de formas holísticas e, portanto, ser sábio." Atlee explica: "o engajamento aqui pode ser ativo ou passivo. Inclui percepção, reflexão e compreensão, bem como ser, reagir, influenciar e mudar a realidade, além de ser influenciado ou modificado por ela. Engajamento aqui implica interser e interatividade. [...] O 'todo' aqui se refere à realidade mais profunda, mais completa e mais abrangente de algo – uma pessoa, um grupo ou comunidade, uma situação, uma ideia, o mundo ou qualquer outra coisa" (2004).

A narrativa do interser e a visão participativa da vida em sistemas vitais são importantes fatores capacitantes no surgimento da inteligência coletiva por meio da cooperação. No nível do indivíduo e do coletivo, precisamos conscientemente explorar a participação apropriada. Para fazer isso, precisamos fazer uso de todas as nossas diversas formas de conhecer: pensar, sentir, intuir e pressentir. A ação sábia só pode ser guiada pela síntese e pela cooperação. A liderança é cada vez mais reconhecida como um papel que todos nós podemos assumir e não mais personificada por indivíduos que exercem "poder sobre" através da inteligência secreta e do conhecimento e tecnologia exclusivos. A sábia liderança no século XXI deve estar enraizada no "poder com", na inteligência coletiva pública e no compartilhamento aberto de conhecimento e tecnologia. Tom Atlee escreve:

> *O poder-com está rapidamente se tornando uma ciência tão estratégica e qualificada quanto o poder-sobre. Até as escolas militares e de negócios estão ensinando o poder da cooperação. O poder-com também está se tornando uma fonte de poder nas práticas de sustentabilidade, trabalhando com insetos e bactérias para compostar o lixo e reciclar os resíduos ou trabalhando com o vento e a água para gerar energia. Todos os campos e práticas que enfatizam a colaboração estão exercendo poder-com.*
>
> ***Tom Atlee (2012)***

Atlee enfatiza que "só porque nossos sistemas atuais de política e governança – e economia e tantos outros – são projetados para nos levar a competir, não significa que tenhamos que sempre ir para esse lado. Podemos criar novos sistemas que nos ajudem a trabalhar juntos com mais força". Se praticarmos a colaboração e fizermos as perguntas juntos, poderemos acessar o "poder e sabedoria que surgem de *dentro* e *entre* os membros do grupo. Esse poder e sabedoria não vêm tanto dos próprios indivíduos quanto de suas interações, de um tipo de energia grupal ou inteligência que aparece porque essas pessoas estão juntas" (2012). Uma vez que você tenha vivenciado diretamente o que Atlee fala aqui, a inteligência coletiva e a sabedoria deixam de ser noções abstratas e se tornam uma realidade viável e vivida. Sentar em círculos de conselhos me deu essa experiência transformadora.

No outono de 2014, participei de um notável encontro de ativistas e criadores culturais de 52 países e seis continentes. Dois anos antes, eu havia ajudado a conceber e planejar o New Story Summit_(http://newstoryhub.com/summit/) na Fundação Findhorn. Entre as muitas pessoas inspiradoras que conheci estava um ex-espião da CIA que virou denunciante e ativista, que, em 1988 – após anos de operações secretas –, tinha chegado a entender que sua "vida de espião especializado em segredos não era apenas improdutiva, mas era uma forte oposição ao que realmente precisamos: acesso total a informações verdadeiras, à completa diversidade de pontos de vista sobre qualquer questão e, consequentemente, à capacidade de criar Inteligência de Código Aberto (OSINT – *Open-Source-Intelligence*)". Robert Steele é um pioneiro desta abordagem OSINT e apresenta um argumento convincente de que é de fato um fundamento necessário para a "democracia direta: inteligência participativa (apoio a decisões), elaboração de políticas de código aberto e orçamento participativo" (Steele, 2012: xiii). A Figura 29 mostra a "maior ecologia" da abordagem de Tudo com Código Aberto (*Open Source Everything*):

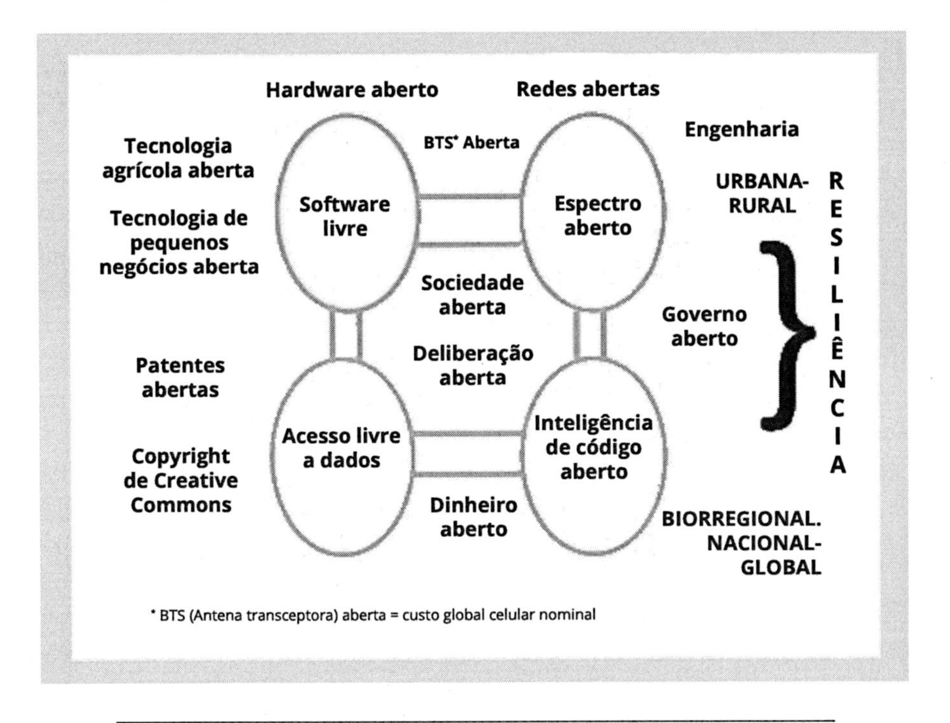

Figura 29: Tudo com código aberto

Eu recomendo fortemente o Open Source Everything Manifesto [Manifesto de tudo com código aberto] que Steele publicou em 2012. Na New Story Summit, ele foi convidado a submeter um trabalho de pesquisa para o painel de alto nível da ONU sobre a agenda de desenvolvimento pós-2015. O artigo está agora on-line (Steele, 2014a). Além de oferecer à ONU "uma abordagem alternativa para o desenvolvimento do século XXI", o documento argumenta que os 17 Objetivos de Desenvolvimento Sustentável poderiam efetivamente ser alcançados até 2050 a um custo estimado de US$ 230 bilhões por ano, uma fração do US$ 1,3 trilhão gasto anualmente pelos governos mundiais em suas forças armadas. Em um artigo recente, Steele escreveu:

> *[A Inteligência Coletiva] no século XXI – um empreendimento humano – deve focar no verdadeiro significado da inteligência como suporte a decisões baseadas em evidências, em análises holísticas, economia de custo real e código aberto para tudo, permitindo a engenharia de código aberto. [...] Minha es-*

perança é que possamos reinventar a inteligência para reprojetar e reabrir a academia, a economia, a governança e a sociedade humanas, de modo que os cinco bilhões de pobres sejam capacitados a criar riqueza sustentável infinita ao mesmo tempo em que interrompemos, de forma não violenta, as patologias do capitalismo ocidental, do colonialismo e do militarismo.

Robert David Steele (2014b)

A inteligência coletiva aplicada – baseada em colaboração multinacional, multiagência, multidomínio e multidisciplinar em compartilhamento de informações e construção de sentido – pode nos ajudar a cocriar um mundo que funcione para todos. Em linha com o que temos explorado neste livro, Steele apela para um redesenho da academia, economia, governança e nossas sociedades "para incorporar inteligência no que nós construímos, como nós construímos e como nós o usamos". Precisamos ir além do tipo de abordagem de inteligência incorporada promovida, por exemplo, pelas "Cidades Inteligentes" (*Smart Cities*) da IBM e pela moda atual de "tudo inteligente". Em vez de fazer a "acertar a coisa errada", precisamos de um novo desenho com o suporte de decisão apropriado (ibid).

A inteligência e a sabedoria coletivas são uma propriedade emergente de ecossistemas sociais dinâmicos complexos com relações predominantemente cooperativas e não competitivas. Se cooperarmos efetivamente no compartilhamento de conhecimento, informação e tecnologia e aprendermos a distinguir a educação da doutrinação, é quase certo que poderemos encontrar respostas adequadas às crises convergentes que a humanidade está enfrentando. Se aprendermos a compartilhar os *commons* bioculturais de maneira mais equitativa em escala local, regional e global e criar oportunidades de aprendizagem ao longo da vida para toda a humanidade, poderemos liberar a enorme abundância e criatividade que existe na capacidade criativa e inovadora de bilhões de pessoas carentes no mundo.

Não podemos criar culturas regenerativas sem criar culturas mais equitativas. Para que essa transição seja bem-sucedida, precisamos da ampla participação de cidadãos informados que colaborem na criação de comunidades regenerativas em todas as escalas, fortalecidas e capacitadas pela colaboração global. Quando toda a sua capacidade criativa é absorvida para satisfazer desesperadamente as necessidades imediatas de sobrevivência de si e da sua família e sem educação básica e acesso ao ensino superior, é difícil colaborar em projetos comunitários de longo prazo e um esforço global de colaboração para criar uma civilização humana regenerativa.

Precisamos permitir que toda a humanidade assuma um papel ativo na grande transição para uma presença humana regeneradora na Terra. Como

David Orr diz: "É hora de todos ao convés! Ter esperança é uma ação com as mangas arregaçadas" (comentário pessoal). Precisamos compartilhar todos os nossos recursos abertamente. Há, até certo ponto, também um salto de fé ao passar da economia competitiva, que se esgota com o ganha-perde, para a economia colaborativa e regenerativa do ganha-ganha. Precisamos confiar que, compartilhando efetivamente o que temos (dinheiro, conhecimento, habilidades, tecnologia, ecossistemas produtivos, uma biosfera que sustente a vida e outros recursos), podemos cocriar uma abundância genuína e uma vida mais significativa e alegre para todos, incluindo nós mesmos, nossas famílias e nossas comunidades.

Compartilhamento e cooperação podem se espalhar pelo sistema como "saúde infecciosa". Quanto mais as pessoas se encontrarem com atitudes cooperativas, empáticas e de compartilhamento, mais elas terão a alegria de cooperar, cuidar e compartilhar com os outros. Nestes tempos de transição, todos nós temos que nos perguntar: Que tipo de mundo estou ativando através do poder da minha atenção? *Cocriar culturas regenerativas é ativismo evolucionário*, e cada dia é uma nova oportunidade para entrar em nosso papel como ativistas evolucionários nessa transição.

Estamos voltando à vida e isso muda tudo

O ativismo evolucionário é a inovação socioecológica que impulsiona a mudança cultural transformadora. Em *kairos*, esse tempo de transformação que Joanna Macy chama de "Grande Virada", o pessoal, o coletivo e o planetário estão mais interligados do que nunca. Ela fala do nosso duplo papel, da necessidade de ser tanto trabalhadores do hospício da antiga "Sociedade de Crescimento Industrial" (com seus hábitos, estruturas e histórias que não servem mais) quanto parteiras do novo, a emergente "sociedade de sustentação da vida".

Macy identifica três dimensões de envolvimento com esse processo de transformação cultural. Em todo o mundo, *nós*, as pessoas, estamos engajados em: i) "ações para retardar os danos à Terra e a seus seres"; ii) "análise de causas estruturais e criação de alternativas estruturais"; e iii) "uma mudança fundamental na visão de mundo e valores" (Macy, Young Brown, 1998: 17).

> *Muitos de nós estamos engajados em todos os três, cada um dos quais é necessário para a criação de uma sociedade que sustente a vida. Pessoas trabalhando silenciosamente nos bastidores em qualquer uma dessas três dimensões podem não se*

considerar ativistas, mas nós consideramos. Consideramos um ativista qualquer um que atue com um propósito maior que o ganho ou vantagem pessoal.

Joanna Macy e Molly Young Brown (2014: 6)

Em *Isso muda tudo* Naomi Klein (2014) explora porque o sistema atual e, em particular, nosso modelo econômico atual está nos levando a travar uma guerra contra a vida na Terra. Unidos em nosso amor pela vida, *todos* temos o poder, se não a obrigação, de nos tornarmos ativos para mudar isso. O trailer do vídeo anunciando seu livro termina com as palavras: "mude ou seja mudado, mas não se engane: isso muda tudo!"

Em todos os lugares, as pessoas estão se organizando para realizar ações, opondo-se a novos crimes e violência contra a natureza e exigindo uma resposta imediata e transformadora às mudanças climáticas e a uma economia estruturalmente insustentável de exploração, desperdício e desigualdade. Silenciados violentamente, ridicularizados e marginalizados por séculos, os povos indígenas estão unindo forças com um movimento global de pessoas que promovem mudanças.

Como os povos indígenas assumiram papéis de liderança dentro desse movimento, [suas] maneiras de ver há muito protegidas estão se espalhando de uma forma que não ocorre há séculos. O que está emergindo, na verdade, é um novo tipo de movimento de direitos reprodutivos, que luta não apenas pelos direitos reprodutivos das mulheres, mas pelos direitos reprodutivos do planeta como um todo – pelas montanhas decapitadas, os vales afogados, as florestas desmatadas, os lençóis de água interrompidos, as encostas minadas, os rios envenenados, as "aldeias de câncer". Toda a vida tem o direito de renovar, regenerar e curar a si mesma.

Naomi Klein (2014)

Há muitos sinais de que estamos no meio de uma enorme mudança na nossa capacidade e motivação para agir e proteger um planeta vivo e cocriar um futuro próspero para todos. Campanhas de ação direta não violentas estão ganhando força, proliferando e se unindo. Mais de uma vez eu derramei lágrimas de alegria celebrando as respostas generalizadas às ações globais locais convocadas pela 350.org e pela Avaaz, unindo seres humanos de todo o mundo em defesa de nosso "Lar" vivo e justiça social. Os tempos *estão* mudando! As pessoas *se importam*!

Quantias cada vez maiores de dinheiro estão sendo "alienadas" das indústrias destruidoras de planetas, como os gigantes petroquímicos, de combustíveis fósseis e agroindustriais. Instituições e fundações filantrópicas estão lavando suas mãos de investimentos no Horizonte 1 ou no Horizonte 2- e colocando seu dinheiro na transformação sistêmica – os investimentos do Horizonte 2+ e do Horizonte 3 em alternativas restaurativas, renováveis e regenerativas. Naomi Klein chegou a uma conclusão com que eu e muitos outros – cada dia mais – concordamos:

> *Somente movimentos sociais em massa podem nos salvar agora. Isso significa estabelecer uma visão do mundo que concorre diretamente com a visão de hoje, que ressoa na maioria das pessoas no planeta, porque é verdade: que não estamos separados da natureza, mas dele. Que agir coletivamente para um bem maior não é suspeito, e que tais projetos comuns de ajuda mútua são responsáveis pelas maiores realizações de nossa espécie. Essa ganância deve ser disciplinada e temperada pela regra e pelo exemplo. Essa pobreza em meio à abundância é inconcebível.*
>
> ***Naomi Klein (2014)***

Precisamos nos basear no emergente movimento global-local de terráqueos preocupados, *alinhados com a vida* e não com ideologias perigosas (como o dogmatismo econômico destrutivo e o fundamentalismo religioso). Para fazer isso, precisamos de uma nova história, "uma história que sirva". Ou melhor, muitas histórias dando voz a uma cosmologia subjacente e narrativa inspiradora o suficiente para galvanizar a humanidade em ação, despertar para as promessas e oportunidades de *prosperar juntos*.

Essa narrativa precisa combinar amplitude intelectual com profundidade espiritual de significado e significância que transcenda e inclua todas as religiões e paradigmas. Ela precisa extrair seu poder transformador do idealismo infeccioso e do pragmatismo fundamentado, da inovação tecnológica e da sabedoria ancestral, ajudando a humanidade a agir sabiamente com poder e amor. Ela deve abranger a imanência de nossa experiência como seres biológicos incorporados, íntimos de toda a vida, e a transcendência da consciência pura para além dos dualismos mente-corpo, energia-matéria; a imanência de estar *na* e ser *da* Terra e a transcendência de ser consciência autorreflexiva.

John D. Liu observa um crescente apelo por uma nova consciência coletiva entre ativistas e cientistas climáticos:

> *Ao valorizar a vida acima das coisas materiais, estamos nos aproximando muito mais dos ensinamentos espirituais de todas as grandes religiões do mundo. Esse entendimento é o próximo nível de evolução da consciência humana.*

Mas não é simplesmente uma profunda compreensão filosófica, é uma maneira prática de reequilibrar o clima, de criar empregos significativos, distribuir com justiça a riqueza e criar uma civilização abundante e sustentável.

John D. Liu (2014)

A publicação do *Laudato Si* do Papa Francisco em 2015 marca um movimento histórico não apenas para os católicos em todo o mundo, mas ainda mais importante para uma aliança de todos os líderes religiosos em apoio à criação de uma civilização global regenerativa na qual toda a humanidade possa prosperar dentro dos limites planetários. O Papa pede "um novo diálogo sobre como estamos moldando o futuro do nosso planeta" e enfatiza que "precisamos de uma conversa que inclua todos, já que os desafios ambientais que estamos passando e suas raízes humanas nos preocupam e afetam a todos" (Vaticano, 2015).

Como discutido no Capítulo 1, precisamos reconhecer que a ecologia e a espiritualidade são formas de nos conectarmos e entendermos melhor o todo e nossa participação nele. Uma vez que os líderes religiosos facilitam um diálogo entre suas congregações, que destaca sua sabedoria espiritual compartilhada e valores além das diferenças entre as religiões, eles podem se tornar catalisadores da transição para uma presença humana regeneradora na Terra.

As histórias que contamos como expressões da metanarrativa do interser precisam educar nossa compreensão sistêmica das crises convergentes e de suas causas, abrindo, assim, perspectivas sobre como fazer as coisas de maneira diferente. Ainda mais importante, elas precisam nutrir nossa capacidade coletiva de conversas de criação que contemplem visões e exemplos práticos de uma presença humana regeneradora e próspera na Terra. Estas visões e "bolsos do futuro no presente" vão revigorar a criatividade individual e coletiva, inspirar a nossa imaginação estética e moral e oferecer a todos uma oportunidade de encontrar um trabalho significativo inspirado pela participação ativa no projeto do século: a criação de culturas regenerativas em todos os lugares.

À medida que emprestamos nossa voz, nossos corações, nossas mentes e nossa criatividade para viver a narrativa do interser mudamos a conversa criadora da humanidade para as intenções orientadoras da salutogênese, a cura de todo o sistema e a cocriação de soluções ganha-ganha-ganha em um mundo que funciona para todos. À medida que nos unimos a outros no processo e aprendemos juntos como voltar para casa, como projetar *como* a natureza e como cooperar na elegante adaptação à singularidade do lugar, a narrativa do interser se desdobrará em toda a sua diversidade fractal. Não mais uma história, mas uma tapeçaria de histórias em muitas línguas, carregando a sabedoria da diversidade cultural entrelaçada pelos fios do interser fundamental da vida, da diversidade na unidade, o padrão que se conecta.

Viver as questões em conjunto é ativismo. Isso muda tudo. À medida que nos tornamos praticantes conscientes da arte de viver a partir do nosso amor pelos outros, pela humanidade e pela vida – e os outros ao nosso redor começam a fazer o mesmo – *nós encorajamos uns aos outros a viver em esperança ativa e a criar um mundo melhor juntos.*

A esperança ativa não é uma ilusão.
A esperança ativa não está esperando para ser resgatada
Pelo Guardião Solitário ou por algum salvador.
A esperança ativa está acordando para a beleza da vida
em cujo nome podemos agir.
Nós pertencemos a este mundo.
A teia da vida está nos chamando agora.
Já percorremos um longo caminho e estamos aqui para fazer a nossa parte.
Com a Esperança Ativa percebemos que há aventuras guardadas,
forças para descobrir
e camaradas com quem nos unir.
A Esperança Ativa é uma prontidão para se envolver.
A Esperança ativa é uma prontidão para descobrir as forças
Em nós e nos outros;
Uma prontidão para descobrir as razões da esperança
e as ocasiões para o amor.
Uma prontidão para descobrir o tamanho e a força de nossos corações,
Nossa rapidez de pensamento, nossa firmeza de propósito
Nossa própria autoridade, nosso amor pela vida,
A vivacidade da nossa curiosidade
O insuspeito poço profundo de paciência e diligência,
a agudeza de nossos sentidos e nossa capacidade de liderar.
Nada disso pode ser descoberto em uma poltrona ou sem risco.

Joanna Macy e Chris Johnstone (2012: 35)

Aprendendo a ouvir profundamente

São precisos dois para falar a verdade – um para falar e outro para ouvir.
Henry David Thoreau

O que mais precisamos fazer é ouvir dentro de nós o som da Terra gritando.
Thich Nhat Hanh

Quando exploramos inteligência e sabedoria coletivas, não devemos cometer o erro de assumir que apenas seres humanos podem relatar *insights*, fornecer evidências e apoiar decisões. A comunidade mais ampla da vida, a inteligência embutida do "padrão que conecta", a prática de perguntar à natureza (*como* a natureza) pode também conter a inteligência coletiva e a ação sábia. Analisei brevemente a importância e a relevância da sabedoria e do conhecimento indígenas tradicionais no Capítulo 6. Quando se trata de tomada de decisão participativa, acesso à sabedoria coletiva e sintonia com a inteligência inerente à vida, muitas culturas tradicionais oferecem poderosas tecnologias do sagrado, rituais e práticas que não devem ser descartadas como "irrelevantes" para nossas sociedades modernas.

Ao contrário, precisamos recuperar essas formas mais profundas de ouvir e obter *insights* para recuperar a sabedoria que perdemos em uma avalanche de informações e conhecimentos. Nossas metodologias tendem a se concentrar apenas no pensamento (racional), mas *insights* profundos podem ser obtidos a partir de processos que incluam e valorizem a sensação, o sentimento e a intuição como parte do apoio à decisão.

Três dessas práticas me ajudaram pessoalmente a experimentar a inteligência coletiva em ação e a obter *insights* mais profundos sobre e através de minha relação com a vida. Todas três foram profundamente relatadas e apoiaram meu trabalho como educador, facilitador e consultor; e afetaram profundamente a qualidade do meu próprio interser com todas as minhas relações. Para mim, pessoalmente, as práticas de *atenção plena* (conectando-se à sabedoria), *conselho* (conectando-se à sabedoria do grupo) e *tempo sozinho na natureza* (conectando com a sabedoria da natureza) oferecem importantes caminhos para culturas regenerativas, como elas são encaradas como experiências diretas do nosso interser. Essas tecnologias do sagrado são mais do que simples práticas, são maneiras de andar em uma antiga linhagem de viver as questões. Elas podem orientar nossa participação saudável no todo.

■ Conselho

O conselho é um caminho antigo e uma prática moderna, abrangendo muitas culturas e religiões. Em conselho, ouvimos o todo: as pessoas e o lugar, terra, água, fogo, ar – o planeta vivo. A prática provoca uma experiência de verdadeira comunidade, um reconhecimento de que cada voz precisa ser ouvida, que toda pessoa tem um dom, uma história para compartilhar, uma perspectiva do todo. Isso nos permite compartilhar nossa humanidade comum. Toda vez que alguém se abre e compartilha o que realmente move seu coração, na escuta sincera nos é dada a oportunidade de viver a experiência de que, além de todas as nossas diferenças, nos importamos com coisas muito semelhantes.

O conselho cria espaço para novos *insights* e entendimentos, sabedoria na tomada de decisões e a cura das diferenças. Mais do que ser apenas mais uma ferramenta de comunicação, a prática profunda do conselho nos permite acessar e experimentar a inteligência coletiva e a sabedoria do grupo, oferecendo uma maneira nova e antiga ao mesmo tempo de guiar os processos colaborativos.

O conselho é uma forma não hierárquica de comunicação profunda, em que cada pessoa tem o poder de falar. Suas intenções primárias – ouvir e falar com o coração – encorajam a autorrevelação genuína e a escuta empática atenta. A qualidade da audição profunda estendida por todos no círculo em direção à pessoa que detém a "peça falante" contribui para criar um recipiente de profunda confiança e abertura.

Uma vez que este contêiner é cocriado – também ajudado por uma atitude de ritual –, ele nos permite compartilhar profundamente do fundo do coração. Muitas vezes as pessoas se encontram expressando uma qualidade de percepção e sabedoria que eles não sabiam que tinham. Nesses momentos mágicos, as pessoas falam de um lugar que é profundamente nutrido pela inteligência coletiva e sabedoria de todo o grupo e de mais além, como a orientação dos antepassados, das futuras gerações e de toda a natureza convidada no início do conselho.

O conselho incentiva os participantes a falarem de sua própria experiência, fazendo declarações em vez de conversar sobre generalidades. À medida que a prática se aprofunda, os participantes alcançam maior tolerância para diferentes perspectivas e maior compreensão dos sentimentos dos outros. O conselho pode nos ajudar a desenvolver nossa capacidade de mediar conflitos de maneira não violenta. Oferece uma contribuição simples, mas poderosa, para a criação de uma cultura de paz e compreensão. O conselho nos permite experimentar a empatia e a compaixão como os alicerces da nossa própria humanidade. Existem muitas formas e linhagens de prática do conselho. Em particular, o trabalho da Fundação Ojai nos EUA, o livro *The Way of Council*, de Jack Zimmerman e Virginia Coyle, e a Rede do Conselho Europeu disseminaram essa prática internacionalmente.

■ Tempo de solidão na natureza

Passar um tempo sozinho na natureza, com o coração/mente abertos, talvez fazendo uma pergunta ou simplesmente deixando alguém vir, também é um aliado valioso para os ativistas evolucionários. O tempo sozinho na natureza pode gerar percepções poderosas. Ele serve como uma maneira eficaz de deixar o velho e convidar o novo (enredo) para nossas vidas.

Ritos de passagem existem em todas as culturas indígenas do mundo. Eles são um importante marcador de transição, transformação e mudança na vida dos membros dessas culturas. A transição da infância para a idade adulta, da idade adulta para a velhice, a transição para a paternidade, a confirmação de um novo papel na comunidade, o cerimonial e intencional deixando para trás modos de pensar e agir que não mais nos servem – esses momentos importantes de mudança e a transformação podem ser energizados e celebrados através de ritos de cerimônias de passagem. Eles servem para apoiar os indivíduos e ajudá-los a reconhecer seus dons e potenciais únicos, em benefício próprio, para o benefício de sua comunidade e para o benefício do mundo.

Na sociedade do crescimento industrial, eliminamos os tradicionais ritos de passagem ou os transformamos em vestígios ineficazes de seus correspondentes antigos. A busca de visão, ou o jejum para visão, é um ritual poderoso que pode ajudar as pessoas a marcarem esses importantes estágios da vida e transições de uma maneira significativa e útil.

Para a maioria das pessoas, chega um momento na vida em que se envolver em tal ritual pode ser um importante ato de inovação transformadora no nível muito pessoal de nosso próprio modo de ser no mundo. Ritos de passagem permitem que homens e mulheres de todas as idades, mas especialmente jovens adultos, se engajem em um antigo padrão cerimonial: completar uma vida antiga, atravessar o limiar do desconhecido e retornar ao mundo renascido. As pessoas em transição de uma fase da vida para outra frequentemente encontram profundo significado e orientação nesse processo. É um caminho que tem sido seguido pelos seres humanos por muitos milhares de anos. Quando chega a hora de considerar tal ritual, nos surgem essas perguntas:

- **P· Quem sou eu?**
- **P· O que eu tenho para dar?**
- **P· Como posso curar minhas feridas e deixar para trás hábitos que já não servem mais?**
- **P· Como posso me tornar um agente efetivo de mudança positiva?**
- **P· Como posso amar este mundo, todo dia um pouco mais?**
- **P· Qual minha verdadeira vocação?**
- **P· Como posso servir?**

Assim como a meditação nos conecta à nossa sabedoria e intuição interior, e praticar o caminho do conselho nos conecta à sabedoria coletiva de nosso povo e comunidade, rituais baseados na natureza dos rituais de passagem – ou simplesmente passar tempo consciente sozinho na natureza – nos conectam à natureza como uma fonte profunda de percepção, orientação, visão e força.

A Escola de Fronteiras Perdidas (http://schooloflostborders.org/), na Califórnia; Passagens Sagradas (http://www.sacredpassage.com/index.php/programs/sacred-passage), no Colorado; e o Instituto Eschwege (https://www.eschwege-institut.de/eng_index.html), na Alemanha, estão entre os muitos lugares onde você pode começar a explorar o poder dos ritos de passagem dos dias modernos e experimentar como esses rituais podem ajudá-lo em seu próprio poder como um agente de mudança positiva neste mundo. Para mim, o tempo sozinho na natureza é uma importante fonte de discernimento, criatividade, significado e vitalidade. Eu vi em oficinas que eu cofacilitei como essa imersão na natureza selvagem, combinada com o conselho e outras práticas, pode ter um efeito profundamente transformador nas pessoas.

Pouco depois do meu primeiro jejum para visão, em 2008, li Peter Senge, Otto Scharmer, Joe Jaworski e o livro *Presença* (2005), de Betty Sue Flowers, e tive o prazer de descobrir o trabalho de jejum para visão de John P. Milton com líderes empresariais globais. O programa de John parecia ter um efeito profundo em muitos deles. Conheci John poucas semanas depois, quando ele fez uma visita surpresa a Findhorn. Ele me deu uma cópia do *Sky Above, Earth Below* (2006). O livro descreve muitas técnicas úteis para meditação, movimento consciente e visualizações para extrair força e discernimento de nossa participação consciente na natureza. Foi um companheiro valioso.

Práticas de atenção plena, conselho e tempo sozinhos na natureza podem nos apoiar em nosso caminho de viver as perguntas, individual e coletivamente. Todos nós *estamos* fazendo a diferença, não apenas pelo que fazemos, também pelo que dizemos, pelas perguntas que fazemos, pelo modo como pensamos e convidamos os outros a pensarem, mas principalmente pela forma como "aparecemos". A qualidade do nosso ser dentro e através de relacionamentos e como ajudamos os outros a se relacionarem com o potencial futuro do momento presente muda os resultados. Estabelecer uma intenção sobre quem queremos ser, como queremos nos comportar e o que queremos ativar no mundo e afirmar essa intenção todos os dias em nossos pensamentos, palavras e ações é uma prática de transformação pessoal que catalisa a transformação cultural. A maneira mais eficaz de escrever a narrativa do interser na consciência coletiva da humanidade é viver com compaixão pelos outros e nossos próprios fracassos no caminho. Se um número suficiente de pessoas se tornarem ativistas evolucionários culturalmente criativos, contribuiremos para o surgimento de diversas comunidades regenerativas e um futuro próspero. Ouvir mais profundamente é uma fonte inestimável de percepção e orientação para todos os que estão dispostos a seguir esse chamado.

Minha Vida é um dom
de toda a Vida
Para toda a Vida [...]

Tom Atlee

Resiliência interior e exterior

O segredo de viver uma vida significativa e satisfatória é estar pronto – a todo momento – para desistir de quem você é pelo que você poderia se tornar.

Brian Goodwin (comentário pessoal)

As definições de "resiliência" variam de acordo com a disciplina em que a palavra é usada. Na engenharia, a resiliência de um material refere-se à tendência do material de retornar ao seu estado original após ser esticado, dobrado ou comprimido. Na psicologia, podemos falar sobre a resiliência emocional como a capacidade de lidar bem com as mudanças e recuperar-se após doenças, infortúnios e experiências traumáticas. Como vimos no Capítulo 4, a resiliência dos sistemas socioecológicos, como a persistência de padrões existentes, não é necessariamente sempre uma coisa boa, dependendo do quão apropriados são os padrões de organização e comportamento para os quais estamos "saltando de volta". A resiliência de alguns dos sistemas desatualizados que criamos pode, na verdade, resistir à inovação transformadora e prolongar padrões destrutivos. Isso também é verdade para a resiliência interna.

Por um lado, precisamos da capacidade de manter nossa identidade individual e recuperar-nos dos contratempos em um ambiente que muda rapidamente; por outro, precisamos discernir sobre nossos próprios hábitos e conceitos mentais. Muitos nos foram passados por transmissão cultural e de uma educação que pode não refletir os valores mais profundos pelos quais gostaríamos de nos guiar. Fomos criados e educados dentro da narrativa cultural da separação. Estamos, portanto, carregando o hábito de ver o mundo através das lentes da escassez e da competição. Resiliência interna é tornar-se consciente de como nossa visão de mundo influencia nosso julgamento e comportamento. Se estivermos dispostos a experimentar outras visões de mundo e perspectivas de tamanho, muitas vezes podemos ver conexões e oportunidades que não conseguimos enxergar de um ponto de vista fixo.

Outro aspecto importante da resiliência interior é lidar com rupturas em nossa própria vida de forma criativa e superar contratempos, transformando as lições do fracasso na oportunidade de desenvolver uma abordagem mais bem-sucedida e adaptar-se às mudanças em nossas condições de vida. A saúde mental e psicológica e um ambiente familiar de apoio e inserção em uma comunidade com alta coesão social são todos importantes contribuintes para a alta resiliência interna.

Pode ser desalentador submeter-se à enxurrada de negatividade e aparente desesperança que enfrentamos simplesmente observando as notícias e vendo como as múltiplas crises globais e locais convergentes estão se desenrolando através do sofrimento da humanidade e da profanação da natureza. Hábitos mentais, aprendidos através da osmose cultural, podem nos prender à perspectiva de separação que nos faz sentir impotentes para fazer a diferença diante de tanta miséria. Ficamos tão absorvidos por essa negatividade e desesperança que esquecemos que bilhões de pessoas estão apaixonadas, cuidando de seus filhos, ajudando seus vizinhos, resgatando estranhos, cuidando de animais, zelando pelas plantas e restaurando ecossistemas, salvando vidas, encantando suas comunidades através da arte, dança e poesia, celebrando a beleza da vida e contribuindo para a prosperidade de suas comunidades.

Resiliência interna diz respeito à capacidade de enfrentar os horrores e a miséria do mundo à frente, em vez de tentar ignorá-los, mas também a ver a beleza, a colaboração, a compaixão, o cuidado e o amor que estão ao nosso redor. Encontrar a força para ser ativamente esperançoso diante da calamidade; vivendo da convicção de que a abundância está ao nosso redor se mudarmos nossa narrativa e vivermos de acordo com ela; estar disposto a plantar uma macieira hoje, mesmo que os outros tentem lhe dizer que o mundo terminará amanhã (como Martinho Lutero sugeriu) - todas essas capacidades são expressões de resiliência interna.

Ao escrever este capítulo, ouvi sobre a morte do ator de Hollywood Robin Williams, que inspirou milhões de pessoas com seu humor e o profundo carinho por outras pessoas que ele interpretou em muitos de seus papéis. Ele se matou, incapaz de encontrar uma maneira de sair da espiral de depressão e vício que manteve em segredo do mundo. Em conversa com um colega escritor, Jonathan Leighton (ver Leighton, 2011), tentando dar sentido a essa notícia, me vi sugerindo: "Parece que a depressão não é uma doença, mas um sintoma e reação à narrativa patológica da separação".

A maioria das abordagens psicológicas convencionais para o tratamento da depressão concentra-se em dialogar com a pessoa deprimida sobre sua própria perspectiva de sua situação. Essas abordagens tendem a concentrar as pessoas em seu eu separado. Talvez haja um ponto, logo no início da espiral descendente da depressão, em que o simples ato de encorajar a pessoa deprimida a aplicar suas habilidades - como for possível - em cuidar e ajudar os outros seria o suficiente para desviá-la de se sentir trancada na perspectiva da separação em direção a ter uma experiência direta de interser. Essa experiência de ser capaz de ajudar os outros e ver o impacto positivo que podemos ter em suas vidas inspira novas esperanças e pode desencadear uma resposta transformadora à depressão. Vivendo a partir da narrativa do interser, somos capazes de propagar a saúde positiva em nossos sistemas ecossociais, ajudando a nós mesmos através da ajuda a outros e à comunidade mais ampla da vida.

Conectar-se com a nossa biofilia inata - nosso amor pela vida - e os *insights* e a força que podemos obter estando em comunhão com a natureza *como natureza* são poderosas fontes de resiliência interior. Como Joanna Macy uma vez me disse: "As coisas mudam quando você assume sua plena autoridade como ser vivo, falando como e em nome da vida". Conectar-se com nosso "eu ecológico" é uma poderosa fonte de resiliência interior.

A resiliência *interior* transformadora tem a ver com desenvolvimento e transformação pessoal, não para se tornar outra pessoa, mas para tornar-se mais plenamente quem realmente somos e compartilhar todos os nossos dons únicos e paixões criativas com a nossa comunidade. No caminho do crescimento pessoal, somos repetidamente desafiados a desistir de quem somos por quem poderíamos nos tornar. Se queremos viver em culturas regenerativas e comunidades prósperas, precisamos nos perguntar:

- **P· Como posso viver melhor de acordo com a percepção de que, servindo aos outros e à comunidade da vida, estou servindo a mim mesmo em um sentido mais profundo e mais elevado?**
- **P· Quais são os meus dons únicos e meu papel na cocriação de comunidades prósperas e uma cultura regenerativa?**

A relação dinâmica entre o interior e o exterior é um tema recorrente que este livro nos convida a explorar. Essa dinâmica descreve como nossa narrativa cultural molda nossa visão de mundo e vice-versa, e como ambas afetam nossas necessidades e intenções percebidas e, portanto, os projetos que criamos e as soluções que propomos. Trabalhar conscientemente com nossa resiliência interior nos aponta para a dinâmica mais profunda da inovação transformadora – cultura e mudança de comportamento.

Somos todos microcosmos cocriativos e corresponsáveis de nossa cultura e, portanto, mudar a nós mesmos está mudando nossa cultura. A resiliência transformadora é também sobre a nossa disposição de desistir e abrir mão do *status quo*, questionar quem somos individual e coletivamente, e abandonar padrões, sistemas e atitudes (narrativas) que não servem mais para que possamos nos transformar em coagentes de mudança criativos de diversas culturas regenerativas a serviço de toda a vida. Esse processo de aprendizado e transformação contínuos nunca para, pois é, em sua essência, um reflexo de nosso universo continuamente em transformação e da exploração contínua da novidade na vida.

> *Observe seus pensamentos; eles se tornam palavras. Cuidado com as palavras; elas se tornam ações. Cuide de suas ações; elas se tornam hábitos. Observe seus hábitos; eles se tornam caráter. Cuide de seu caráter; ele se torna seu destino.*
>
> ***Lao Tzu***

O conselho do sábio taoísta Lao Tzu parafraseia o quarto livro dos *Brihadaranyaka Upanishads* (IV, 4.5), que é frequentemente traduzido como "Você é o que o seu desejo profundo e motivador é. Como o seu desejo é, assim é a sua vontade. Como sua vontade é, assim é o seu ato. Como seu ato é, assim é o seu destino". Ambas as versões expressam a mesma sabedoria profunda. Elas são bons conselhos para qualquer pessoa profundamente comprometida em cocriar uma cultura regenerativa. Nós nunca iremos viver, agir e contribuir para o mundo em qualquer outro momento, a não ser no momento presente. Isso não quer dizer que nossas ações não possam ser relatadas por *insights* passados ou tenham efeitos formadores sobre o futuro que está diante de nós. Reconhecendo o potencial futuro do momento presente, entendemos que a forma como nos relacionamos com os "outros" e nos comportamos a cada momento é como contribuímos para criar um mundo.

Os espaços culturalmente mais criativos em que nos engajamos são as conversas que temos sobre aonde estamos indo e a recontagem da narrativa de quem somos e do que viemos fazer aqui. Tais conversas criam consciência futura. As visões vibrantes e significativas de diversas culturas regenerativas que podemos cocriar inspirarão a visão de mundo e a mudança de comportamento e afetarão o tipo de futuro que surgirá. Nossas ideias, pensamentos e visões do futuro têm agência criativa e contribuem para levar adiante o mundo em que iremos viver.

Observe suas intenções, elas se tornam a maneira como você contribui para o design do mundo em que vive. Veja como e o que você projeta, e isso moldará a cultura em que você vive. Observe a cultura em que você vive; vai moldar como você vê o mundo. Veja como você vê o mundo, isso moldará suas intenções. *O ciclo continua.* Estamos levando o mundo para ser. Somos obrigados a cometer erros. Nós aprendemos cometendo erros. Eles nos ajudam a mudar nossas atitudes e respostas. Conceder perdão a nós mesmos, para que possamos perdoar os outros, também é uma boa prática para desenvolver a resiliência interior.

Venha, venha, quem quer que você seja
– andarilho, adorador, amante da partida.
Não importa.
A nossa não é uma caravana de desespero.
Venha,
mesmo que você tenha quebrado seus votos mil vezes.
Venha, mais uma vez, venha, venha.

Jalaluddin Rumi (1207-1273)

Este convite do sábio e poeta sufi Rumi me lembra de não ser muito duro com minhas próprias deficiências e falibilidade; deixar pra lá e me perdoar repetidas vezes se não tiver agido com base na minha própria intenção maior de contribuir não apenas para uma vida plena, alegre e significativa para mim e para as comunidades em que vivo e trabalho, mas para fazê-lo cuidando de toda a vida. Rumi me lembra: *agora* é a hora de agir sobre essas intenções, em todas as novas oportunidades do momento presente. O que adianta se eu sinto falta dessa oportunidade porque estou ocupado pensando sobre minhas deficiências passadas?

Minha fonte pessoal de resiliência interior é o conhecimento profundo de que minhas ações e meu modo de ser podem ajudar a criar o mundo em que gostaria de viver - um mundo em que toda a vida prospera e cria condições propícias à vida. Em tal mundo, a resiliência interna e externa são expressões da saúde de todo o sistema. Prestando atenção ao meu próprio interser, posso viver a conexão entre o interior e o exterior, a mente para o corpo e o eu para o mundo. Nesses momentos, experimento a humanidade *como* natureza.

Conclusão

Culturas regenerativas são sobre realizações em conjunto

Você nunca muda as coisas lutando contra a realidade existente. Para mudar alguma coisa, construa um novo modelo que torne o existente obsoleto.

R. Buckminster Fuller

[...] os que são loucos o suficiente para pensar que podem mudar o mundo são os que o fazem.

Steve Jobs

No fim das contas, tudo se resume a nos perguntar: continuaremos a nos esforçar para competir um com o outro e, no processo, desvendarmos o fio do qual depende toda a vida existente? Ou aprenderemos a colaborar na cura do todo através da inovação transformadora e do design regenerativo, criando culturas vibrantes e comunidades prósperas para todos?

No início de 2010, minha amiga Samantha Sweetwater, uma ativista evolucionária na Baía de San Francisco, me convidou para contribuir com um experimento em cocriação. Jean Russell teve a inspiração para iniciar uma investigação coletiva sobre o significado de uma palavra com uma agência transformadora: *Prosperar*. "O que a habilidade de prosperar significa para você?" Em torno desta questão Jean organizou *Habilidade de prosperar – Um esboço colaborativo*. Setenta de nós, de todas as esferas da vida e uma diversidade de lugares, fomos convidados a escrever uma breve reflexão sobre o significado de sessenta palavras e frases que se relacionassem, como um amplo mapa para essa noção magnética. "Na dança entre o indivíduo e a humanidade como um todo, existe uma vivacidade. Na vivacidade, há um anseio de prosperar", escreve Jean na introdução. "Todas as coisas vivas se esforçam para ir além da sobrevivência, para realmente florescer." Uma ideia simples, mas magnética, galvanizou nosso entusiasmo e contribuições: "que o objetivo de evoluir nosso comportamento deve ser prosperar" (Russell, 2010: 6), individual e coletivamente.

Eu os encorajo a olhar para a colagem caleidoscópica de significado que surgiu. Como Jean pretendia, era um ponto de partida para uma conversa e investigação mais amplas. Em seu livro subsequente, *Habilidade de prosperar – Rupturas para um mundo que funcione*, Jean faz a pergunta: "Como seriam nossas vidas e de toda nossa sociedade se disséssemos que estavam prosperando?" Ela descreve como podemos passar de "pensamento colapso" para "pensamento inovação", investigando a maneira como vemos (percebemos o mundo), nos entendemos e podemos realizar ações transformadoras efetivas para cocriar um mundo próspero (Russell, 2013). Minha contribuição para o "esboço colaborativo" foi sobre "integridade". Eu me senti inspirado a escrever:

> *Integridade é sobre completude e inteireza. [...] Integridade é viver em congruência com a visão de que, como participantes cocriativos no mundo em que vivemos, todos podemos contribuir com a transição para uma cultura sustentável, resiliente e próspera, saindo da confusão em que estamos, para além da sustentabilidade, indo na direção da prosperidade de toda a comunidade da vida.*
>
> ***Daniel Wahl em Russell (2010: 15)***

A resposta curta para a razão pela qual devemos procurar criar culturas regenerativas é simples: escolher o caminho da regeneração e da cooperação criará um maior nível de bem-estar, saúde, felicidade e igualdade para todos e para toda a vida; *e* no processo de cocriar um futuro melhor juntos, nossas vidas serão mais significativas, gratificantes, criativas e divertidas.

Por tempo demais, a narrativa da separação nos condicionou à resposta automática da competição em face da escassez percebida. A colaboração local e global na cocriação de comunidades, empresas, economias e culturas regenerativas pode revelar um futuro muito diferente para a humanidade. A colaboração em práticas regenerativas pode mudar nossa experiência da realidade: transformar um planeta com recursos limitados em um caminho para o colapso ecológico, em uma próspera rede de sistemas socioecológicos, gerando uma abundância de recursos renováveis, restaurando funções vitais dos ecossistemas, fomentando a solidariedade, a coesão da comunidade e resiliência, enquanto efetivamente mitigando – e se adaptando – as mudanças climáticas.

A criação de culturas regenerativas também está enraizada em uma mudança de nos vermos apenas como indivíduos, comunidades, nações e espécies separados para compreender nosso profundo interser como expressões fundamentalmente interconectadas da própria vida. Mudando para uma perspectiva relacional e prestando atenção às maneiras pelas quais a vida cria condições propícias à existência, tanto a necessidade quanto a promessa de culturas regenerativas tornam-se aparentes.

Ao nos reconhecermos como participantes da evolução da vida e da consciência, passamos a nos entender como expressões criativas do processo natural. O caminho da exploração leva, através do aumento da separação, desintegração e competição, ao desaparecimento precoce de nossas espécies relativamente jovens. O caminho da regeneração através do interser, integração e colaboração conscientes abre a possibilidade de um futuro próspero para a humanidade como um membro maduro na comunidade da vida. Se quisermos, podemos gerar abundância para todos, criando conscientemente condições propícias à vida. Deixe-nos perguntar:

P· **E se escolhermos a regeneração no lugar da exploração?**
P· **E se decidirmos prosperar juntos em vez de competir?**

O futuro potencial desses tempos de transição nos convida a explorar em comunidade como podemos cocriar culturas regenerativas diversas com sensibilidade para implementação e escala. A colaboração global-local, baseada no conhecimento e na troca de tecnologia, pode nos ajudar a valorizar a diversidade no processo de criação de maior autossuficiência e redundâncias em múltiplas escalas. A inovação transformadora aplicada ao redesenho da presença humana na Terra requer cooperação global no processo de construção de economias circulares e com foco regional em apoio a comunidades resilientes e à regeneração de seus ecossistemas. Economias regionais prósperas, apoiadas por colaboração com conexão em escala e solidariedade global, são a base da abundância colaborativa para todos.

Todos nós podemos começar a transformação cultural e a semear padrões de regeneração simplesmente fazendo o tipo de perguntas exploradas neste livro e convidando outras pessoas ao nosso redor para explorá-las conosco. As perguntas podem iniciar conversas que nos levarão a reexaminar a relação entre natureza e cultura. Nessas conversas, podemos aprender a valorizar a importância da saúde de todo o sistema e ajudar uns aos outros a entender nossa interdependência. Uma perspectiva relacional do interser faz com que os objetivos à frente pareçam bem claros: criar condições em que toda a vida possa prosperar, alimentando a saúde das comunidades e funções dos ecossistemas em toda parte. Sustentabilidade não é suficiente. Precisamos fazer mais do que apenas sustentar. Precisamos regenerar a vitalidade e a bioprodutividade do sistema de suporte à vida planetária. Precisamos nutrir e regenerar o padrão de interdependências socioecológicas que apoiam a saúde humana e planetária. É esse padrão de saúde que nos permite permanecer responsivos, adaptáveis e resilientes diante da mudança (ver Capítulo 4).

Para melhorar a capacidade regenerativa das comunidades e ecossistemas, precisamos prestar muita atenção ao efeito de nossas ações em múltiplas escalas interconectadas, desenvolvendo uma perspectiva participativa dos sistemas vivos. Também precisamos desenvolver uma consciência futura que possa guiar a ação sábia em face de um futuro imprevisível, e reconhecer humildemente os limites de nosso conhecimento e capacidades (ver Capítulo 2). Isso inclui processos que nos ajudem a decidir mais sabiamente quais tecnologias empregar, em que escala e em que lugar. Nem tudo o que é tecnologicamente possível cria condições propícias à vida.

A transição sociocultural à frente exigirá um movimento em direção à democracia participativa, que depende de uma cultura disseminada de aprendizado e responsabilidade radical. A coprodução de serviços comunitários vitais pode ajudar a garantir que o aprendizado ao longo da vida, possibilitado por conversas criativas contínuas e focadas na comunidade, também formará a governança participativa. Uma abordagem de "tudo com código aberto" permitiria que o aprendizado ocorresse em todo o sistema (rapidamente) e oferecesse suporte crucial a decisão, educação e capacidade tecnológica para *toda* a humanidade.

A educação para a alfabetização ecológica e social terá um papel importante na disseminação do entendimento de que somos participantes de um processo físico, químico, biológico, ecológico, social e psicológico fundamentalmente interconectado. Vivendo as questões em conjunto, podemos começar a educar uns aos outros em nossas comunidades e empresas sobre como participar apropriadamente neste processo – e nutrir nossa capacidade de acessar inteligência e sabedoria coletivas. Como não podemos prever com certeza que tipo de interrupções e consequências imprevistas de nossas ações podem nos desafiar no futuro, a melhor ação preparatória é criar uma rede de comunidades resilientes em múltiplas escalas para apoio mútuo. Isto criará a base para a colaboração generalizada como um caminho para aumentar o bem-estar e o propósito, a solidariedade e a coesão social, ecossistemas mais saudáveis, economias locais mais vibrantes e, assim, comunidades prósperas.

Temos que reinventar a educação como um processo que inspira a todos – independentemente de sua idade – a continuar explorando o tipo de perguntas feitas neste livro e adaptá-las às condições únicas de uma cultura e local específicos. Na "era da informação", educação é aprender a fazer as perguntas certas em vez de memorizar respostas pré-formuladas e soluções temporárias. Ao fazer as perguntas certas, podemos obter uma compreensão mais profunda das estruturas e dinâmicas dos sistemas, e podemos trabalhar para a síntese e integração, aprendendo a otimizar o sistema como um todo.

Estamos nos afogando em informações e sufocando num mar de dados. Nosso conhecimento é compartimentalizado e trancado em silos protegidos por jargões e comunidades isoladas de conhecimento especializado. Ansiamos por síntese e integração. Estamos famintos por sabedoria e sedentos de significado ou propósito. O papel da educação em culturas com tecnologias avançadas de telecomunicação e processamento de dados não é tanto o de memorizar informações e acumular conhecimento. A educação no século XXI trata de nutrir uma alfabetização geral, social e ecológica, juntamente com a capacidade de colaborar no processo de fazer as perguntas certas, que guiarão a ação sábia, informada pela consciência futura e pela grande quantidade de informação e conhecimento factual prontamente disponíveis.

Trabalhar em conjunto para encontrar as perguntas apropriadas é um sistema de orientação cultural mais eficaz em direção a um futuro regenerativo do que forçar soluções de tamanho único para todos. Podemos liberar o poder culturalmente transformador da inteligência coletiva, formando comunidades de práticas locais, regionais e globais que vivem as questões em conjunto. Estas comunidades oferecem o contexto para a aprendizagem ao longo da vida e a educação formal e informal. Para aperfeiçoar a transição, precisamos que o *design thinking*, a consciência futura e a compreensão da visão dos sistemas vivos da vida sejam tecidos por meio de currículos da pré-escola à universidade, e para além das oportunidades de aprendizagem para todos ao longo da vida.

O design regenerativo, incluindo a educação como metadesign regenerativo, conduzindo a visão de mundo e a mudança cultural, pode reduzir drasticamente e reverter o impacto negativo sobre o sistema de suporte à vida no planeta. A resiliência ecossocial e a saúde podem ser restauradas em escala local, regional e global. A colaboração global, baseada em conhecimento aberto e intercâmbio de tecnologia, pode unir os projetos de regeneração local e regional em uma resposta mundial e sistêmica às mudanças climáticas e às crises convergentes que enfrentamos.

O design e a inovação, biológica e ecologicamente inspirados, oferecem uma oportunidade para enraizar culturas regenerativas no terreno de 3,8 bilhões de anos de inteligência e engenhosidade da vida. O desafio criativo de redesenhar nossa cultura material, nossos sistemas de produção e consumo, nossos estilos de vida e sistemas econômicos, oferece inúmeras oportunidades de inovação e design transformadores para culturas regenerativas. Ao tecer as múltiplas oportunidades de sinergia e simbiose em mosaicos cooperativamente integrados de diversos sistemas ecossociais regenerativos, nós *estamos* projetando *como* a natureza.

Conforme exploramos no Capítulo 6, pioneiros em química verde e ciência de materiais, tecnologias bioinspiradas, design de produto, arquitetura, ecologia industrial e planejamento comunitário, urbano e regional, já estão vivendo as questões do design regenerativo inspirados pelos princípios da vida. Eles estão ativamente envolvidos com o desafio criativo mais importante e significativo do século XXI.

P· **Como projetamos o surgimento de culturas regenerativas em todos os lugares?**

P· **Como cocriamos saúde, bem-estar e felicidade em comunidades prósperas?**

P· **Como podemos nutrir a saúde humana e planetária redesenhando a presença humana na Terra?**

Desbravadores em nossa peregrinação coletiva já estão aplicando o mimetismo do ecossistema à criação de ecologias de negócios regenerativas, novos sistemas financeiros e econômicos, bem como restauração de ecossistemas e agricultura regenerativa. Todas essas comunidades de prática estão agora formando redes de agentes ativos de mudança (ativistas evolucionários) que estão começando a se conectar através de escalas e disciplinas (ver Capítulo 7).

Inovação social, colaboração *peer-to-peer*, conhecimento e tecnologia abertos, disseminação da cultura *maker*, manufatura aditiva, iniciativas de economia circular e diversas redes comunitárias on-line e off-line são todos potentes facilitadores e catalisadores na criação de estruturas de sistemas colaborativos e regenerativos que alimentam culturas regenerativas. Em muitos lugares e culturas, as pessoas já estão vivendo as questões em conjunto e transformando o mundo, um lugar de cada vez. Outro mundo é possível. Se prestarmos atenção, já podemos ver este mundo tomando forma ao nosso redor.

Projetar coletivamente um futuro regenerativo e desenvolver conversas na escala da comunidade sobre como implementar essas visões são processos poderosos de transformação cultural. Conversas como essas estão começando a acontecer em todos os lugares, em grupos comunitários, salas de diretoria, prefeituras, universidades, *think tanks* governamentais e dentro do sistema da ONU. Juntos – *como uma humanidade* – somos capazes de responder às crises convergentes e oferecer respostas culturalmente transformadoras a elas. Ao formar redes de colaboração, podemos começar a curar ideologias de divisão e velhos hábitos de competição impulsionados pela narrativa ultrapassada da separação.

Somente ver a separação e, portanto, a competição, em vez de também ver a integridade subjacente de nosso interser com toda a vida causou uma miopia cultural que criou muitas dessas crises. Agora, estamos começando a ver as relações de "pertencimento conjunto" em vez de ver apenas indivíduos e objetos isolados. Estamos vencendo a "crise de percepção" da modernidade. A possibilidade futura de comunidades e ecossistemas prosperarem proporcionando uma vida melhor para *toda* a humanidade está ao nosso alcance, se muitos de nós nos comprometermos a criar um futuro juntos.

Novos modelos que tornam obsoletos os usuais já estão tomando forma. A inovação transformadora e o design regenerativo atuam como vírus de saúde infectada, nutrindo culturas regenerativas em todos os lugares. Nossa espécie pode abrir espaço para se tornar uma presença restaurativa e regeneradora na Terra. Cuidar da Terra é cuidar de nós mesmos e da nossa comunidade. Podemos colaborativamente criar abundância em comunidades prósperas íntima e elegantemente adaptadas à singularidade do lugar.

Arte, música, poesia, dança, história e ciências celebram o processo da vida. Através deles, podemos celebrar nossa diversidade na unidade de interconexão e cooperação alegres.

Fazendo perguntas apropriadas, podemos responder com sabedoria à mudança, sabendo quando persistir, quando se adaptar e quando se transformar fundamentalmente. Podemos aprender a apreciar a perturbação e o colapso como uma restrição de capacitação e uma oportunidade de projeto para a transformação sistêmica e o avanço.

O próprio ato de viver as perguntas juntos é um "estar presente" do futuro no agora. Ele cultiva a prática de perguntar "e se" para desbloquear oportunidades criativas e preparar a consciência futura. Investigações coletivas profundas e conversas criativas facilitam a inovação transformadora no segundo horizonte (inovação H2+) que semeia o futuro das culturas regenerativas H3 no momento presente e, se for bem-sucedido, cria bolsões do futuro no presente com um efeito culturalmente transformador.

Juntos podemos projetar o surgimento positivo e a saúde de todo o sistema. O pensamento sistêmico e a conscientização do futuro através da estrutura dos Três Horizontes podem nos ajudar a fazer escolhas mais sábias à medida que avaliarmos a inovação disruptiva e identificarmos o tipo de inovação e design transformadores que nos ajudarão a cocriar culturas regenerativas. O terceiro horizonte já está aqui, apenas distribuído de forma desigual.

Vamos espalhar um bem-estar maior, prosperar na vida da comunidade, aprofundar o significado, a cooperação e a solidariedade a partir dos "surtos de saúde contagiosa" já existentes nos negócios, governança e sociedade civil em todo o mundo. Vamos continuar a nos reconectar com a nossa profunda interação entre si e com a comunidade da vida. Vamos continuar a regenerar as funções saudáveis dos ecossistemas e a saúde planetária. Vamos continuar a cocriar as comunidades, empresas, economias e culturas regenerativas que queremos ver no mundo. Vamos continuar a viver as perguntas juntos.

Somos seres relacionais e viemos da cooperação, somos cooperação e podemos optar em cocriar um futuro próspero e regenerativo através da cooperação. Como seres abençoados com o dom milagroso de uma consciência autorreflexiva, nosso maior desafio e nossa maior oportunidade não é *conhecer* o sentido da vida, mas *viver* uma vida de significado. É por isso que vale a pena sustentar a humanidade.

Como vida, *como* natureza, *como* consciência, *como* universo, podemos produzir um mundo no qual a humanidade, como o resto da vida, crie condições propícias à existência. Viver as questões em conjunto é a prática de fazê-lo de forma responsiva e responsável, usando nossas capacidades humanas de inteligência coletiva, previsão e visão para esclarecer nossas intenções, projetar e cocriar as comunidades regenerativas em que queremos viver.

Viver as perguntas é uma oportunidade para se conectar, a você mesmo, a sua comunidade, a seu mundo. Vivendo as questões em conjunto, em vez de ficarmos obcecados com respostas definitivas e soluções permanentes, podemos desistir da tentativa fútil de *saber* nosso caminho para o futuro. Podemos passar da previsão e controle para o objetivo de participação apropriada. Como humildes peregrinos e aprendizes da vida, podemos começar a viver em um futuro incerto, mas potencialmente próspero. Estou confiante de que o aumento da colaboração desencadeará recém-descobertas, criatividade e inovação que moldarão a transição para culturas regenerativas e comunidades prósperas.

Intelectualmente, este parece ser o único caminho viável através do buraco da agulha. Emocionalmente, isso me dá sentido e me nutre. Intuitivamente, parece certo e abriu um caminho cheio de sincronicidade. Somaticamente, isso me dá uma experiência incorporada de *pertencer* a muitas comunidades, à vida e a uma Terra animada e íntima. Espiritualmente, meu interser com a exploração contínua da novidade da vida e a evolução da consciência simultaneamente tirou meu medo da morte e aumentou meu amor pela vida. A intenção de atuar como um criativo cultural, um designer de transição e um ativista evolucionário na cocriação de culturas regenerativas é algo que profundamente prepara meu ser e meu fazer. Estou animado com os tempos vindouros. Apesar de tudo o que ainda é "errado" no mundo, estou confiante de que somos capazes de cocriar culturas regenerativas em todos os lugares. E você?

O que você fez quando soube?

O que você fez quando soube?
São 3:23 da manhã
e estou acordado... porque meus tataranetos não me deixarão dormir.
Meus tataranetos me perguntam em sonho,
O que você fez enquanto o planeta era saqueado?
O que você fez quando a terra foi descoberta?
Certamente você fez algo,
quando as estações do ano começaram a desaparecer?
Certamente você fez algo,
enquanto os mamíferos, répteis e pássaros estavam todos morrendo?
Certamente você fez algo?
Você encheu as ruas de protestos quando a democracia foi roubada?
O que você fez quando soube?

(Trecho de "Escada hieroglífica", poema de Drew Dellinger)

Agradecimentos

Profunda gratidão!

Em 2002, enquanto estudava para o meu mestrado em Ciência Holística, tive uma conversa com o físico e agora diretor do Mind & Life Institute, Arthur Zajonc, no qual ele disse que "a próxima grande mudança nos assuntos humanos será iniciada pelas artes". Profundamente entusiasmados com a revolução holística em ciências de ponta, Brian Goodwin e Stephan Harding estavam nos expondo, levei um tempo para entender, ao que Arthur poderia ter tentado dizer. Mais tarde, John e Nancy Todd, junto com David Orr, me fizeram ver o design como a arte da participação consciente. Henri Bortoft me apresentou a noção de "um trabalho que funciona". Este alto ideal me fascinou desde então. Depois que Joanna Macy me encorajou a aceitar a oferta de um PhD financiado para "colocar outra corda na minha harpa", eu queria escrever um trabalho que funcionasse, que deixasse o leitor pensando e se sentindo diferente sobre si e sobre o mundo. Essa noção me orientou em minha pesquisa de doutorado, orientada habilmente por Seaton Baxter. A tese resultante tinha mais de 700 páginas – não muito viável para um trabalho que funciona, tenho que admitir. Em 2006, David Orr me desafiou a escrever aquele livro que só eu poderia escrever, mas depois do doutorado eu precisei de algum tempo para descomprimir da academia e me aprofundar em todas as dimensões do meu ser. Eu precisava da experiência de trabalho com diversos públicos. Trabalhei com o Gaia Education, a CIFAL Scotland (Unitar), a Findhorn College, os Bioneers, o Fórum Mundial do Estado, o Fórum Internacional dos Futuros e como consultor para grandes empresas, organizações da sociedade civil, universidades e governos locais e nacionais proporcionando essa oportunidade. A Comunidade da Findhorn Foundation sempre será um segundo lar, e sou profundamente grato a todos que estão lá.

Em 2009, Rick Tarnas, Brian Swimme, Allan Combs e Sean Kelly me encorajaram a continuar com isso (o livro); e, em 2013, meu amigo Goeff Oelsner me ensinou uma lição profunda de confiar no universo e seguir meu conhecimento interior. Ele me fez escrever de novo! O "livro que só eu poderia escrever" parece menos ter sido escrito por mim do que escrito através de mim. Tantas pessoas, experiências, conversas, circunstâncias fortuitas e restrições encorajadoras, tantas caminhadas pela beleza de Maiorca com Alice e sozinho, tantas horas passadas às margens do Mar Mediterrâneo, todas essas pessoas e lugares contribuíram para o livro que você está segurando. Como a folha de papel no poema de Thich Nhat Han, este livro *inter-é*.

Em minha própria jornada de transformação pessoal, aspirando a um ativismo evolucionário efetivo, e em minha própria peregrinação de aprender sobre o *porquê*, o *como*, o *quê* e o *e se?* do design e cultura regenerativos, fui abençoado com uma infinidade de mentores, professores e amigos que me apoiaram em muitos níveis. Encontrei discernimento, profundo significado e minha própria voz na energia com que me nutriram. Obtive orientação e apoio inestimáveis, com impacto duradouro, de Seaton Baxter, Brian Goodwin, John Todd, Joanna Macy, David Orr, Tony Hodgson, May East, Gigi Coyle, Satish Kumar, Stephan Harding, Henri Bortoft, John Clausen, Peter Harper, Pracha Huanwatr, Sybilla Sorondo e Geoffrey Oelsner.

Mesmo que a lista fique longa, sinto que preciso mencionar muitas pessoas a quem agradeço profundamente por me darem a oportunidade de viver as perguntas junto com elas. Eu tenho tido *insights*, inspiração e encorajamento a partir de minhas conversas com: Fritjof Capra, James Lovelock, Brian Swimme, Rick Tarnas, Allan Combs, Sean Kelly, John P. Milton, Kenny Ausubel, Nina Simmons, Paul Stamets, John Seed, Rupert Sheldrake, Christopher Cooke, Paul Hawken, Frances Moore Lappé, Helena Norberg-Hodge, Jane Goodall, Roger Collis, Albert Bates, David Abram, Arthur Zajonc, Lady Angelika Cawdor, Bill e Lynne Twist, Ann Pettifor, Vera Kleinhammer, David Lorimer, Aubrey Manning, Ulrich Loening, Michael Shaw, Galen Fulford, Gill Emslie, Alberto Fraile, Tomeu Serra, Jordi Pigem, Jonathan Dawson, Declan Kennedy, Herbert Girardet, Ross e Hildur Jackson, Max Lindegger, Maddy e Tim Harland, Achim Ecker, Michel Daniek, Richard Heinberg, Win Phelps, Kosha Joubert, Giovanni Ciarlo, Peter Merry, Morel Foreman, Jim Garrison, Amory Lovins, Martin Blake, Jonathon Porritt, Jakob von Uexküll, Thomas Ermacora, Richard Douthwaite, Marcello Palazzi, Cornelius Pietzner, Antonio Marin, José Luis Escorihuela, Juan del Rio, Julio Cantos, Miquel Ramis, Chris Mare, Polly Higgins, Gonzalo Salazar, Chris Garvin, David Loy, Jeff Clearwater, Terry Irwin, Gideon Kossoff, Bryony Schwan, Teresa Millard,

Taryn Mead, Paul Allen, Paul Hughs, Naresh Giangrande, Sophy Banks, Rob Hopkins, Stephen Sterling, Bryce Taylor, John Prewer, Edgar Gouveia Júnior, Kimberley Hunn, John Dennis Liu, Louis Schwartzberg, Daniel Greenberg, Clinton e Marion Callahan, Greg Watson, Hazel Henderson, Sim Van der Ryn, David Ehrenfeld, Thomas Hübel, Ken Wilber, Barrett Brown, Frank Cook, Patricia e Reinhard Hübner, Ana Digon, John Ehrenfeld, Michel Bauwens, Xavi Villanueva, Patricia Reglero, Hanna Bonner, Mandy Merklein, Bruce Robson, Larry Hobbs, Toni Font, Miguel Payeras, Miquel Riera, Biel Torrens, Jaume Miralles Isern, Martin Stengel, Iris Kunze, Jan Martin Bang, Lara Cifre, Irene Carbó, Georgina Follett, Tom Inns, Stuart Walker, Wolfgang Jonas, John Wood, Andrew White, Aubrey Meyer, Sulak Sivaraksa, Liz Walker, Anna Warrington, Hugh Knowles, Rodrigo Bautista, Tom Domen, Paul Dickinson, Robin Alfred, Grant Abert, Stephen Busby, Paul Ray, Jean Houston, Ervin László, Lester Brown, Samantha Sweetwater, Andy Lipkis, Neil Meiklehan, Scott Spann, Wolfgang Sachs, Michael Braungart, Janine Benyus, Sean Esbjörn Hargens, Lisette Schuitemaker, Mary-Alice Arthur, Sylke Iacone, Martin Cadee, John Croft. Michael Hann, Martin Stengel, David McNamara, Craig Holdrege, Margaret Colquhoun, Jasper Sky, Graham Meltzer, Liora Adler, Brock Dolman, Mari Hollander, Karl-Henrik Robèrt, Rupert Hutchinson, Yvan Rytz, Holger Heiten, Katrin Lüth, Hartwig Spitzer, Werner Pilz, Gavin Morgan, Ruby Worth, Ana Rhodes, Rafa Giménez, Eugenia Cusi, Alexis Urusof, Heloise Buckland, Craig Gibson, Roger Doudna, Samantha Graham, John Talbott, Vance Martin, Alan Heeks, Giles Chitty, Mathis Wackernagel, Robert Costanza, Alice Jay, David Hodgeson, Christian Marx, Iris Kunze, Richard Olivier, Ed Gillespie, Robert Steele, Elisabet Sathouris, Gunter Pauli, Jane Hera, Guillem Ferrer, Pedro Barbadillo, David Suzuki, Ian Skelly, Robert Gilman, Bob Horn, Bill Sharpe, Ian Page, Napier Collyns, Noah Rafford e Graham Leicester. Também quero agradecer a Nancy Roof por seu encorajamento em um ponto crítico no processo de escrita.

Algumas comunidades de aprendizado que afetaram profundamente minha prática e a maneira como penso são a Schumacher College, o Centro para o Estudo do Design Natural (Universidade de Dundee), a Findhorn Foundation e Findhorn Fellows, o Centro de Tecnologia Alternativa, Gaia Education, a "Parceria de Aprendizagem para Sustentabilidade Criativa" (LPCS), Bioneers, o State of the World Forum, o RSA e, por último, mas não menos importante, o International Futures Forum. O tempo na natureza selvagem forneceu nutrição em muitos níveis. A ilha de Maiorca tem sido a minha musa. Um agradecimento especial à equipe de El Xorri, café do meu bairro onde pude escrever e olhar para o horizonte distante do Mar da Terra Média.

Este livro em sua forma final não teria sido possível sem a ajuda de Andrew Carey, meu editor na Triarchy Press, e Flavia Gargiulo Rosa, minha ilustradora. Agradeço também a todos os editores, autores e designers gráficos que deram permissões para reproduzir imagens ou citar passagens mais longas.

Bons amigos são uma fonte de força, confiança e lembranças alegres, mas também oferecem um espelho para a autorreflexão quando é necessário. Obrigado Andreas Rotheimer, Bernhard Schmidt, Enrique Buchner e Ulrich Masch por décadas de amizade enriquecedora. Que possamos compartilhar muito mais! Finalmente, quero agradecer a meus pais, Adalbert e Brigitte, e a meu irmão Constantin por seu amor, paciência e apoio, a minha avó de 99 anos por me ensinar sobre a curiosidade incansável e a apreciação da beleza das pequenas (ou verdadeiramente grandes) coisas da vida, e a minha companheira de viagem e parceira amorosa, Alice, que emprestou seus pacientes ouvidos às minhas provações e tribulações como autor. Ensinando pelo exemplo, Alice me mostrou como ser um humano melhor. Todos eles me fizeram quem eu sou hoje e, portanto, contribuíram para este livro de maneiras importantes. Profunda gratidão a *todas* as pessoas que conheço! Que este livro possa servir a todos!

Eu gostaria de expressar minha mais profunda gratidão a Flavia Vivacqua e Taisa Mattos por organizarem o Ciclo de Design Regenerativo no Brasil e por me ajudarem a encontrar a editora perfeita para o meu livro em português. A maneira como tudo isso se uniu em tão pouco tempo mostra que a mudança subjacente que descreve a promessa de culturas regenerativas – de cocriar a abundância e o significado compartilhados, passando da vantagem competitiva para a colaborativa – não é teoria vazia, mas uma realidade vivida e caminho possível em um futuro melhor. Tanta coisa foi possível porque uma equipe incrível se uniu para manifestar uma visão compartilhada. Obrigada Isabel Valle e Camila Rocha por coordenarem toda uma equipe de tradutores, uma campanha criativa de captação de recursos e todos que apoiaram a Bambual Editora para tornar este livro possível em tempo recorde! Obrigado Tatjana Lorenz e a equipe do Goethe Institut São Paulo por ajudarem a me trazer ao Brasil e pela organização dos dois webinars. O impressionante processo de tradução simultânea e legendas durante os webinars é outro exemplo de vantagem colaborativa e cocriação! Também quero agradecer a Lara Freitas, a Emmanuel Khodja, a Eduardo Weaver, bem como a Ruth Andrade, May East e Alex Seibel, por seu apoio, juntamente com todas as organizações e empresas que ajudaram a apoiar este projeto de livro.

ReGeneração emergindo!

A nova ordem é Colaborar!

Através da confiança e da colaboração foi possível produzir a primeira edição deste livro no Brasil em menos de 90 dias.

Desde a conexão com o autor feito por Flavia Vivacqua e Taisa Mattos, passando pelos tradutores e equipe editorial que se dedicaram heroicamente para cumprirem os curtos prazos com pontualidade, até o apoio financeiro de cerca de 300 pessoas e instituições, este projeto foi possível porque trabalhamos todos juntos!

Nosso imenso agradecimento a cada ação e palavra que tornaram ele realidade, a cada coração e pensamento que caminharam em uníssono.

Isabel Valle | Bambual Editora

Adalberto Sabino • Adriana Accioly Gomes Massa • Adriana Rigueira • Adriana Rocha de Barros • Alcineide Magalhães • Alessandra Bernardo da Silva • Alessandra C. Scilla • Alex Seibel • Alexandra Reschke • Alexandre C. de Araujo • Alexandre Marques • Alice Gonçalves • Aline Satyan • Amanda Hallak • Ana Carla Albuquerque • Ana Carolina Monteiro de Barros Matarazzo • Ana Gelsemina Galafassi • Ana Julia Borges • Ana Munhoz • Ana Silva • Ana Siqueira • André Chiavegatto Pereira • André Herzog • André Manoel • André Uzum • Andrew Carey • Angela Schmidt • Anna Tornaghi • Anselmo Duarte • Antonio Grillo Neto • Arthur Araujo de Menezes • Áthila Benites Magalhães • Augusto Borges • Bárbara Rocha • Beatriz Branquinho • Beatriz de Assis Melo • Bia Ferreira • Bruno Arouca Vilas Boas • Camila Rocha • Carine Morrot • Carla Branco • Carla Maria Pereira Rodrigues Valle • Carolina Nunes • Cássia Melillo • Cecilia Barboza • Ceila Silva Santos • Cintia Tavares • Claudia Goldfeld • Cláudia Passos Cláudia Passos Sant Anna • Cristina Arakaki • Cristina Bovi Matsuoka • Cristina Macedo • Cristina Mori • Daniel Calfa • Daniela Y Kussama • Danielle Dal Moro • Danielle Diormandie Ferrete • Débora Casapê • Débora Rocha Faria Jorge • Denise de Oliveira • Denise Vieira de Moura • Diego Centelhas •

Dino Siwek • Dreyson Queiroz • Dudu Obregon • Dulce Bahia Arthur • Durga Curtinaz • Edite Faganello • Eduardo Weaver • Elaine Palu • Eliane C. N. Lara • Elisabeth Lissovsky • Elisângela M. da Rosa Lima • Emi Tanaka • Emmanuel Khodja • Erico Zorba Gagnor Galvao • Erika Campos • Erika de Almeida • Ernani Moura • Esther Klausner • Everton Rodrigues • Fabiana Santos Gomes • Fabio Cunha • Felipe de Brito e Cunha • Felipe F. Salazar • Fernando Campos • Fernando Passos • Fernando Salvio • Filipe Freitas • Flávia Bueno • Flávia Gargiulo Rosa • Flávia Muniz • Flávio Carlos Seixas • Gabriela Cilento Conti Montenegro • Gisele Forneck • Glaci Maria Krein Träsel • Guilherme Atsumi • Guilherme Camara • Guilherme Lito • Guilherme Tiezzi • Gustavo Carvalhaes Xavier Martins Pontual Machado • Gustavo Pirá Carvalho • Gustavo Prista • Gustavo Sigal Macedo • Heblisa Pinheiro de Mello • Helena S. Dornellas • Helio Seibel • Heloisa Biscaia • Heloisa Matos • Henrique Dantas de Santana • Henrique Katahira • Igor Lessa • Inã Araujo • Isabel K. Scapini • Isabel Lelis • Isabela Baleeiro Curado • Isabela Baptista • Isabela de Castro Gonçalves • Isabela Maria Gomez de Menezes • Ismael Costa • Izabela Zampier • Jane Rech • João da Silva Mattos • Joao Francisco de Oliveira Antunes • João Marcello Macedo Leme • João Melhorance • João Sarmento • José Eduardo Walter • Jose Julio Martins Torres • Joseliene de Sá • Julio Lima • Kaline Rossi • Karen Couto de Carvalho • Karine batista • Karla Caballero • Kathia Onishi • Katia Costa • Katia Yabu • Kelly Lissandra Bruch • Kleiton Ozir Koslovski Silva • Lara Freitas • Lara Sfair • Lara Sfair • Leandro Collares • Leiko Hama Motomura • Ligia Pimenta • Lilian Lubochinski • Lílian Rossetto de Carvalho • Livia de Campos Ribeiro • Livia Fauaze • Liziana Rodrigues • Lorise Costa • Louise Rodrigues Valle • Lourdes Helena Schneid • Luana Marques Soares • Lucas Beco • Lucia Amaral • Luciana dos Santos Nunes • Luciane Muruzaki • Luciele Nardi Comunello • Lucimara Braga • Luigi Bavaresco • Luiz Carlos de Camargo Gonçalves • Luiz Eduardo Alcantara • Luiza Paterno • Luiza Pereira • Luzia De Dios • Mairta Oliveira • Marcela Guimarães • Marcello Jean Dorigo • Marcelo Kida • Marcelo Quadros • Marcelo Varella • Marcia Andrade • Marcia Fixel • Marcos Aurélio Pedroso • Marcos Ferran • Marcos Gorgatti • Marcus Fiorito • Maria Cecilia Consolo • Maria Clara Silva • Maria Clara Tavares Lopes • Maria Emília Cunha • Maria Lucia Willemsens • Maria Marta Faria • Mariana Brunini • Mariana Jatahy • Marileia Nascimento • Marina Araujo • Marina de Martino • Marina Moretti Franco • Mateus Raymundo Müller • Mauricio Luz • Maytê Lepesqueur • Meire Panzini • Melissa Bivar • Michele Pruschinski • Michelle Machado • Mila Fraga • Milena de carli • Milvia Rodrigues • Mirela Sandrini • Moema Pinel • Moisés Cicero Brito Irmão • Mônica Alvarenga • Mônica Dias • Mônica Lan • Monica Maria Torquato Villar • Monica Noda • Monica Silvestre Santos

• Muriel Duarte • Muriel Syriani Veluza • Nana Borges • Natalia Carcione • Natasha Shprecher • Nathalia Manso • Nina Celli Ramos • Noêmi Chiavegatto • Nuno Arcanjo Poeta • Olivia Araujo Braschi • Pâmela Barata Moraes • Paola Verruck de Moraes • Patricia Galante de Sá • Patrizia Bittencourt • Paulo César Araujo da Silva • Paulo Peres • Pedro Bevilaqua • Pedro Fischer • Pedro Libanio Ribeiro de Carvalho • Persio Vitoriano • Pierre Morlin • Pollyana Silva • Priscila Accioly • Priscilla Romão • Rafael Kamtorio Togashi • Ramon Bezerra Costa • Rangel Arthur de Almeida Mohedano • Renan Galvão de Carvalho • Renata Thiago • Ricardo de Alcântara • Ricardo P Gomes • Roberta Policarpo • Roberto Dertoni • Rodrigo Bergami Rodrigues • Rodrigo Maia B. L. • Roger de Delou • Rogerio Almeida • Ronaldo dos Santos • Rosangela Sanz • Rosélia Araújo Vianna • Samantha Oliveira da Silva • Sandra Mari E. Franz • Schana Breyer • Semadar Marques • Sergio Pamplona • Sheila Raszl • Sílvia Marcuzzo • Simone Carrasqueira • Soraya Graczyk Aguiar • Stephanie Gauss • Suzana Nory Diaz • Taísa Trevisan • Tarcísio Brito • Tatiana Almeida Machado Garrétt • Tatjana Lorenz • Tenile Vicenzi • Thiago de Amorim • Thiago Ribeiro e Freire • Tiago Guerra • Tião Guerra • Tiele Vasconcelos • Tomas Nacht • Ulisses Riedel de Resende • Ushi Araujo • Valeria Burke • Verônica Massari • Victor Leon Ades • Vinicius Romolo Silva • Viviane Amaral • Waldemar Falcão • Yara Alencar

Instituições e organizações

Apolo Energia • Arcah • BioSistemica • Cidades em Transição Brasil • Conecta Ecossocial • EcoHabitare Projetos • EcoSintonia • Escola de Permacultura • Escola Schrumacher Brasil • Gaia Education • Goethe Institut • HUB Novas Economias • Human Life Journey • Instituto Ecobairro Brasil • Kisoul Bibliotecas Corporativas • Nexo Sistêmico • Positiv.a • Positive Ventures • RVA – Rede de Valor Aberta • Sistema B • Social Contemporâneo • Terra Una • Tremn – Escola de Gestão Consciente • Triarchy Press • TV Supren • União Planetária • Value Builders

Referências

ABC Carbon (2012) 'Profile: 100 Global Sustain Ability Leaders', bit.ly/DRC01
Abram, David (1996) *The Spell of the Sensuous*, Vintage Books
AEIDL (2013) *Europe in Transition – Local Communities Leading the Way to a Low-Carbon Society*, European
Association for Information on Local Development (AEIDL), bit.ly/DRC02
Aldersey-Williams, Hugh (2003) *Zoomorphic: New Animal Architecture,* Laurence King Publishing
Alliance for Regeneration (2015) 'Inspiring Communities to Reclaim their Identities and Destinies', bit.ly/DRC03
Altieri, Miguel A. (1995) *Agroecology: The Science of Sustainable Agriculture* 2nd ed., Westview Press
Altieri, Miguel A. & Toledo, Victor M. (2011) 'The agroecological revolution in Latin America', *The Journal of Peasant Studies*, Vo.38, No.3, pp.587-612, bit.ly/DRC04
AMSilk (2015) 'Biosteel Spidersilk Fibers', bit.ly/DRC05
Anastas, Paul T. and Warner, John C. (1998) *Green Chemistry Theory and Practice,* Oxford University Press
Anbumozhi, Venkatachalam *et al.* (2013) *Eco-Industrial Clusters – A Prototype Training Manual,* Asian Development Bank Institute: bit.ly/DRC06
ARUP (2013) 'The Smart City Market: Opportunities for the UK', DBIS Research Paper No. 136, bit.ly/DRC239 Ashby (1962) bit.ly/DRC007
Ashoka (2012) 'Social Entrepreneurship, Empathy at the Heart of Rio+20 and the New Economy', bit.ly/DRC008
Ask Nature (2015a) 'Morphotex Structural Colored Fibers', The Biomimicry Institute, bit.ly/DRC178
_____. (2015b) 'Surface Allows Self-Cleaning: Sacred Lotus', The Biomimicry Institute, bit.ly/DRC123
_____. (2015c) 'Beak Provides Streamlining: Common Kingfisher', The Biomimicry Institute', bit.ly/DRC122
_____. (2015d) 'Zeri Coffe Farm System', bit.ly/DRC121

Assadourian, Erik (2012) 'The Path to Degrowth in Overdeveloped Countries', *State of the World 2012,* Island Press
Atlee, Tom (2012) *Empowering Public Wisdom – A Practical Vision of Citizen-Led Politics,* Evolver Editions
_____. (2010) *The Tao of Democracy,* The Writers Collective, Revised Edition
_____. (2009) *Reflections on Evolutionary Activism,* CreateSpace
_____. (2004) 'Thoughts on Wisdom and Collective Intelligence', Blog of Collective Intelligence, bit.ly/DRC09
_____. (2002) Introduction to *The Tao of Democracy,* bit.ly/DRC274
Ausubel, Kenny (2012) *Dreaming the Future,* Chelsea Green Publishing
Avaaz.org (2015) bit.ly/TPliving215
BALLE (2012) Business Alliance for Local Living Economies Local Economies, bit.ly/DRC214
Barfield, Owen (1988/1965) *Saving Appearances – A Study in Idolatry,* 2nd ed., Wesleyan Paperback
Bass, Leo (2010) 'Planning and Unfolding Eco-Industrial Parks: Reflections on Synergy', Linköping University, Department of Management & Engineering, bit.ly/DRC027
Bateson, Gregory (1972) *Steps to an Ecology of Mind,* new edition, The University of Chicago Press
Bateson, Nora (2010) 'An Ecology of Mind – A Daughter's Portrait of Gregory Bateson', bit.ly/DRC213
B-Corporation (2015) 'The B Corp Declaration', bit.ly/DRC028
Beck, Don & Cowan Chris (1996) *Spiral Dynamics: Mastering Values, Leadership and Change,* Blackwell Business
Benyus, Janine M. (2002/1997) *Biomimicry – Innovation Inspired by Nature,* 2nd ed., Perennial Publications
Berger, Warren (2014) *A More Beautiful Question: The Power of Inquiry to Spark Breakthrough Ideas,* Bloomsbury
Berry, Thomas (2006) *Evening Thoughts – Reflecting on Earth as Sacred Community,* ed. Mary Tucker, Counterpoint
_____. (2001) 'Airlie Principles' approved at the 1st Earth Jurisprudence meeting, Washington, bit.ly/DRC010
_____. (1999) *The Great Work – Our Way into the Future,* Harmony
Beyond Benign (2015) Beyond Benign Green Chemistry Education, bit.ly/DRC230
Biggs, Reinette *et al.* (2012) 'Towards Principles for Enhancing the Resilience of Ecosystem Services, *Annual Review of Environment and Resources,* Vol. 37, pp.421-448, bit.ly/DRC177
Biochar International (2015) 'What is Biochar?', bit.ly/DRC211
Biomimicry 3.8 (2014a) 'Biomimcry – A conversation with Janine', Biomimcry Group, bit.ly/DRC212
_____. (2014b) 'Architecture – Learning from Termites How to Create...', Biomimicry Group, bit.ly/DRC124

Biomimicry Group (2014) 'Life's Principles', bit.ly/DRC125
Blake, William (1802) 'Letter to Thomas Butt, 22 Nov. 1802' in Keynes, G. (ed.), *The Letters of William Blake* (1956) OUP
Bocken, N.M.P., Short, S.W., Rana, P. & Evans, S (2014) 'A literature and practice review to develop sustainable business model archetypes', *Journal of Cleaner Production*, Vol.65, pp.42-56, bit.ly/DRC012
Bollier, David (2011) 'The Commons, Short and Sweet', bit.ly/DRC210
Borgen Project (2015) 'Poverty and Overpopulation', bit.ly/DRC13
Bortoft, Henri (2012) *Taking Appearances Seriously*, Floris Books
_____. (1996) *The Wholeness of Nature – Goethe's Way of Science*, Floris Books
_____. (1971) *The Whole: Counterfeit and Authentic*, Systematics, Vol.9, No.2, (September 1971), pp.43-73
Botsman, Rachel & Rogers, Roo (2011) *What's Mine is Yours*, Harper Collins Business
Boulding, Kenneth (1966) 'The Economics of the Coming Spaceship Earth', in H. Jarrett ed., *Environmental Quality in a Growing Economy*, pp.3-14, Johns Hopkins University Press, bit.ly/DRC176
Bourriaud, Nicolas (1998) *Relational Aesthetics*, reprinted in Prigann, H. (2004) *Ecological Aesthetics: Art In Environmental Design: Theory And Practice*, Birkhäuser
Boyle, David & Harris, Michael (2009) *The Challenge of Co-Production – How equal partnerships between professionals and the public are crucial to improve public services*, New Economics Foundation & Nesta, bit.ly/DRC014
Brown, Juanita, Isaacs, David & World Café Community (2005) *The World Café*, Berrett-Koehler
Brown, Lester R. (2009) *Plan B 4.0: Mobilizing to Save Civilization (Sustainability Revised)*, W.W. Norton
Brown, Tim (2009) *Change by Design*, Harper Business
Brown, Valerie A., Grootjans, John, Ritchie, Jan, Townsend, Mardie & Verrinder, Glenda (2005) *Sustainability and Health – Supporting Global Ecological Integrity in Public Health*, Earthscan Publications
Brunckhorst, David (2002) *Bioregional Planning: Resource Management beyond the New Millennium*, Routledge B-Team (2015) 'We, the undersigned believe that the world is at a critical crossroads', bit.ly/DRC197
Buckland, Heloise & Murillo, David (2013) *Vías hacia el cambio sistémico – Ejemplos y variables para la innovación social*, Antenna de innovación social, ESADE, Universidad Ramon Llull
Cahn, Edgar S. (2008), Foreword to *Co-production*, new economics foundation, bit.ly/DRC015
_____. (2004) *No More Throw-Away People: The Co-Production Imperative*, 2nd Edition, Essential Books
Cajete, Gregory *ed.* (1999) *A People's Ecology – Exploration in Sustainable Living*, Clear Light Publishers

Capra, Fritjof & Luisi, Pier Luigi (2014a) *The Systems View of Life – A Unifying Vision,* Cambridge University Press

_____. (2014b) 'The Systems View of Life', *Transition Consciousness,* 19th April, bit.ly/DRC127

Capra, Fritjof & Henderson Hazel (2013) 'Qualitative Growth', Outside Insights, ICAEW

Capra, Fritjof (1995) 'Deep Ecology', in Sessions, George (ed.) *Deep Ecology for the 21st Century,* Shambhala

Carbon Tracker (2013) *Unburnable Carbon 2013 – Wasted capital and stranded assets,* bit.ly/DRC129

Carnegie Mellon Design (2015) 'About our Research', Carnegie Mellon University, bit.ly/DRC30

Capital Institute (2015) 'Regenerative Capitalism White Paper', bit.ly/DRC031

Casey, Tina (2011) 'Growing the Business with Biomimcry', *Triple Pundit – people, planet, profit,* bit.ly/DRC130

CDP (2015) 'CDP – Driving Sustainable Economies, Catalyzing business and government action', bit.ly/DRC033

Center for Ecoliteracy (2015) 'Ecological Principles', bit.ly/DRC035

Center for Food Safety (2014) *Food & Climate – Connecting the dots, choosing the way forward,* bit.ly/DRC016

Checkland, Peter B. (1981) *Systems Thinking, Systems Practice,* John Wiley

Chertow, Marian R. (2007) 'Uncovering Industrial Symbiosis', *Journal of Industrial Symbiosis,* bit.ly/DRC017

Christensen, Clayton M. (1997) *The Innovator's Dilemma,* Harvard Business School Press

CIC (2015) 'Cooperativa Integral Catalana – General Principles', bit.ly/DRC131

Clark, J. R. *et al.* (1997) 'A model of Urban Forest Sustainability', *Journal of Arboriculture,* Vo. 23, #1, bit.ly/DRC126

Clear Village (2015) Creative Regeneration Specialists, bit.ly/DRC196

Cohen, David (2007) 'Earth's natural wealth: an audit', in *New Scientist,* Issue 2605, bit.ly/DRC132

Collins, Katherine (2014) *The Nature of Investing: resilient Investment Strategies through Biomimicry,* Bibliomotion

Collins, Timothy (2004) "Towards an aesthetics of diversity" in *Ecological Aesthetics – Art in Environmental Design: Theory and Practice,* Prigann & Strelow (eds.), Birkhäuser, pp.170-180

Columbia Forest Products (2014) 'Pure Bond – Formaldehyde-free Hardwood Plywood', bit.ly/DRC120

Combs, Allan (2009) *Consciousness Explained Better,* Omega Books

_____. (2002) *Radiance of Being: Understanding the Grand Integral Vision,* Omega Books

Community Planning (2015) 'Planning for Real', bit.ly/DRC119

Connor, Steve (2008) 'Educate girls to stop population soaring', *The Independent,* 4 Dec., bit.ly/DRC133

Cooper, Arnie (2009) 'A Material based on Sharkskin stops...', *Popular Science*, 29th Oct., bit.ly/DRC134
Corning, Peter (2005) *Holistic Darwinism*, University of Chicago Press
Costanza, Robert *et al.* (2013) 'The Future We Really Want', *Solutions Journal*, July/August 2013, bit.ly/DRC209
Costanza, Robert (1992) 'Towards an Optimal Definition of Ecosystem Health', in Costanza, Norton and Hackell *eds.*, *Ecosystem Health*, Island Press, pp.239-256
_____. (1991) *Ecological Economics: The Science and Management of Sustainability*, Columbia University Press
Cullinan, Cormac (2011) *Wild Law: A Manifesto for Earth Justice*, 2nd ed., Chelsea Green Publishing
Curry, Andrew & Hodgson, Anthony (2008) 'Seeing in Multiple Horizons: Connecting Futures to Strategy', in *Journal of Futures Studies*, 13(1): pp.1-20
Cyclifier (2015) 'Tunweni Beer Brewery', bit.ly/DRC135
Daimler (2015) 'Taking its clues from nature – Mercedes-Benz bionic car', bit.ly/DRC036
Daimler Chrysler AG (2004) 'Examining the great potential of bionics', Daimler Crysler AG, bit.ly/DRC037
Daly, H. (2009) 'From a Failed Growth Economy to a Steady-State...', *The Encyclopaedia of Earth*, bit.ly/DRC194
_____. (1991) *Steady-State Economics*, 2nd ed., Island Press
Datschefski, Edwin (2001) *The Total Beauty of Sustainable Products*, Design Fundamentals, Rotovision
David Suzuki Foundation (1992) *The Declaration of Interdependence*, (for the UN Earth Summit, Rio) bit.ly/DRC195
Davies, Emma (2011) 'Critical Thinking – As our supply of some essential...', *Chemistry World*, Jan. 2011, pp.50-54
Dawson, Jonathan, Norberg-Hodge, Helena & Jackson, Ross (2010) *Gaian Economics – Living Well within Planetary Limits*, The Economic Key of the EDE by Gaia Education, Permanent Publications
Dawson, Jonathan (2006) *Ecovillages: New Frontiers for Sustainability*, Schumacher Briefing No.12, Green Books
Dawkins, Richard (1976) *The Selfish Gene*, Oxford University Press
DCFR (2012) 'Bright Green Fossa Region', The Development Centre of Fossa Region, bit.ly/DRC18
DeKay, Mark (2011) *Integral Sustainable Design: Transformative Perspectives*, Routledge
Dellinger, Drew (2007) 'Hieroglyphic Stairway', poem, bit.ly/DRC273
DeLuca, Denise et al. (2010) *The Firm of the Future – A Business Inspired by Nature*, BCI & Atos Origin, bit.ly/DRC275
Desai, Pooran & Riddlestone, Sue (2002) *Bioregional Solutions*, Schumacher Briefing No.8, Green Books
Design Futures (2015) *The Design Futures Program*, Griffith University, Australia, bit.ly/DRC191

DESIS (2015) Design for Social Innovation and Sustainability Network, Vision, bit.ly/DRC192
Despommier, Dickson (2011) *The Vertical Farm: Feeding the World in the 21st Century,* Picador
Dickinson, Tim (2015) 'The Logic of Divestment', *Rolling Stone,* 14th Jan, 2015, bit.ly/DRC136
Dragon Dreaming (2015) 'Dragon Dreaming International E-Book', bit.ly/DRC193
Economic Times (2012) 'WEF Davos meet', bit.ly/DRC038
Einstein, Albert (1950) Letter to a Rabbi quoted in *The New York Times* (29th March, 1972)
Eisenstein, Charles (2013) *The More Beautiful World Our Hearts Know is Possible,* North Atlantic Books
Eliot, T.S. (1943) *Four Quartets,* Harcourt
_____. (1934) 'Choruses from the Rock' in *Collected Poems 1909-62,* Faber & Faber
Ellen MacArthur Foundation *eds.* (2014) *A New Dynamic – Effective Business in a Circular Economy,* Ellen MacArthur Foundation
Ellen MacArthur Foundation (2013a) 'The circular model – an overview', bit.ly/DRC039
_____. (2014b) *Towards a Circular Economy Vol.3,* bit.ly/DRC065
_____. (2013b) *Towards the Circular Economy Vol.2,* bit.ly/DRC231
_____. (2012) *Towards the Circular Economy Vol.1,* bit.ly/DRC064
Equator Initiative (2012) *Equator Initiative,* UN Development Programme, bit.ly/DRC020
Erle, C. Ellis, *et al.* (2012) 'Used planet: A global history', *Proceedings of the National Academy of Sciences of the United States of America* (PNAS), Vol.110, No.20, pp.7978-7085, bit.ly/DRC066
Erzen, Jale (2004) 'Ecology, art, ecological aesthetics', in Prigann & Strelow edits. *Ecological Aesthetic – Art in Environmental Design: Theory and Practice,* Birkhäuser, pp.22-50
Esbjörn-Hargens, Sean (2005) 'Integral Ecology', in *World Futures,* Vol.61, No.1-2, pp.5-49
Esty, Daniel C. & Winston, Andrew (2009) *Green to Gold,* John Wiley
Ethical Markets (2012) 'Statement on Transforming Finance Based on Ethics and Life's Principles', Ethical Markets & Biomimcry 3.8, bit.ly/DRC019
Ewing Duncan, David (2014) 'Chemicals Within Us', republished from *National Geographic Magazine,* bit.ly/DRC67
FAO (2015) 'Can organic farming produce enough food for everybody?', FAO of the United Nations, bit.ly/DRC059
_____. (2011) *The State of Food and Agriculture 2010,* bit.ly/DRC216
Fair Coop (2014) 'Fair Coop. Target: Earth', Enric Duran's Statement, bit.ly/DRC068
Ferwerda, William (2012) *Nature Resilience,* Rotterdam School of Management, Erasmus Univ., bit.ly/DRC175

Fischer, Hermann (2012) *Stoffwechsel – Auf dem Weg zu einer solaren Chemie für das 21. Jahrhundert,* Verlag Antje Kunstmann GmbH

Fischer-Kowalski, Marina (2003) 'On the History of Industrial Metabolism', in Bourg & Erkman *eds., Perspectives on Industrial Ecology,* Greenleaf Publishing, pp.35-45

Fleming, Rob (2013) *Design Education for a Sustainable Future,* Earthscan from Routledge

Fleming, Thomas & Zils, Markus (2014) 'Toward a circular economy: Philips CEO Frans van Houten', McKinsey & Company, bit.ly/DRC040

Folke, Carl *et al.* (2011) 'Reconnecting to the Biosphere', *AMBIO,* 0044-7447, bit.ly/DRC041

_____. (2010) 'Resilience Thinking', *Ecology and Society,* 15(4):20, bit.ly/DRC021

Forum for the Future & Novelis (2014) 'Circular Futures – Accelerating a new economy', Booklet on Novelis new Nachtersedt aluminium recycling centre, Forum for the Future & Novelis

Fromm, Erich (1956) *The Art of Loving,* Harper & Brothers

Fry, Tony (2004) 'The Voice of Sustainment: The Dialectic" in *Design Philosophy Papers,* #01/2005

Fuller, R. Buckminster (1970) *I Seem to Be a Verb – Environment and Man's Future,* Bantam Books

Fullerton, John (2015) *Regenerative Capitalism – How Universal Principles and Patterns will shape our New Economy,* Capital Institute, bit.ly/DRC218

Fullerton, John & Lovins, Hunter (2013) 'Creating A 'Regenerative Economy' to Transform Global Finance Into a Force for Good, What if the economy protected people and the planet?', bit.ly/DRC118

GABV (2014) Global Alliance for Banking on Values – website, bit.ly/DRC190

Gardner, John (2014) 'Disruptive innovation through collaboration', Forum for the Future Blog, bit.ly/DRC189

GARN (2010) 'Global Alliance for the Rights of Nature – Founding Principles', bit.ly/DRC042

Geddes, Patrick (1915) *Cities in Evolution,* Williams & Norgate

GEN (2015) The Global Ecovillage Network – A few words about us, bit.ly/DRC022

Gilman, Robert (1991) 'The Eco-village Challenge', *Context Institute,* bit.ly/DRC137

Girardet, Herbert (2010) 'Regenerative Cities', World Future Council, bit.ly/DRC023

_____. (2015) *Creating Regenerative Cities,* Routledge

GIZ (2012) *Pathways to Eco Industrial Development in India – Concepts and Cases,* Deutsche GIZ, bit.ly/DRC043

Global Footprint Network (2013) Earth Overshoot Day 2013, bit.ly/DRC138

_____. (2008) Earth Overshoot Day 2008, bit.ly/DRC139

Glocal (2015) 'Glocal – A local circular economy experiment', Ecover and Forum for the Future, glocal.ecover.com/

Goldstein, Jeffrey (1999) 'Emergence as a Construct: History and Issues', in *Emergence,* Vol.1, No.1, pp.49-72

Goodwin, Brian (2001) 'Holistic Education in Science', *Society of Effective and Affective Learning Conference Proceedings,* pp.40-43
_____. (1999a) 'From Control to Participation via a Science of Qualities, *Revision,* Vol.21, No.4, pp.2-10
_____. (1999b) 'Reclaiming a Life of Quality', *Journal of Consciousness Studies,* Vol.6, No. 11-12, pp.229-235
Goodwin, Brian, Mills, Stephanie & Spretnak, Charlene (2001) 'Participation in a Living World', *Revision,* Vol.23,
No.3, pp.26-32
Graedel, T.E. & Allenby, B.R. (1995) *Industrial Ecology,* Prentice Hall
Graves, Clare (2005) *The Never Ending Quest: Dr. Clare W. Graves Explores Human Nature,* Cowan & Todorovic (*eds.*), ECELT Publishing, 2nd ed.
_____. (2004) *Levels of Human Existence,* ECELT Publishing
_____. (1974) "Human Nature Prepares for a Momentous Leap", *The Futurist,* pp.72-87, bit.ly/DRC188
Gunderson, Lance H. & Holling, C.S. (2001) *Panarchy,* Island Press
Hadlington, Simon (2014) '3D printing reveals shark skin secrets', *Chemistry World,* May 14th, bit.ly/DRC061
Halweil, Brian (2006) 'Can Organic Food Feed Us All?', *World Watch Magazine,* Vol.19, No.3, bit.ly/DRC062
Hanh, Thich Nhat (2013) *Love Letter to the Earth,* Parallax Press
_____. (1988) *The Heart of Understanding,* ed. Peter Levitt, Parallax Press
_____. (1987) *Being Peace,* Rider
Hardin, G. (1968) 'The Tragedy of the Commons', *Science,* New Series, Vol.162, #3859, 13 Dec, pp.1243-48, bit.ly/DRC232
Hartman, Thom (1999) *Last Hours of Ancient Sunlight,* Three Rivers Press
Harding, Stephan *ed.* (2001) *Grow Small, Think Beautiful,* Floris Books
Harding, Stephan (2009) *Animate Earth: Science, Intuition and Gaia,* Green Books
Harland, Maddy & Keepin, William *eds.* (2012) *The Song of the Earth – A Synthesis of the Scientific & Spiritual Worldviews,* The Worldview Key of the EDE by Gaia Education, Permanent Publications
Harman, Jay (2013) *The Shark's Paintbrush,* White Cloud Press
Harman, Willis (1998) *Global Mind Change,* 2nd ed., Institute of Noetic Sciences, Berret-Koehler
Havel, Václav *et al.* (1985) *The Power of the Powerless,* Hutchinson
Hawken, Paul (2007) *Blessed Unrest,* Viking
_____. (1993) *The Ecology of Commerce – How Business can Save the Planet,* Weidenfeld & Nicolson
Hawken, Paul, Lovins, Amory B. & Lovins, L. Hunter (2000) *Natural Capitalism,* Earthscan Publications
Heck, Stefan & Rogers, Matt (2014) *Resource Revolution,* New Harvest

Henderson, Hazel (2014) 'Mapping the global transition to the solar age – From 'economism' to earth systems science', ICAEW & The Centre for Tomorrow's Company, bit.ly/DRC140

Higgins, Polly (2010) *Eradicating Ecocide,* Shepheard-Walwyn

Hodgson, Anthony (2012) *A Transdisciplinary World Model,* Proceedings of the 55th conf. of the ISSS, bit.ly/DRC045

_____. (2011) *Ready for Anything – Designing Resilience for a Transforming World,* Triarchy Press

Hodgson, Anthony & Sharpe, Bill (2007) 'Deepening Futures with System Structure', in *Scenarios for Success: Turing Insights Into Action,* von der Heijden & Sharpe *eds.* Wiley

HOK (2015a) 'Fully Integrated Thinking [FIT]', bit.ly/DRC46

_____. (2015b) 'Genius of Biome – Temperate Broadleaf Forest', bit.ly/DRC47

_____. (2015c) 'A New Community Rooted in Nature – Lavasa Hill Station Master Plan', bit.ly/DRC198

Holdrege, Craig (2000) 'Where do organisms end?', *Context Magazine,* Spring 2000, pp.14-16

Holistic Management International (2015) 'Holistic Management', bit.ly/DRC199

Holling, C.C. & Meffe, G.K. (1996) 'Command and Control and the Pathology of Natural Resource Management, *Conservation Biology,* Vol. 10, No. 2, pp.329-337

Holling, C.S. (1973) 'Resilience and Stability of Ecological Systems', in *Annual Review of Ecology and Systematics,* Volume 4, pp.1-23, Annual Reviews Inc.

Holmgren, David (2011) *Permaculture Principles & Pathways Beyond Sustainability,* Permanent Publications

_____. (2002) *Essence of Permaculture,* Holmgren Design, bit.ly/DRC116

Homer-Dixon, Thomas (2006) *The Upside of Down,* Island Press

Honeyman, Ryan (2014) *The B Corp Handbook,* bit.ly/DRC276

Hopkins, Rob (2014) *The Transition Handbook: From Oil Dependency to Local Resilience,* UIT Cambridge

_____. (2011) *The Transition Companion,* Chelsea Green Publishing

_____. (2009) 'Resilience Thinking', *Resurgence,* No.257, Nov/Dec 2009, pp.12-15

Hosey, Lance (2012) *The Shape of Green: Aesthetics, Ecology, and Design,* Island Press

Hutchins, Giles (2014) *The Illusion of Separation – Exploring the Cause of our Current Crises,* Floris Books

_____. (2012) *The Nature of Business – Redesigning for Resilience,* Green Books

_____. (2011) 'Transformational times call for transformational change', *The Guardian,* 28th July, bit.ly/DRC117

Huxley, T.H. (1869) *Goethe: Aphorisms on Nature,* Introduction to the 1st edition of *Nature,* bit.ly/DRC187

IAFN (2015) 'What is Analog Forestry?', International Analog Forestry Network, bit.ly/DRC186

International Futures Forum (2009) *Transformative Resilience,* bit.ly/DRC71

International Living Future Institute (2014) *Living Building Challenge 3.0,* bit.ly/DRC072
IPRN (2015) Society for Ecological Restoration – Indigenous Peoples' Restoration Network, bit.ly/DRC200
Irwin, Terry (2012) 'Transforming the Design process to Create Better Solutions', *Solutions Journal,* April 2012, bit.ly/DRC201
_____. (2011) 'Wicked Problems and the Relationship Triad', in *Grow Small, Think Beautiful,* Floris Books, bit.ly/DRC202
Jackson, Ross (2012) *Occupy World Street,* Green Books
Jackson, Tim & Victor, Peter A. (2013) *Green Economy at Community Scale,* Metcalf Foundation, bit.ly/DRC203
Jackson, Tim (2009a) *Prosperity Without Growth?,* UK Sustainable Development Commission, bit.ly/DRC073
_____. (2009b) *Prosperity Without Growth – Economics for a Finite Planet,* Earthscan
Jackson, Wes (2002) 'Natural Systems Agriculture: A radical alternative', *Agriculture, Ecosystems and Environment,* Vol.88, pp.111-117, bit.ly/DRC074
Janisch, Claire (2015) 'Abalone Inspires a Materials Revolution for Lightweight & Strong Materials, Two Oceans Aquarium & GeniusLab, South Africa, bit.ly/DRC234
Jonas, Wolfgang (2001) 'Design – Es gibt nichts theoretischeres als eine gute Praxis', *Symposium IFG Ulm,* 21-23 Sept.
Joubert, Kosha Anja & Dregger, Leila (2015) *Ecovillage: 1001 Ways to Heal the Planet,* Triarchy Press
Joubert, Kosha Anja & Alfred, Robin (2007) *Beyond You and Me – Inspiration and Wisdom for Building Community,* The Social Key of the EDE by Gaia Education, Permanent Publications
Jung, Carl (1921) *Psychologische Typen,* Rascher Verlag
Kahane, Adam (2012) *Transformative Scenario Planning,* Berrett-Koehler
_____. (2010) *Power and Love: A Theory and Practice of Social Change,* Berrett-Koehler
_____. (2004) *Solving Tough Problems,* Berrett-Koehler
Kauffman, Stuart A. (1995) *At Home in the Universe,* Oxford University Press
Kelly, Sean M. (2010) *Coming Home – The Birth & Transformation of the Planetary Era,* Lindisfarne Books
Kennedy, Margit & Kennedy, Declan *eds.* (1997) *Designing Ecological Settlements,* Dietrich Reimer Verlag
Klein, Naomi (2014) *This Changes Everything – Capitalism vs The Climate,* Simon & Schuster
Knapp, Clifford E. & Smith, Thomas E. (2005) *Exploring the Power of Solo, Silence and Solitude,* Association for Experiential Education
Koestler, Arthur (1989) *The Ghost in the Machine,* Arkana Books (first published in 1967)
Koestler, Arthur & Smythies, John R. (1969) *Beyond Reductionism – New Perspectives in the Life Sciences,* Proceedings of the Alpbach Symposium in 1968, Hutchinson

Koohafkan, Parviz & Altieri, Miguel A. (2010) *Conserving Our World's Agricultural Heritage,* Food and Agriculture Organization of the United Nations (FAO), bit.ly/DRC049

Kossoff, Gideon (2011a) *Holism and the Reconstruction of Everyday Life,* PhD Thesis, Univ. of Dundee, bit.ly/DRC050

_____. (2011b) 'Holism and the Reconstruction of Everyday Life', in *Grow Small, Think Beautiful,* Harding, Stephan *ed.*, Floris Books, bit.ly/DRC051

Kostakis, Vasilis & Bauwens, Michel (2014) *Network Society and Future Scenarios for a Collaborative Economy,* Palgrave MacMillan

Kricher, John (2009) *The Balance of Nature: Ecology's Enduring Myth,* Princeton University Press

Kumar, Satish (2002) *You Are Therefore I Am – Impressions and Inspirations,* Green Books

Land Institute (2015a) 'Vision & Mission – Transforming Agriculture, Perennially', bit.ly/DRC185

_____. (2015b) 'History & Timeline of the Land Institute', bit.ly/DRC075

_____. (2014) 'Transforming Agriculture with Perennial Polycultures', bit.ly/DRC115

László, Ervin (2006) *The Chaos Point – The World at the Crossroads,* Piatkus Books

Lawrence, D.H. (1930) 'A Propos of Lady Chatterley's Lover' in Roberts, W. & Moore, H. T. (eds), *Phoenix II: Uncollected, Unpublished, and other prose works by D.H. Lawrence,* (1968) The Viking Press

Leicester, Graham & O'Hara, Maureen (2009) *Ten Things to Do in a Conceptual Emergency,* Triarchy Press

Leighton, Jonathan (2011) *The Battle for Compassion – Ethics in an Apathetic Universe,* Algora Publishing

Leopold, Aldo (1949) *A Sand County Almanac,* Oxford University Press

Lewis, Michael & Conaty, Pat (2012) *The Resilience Imperative,* New Society Publishers

Lietaer, Bernard, Arnsperger, Christian, Goerner, Sally & Brunnhuber, Stefan (2012) *Money and Sustainability – The Missing Link,* Triarchy Press

Living Future Institute Australia (2014) 'Living Futures Challenge', bit.ly/DRC114

Liu, John D. (2014) 'Embracing Inevitable Transformational Change',17 Dec., Cusco, Peru, bit.ly/DRC204

_____. (2011) 'Finding Sustainability in Ecosystem Restoration', in *Kosmos Journal,* Fall/Winter 2011, pp.17-24, bit.ly/DRC025

Lovelock, James (2000) *Gaia: The Practical Science of Planetary Medicine,* Gaia Books

Lovins, Amory (2011) *Reinventing Fire – Bold Business Solutions for the New Energy Era,* Chelsea Green

Lovins, L. Hunter & Lovins, Amory B. (1995) 'How Not To Parachute More Cats', The Rocky Mountain Institute

Lushwala, Arkan (2012) *The Time of the Black Jaguar,* Hernan Quinones

Macy, Joanna & Young Brown, Molly (2014) *Coming Back to Life,* New Society Publishers

Macy, Joanna & Johnstone, Chris (2012) *Active Hope*, New World Library

Macy, Joanna & Young Brown, Molly (1998) *Coming Back to Life*, New Society Publishers

Macy, Joanna (1994) 'Towards a Healing of the Self and the World', in *Key Concepts in Critical Theory: Ecology*, Carolyn Merchant ed., Humanity Books

Madron, Roy & Jopling, John (2003) *Gaian Democracies – Redefining Globalisation and People Power*, Schumacher Briefing No.9, Green Books

Manzini, Ezio & Francois Jégou (2004) *Sustainable Everyday – scenarios of urban life*, Edizioni Ambiente

Marin, Colin (2004) 'Watch the Animals – Review of Zoomorphic', *ArchitectureAU*, bit.ly/DRC183

Martinez, Dennis (2010) 'The Value of Indigenous Ways of Knowing to Western Science and Environmental Sustainability', *Journal of Sustainability Education*, May 2010, bit.ly/DRC076

Mascaró, Juan (1961) *Lamps of Fire – The Spirit of Religions*, Methuen

Maturana, Humberto, Verden-Zoller, Gerda (1996) 'Biology of Love', bit.ly/DRC184

Maturana, Humberto R. & Varela, Francisco J. (1987) *The Tree of Knowledge*, New Science Library, Shambhala

Maturana, H.R., Varela, F.J., & Uribe, R. (1974). 'Autopoiesis', *Biosystems*, 5, 187-196

Mare, Christopher & Lindegger, Max *eds.* (2011) *Designing Ecological Habitats – Creating a Sense of Place*, The Ecological Key of the EDE by Gaia Education, Permanent Publications

Marks, Paul (2014) 'Vertical farms sprouting all over the world', *New Scientist*, 2952, Jan 2014, bit.ly/DRC052

McDonough, William & Braungart, Michael (2013) *The Upcycle – Beyond Sustainability*, North Point Press

_____. (2002) *Cradle to Cradle – Remaking the Way we Make Things*, North Point Press

McHarg, Ian L. & Steiner, Frederick R. (1998) *To Heal the Earth – Selected Writings of Ian L. McHarg*, Island Press

McHarg, Ian L. (1996) *A Quest for Life – An Autobiography*, John Wiley

_____. (1970) 'Architecture in an Ecological View of the World', in McHarg & Steiner (1998) pp.175-185

_____. (1969) *Design With Nature*, The American Museum of Natural History & Doubleday

_____. (1964) 'The Place of Nature in the City of Man', in McHarg & Steiner (1998) pp.24-38

_____. (1963) 'Man and the Environment', in McHarg & Steiner (1998) pp.10-23

Meadows, Donella (2008) *Thinking in Systems – A Primer*, Diana Wright *ed.*, Chelsea Green

Meadows, Donella, Randers, Jorgen & Meadows, Dennis (2005) *Limits to Growth – The 30 Year Update*, Earthscan

_____. (1992) *Beyond the Limits – Global Collapse or a Sustainable Future*, Earthscan

Mehta, Nipun (2012) 'Designing for Generosity', TEDxBerkeley, bit.ly/DRC219
Millennium Ecosystem Assessment (2005) *Ecosystems and Human Well-being: Synthesis*, Island Press
Miller, Ethan (2010) *Solidarity Economy: Key Concepts and Issues'*, in Kawano, Emily, Masterson, Tom Teller-Ellsber *eds.*, *Solidarity Economy I: Building Alternatives for People and Planet*, Center for Popular Economics
Milton, John P. (2006) *Sky Above Earth Below – Spiritual Practice in Nature*, Sentient Publications
Mollison, Bill (1988) *Permaculture – A Designer's Manual*, Tagari Publications
Mulgan, Goeff & Leadbeater, Charlie (2013) *Systems Innovation*, Discussion Paper, Nesta, bit.ly/DRC182
Mulgan, Goeff (2007) *Social Innovation – What it is, Why it matters, and How it can be accelerated*, Saïd Business School Oxford, Skoll Centre for Social Entrepreneurship, The Young Foundation
Murray, Robin, Caulier-Grice, Julie, Mulgan, Geoff (2010) *The Open Book of Social Innovation*, Nesta & The Young
Foundation, bit.ly/DRC141
Naess, Arne (1988) 'Self-Realization', in Seed, John *et al.*, *Thinking Like a Mountain*, New Society Publishers, pp.19-30
Nature of Business (2013) 'Biomimicry for Business? 'Nature's Business Principles', bit.ly/DRC174
Nelson, Melissa K. (2011) 'Red & Green', bit.ly/DRC181
Nelson, Melissa K. *ed.* (2008) *Original Instructions – Indigenous Teachings for a Sustainable Future*, Bear & Co
New Economics Foundation (2015) 'About NEF: What we do', bit.ly/DRC026
New Economy Coalition (2015) 'New Economy Coalition', bit.ly/DRC173
Newman, Peter & Jennings, Isabella (2008) *Cities as Sustainable Ecosystems*, Island Press
Nguyen, H., Stuchtey, M. & Zils, M. (2014) 'Remaking the industrial economy', *McKinsey Quarterly*, bit.ly/DRC53
Norton, Brian G. (1992) 'A New Paradigm for Environmental Management' in Costanza, Norton & Haskell, *eds.*, *Ecosystem Health*, Island Press
Oppenheimer, Leonora (2010) 'Can we use Biomimcry to Design Cities?', *Treehugger*, 3rd June, 2010, bit.ly/DRC078
Orr, David W. (2002) *The Nature of Design – Ecology, Culture, and Human Intention*, Oxford University Press
_____. (1994) *Earth in Mind – On Education, Environment, and the Human Prospect*, Island Press
_____. (1992) *Ecological Literacy*, State University of New York Press
Ostrom, Elinor (1990) *Governing the Commons*, Cambridge University Press
P2P Foundation (2014) 'Part Three: The Hypothetical Model of Mature Peer Production', in *Network Society and Future Scenarios for a Collaborative Economy*, Kostakis & Bauwens, bit.ly/DRC254

Palmer, Parker J. (2004) *A Hidden Wholeness: The Journey Toward an Undivided Life,* Jossey-Bass
Pasture Cropping (2008) 'Pasture Cropping and No Hill Cropping', bit.ly/DRC079
Pauli, Gunter (2010) *The Blue Economy – 10 Years, 100 Innovations, 100 Million Jobs,* Paradigm Publications
Pawlyn, Michael (2014) Exploration Architecture website, bit.ly/DRC278
_____. (2011) *Biomimicry in Architecture,* Paperback reprinted edition, RIBA Publishing
PAX Scientific (2015a) 'Capturing the Force of Nature', company website: bit.ly/DRC170
_____. (2015b) 'Using Biomimicry in Tank Mixing', company website: bit.ly/DRC171
_____. (2015c) 'Capturing the Force of Nature – Pax Fan', bit.ly/DRC113
PAX Pure (2012) 'Pax Pure – The Future of Desalination', company website, bit.ly/DRC172
Pearce, Fred (2013) *True Nature: Revising Ideas on What is Pristine and Wild,* Yale Environment 360, 13 May 2013, bit.ly/DRC241
Philips, April (2013) *Designing Urban Agriculture,* Wiley
Petrini, Carlo *et al.* (2012) 'The Central Role of Food', Slow Food World Congress Paper, bit.ly/DRC142
Pigem, Jordi (2009) *Buena crisis: Hacia un mundo postmaterialista,* Editorial Kairós
Plan C (2014) 'The Business Model Innovation Grid', bit.ly/DRC169
Plotkin, Bill (2008) *Nature and the Human Soul,* New World Library
Polyface (2015a) 'The Polyface Story', Joel Salatin Polyface Farm, bit.ly/DRC143
_____. (2015b) 'Polyface Guiding Principles', bit.ly/DRC220
Post Growth Institute (2015) 'About Post Growth', bit.ly/DRC056
Prigann, Hermann (2004) *Ecological Aesthetics: Art In Environmental Design: Theory And Practice,* Birkhäuser
Rawls, W.J. *et al.* (2003) 'Effects of solid organic carbon on soil water retention', *Geoderma,* Vol.116, pp.61-76
Ray, Paul & Anderson, Sherry Ruth (2000) *The Cultural Creatives,* Harmony Books
Reed, Bill (2007) 'Shifting from 'Sustainability' to Regeneration, *Building Research & Information,* 35(6), pp.674-680, Routledge, Taylor & Francis Group, bit.ly/DRC080
_____. (2006) 'Shifting our Mental Model', Integrative Design Collaborative, bit.ly/DRC280
Resilience Alliance (2015a) 'Resilience', bit.ly/DRC168
_____. (2015b) 'Key Concepts', bit.ly/DRC242
_____. (2015c) 'Panarchy', bit.ly/DRC221
Rifkin, Jeremy (2013) *The Third Industrial Revolution,* Palgrave Macmillan Trade
_____. (2009) *The Empathic Civilization – The Race to Global Consciousness in a World in Crisis,* Tarcher
Rilke, Rainer Maria (1903) *Letters to a Young Poet,* Letter number 4, bit.ly/DRC279

Robert, Karl-Henrik (2008) *The Natural Step Story,* New Catalyst Books
Robinson, Simon & Moares Robinson, Maria (2014) *Holonomics,* Floris Books
Rockefeller Foundation (2015a) *100 Resilient Cities* website, bit.ly/DRC166
_____. (2015b) *100 Resilient Cities – Selected Cities,* bit.ly/DRC167
Rockström, Johannes *et al.* (2009) "A Safe Operating Space for Humanity, *Nature,* No.461, 472-475, bit.ly/DRC207
Rodale Institute (2014) 'Regenerative Organic Agriculture and Climate Change', bit.ly/DRC112
Rogers, John (2013) *Local Money – What difference does it make?* Triarchy Press
Roland, Ethan & Landua, Gregory (2013) *Regenerative Enterprise,* Version 1.0, bit.ly/DRC206
_____. (2011) *Eight Forms of Capital – A Whole System of Economic Understanding,* bit.ly/DRC208
Rowson, Jonathan (2014) *Spiritualise – Revitalizing spirituality to address 21st century challenges,* The RSA, Dec. 2014
Russell, Jean M. (2013) *Thrivability,* Triarchy Press
Russell, Jean M. *ed.* (2010) *Thrivability – A Collective Sketch,* bit.ly/DRC057
Sahara Forest Project (2015) 'Restorative Growth', bit.ly/DRC222
Saikku, Laura (2006) *Eco-Industrial Parks,* Regional Council of Etelä-Davo, Finland
Salazar-Preece, Gonzalo (2011) *Co-Designing in Love,* PhD Thesis, University of Dundee, bit.ly/DRC058
Sale, Kirkpatrick (1982) *Human Scale,* Putnam Publishers
San Diego Zoo (2010) *Global Biomimcry Efforts,* San Diego Zoological Society, bit.ly/DRC145
Sathouris, Elisabet (2014) 'The Brink of Disaster... or The Brink of Maturity?', *World Future Review,* Fall 2014
Savory, Allan (2013) 'Response to request for information on the 'science' and 'methodology' underpinning Holistic
Management and holistic planned grazing', bit.ly/DRC164
Savory Institute (2015) 'Empowering Caretakers of the Land', bit.ly/DRC146
_____. (2014) 'Holistic Management: Portfolio of Scientific Findings', bit.ly/DRC146
_____. (2013) 'Restoring the Climate through Capture and Storage of Soil Carbon through Holistic Planned
Grazing', bit.ly/DRC59
Scharmer, C. Otto (2009) *Theory U – Leading from the future as it emerges,* Berrett Koehler
Schmidheiny, Stephan (1992) *Changing Course – A Global Business Perspective on Development and the Environment,* Business Council for Sustainable Development, MIT Press
Schmidt, Michele C. *et al.* (2011) 'Increasing farm income and local food access', *Journal of Agriculture, Food Systems, and Community Development,* Vol.1, Issue 4, pp.157-175

Schmidt-Bleek, Friedrich (1997) *Wieviel Umwelt braucht der Mensch? Faktor 10 – das Maß für ökologisches Wirtschaften*, Deutscher Taschenbuch Verlag (first edit. with Birkhäuser in 1994)

Schrödinger, Erwin (1944) *What is Life? – Mind and Matter*, Cambridge University Press

Schumacher, E. Fritz (1973) *Small is Beautiful*, Harper Perennial, bit.ly/DRC165

Schwartz, Peter (1996) *The Art of the Long View*, Currency Doubleday, reprinted edition

Science Daily (2008) 'Humans Have Ten Times More Bacteria Than Human Cells', bit.ly/DRC147

Seed, John (2002) 'Ecopsychology', bit.ly/DRC110

Senge, Peter (2008) *The Necessary Revolution – How Indiviuals and Organizations Are Working Together to Create a Sustainable World*, with Brian Smit, Nina Kruschwitz, Joe Laur, and Sara Schley, Nicholas Brealey

Senge, Peter, Scharmer, C. Otto, Jaworski, Joseph & Flowers, Betty Sue (2005) *Presence*, Nicholas Brealey

Senosiain, Javier (2003) *Bio-Architecture*, Architectural Press

Sharklet Technologies Inc (2015) 'Sharklet Products', bit.ly/DRC179

Sharpe, Bill (2013) *Three Horizons*, Triarchy Press

Shiva, Vandana (2012) *Making Peace with the Earth*, Pluto Press

_____. (2005) *Earth Democracy – Justice, Sustainability, and Peace*, South End Press

Sinek, Simon (2011) *Start with Why: How Great Leaders Inspire Everyone to Take Action*, Portfolio Trade

Smith, Sally E. & Read, David J. (2008) *Mycorrhizal Symbiosis*, 3rd edition, Academic Press

Smuts, Jan Christiaan (1927) *Holism and Evolution*, Macmillan, bit.ly/DRC148

SolidarityNYC (2015) 'The Basics', bit.ly/DRC111

Soubbotina, Tatyana P. (2000) *Beyond Economic Growth*, The IBRD / World Bank

Stahel, Walter (2014) 'The Business Angle of a Circular Economy', in Ellen MacArthur Foundation *eds., A New Dynamic – Effective Business in a Circular Economy*, Ellen MacArthur Foundation

Stamets, Paul (2005) *Mycelium Running – How Mushrooms Can Help Save the World*, Ten Speed Press

Steele, Robert David (2014a) 'UN Paper: Beyond Data Monitoring, Public Intelligence Blog, bit.ly/DRC160

_____. (2014b) 'Applied Collective Intelligence', Public Intelligence Blog, bit.ly/DRC161

_____. (2012) *The Open-Source Everything Manifesto: Transparency, Truth, and Trust*, Evolver Editions

Steffen, Will *et al.* (20015) 'Planetary boundaries: Guiding human development on a changing planet' in *Science*, Vol. 347, Issue 6223, bit.ly/DRC277

Steffen, Will *et al.* (2011) 'The Anthropocene', *Ambio* 0044-7447, bit.ly/DRC105

Stewart, John E. (2014) 'The Direction of Evolution', *Biosystems*, Vol.123, pp.27-36, Elsevier, bit.ly/DRC83

Stiglitz, Joseph E. (2013) *The Price of Inequality*, WW Norton & Company

Swimme, Brian & Berry, Thomas (1992) *The Universe Story*, Harper Collins

Tarnas, Richard (2007) *Cosmos and Psyche – Intimations of a New World View*, Plume Books

_____. (1996) *The Passion of the Western Mind*, Pimlico & Random House

The Work that Reconnects (2012) 'Foundations of the Work', bit.ly/DRC060

Time Banking UK, (2015) bit.ly/DRC245

Todd, John, Brown, Erica J.G. & Wells, Eric (2003) 'Ecological design applied', *Ecological Engineering*, Vol.20, pp.421-440, bit.ly/DRC149

Treanor, Jill (2014) 'Richest 1% of people own nearly half of global wealth...', *The Guardian*, 14th Oct. bit.ly/DRC84

Tullio Lieberg, Albert (2010) *The Systems Change – The Doctrine of the Commons and Demonetarisation – The Globally Renewed Society for Planet Earth*, Berlin – Barcelona

UK Government Office for Science (2011) *Foresight International Dimension of Climate Change*, Final Project Report, The Government Office for Science, UK

UNCTAD (2013) *Trade and Environment Review – Wake Up Before it is too Late*, United Nations Conference on Trade and Development, bit.ly/DRC085

UNGSP (2012) *Resilient People, Resilient Planet: A future worth choosing*, United Nations Secretary-General's Highlevel Panel on Global Sustainability, bit.ly/DRC107

UNISDR (2015) *Making Cities Resilient Campaign*, United Nations Office for Disaster Risk Reduction, bit.ly/DRC223

UNITAR (2012) 'Leading international thinkers call for a new social contract', bit.ly/DRC162

UNRISD (2014) *Social and Solidarity Economy – Is There a New Economy in the Making?*, Authors: Utting, Peter, van Dijk, Nadine & Matheï, Marie-Adélaïde, United Nations Research Institute for Social Development

Vanderbilt, Tom (2012) 'How Biomimcry is Inspiring Human Innovation', *Smithsonian*, Sept. 2012, bit.ly/DRC108

van der Ryn, Sim & Cowan, Stuart (1996) *Ecological Design*, Island Press

van Houten, Frans (2014) 'Are we on the cusp of the new economic revolution?', Philips, bit.ly/DRC109

Vatican (2015) 'Encyclical letter *Laudato Si'*, bit.ly/DRC205

Vester, Frederic (2004) *Die Kunst vernetzt zu Denken*, Der Neue Bericht an den Club of Rome, Deutscher Taschenbuch

Via Campesina (2011) 'What is La Via Campesina? The International peasant's voice', bit.ly/DRC90

Victor, Peter (2010) 'Questioning economic growth', *Nature*, Vol. 468, pp.370-371

Village Lab (2015) 'Vision & Mission', bit.ly/DRC091

Von Weizsäcker, Ernst U., Lovins, Amory B. & Lovins, L. Hunter (1997) *Factor Four: Doubling Wealth, Halving Resource Use*, Earthscan Publications

Wahl, Daniel C. (2011) 'Transformative Resilience', in *Designing Ecological Habitats,* Mare & Lindegger *eds.*, Permanent Publications
_____. (2010) 'Integrity', in *Thrivability – A Collective Sketch* (Russell, 2010) p.16
_____. (2007) 'Scale-linking Design for Systemic Health', *Int. Jnl. of Ecodynamics,* Vol.2 No.1, pp.1-16, bit.ly/DRC93
_____. (2006a) 'Design for human and planetary health: a transdisciplinary approach to sustainability', in *Management of Natural Resources, Sustainable Development and Ecological Hazards,* Brebbia *et.al eds.*, WIT Transactions on Ecology and the Environment, Vol.99, pp.285-296, bit.ly/DRC094
_____. (2006b) *Design for Human and Planetary Health,* PhD Thesis, University of Dundee, bit.ly/DRC095
_____. (2005) 'Eco-literacy, Ethics and Aesthetics in Natural Design', *Design System Evolution,* European Academy of Design Conference 2005, bit.ly/DRC96
_____. (2002) *Exploring Participation – Holistic Science, Sustainability and the Emergence of a Healthy Whole through Appropriate Participation,* Master's Thesis, Schumacher College & Plymouth University, bit.ly/DRC97
Wahl, Daniel C. & Baxter, Seaton (2008) 'The Designer's Role in Facilitating Sustainable Solutions', *Design Issues,* Vol.24, No.2, pp.72-83, bit.ly/DRC92
Waller, Tom (2012) 'Stretching the Boundaries', *Nature Materials,* Vol.11, August 2012, bit.ly/DRC98
Walljasper, Jay (2011) 'What, Really, is the Commons?', *Terrain,* No.27, Spring/Summer, bit.ly/DRC99
Waltner-Toews, David (2004) *Ecosystem Sustainability and Health,* Cambridge University Press
Warner Babcock (2015) Warner Babcock Institute for Green Chemistry, bit.ly/DRC224
WBCSD (2010) *Vision 2050,* World Business Council for Sustainable Development, bit.ly/DRC159
WBGU (2011) *World in Transition,* German Advisory Council on Global Change, bit.ly/DRC100
Weber, Andreas (2013) *Enlivenment,* Heinrich Böll Stiftung, bit.ly/DRC158
Wenner, M. (2007) 'Humans Carry More Bacterial Cells than...', *Scientific American,* 30th Nov, bit.ly/DRC255
Westley, Frances *et.al.* (2011) 'Tipping Towards Sustainability', *Ambio* 40(7) pp.762-780, bit.ly/DRC240
Wheatley, Margaret (1999) *Leadership and the New Sciences – Discovering Order in a Chaotic World,* Berrett-Koehler
Whitman, Steve & Ferguson, Sharon (2014) 'Taking the Permaculture Path to Community Resilience', bit.ly/DRC101
Wilber, Ken & Combs, Allan (2010) 'Consciousness Explained Better', Ken Wilber's Blog, bit.ly/DRC153
Wilber, Ken (2007) *The Integral Vision,* Shambhala Publications

_____. (2001) *A Theory of Everything*, Gateway, Gill & Macmillan
Wilkinson, Richard & Pickett, Kate (2011) *The Spirit Level*, Bloomsbury Press
Wilkinson, Richard G. (2005) *The Impact of Inequality – How to make sick societies healthier*, Routledge
_____. (1996) *Unhealthy Societies – The Afflictions of Inequality*, Routledge
Wilson, Edward O. (1986) *Biophilia – The human bond with other species*, Harvard University Press
_____. (1999) *Consilience – The Unity of Knowledge*, Vintage, reprint edition
Wilson, Monte (2013) 'Bio-inspired Planning and Design', *American Architectural Foundation*, July, 2013
Wines, James (2000) *Green Architecture*, Taschen Verlag
Wingspread Statement (1998) 'The Wingspread Consensus Statement on the Precautionary Principle', Wingspread Conference, bit.ly/DRC102
Wolfe, Josh (2012) 'The Father of Green Chemistry' (Interview with Paul Anastas), *Forbes*, bit.ly/DRC154
Wonder, Stevie (1979) *Journey Through the Secret Life of Plants*, bit.ly/DRC155
World Bank (2013) *Building Resilience*, bit.ly/DRC156X
_____. (2012) *Carbon Sequestration in Agricultural Soils*, bit.ly/DRC103
World Economic Forum (2014) *Towards the Circular Economy*, WEF (with Ellen McArthur Foundation and McKinsey & Co), bit.ly/DRC157
_____. (2012) *Well-being and Global Success*, Global Agenda Council on Health & Wellbeing, bit.ly/DRC104
World Health Organization (1992) *Our planet, our health*, WHO
Worldwatch Institute (2012) *State of the World 2012*, Island Press, bit.ly/DRC86
Wright, Robert (2001) *Nonzero – The Logic of Human Destiny*, reprint edition, Vintage
Yeomansplow (2015) 'Yeomans Plows', bit.ly/DRC87
YSI (2014) 'YSI Advancing Social Innovation', Young Social Innovators Ireland
ZERI (2013) 'Beer: Making Bread and Mushrooms', bit.ly/DRC089
Zimmerman, Jack & Coyle, Virginia (2009) *The Way of Council* (Second Edition), Bramble Books
Zimmerman, Michael E. (2005) 'Integral Ecology: A Perspectival, Developmental, and Coordinating Approach to Environmental Problems', in *World Futures*, Vol.61, No.1-2, Special Issue on Integral Ecology, pp.50-62

Impresso em papel off-set 75g/m2, utilizando a fonte Source Serif Pro.